2025年版全国二级建造师执业资格考试用书

建筑工程管理与实务

全国二级建造师执业资格考试用书编写委员会　编写

中国建筑工业出版社

图书在版编目（CIP）数据

建筑工程管理与实务 / 全国二级建造师执业资格考试用书编写委员会编写. -- 北京：中国建筑工业出版社，2024. 8. --（2025年版全国二级建造师执业资格考试用书）. -- ISBN 978-7-112-30261-1

Ⅰ. TU71

中国国家版本馆CIP数据核字第202412YK62号

责任编辑：冯江晓
责任校对：张惠雯

2025年版全国二级建造师执业资格考试用书
建筑工程管理与实务
全国二级建造师执业资格考试用书编写委员会　编写
*
中国建筑工业出版社出版、发行（北京海淀三里河路9号）
各地新华书店、建筑书店经销
北京中科印刷有限公司印刷
*
开本：787毫米×1092毫米　1/16　印张：19½　字数：470千字
2024年9月第一版　　2024年9月第一次印刷
定价：**76.00**元（含增值服务）
ISBN 978-7-112-30261-1
（43577）

如有内容及印装质量问题，请与本社读者服务中心联系
电话：（010）58337283　QQ：2885381756
（地址：北京海淀三里河路9号中国建筑工业出版社604室　邮政编码：100037）

序

为了加强建设工程项目管理，提高工程项目总承包及施工管理专业技术人员素质，规范施工管理行为，保证工程质量和施工安全，根据《中华人民共和国建筑法》《建设工程质量管理条例》《建设工程安全生产管理条例》和国家有关执业资格考试制度的规定，2002 年人事部和建设部联合颁布了《建造师执业资格制度暂行规定》（人发［2002］111 号），对从事建设工程项目总承包及施工管理的专业技术人员实行建造师执业资格制度。

注册建造师是以专业工程技术为依托、以工程项目管理为主业的注册执业人士。注册建造师可以担任建设工程总承包或施工管理的项目负责人，从事法律、行政法规或标准规范规定的相关业务。实行建造师执业资格制度后，我国大中型工程施工项目负责人由取得注册建造师资格的人士担任。建造师执业资格制度的建立，将为我国拓展国际建筑市场开辟广阔的道路。

按照人事部和建设部印发的《建造师执业资格制度暂行规定》（人发［2002］111 号）、《建造师执业资格考试实施办法》（国人部发［2004］16 号）和《关于建造师资格考试相关科目专业类别调整有关问题的通知》（国人厅发［2006］213 号）要求，本编委会组织全国具有较高理论水平和丰富实践经验的专家、学者，按照“二级建造师执业资格考试大纲（2024 年版）”要求，编写了“2025 年版全国二级建造师执业资格考试用书”（以下简称“考试用书”）。在编撰过程中，遵循“以素质测试为基础、以工程实践内容为主导”的指导思想，坚持“模块化与系统性相结合，理论性与实操性相结合，指导性与实用性相结合，一致性与特色化相结合”的修订原则，力求在素质测试的基础上，进一步加强对考生实践能力的考核，切实选拔出具有较高理论水平和施工现场实际管理能力的人才。本套考试用书共 9 册，书名分别为《建设工程施工管理》《建设工程法规及相关知识》《建筑工程管理与实务》《公路工程管理与实务》《水利水电工程管理与实务》《矿业工程管理与实务》《机电工程管理与实务》《市政公用工程管理与实务》《建设工程法律法规选编》。本套考试用书既可作为全国二级建造师执业资格考试学习用书，也可供从事工程管理的其他人员学习使用和高等学校相关专业师生教学参考。

考试用书编撰者为高等学校、行业协会和施工企业等方面的专家和学者。在此，谨向他们表示衷心感谢。在考试用书编写过程中，虽经反复推敲核证，仍难免有不妥甚至疏漏之处，恳请广大读者提出宝贵意见。

全国二级建造师执业资格考试用书编写委员会

前　言

根据《二级建造师执业资格考试大纲（建筑工程）》，由中国土木工程学会总工程师工作委员会牵头组织业内专家及相关科研院所的学者，结合近年来新颁布的法律法规、新施行的标准规范，编写了2025年版《建筑工程管理与实务》考试用书，用于指导考生参加二级建造师执业资格考试。

2025年版《建筑工程管理与实务》考试用书按照2024版考试大纲要求，在2024年版考试用书基础上，更新了《施工现场建筑垃圾减量化技术标准》JGJ/T 498—2024、《建筑与市政工程绿色施工评价标准》GB/T 50640—2023、《钢筋套筒灌浆连接应用技术规程（2023版）》JGJ 355—2015等规定内容，增加了《房屋建筑和市政基础设施工程危及生产安全施工工艺、设备和材料淘汰目录（第一批）》、《招标投标领域公平竞争审查规则》、《国务院关于调整完善工业产品生产许可证管理目录的决定》（国发〔2024〕11号）等要求内容，对2024版考试用书中不准确的表述进行了修订，以适应新政策和行业发展的新变化。

《建筑工程管理与实务》考试用书分为三篇。第一篇，建筑工程技术，包括建筑工程设计与构造要求、主要建筑工程材料性能与应用、建筑工程施工技术，侧重于对本专业基础知识、工程材料、施工技术的讲解。第二篇，建筑工程相关法规与标准，包括相关法规和相关标准内容，以最新法律法规和标准规范为依据，重点增加了建筑工程通用规范的内容解读。第三篇，建筑工程项目管理实务，包括建筑工程企业资质与施工组织、施工招标投标与合同管理、施工进度管理、施工质量管理、施工成本管理、施工安全管理、绿色施工及现场环境管理，对施工管理实务进行解析。

本书在编写过程中，通过多种方式征求了在职项目经理及有关工程技术人员和业界专家的意见，吸收了广大读者提出的合理化建议，调研听取了考试主管部门的指导要求，组织专家完成了新稿。在编写过程中，得到各主管部门的指导以及业界诸多专家的支持和参与本书审稿同志们的帮助。在本书出版之际，对各位领导、专家和同志，以及广大读者表示衷心感谢！

虽经长时间准备和研讨、审查与修改，书中仍难免存在疏漏与不足，恳请广大读者提出宝贵意见，以便完善。

本书既可作为二级建造师执业资格考试指导用书，又可作为建筑工程项目经理和管理人员的培训教材，也可作为高等学校相关专业师生的参考用书。

网上免费增值服务说明

为了给二级建造师考试人员提供更优质、持续的服务，我社为购买正版考试图书的读者免费提供网上增值服务，增值服务分为文档增值服务和全程精讲课程，具体内容如下：

☞ **文档增值服务：** 主要包括各科目的备考指导、学习规划、考试复习方法、重点难点内容解析、应试技巧、在线答疑，每本图书都会提供相应内容的增值服务。

☞ **全程精讲课程：** 由权威老师进行网络在线授课，对考试用书重点难点内容进行全面讲解，旨在帮助考生掌握重点内容，提高应试水平。课程涵盖全部考试科目。

更多免费增值服务内容敬请关注“建工社微课程”微信服务号，网上免费增值服务使用方法如下：

1. 计算机用户

2. 移动端用户

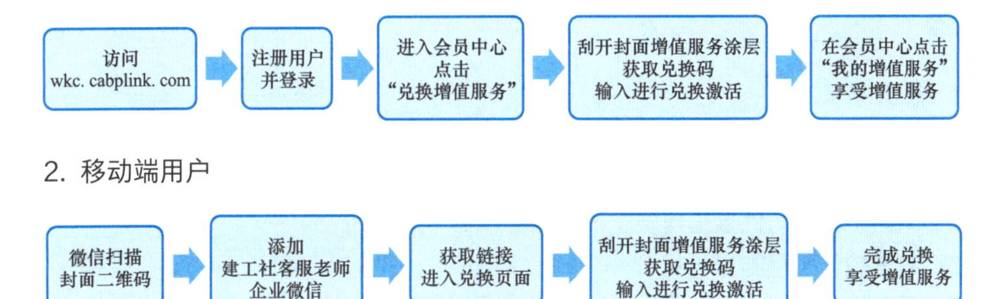

注： 增值服务从本书发行之日起开始提供，至次年新版图书上市时结束，提供形式为在线阅读、观看。如果输入兑换码后无法通过验证，请及时与我社联系。

客服电话：4008-188-688（周一至周五 9：00—17：00）

Email：jzs@cabp.com.cn

防盗版举报电话：010-58337026，举报查实重奖。

网上增值服务如有不完善之处，敬请广大读者谅解。欢迎提出宝贵意见和建议，谢谢！

读者如果对图书中的内容有疑问或问题，可关注微信公众号【建造师应试与执业】，与图书编辑团队直接交流。

建造师应试与执业

目　录

第1篇　建筑工程技术

第2篇　建筑工程相关法规与标准

第3篇　建筑工程项目管理实务

第1篇　建筑工程技术

第1章　建筑工程设计与构造要求

1.1　建筑设计构造要求

第1章
看本章精讲课
配套章节自测

1.1.1　建筑物分类

1. 建筑物按其使用性质分类

建筑物通常按其使用性质分为工业建筑、民用建筑和农业建筑。工业建筑是供生产使用的建筑，民用建筑是供人们居住和进行公共活动的建筑，农业建筑是指用于农业、牧业生产和加工的建筑。

2. 民用建筑按使用功能分类

民用建筑按使用功能又可分为居住建筑和公共建筑两大类，居住建筑包括住宅建筑和宿舍建筑，公共建筑是供人们进行各种公共活动的建筑，如图书馆、车站、办公楼、电影院、宾馆、医院等。

3. 民用建筑按地上高度和层数分类

（1）单层或多层民用建筑：建筑高度不大于27.0m的住宅建筑、建筑高度不大于24.0m的公共建筑及建筑高度大于24.0m的单层公共建筑。

（2）高层民用建筑：建筑高度大于27.0m的住宅建筑和建筑高度大于24.0m，且不大于100.0m的非单层公共建筑。

（3）超高层建筑：建筑高度大于100m的民用建筑。

（4）根据《建筑设计防火规范》GB 50016—2014（2018年版），民用建筑根据其高度和层数可分为单、多层民用建筑和高层民用建筑。高层民用建筑根据其建筑高度、使用功能和楼层的建筑面积可分为一类和二类。

4. 按建筑物主要结构所使用的材料分类

按建筑物主要结构所使用的材料分类可分为：木结构建筑、砖木结构建筑、砖混结构建筑、钢筋混凝土结构建筑、钢结构建筑、组合结构建筑。

5. 建筑的组成

建筑物由结构体系、围护体系和设备体系组成。

1）结构体系

结构体系承受竖向荷载和侧向荷载，并将这些荷载安全地传至地基，一般将其分为上部结构和地下结构：上部结构是指基础以上部分的建筑结构，包括墙、柱、梁、屋顶等；地下结构指建筑物的基础结构。

2）围护体系

建筑物的围护体系由屋面、外墙、门、窗等组成，屋面、外墙围护出的内部空间，能够遮蔽外界恶劣气候的侵袭，同时也起到隔声的作用。门是连接内外的通道，窗户可以透光、通气和开放视野，内墙将建筑物内部划分为不同的单元。

3）设备体系

设备体系通常包括给水排水系统、供电系统和供热通风系统。供电系统又分为强电系统和弱电系统。

1.1.2　建筑构造要求

1. 建筑构造的影响因素

1）荷载因素的影响

作用在建筑物上的荷载有结构自重、活荷载、风荷载、雪荷载、地震作用等。

2）环境因素的影响

环境因素包括自然因素和人为因素。自然因素的影响是指风吹、日晒、雨淋、积雪、冰冻、地下水、地震等因素给建筑物带来的影响；人为因素的影响是指火灾、噪声、化学腐蚀、机械摩擦与振动等因素对建筑物的影响。

3）技术因素的影响

技术因素的影响主要是指建筑材料、建筑结构、施工方法等技术条件对于建筑建造设计的影响。

4）建筑标准的影响

建筑标准一般包括造价标准、装修标准、设备标准等方面。标准高的建筑耐久等级高，装修质量好，设备齐全，档次较高，但是造价也相对较高，反之则低。

2. 建筑构造设计的原则

1）坚固实用

构造做法不应影响结构安全，构件连接应坚固耐久，保证有足够的强度和刚度，并有足够的整体性，安全可靠，经久耐用。

2）技术先进

在确定构造做法时，应从材料、结构、施工等多方面引入先进技术，同时也需要注意因地制宜、就地取材、结合实际。

3）经济合理

在确定构造做法时，应该注意节约建筑材料，尤其是要注意节约钢材、水泥、木材三大材料，在保证质量的前提下尽可能降低造价。

4）美观大方

建筑构造设计是建筑设计的一个重要环节，建筑要做到美观大方，必须通过一定的技术手段来实现，也就是说必须依赖构造设计来实现。

3. 民用建筑主要构造要求

（1）实行建筑高度控制区内的建筑，其建筑高度应以绝对海拔高度控制建筑物室外地面至建筑物和构筑物最高点的高度。

（2）非实行建筑高度控制区内的建筑，其建筑高度：平屋顶应按建筑物主入口场地室外设计地面至建筑女儿墙顶点的高度计算，无女儿墙的建筑物应计算至其屋面檐口；坡屋顶应分别计算建筑物室外地面至屋檐及屋脊的高度；同一座建筑物有多种屋面形式时，分别计算后取最大值。

（3）不允许突出道路红线或用地红线的设施：

地下设施：地下连续墙、支护桩、地下室底板及其基础、化粪池、各类水池等。

地上设施：门廊、连廊、阳台、室外楼梯、凸窗、空调机位、雨篷、挑檐、装饰架构、固定遮阳板、台阶、坡道、花池、围墙、平台、散水明沟、地下室进排风口、地下室出入口、集水井、采光井、烟囱等。

（4）除地下室、窗井、建筑入口的台阶、坡道、雨篷等以外，建（构）筑物的主体不得突出建筑控制线。

（5）室内净高应按楼地面完成面至吊顶、楼板或梁底面之间的垂直距离计算；当楼盖、屋盖的下悬构件或管道底面影响有效使用空间时，应按楼地面完成面至下悬构件下缘或管道底面之间的垂直距离计算。建筑物用房的室内净高应符合建筑设计标准的规定，地下室、局部夹层、走道等有人员正常活动的最低处的净高不应小于2m。

（6）地下室、半地下室供日常人员使用时，应符合安全、卫生及节能的要求，且宜利用窗井或下沉庭院等进行自然通风和采光；地下室不应布置居室；当居室布置在半地下室时，必须采取满足采光、通风、日照、防潮、防霉及安全防护等要求的措施。

（7）建筑高度大于100m的民用建筑，应设置避难层（间）。有人员正常活动的架空层及避难层的净高不应低于2m。

（8）台阶与坡道设置应符合：公共建筑室内外台阶踏步宽度不宜小于0.30m，踏步高度不宜大于0.15m，并不宜小于0.10m，室内台阶踏步数不宜少于2级，高差不足2级时，应按坡道设置。室内坡道坡度不宜大于1：8，室外坡道坡度不宜大于1：10；供轮椅使用的坡道应符合现行《无障碍设计规范》GB 50763的规定。台阶、坡道应采取防滑措施。

（9）阳台、外廊、室内回廊、内天井、上人屋面及室外楼梯等临空处应设置防护栏杆，并应符合下列规定：栏杆应以坚固、耐久的材料制作，并能承受荷载规范规定的水平荷载；临空高度在24m以下时，栏杆高度不应低于1.05m，临空高度在24m及以上时，栏杆高度不应低于1.10m；上人屋面和交通、商业、旅馆、学校、医院等建筑，临开敞中庭的栏杆高度不应低于1.2m。

住宅、托儿所、幼儿园、中小学及少年儿童专用活动场所的栏杆必须采用防止攀登的构造，当采用垂直杆件做栏杆时，其杆件净间距不应大于0.11m。

（10）主要交通用的楼梯的梯段净宽一般按每股人流宽为0.55m＋（0～0.15）m的人流股数确定，并不应少于两股；每个梯段的踏步不应超过18级，且不应少于2级；楼梯应至少于一侧设扶手，梯段净宽达三股人流时应两侧设扶手，达四股人流时应加设中间扶手。室内楼梯扶手高度自踏步前缘线量起不宜小于0.90m，楼梯水平栏杆或栏板长度超过0.50m时，其高度不应小于1.05m；托儿所、幼儿园、中小学校及其他少年儿童专用活动场所，当楼梯井净宽大于0.20m时，必须采取防止少年儿童坠落的措施。

（11）墙身防潮、防渗与防水应符合下列要求：砌筑墙体应在室外地面以上、位于室内地面垫层处设置连续的水平防潮层；室内相邻地面有高差时，应在高差处墙身贴临土壤一侧加设防潮层；室内墙面有防潮要求时，其迎水面一侧应设防潮层；室内墙面有防水要求时，其迎水面一侧应设防水层。

（12）门窗应满足抗风压、水密性、气密性等要求，且应综合考虑安全、采光、节能、通风、防火、隔声等要求。

（13）屋面工程应根据建筑物的性质、重要程度及使用功能，结合工程特点、气候条件等按不同等级进行防水设防，合理采取保温、隔热措施。

（14）民用建筑管道井、烟道和通风道应用非燃烧体材料制作，分别独立设置，不得共用。自然排放的烟道或通风道应伸出屋面，平屋面伸出高度不得小于0.60m。

1.1.3 建筑室内物理环境技术要求

1. 室内环境

1）采光

居住建筑的卧室和起居室（厅）、医疗建筑的一般病房的采光不应低于采光等级Ⅳ级的采光系数标准值；教育建筑的普通教室的采光不应低于采光等级Ⅲ级的采光系数标准值。

2）通风

（1）建筑物应根据使用功能和室内环境要求设置与室外空气直接流通的外窗或洞口；当不能设置外窗或洞口时，应另设置通风设施。

（2）采用直接自然通风的空间，通风开口有效面积设计应符合下列规定：

① 生活、工作的房间的通风开口有效面积不应小于该房间地面面积的1/20。

② 厨房的通风开口有效面积不应小于该房间地板面积的1/10，并不得小于0.60m^2。

③ 进出风开口的位置应避免设在通风不良区域，且应避免进出风开口气流短路。

（3）公共建筑外窗的可开启面积不小于外窗总面积的30%；透明幕墙应具有可开启部分或设有通风换气装置；屋顶透明部分的面积不大于屋顶总面积的20%。

3）人工照明

（1）照明的种类

照明种类的确定应符合下列规定：

① 室内工作及相关辅助场所，均应设置正常照明。

② 当下列场所正常照明供电电源失效时，应设置应急照明：

a. 工作或活动不可中断的场所，应设置备用照明。

b. 人员处于潜在危险之中的场所，应设置安全照明。

c. 人员需有效辨认疏散路径的场所，应设置疏散照明。

③ 在夜间非工作时间值守或巡视的场所，应设置值班照明。

④ 需警戒的场所，应根据警戒范围的要求设置警卫照明。

（2）照明光源的选择

① 光源应根据使用场所光色、启动时间、电磁干扰等要求进行选择。

② 照明设计应按下列条件选择光源：

a. 灯具安装高度较低的房间宜采用LED光源、细管径直管形三基色荧光灯。

b. 灯具安装高度较高的场所宜采用LED光源、金属卤化物灯、高压钠灯或大功率细管径直管形荧光灯。

c. 重点照明宜采用 LED 光源、小功率陶瓷金属卤化物灯。

d. 室外照明场所宜采用 LED 光源、金属卤化物灯、高压钠灯。

e. 照明设计不应采用普通照明白炽灯，但对电磁干扰有严格要求，且其他光源无法满足的特殊场所除外。

③ 应急照明应选用能快速点亮的光源。

2. 室内声环境

1）室内允许噪声级

（1）住宅卧室、起居室（厅）内噪声级：昼间卧室内的等效连续 A 声级不应大于 45dB，夜间卧室内的等效连续 A 声级不应大于 37dB；起居室（厅）的等效连续 A 声级不应大于 45dB。

（2）住宅分户墙和分户楼板的空气声隔声性能应满足如下要求：分隔卧室、起居室（厅）的分户墙和分户楼板，空气声隔声评价量应大于 45dB；分隔住宅和非居住用途空间的楼板，空气声隔声评价量应大于 51dB。

2）噪声控制

（1）对于结构整体性较强的民用建筑，应对附着于墙体和楼板的传声源部件采取防止结构声传播的措施。

（2）有噪声和振动的设备用房应采取隔声、隔振和吸声的措施，并应对设备和管道采取减振、消声处理。

（3）平面布置中，不宜将有噪声和振动的设备用房设在噪声敏感房间的直接上、下层或贴邻布置，当其设在同一楼层时，应分区布置。

（4）安静要求较高的房间内设置吊顶时，应将隔墙砌至梁、板底面。

（5）建筑吸声材料种类：

① 多孔吸声材料：麻棉毛毡、玻璃棉、岩棉、矿棉等。

② 穿孔板共振吸声结构：穿孔的各类板材，都可作为穿孔板共振吸声结构。

③ 薄膜吸声结构：皮革、人造革、塑料薄膜等材料。

④ 薄板吸声结构：各类板材固定在框架上，连同板后的封闭空气层，构成振动系统。

⑤ 帘幕：具有多孔材料的吸声特性。

3. 室内热工环境

1）建筑物耗热量指标

体形系数：严寒、寒冷地区的公共建筑的体形系数应不大于 0.40。建筑物的高度相同，其平面形式为圆形时体形系数最小，其次为正方形、长方形以及其他组合形式。体形系数越大，耗热量比值也越大。

围护结构的热阻与传热系数：围护结构的热阻 R 与其厚度 d 成正比，与围护结构材料的导热系数 λ 成反比；$R = d/\lambda$；围护结构的传热系数 $K = 1/R$。

2）围护结构保温层设置

（1）围护结构保温层做法特点

① 外保温可降低墙或屋顶温度应力的起伏，提高结构的耐久性，可减少防水层的破坏；对结构及房屋的热稳定性和防止或减少保温层内部产生水蒸气凝结有利；使热桥处的热损失减少，防止热桥内表面局部结露。

② 内保温在内外墙连接以及外墙与楼板连接等处产生热桥，保温材料有可能在冬季受潮。

③ 中间保温的外墙也由于内外两层结构需要连接而增加热桥传热。

④ 间歇空调的房间宜采用内保温；连续空调的房间宜采用外保温。旧房改造，外保温的效果最好。

（2）围护结构和地面的保温设计

① 控制窗墙面积比，公共建筑每个朝向的窗（包括透明幕墙）墙面积比不大于0.70。

② 提高窗框的保温性能，采用塑料构件或断桥处理。

③ 采用双层中空玻璃或双层玻璃窗；结构转角或交角，外墙中钢筋混凝土柱、圈梁、楼板等处是热桥。

④ 热桥部分的温度值如果低于室内的露点温度，会造成表面结露，应在热桥部位采取保温措施。

（3）防结露与隔热

① 防止夏季结露的方法：将地板架空、通风，用导热系数小的材料装饰室内墙面和地面。

② 隔热的方法：外表面采用浅色处理，增设墙面遮阳以及绿化；设置通风间层，内设铝箔隔热层。

4. 室内空气质量

住宅室内装修设计宜进行环境空气质量预评价。住宅室内空气污染物的活度和浓度限值为：氡不大于200Bq/m^3，游离甲醛不大于0.07mg/m^3，苯不大于0.06mg/m^3，氨不大于0.15mg/m^3，TVOC不大于0.45mg/m^3。

1.1.4　建筑隔震减震设计构造要求

1. 结构抗震设防

1）抗震设防基本目标

我国规范中抗震设防的目标简单地说就是“小震不坏、中震可修、大震不倒”。“三个水准”的抗震设防目标是指：

（1）当遭受低于本地区抗震设防烈度的多遇地震影响时，主体结构不受损坏或不需修理仍可继续使用。

（2）当遭受相当于本地区抗震设防烈度的地震影响时，可能损坏，经一般性修理仍可继续使用。

（3）当遭受高于本地区抗震设防烈度的罕遇地震影响时，不致倒塌或发生危及生命的严重破坏。

2）建筑抗震设防分类

抗震设防的各类建筑与市政工程，根据其遭受地震破坏后可能造成的人员伤亡、经济损失、社会影响程度及其在抗震救灾中的作用等因素划分为甲、乙、丙、丁四个抗震设防类别：

（1）甲类：特殊设防类，指使用上有特殊要求的设施，涉及国家公共安全的重大建筑与市政工程，地震时可能发生严重次生灾害等特别重大灾害后果，需要进行特殊设防的建筑与市政工程；

（2）乙类：重点设防类，指地震时使用功能不能中断或需尽快恢复的生命线相关建筑与市政工程，以及地震时可能导致大量人员伤亡等重大灾害后果，需要提高设防标准的建筑与市政工程；

（3）丙类：标准设防类，指除甲类、乙类、丁类以外按标准要求进行设防的建筑与市政工程；

（4）丁类：适度设防类，指使用上人员稀少且震损不致产生次生灾害，允许在一定条件下适度降低设防要求的建筑与市政工程。

2. 建筑抗震的技术要求

震害调查表明，框架结构震害的严重部位多发生在框架梁柱节点和填充墙处；一般是柱的震害重于梁，柱顶的震害重于柱底，角柱的震害重于内柱，短柱的震害重于一般柱。

《建筑与市政工程抗震通用规范》GB 55002—2021 对抗震的规定如下：

1）一般规定

（1）混凝土结构房屋以及钢－混凝土组合结构房屋中，框支梁、框支柱及抗震等级不低于二级的框架梁、柱、节点核芯区的混凝土强度等级不应低于 C30。

（2）对于框架结构房屋，应考虑填充墙、围护墙和楼梯构件的刚度影响，避免不合理设置而导致主体结构的破坏。

（3）建筑的非结构构件及附属机电设备，其自身及与结构主体的连接，应进行抗震设防。

（4）建筑主体结构中，幕墙、围护墙、隔墙、女儿墙、雨篷、商标、广告牌、顶篷支架、大型储物架等建筑非结构构件的安装部位，应采取加强措施，以承受由非结构构件传递的地震作用。

（5）围护墙、隔墙、女儿墙等非承重墙体的设计与构造应符合下列规定：

① 采用砌体墙时，应设置拉结筋、水平系梁、圈梁、构造柱等与主体结构可靠拉结。

② 墙体及其与主体结构的连接应具有足够的延性和变形能力，以适应主体结构不同方向的层间变形需求。

③ 人流出入口和通道处的砌体女儿墙应与主体结构锚固。防震缝处女儿墙的自由端应予以加强。

（6）建筑装饰构件的设计与构造应符合下列规定：

① 各类顶棚的构件及与楼板的连接件，应能承受顶棚、悬挂重物和有关机电设施的自重和地震附加作用。其锚固的承载力应大于连接件的承载力。

② 悬挑构件或一端由柱支承的构件，应与主体结构可靠连接。

③ 玻璃幕墙、预制墙板、附属于楼屋面的悬臂构件和大型储物架的抗震构造应符合抗震设防类别和烈度的要求。

2）混凝土结构房屋

（1）框架梁和框架柱的潜在塑性铰区应采取箍筋加密措施。抗震墙结构、部分框支抗震墙结构、框架－抗震墙结构等结构的墙肢和连梁、框架梁、框架柱以及框支框架等构件的潜在塑性铰区和局部应力集中部位应采取延性加强措施。

（2）框架－核心筒结构、筒中筒结构等筒体结构，外框架应有足够刚度，确保结构具有明显的双重抗侧力体系特征。

（3）对钢筋混凝土结构，当施工中需要以不同规格或型号的钢筋替代原设计中的纵向受力钢筋时，应按照钢筋受拉承载力设计值相等的原则换算，并符合规定的抗震构造要求。

3）砌体结构房屋

（1）砌体房屋应设置现浇钢筋混凝土圈梁、构造柱或芯柱。

（2）多层砌体房屋的楼、屋盖应符合下列规定：

① 楼板在墙上或梁上应有足够的支承长度，罕遇地震下楼板不应跌落或拉脱。

② 装配式钢筋混凝土楼板或屋面板，应采取有效的拉结措施，保证楼、屋盖的整体性。

③ 楼、屋盖的钢筋混凝土梁或屋架应与墙、柱（包括构造柱）或圈梁可靠连接。不得采用独立砖柱。跨度不小于6m的大梁，其支承构件应采取组合砌体等加强措施，并应满足承载力要求。

（3）砌体结构楼梯间应符合下列规定：

① 不应采用悬挑式踏步或踏步竖肋插入墙体的楼梯，8度、9度时不应采用装配式楼梯段。

② 装配式楼梯段应与平台板的梁可靠连接。

③ 楼梯栏板不应采用无筋砖砌体。

④ 楼梯间及门厅内墙阳角处的大梁支承长度不应小于500mm，并应与圈梁连接。

⑤ 顶层及出屋面的楼梯间，构造柱应伸到顶部，并与顶部圈梁连接，墙体应设置通长拉结钢筋网片。

⑥ 顶层以下楼梯间墙体应在休息平台或楼层半高处设置钢筋混凝土带或配筋砖带，并与构造柱连接。

（4）砌体结构房屋还应符合下列规定：

① 砌体结构房屋中的构造柱、芯柱、圈梁及其他各类构件的混凝土强度等级不应低于C25。

② 对于砌体抗震墙，其施工应先砌墙后浇构造柱、框架梁柱。

3. 建筑消能减震措施要求

（1）消能器的选择应考虑结构类型、使用环境、结构控制参数等因素，根据结构在地震作用时预期的结构位移或内力控制要求，选择不同类型的消能器。

（2）应用于消能减震结构中的消能器应符合下列规定：

① 消能器应具有型式检验报告或产品合格证。

② 消能器的性能参数和数量应在设计文件中注明。

（3）消能器的抽样和检测应符合下列规定：

① 消能器的抽样应由监理单位根据设计文件和相关规程的有关规定进行。

② 消能器的检测应由具备资质的第三方进行。

（4）消能器与支撑、连接件之间宜采用高强度螺栓连接或销轴连接，也可采用焊接。

（5）支撑及连接件一般采用钢构件，也可采用钢管混凝土或钢筋混凝土构件。对支撑材料和施工有特殊规定时，应在设计文件中注明。

（6）钢筋混凝土构件作为消能器的支撑构件时，其混凝土强度等级不应低于C30。

（7）消能器与主体结构的连接一般分为：支撑型、墙型、柱型、门架式和腋撑型等，设计时应根据工程具体情况和消能器的类型合理选择连接形式。

（8）当消能器采用支撑型连接时，可采用单斜支撑布置、"V"字形和人字形等布置，不宜采用"K"字形布置。

（9）消能部件的施工和验收要求：

① 消能部件工程应作为主体结构分部工程的一个子分部工程进行施工和质量验收。消能减震结构的消能部件工程也可划分成若干个子分部工程。

② 消能部件子分部工程的施工作业，宜划分为二个阶段：消能部件进场验收和消能部件安装防护。消能器进场验收应提供下列资料：

a. 消能器检验报告；

b. 监理单位、建设单位对消能器检验的确认单。

③ 消能部件尺寸、变形、连接件位置及角度、螺栓孔位置及直径、高强度螺栓、焊接质量、表面防锈漆等应符合设计文件规定。

④ 对于钢结构，消能部件和主体结构构件的总体安装顺序宜采用平行安装法，平面上应从中部向四周开展，竖向应从下向上逐渐进行。

⑤ 对于现浇混凝土结构，消能部件和主体结构构件的总体安装顺序宜采用后装法进行。

⑥ 同一部位消能部件的制作单元超过一个时，宜先将各制作单元及连接件在现场地面拼装为扩大安装单元后，再与主体结构进行连接。消能部件的现场安装单元或扩大安装单元与主体结构的连接，宜采用现场原位连接。

⑦ 消能部件安装前，准备工作应包括下列内容：

a. 消能部件的定位轴线、标高点等应进行复查。

b. 消能部件的运输进场、存储及保管应符合制作单位提供的施工操作说明书和国家现行有关标准的规定。

c. 按照消能器制作单位提供的施工操作说明书的要求，应核查安装方法和步骤。

d. 对消能部件的制作质量应进行全面复查。

⑧ 消能部件安装连接完成后，应符合下列规定：

a. 消能器没有形状异常及损害功能的外伤。

b. 消能器的黏滞材料、黏弹性材料未泄漏或剥落，未出现涂层脱落和生锈。

c. 消能部件的临时固定件应予撤除。

4. 建筑隔震措施要求

（1）隔震层中隔震支座的设计使用年限不应低于建筑结构的设计使用年限，且不宜低于50年。当隔震层中的其他装置的设计使用年限低于建筑结构的设计使用年限时，在设计中应注明并预设可更换措施。

（2）对较重要或有特殊要求的隔震建筑，应设置地震反应观测系统。

（3）隔震建筑宜设置记录隔震层地震变形响应的装置。

（4）隔震结构宜采用的隔震支座类型，主要包括天然橡胶支座、铅芯橡胶支座、高阻尼橡胶支座、弹性滑板支座、摩擦摆支座及其他隔震支座。

（5）隔震层采用的隔震支座产品和阻尼装置应通过型式检验和出厂检验。型式检验除应满足相关的产品要求外，检验报告有效期不得超过6年。出厂检验报告只对采用该产品的项目有效，不得重复使用。

（6）隔震层中的隔震支座应在安装前进行出厂检验，并应符合下列规定：

① 特殊设防类、重点设防类建筑，每种规格产品抽样数量应为100%；

② 标准设防类建筑，每种规格产品抽样数量不应少于总数的50%；有不合格试件时，应100%检测；

③ 每项工程抽样总数不应少于20件，每种规格的产品抽样数量不应少于4件，当产品少于4件时，应全部进行检验。

（7）隔震支座外露的预埋件应有可靠的防锈措施。隔震支座外露的金属部件表面应进行防腐处理。

（8）高层及复杂隔震结构隔震支座应进行施工阶段的验算。

（9）大跨屋盖建筑中的隔震支座宜采用隔震橡胶支座、摩擦摆隔震支座或弹性滑板支座。采用其他隔震支座时，应进行专门研究。

1.2　建筑结构设计与构造要求

1.2.1　建筑结构体系和可靠性要求

1. 常用结构体系与应用

建筑物结构体系承受竖向荷载和侧向荷载，并最终将这些荷载安全地传至地基。常见的结构体系有混合结构、框架结构、剪力墙结构、框架－剪力墙结构、筒体结构、桁架结构、网架结构、拱式结构、悬索结构等。

1）混合结构

混合结构房屋一般是指楼盖和屋盖采用钢筋混凝土或钢木结构，而墙和柱采用砌体结构建造的房屋，大多用在住宅、办公楼、教学楼建筑中。住宅建筑最适合采用混合结构。

2）框架结构

框架结构是利用梁、柱组成的纵、横两个方向的框架形成的结构体系。常用于公共建筑、工业厂房等。其主要优点是建筑平面布置灵活，可形成较大的建筑空间，建筑立面处理也比较方便。主要缺点是侧向刚度较小，当层数较多时，会产生过大的侧移，易引起非结构性构件（如隔墙、装饰等）破坏进而影响使用。

3）剪力墙结构

剪力墙结构是利用建筑物的墙体（内墙和外墙）做成剪力墙，既承受垂直荷载，也承受水平荷载，墙体既受剪又受弯，所以称剪力墙。剪力墙结构的优点是：侧向刚度大，水平荷载作用下侧移小。缺点是：剪力墙的间距小，结构建筑平面布置不灵活，结构自重也较大。剪力墙结构多应用于住宅建筑，不适用于大空间的公共建筑。

4）框架－剪力墙结构

框架－剪力墙结构是在框架结构中设置适当剪力墙的结构。它具有框架结构平面布置灵活、空间较大的优点，又具有侧向刚度较大的优点。框架–剪力墙结构中，剪力墙主要承受水平荷载，竖向荷载主要由框架承担。框架–剪力墙结构适用于不超过170m高的建筑。

5）筒体结构

在高层建筑中，特别是超高层建筑中，水平荷载越来越大，起着控制作用。筒体结构便是抵抗水平荷载最有效的结构体系，可分为框架–核心筒结构、筒中筒结构以及多筒结构等。筒体结构适用于高度不超过300m的建筑。

6）桁架结构

桁架是由杆件组成的结构体系。桁架结构的优点是可利用截面较小的杆件组成截面较大的构件。单层厂房的屋架常选用桁架结构，在其他结构体系中也得到应用，如拱式结构、单层钢架结构等体系中，当断面较大时，亦可采用桁架的形式。

7）网架结构

网架是由许多杆件按照一定规律组成的网状结构。网架结构可分为平板网架和曲面网架。平板网架采用较多，其优点是：空间受力体系，杆件主要承受轴向力，受力合理，节约材料，整体性能好，刚度大，抗震性能好。杆件类型较少，适合工业化生产。平板网架可分为交叉桁架体系和角锥体系两类。角锥体系受力更为合理，刚度更大。

8）拱式结构

拱是一种有推力的结构，它的主要内力是轴向压力，可利用抗压性能良好的混凝土建造大跨度的拱式结构。它适用于体育馆、展览馆等建筑。

9）悬索结构

悬索结构在建筑工程中，主要用于体育馆、展览馆等大跨度结构。悬索结构的主要承重构件是受拉的钢索，用高强度钢绞线或钢丝绳制成。悬索结构可分为单曲面与双曲面两类。

2. 结构可靠性要求

1）结构的功能要求

（1）结构的设计、施工和维护应使结构在规定的设计使用年限内以规定的可靠度满足规定的各项功能要求。应满足的功能要求有：

① 能承受在施工和使用期间可能出现的各种作用。

② 保持良好的使用性能。

③ 具有足够的耐久性能。

④ 当发生火灾时，在规定的时间内可保持足够的承载力。

⑤ 当发生爆炸、撞击、人为错误等偶然事件时，结构能保持必要的整体稳固性，不出现与起因不相称的破坏后果，防止出现结构的连续倒塌。

（2）结构的可靠性包括结构的安全性、适用性、耐久性。

2）结构的安全性要求

安全性是指在正常施工和正常使用的条件下，结构应能承受可能出现的各种荷载作用和变形而不发生破坏；在偶然事件发生后，结构仍能保持必要的整体稳定性。例如，厂房结构平时受自重、吊车、风和积雪等荷载作用时，均应坚固不坏，而在遇到强烈地震、爆炸等偶然事件时，容许有局部的损伤，但应保持结构的整体稳定而不发生倒塌。

（1）建筑结构安全等级

建筑结构设计时，应根据结构破坏可能产生后果的严重性，采用不同的安全等级。建筑结构安全等级的划分见表1.2-1。建筑物中各类结构构件的安全等级，宜与整个结构的安全等级相同，对其中部分结构构件的安全等级可进行调整，但不得低于三级。

表1.2-1　建筑结构的安全等级

安全等级	破坏后果
一级	很严重：对人的生命、经济、社会或环境影响很大
二级	严重：对人的生命、经济、社会或环境影响较大
三级	不严重：对人的生命、经济、社会或环境影响较小

（2）建筑装饰装修荷载对建筑结构安全性的影响

装饰装修施工对建筑结构增加一定的施工荷载，如电动设备的振动、对楼面或墙体的撞击等动荷载；大量的砂石、水泥等材料，对建筑物局部的荷载值超过设计允许值。装饰装修常见的施工荷载主要有：

① 在楼面上加铺任何材料属于对楼板增加了面荷载。

② 在室内增加隔墙、封闭阳台属于增加了线荷载。

③ 在室内增加装饰性的柱子，特别是石柱，悬挂较大的吊灯，房间局部增加假山盆景，这些装修做法就是对结构增加了集中荷载。

3）结构的适用性要求

适用性是指在正常使用时，结构应具有良好的工作性能。如吊车梁变形过大会使吊车无法正常运行，水池出现裂缝便不能蓄水等，都影响正常使用，需要对变形、裂缝等进行必要的控制。

（1）杆件刚度与梁的位移计算

结构杆件在规定的荷载作用下，虽有足够的强度，但其变形也不能过大。如果变形超过了允许的范围，也会影响正常的使用。限制过大变形的要求即为刚度要求，或称为正常使用下的极限状态要求。

梁的变形主要是弯矩引起的弯曲变形。剪力所引起的变形很小，一般可以忽略不计。

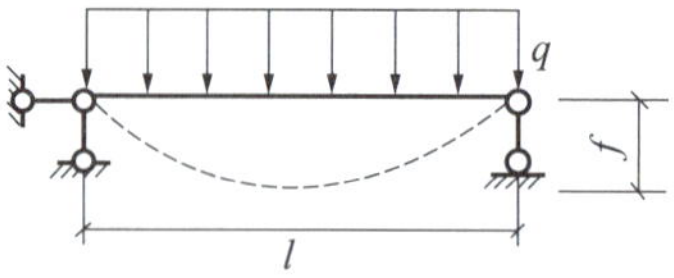

通常我们都是计算梁的最大变形，如图1.2-1所示的简支梁，其跨中最大位移为：

图1.2-1　挠曲变形示意图

$$f = \frac{5ql^4}{384EI} \tag{1.2-1}$$

从公式中可以看出，影响梁变形的因素除荷载外，还有：

① 材料的性能：与材料的弹性模量 E 成反比。

② 构件的截面：与截面的惯性矩 I 成反比，如矩形截面梁，其截面惯性矩 $I_z = \frac{bh^3}{12}$。

③ 构件的跨度：与跨度 l 的 n 次方成正比，此因素影响最大。

（2）混凝土结构的裂缝控制

裂缝控制主要针对混凝土梁（受弯构件）及受拉构件。裂缝控制分为三个等级：

① 构件不出现拉应力。

② 构件虽有拉应力，但不超过混凝土的抗拉强度。

③ 允许出现裂缝，但裂缝宽度不超过允许值。

对①、②等级的混凝土构件，一般只有预应力构件才能达到。

4）结构的耐久性要求

结构的耐久性是指结构在规定的工作环境中，在预期的使用年限内，在正常维护条件下不需进行大修就能完成预定功能的能力。

（1）结构设计使用年限

设计使用年限是设计规定的结构或结构构件不用进行大修即可按预定目的使用的年限。《建筑结构可靠性设计统一标准》GB 50068—2018 规定建筑结构的设计基准期为 50 年，建筑结构的设计使用年限见表 1.2–2。

表 1.2–2　建筑结构设计使用年限

类别	设计使用年限（年）
临时性建筑结构	5
易于替换的结构构件	25
普通房屋和构筑物	50
标志性建筑和特别重要的建筑结构	100

（2）混凝土结构的环境类别

《混凝土结构耐久性设计标准》GB/T 50476—2019 规定结构所处环境按其对钢筋和混凝土材料的腐蚀机理，可分为如下五类，见表 1.2–3。

表 1.2–3　环境类别

环境类别	名称	劣化机理
Ⅰ	一般环境	正常大气作用引起钢筋锈蚀
Ⅱ	冻融环境	反复冻融导致混凝土损伤
Ⅲ	海洋氯化物环境	氯盐侵入引起钢筋锈蚀
Ⅳ	除冰盐等其他氯化物环境	氯盐侵入引起钢筋锈蚀
Ⅴ	化学腐蚀环境	硫酸盐等化学物质对混凝土的腐蚀

（3）混凝土结构环境作用等级

《混凝土结构耐久性设计标准》GB/T 50476—2019 规定环境对配筋混凝土结构的作用等级见表 1.2–4。当结构构件受到多种环境类别共同作用时，应分别满足每种环境类别单独作用下的耐久性要求。

表 1.2-4　环境作用等级

环境作用等级 / 环境类别	A 轻微	B 轻度	C 中度	D 严重	E 非常严重	F 极端严重
一般环境	Ⅰ—A	Ⅰ—B	Ⅰ—C			
冻融环境			Ⅱ—C	Ⅱ—D	Ⅱ—E	
海洋氯化物环境			Ⅲ—C	Ⅲ—D	Ⅲ—E	Ⅲ—F
除冰盐等其他氯化物环境			Ⅳ—C	Ⅳ—D	Ⅳ—E	
化学腐蚀环境			Ⅴ—C	Ⅴ—D	Ⅴ—E	

（4）混凝土结构耐久性的要求

① 混凝土最低强度等级

《混凝土结构耐久性设计标准》GB/T 50476—2019 对配筋混凝土结构满足耐久性要求的混凝土最低强度等级规定见表 1.2-5。

表 1.2-5　满足耐久性要求的混凝土最低强度等级

环境类别与作用等级	设计使用年限		
	100 年	50 年	30 年
Ⅰ—A	C30	C25	C25
Ⅰ—B	C35	C30	C25
Ⅰ—C	C40	C35	C30
Ⅱ—C	C_a35、C45	C_a30、C45	C_a30、C40
Ⅱ—D	C_a40	C_a35	C_a35
Ⅱ—E	C_a45	C_a40	C_a40
Ⅲ—C、Ⅳ—C、Ⅴ—C、Ⅲ—D、Ⅳ—D、Ⅴ—D	C45	C40	C40
Ⅲ—E、Ⅳ—E、Ⅴ—E	C50	C45	C45
Ⅲ—F	C50	C50	C50

注：预应力混凝土楼板结构混凝土最低强度等级不应低于 C30，其他预应力混凝土构件的混凝土最低强度等级不应低于 C40；C_a 代表引气混凝土的强度等级。

② 保护层厚度

一般环境下，设计使用年限为 50 年的配筋混凝土结构构件，其受力钢筋的混凝土保护层厚度不应小于钢筋的公称直径且应符合表 1.2-6 的规定。

表 1.2-6　一般环境中普通钢筋的混凝土保护层最小厚度 c（mm）

构件类型 / 环境作用等级	板、墙		梁、柱	
	混凝土强度等级	c	混凝土强度等级	c
Ⅰ—A	≥ C25	20	C25	25
			≥ C30	20
Ⅰ—B	C30	25	C30	30

续表

环境作用等级 \ 构件类型	板、墙		梁、柱	
	混凝土强度等级	c	混凝土强度等级	c
Ⅰ—B	≥ C35	20	≥ C35	25
Ⅰ—C	C35	35	C35	40
	C40	30	C40	35
	≥ 45	25	≥ 45	30

注：1. Ⅰ—A 环境中的板、墙，当混凝土骨料最大公称粒径不大于 15mm 时，保护层最小厚度可以降为 15mm；
2. 年平均气温大于 20℃且年平均湿度大于 75% 的环境，除 Ⅰ—A 环境中的板、墙构件外，混凝土保护层最小厚度可以增大 5mm；
3. 直接接触土体浇筑的构件，其混凝土保护层厚度不应小于 70mm；有混凝土垫层时，可按本表执行；
4. 预制构件的保护层厚度可比表中规定减少 5mm。

③ 水胶比、水泥用量的一些要求

对于一类、二类和三类环境中，设计使用年限为 50 年的结构混凝土，其最大水胶比、最小水泥用量、最低混凝土强度等级、最大氯离子含量以及最大碱含量，按照耐久性的要求应符合有关规定。

1.2.2　结构设计基本作用（荷载）

1. 作用（荷载）的分类

（1）引起建筑结构失去平衡或破坏的外部作用主要有两类。一类是直接施加在结构上的各种力，亦称为荷载。包括永久作用（如结构自重、土压力、预加应力等），可变作用（如楼面和屋面活荷载、起重机荷载、雪荷载和覆冰荷载、风荷载等），偶然作用（如爆炸、撞击、火灾、地震等）。另一类是间接作用，指在结构上引起外加变形和约束变形的其他作用，例如温度作用、混凝土收缩、徐变等。

（2）结构上的作用根据随时间变化的特性分为永久作用、可变作用和偶然作用，其代表值应符合下列规定：

① 永久作用应采用标准值。

② 可变作用应根据设计要求采用标准值、组合值、频遇值或准永久值。

③ 偶然作用应按结构设计使用特点确定其代表值。

（3）结构上的作用应根据下列不同分类及特性，选择恰当的作用模型和加载方式：

① 直接作用和间接作用。

② 固定作用和非固定作用。

③ 静态作用和动态作用。

2. 结构作用的规定

1）永久作用

（1）结构自重的标准值应按结构构件的设计尺寸与材料密度计算确定。对于自重变异较大的材料和构件，对结构不利时自重的标准值取上限值，对结构有利时取下限值。

（2）位置固定的永久设备自重应采用设备铭牌重量值。当无铭牌重量时，应按实际重量计算。

（3）隔墙自重作为永久作用时，应符合位置固定的要求。位置可灵活布置的轻质隔墙自重应按可变荷载考虑。

（4）土压力应按设计埋深与土的单位体积自重计算确定。土的单位体积自重应根据计算水位分别取不同密度进行计算。

（5）预加应力应考虑时间效应影响，采用有效预应力。

2）楼面和屋面活荷载

（1）采用等效均布活荷载方法进行设计时，应保证其产生的荷载效应与最不利堆放情况等效。建筑楼面和屋面堆放物较多或较重的区域，应按实际情况考虑其荷载。

（2）地下室顶板施工活荷载标准值不应小于 5.0kN/m^2，当有临时堆积荷载以及有重型车辆通过时，施工组织设计中应按实际荷载验算并采取相应措施。

（3）将动力荷载简化为静力作用施加于楼面和梁时，应将活荷载乘以动力系数，动力系数不应小于 1.1。

3）雪荷载和覆冰荷载

（1）屋面水平投影面上的雪荷载标准值应为屋面积雪分布系数和基本雪压的乘积。

（2）基本雪压应根据空旷平坦地形条件下的降雪观测资料，采用适当的概率分布模型、按 50 年重现期进行计算。对雪荷载敏感的结构，应按照 100 年重现期雪压和基本雪压的比值，提高其雪荷载取值。

4）风荷载

（1）垂直于建筑物表面上的风荷载标准值，应在基本风压、风向影响系数、地形修正系数、风荷载体形系数、风压高度变化系数的乘积基础上，考虑风荷载脉动的增大效应加以确定。

（2）基本风压应根据基本风速值进行计算，且其取值不得低于 0.3kN/m^2。

5）偶然作用

当以偶然作用作为结构设计的主导作用时，应考虑偶然作用发生时和偶然作用发生后两种工况。在允许结构出现局部构件破坏的情况下，应保证结构不致因局部破坏引起连续倒塌。

1.2.3　混凝土结构设计构造要求

1. 钢筋混凝土结构的特点

（1）钢筋混凝土结构是混凝土结构中应用最多的一种，也是应用最广泛的建筑结构形式之一，它具有如下优点：

① 就地取材。钢筋混凝土的主要材料是砂、石，水泥和钢筋所占比例较小。砂和石一般都可由建筑所在地提供，水泥和钢材的产地在我国分布也较广。

② 耐久性好。钢筋混凝土结构中，钢筋被混凝土紧紧包裹而不致锈蚀，即使在侵蚀性介质条件下，也可采用特殊工艺制成耐腐蚀的混凝土，从而保证了结构的耐久性。

③ 整体性好。钢筋混凝土结构特别是现浇结构有很好的整体性，这对于地震区的建筑物有重要意义，另外对抵抗暴风及爆炸和冲击荷载也有较强的能力。

④ 可模性好。新拌合的混凝土是可塑的，可根据工程需要制成各种形状的构件，这给合理选择结构形式及构件断面提供了方便。

⑤ 耐火性好。混凝土是不良传热体，钢筋又有足够的保护层，火灾发生时钢筋不致很快达到软化温度而造成结构瞬间破坏。

（2）钢筋混凝土缺点主要是自重大，抗裂性能差，现浇结构模板用量大、工期长等。但随着科学技术的不断发展，这些缺点可以逐渐克服，例如采用轻质、高强的混凝土，可克服自重大的缺点；采用预应力混凝土，可克服容易开裂的缺点；掺入纤维做成纤维混凝土可克服混凝土的脆性；采用预制构件，可减小模板用量，缩短工期。

2. 钢筋混凝土结构主要技术要求

国家标准《混凝土结构通用规范》GB 55008—2021 对混凝土结构设计规定如下：混凝土结构工程应确定其结构设计工作年限、结构安全等级、抗震设防类别、结构上的作用和作用组合。应进行结构承载能力极限状态、正常使用极限状态和耐久性设计，并应符合工程的功能和结构性能要求。

1）结构体系

（1）混凝土结构体系应满足工程的承载能力、刚度和延性性能要求。

（2）混凝土结构体系设计应符合下列规定：

① 不应采用混凝土结构构件与砌体结构构件混合承重的结构体系。

② 房屋建筑结构应采用双向抗侧力结构体系。

③ 抗震设防烈度为 9 度的高层建筑，不应采用带转换层的结构、带加强层的结构、错层结构和连体结构。

（3）房屋建筑的混凝土楼盖应满足竖向振动舒适度要求。混凝土结构高层建筑应满足 10 年重现期水平风荷载作用的振动舒适度要求。

2）结构构造要求

（1）混凝土结构构件应根据受力状况分别进行正截面、斜截面、扭曲截面、受冲切和局部受压承载力计算。对于承受动力循环作用的混凝土结构或构件，尚应进行构件的疲劳承载力验算。

（2）混凝土结构构件之间、非结构构件与结构构件之间的连接应符合下列规定：

① 应满足被连接构件之间的受力及变形性能要求。

② 非结构构件与结构构件的连接应适应主体结构变形需求。

③ 连接不应先于被连接构件破坏。

（3）混凝土结构构件的最小截面尺寸应满足结构承载力极限状态、正常使用极限状态的计算要求，并应满足结构耐久性、防水、防火、配筋构造及混凝土浇筑施工要求，且尚应符合下列规定：

① 矩形截面框架梁的截面宽度不应小于 200mm。

② 矩形截面框架柱的边长不应小于 300mm，圆形截面柱的直径不应小于 350mm。

③ 高层建筑剪力墙的截面厚度不应小于 160mm，多层建筑剪力墙的截面厚度不应小于 140mm。

④ 现浇钢筋混凝土实心楼板的厚度不应小于 80mm，实心屋面板的厚度不应小于 100mm；现浇空心楼板的顶板、底板厚度均不应小于 50mm。

⑤ 预制钢筋混凝土实心叠合楼板的预制底板及后浇混凝土厚度均不应小于 50mm。

（4）装配式混凝土结构应根据结构性能以及构件生产、安装施工的便捷性要求确定连接构造方式并进行连接及节点设计。

3）结构混凝土技术要求

（1）结构混凝土应进行配合比设计，并应采取保证混凝土拌合物性能、混凝土力学性能和耐久性能的措施。

（2）结构混凝土强度等级的选用应满足工程结构的承载力、刚度及耐久性需求。对设计工作年限为 50 年的混凝土结构，结构混凝土的强度等级尚应符合下列规定。对设计工作年限大于 50 年的混凝土结构，结构混凝土的最低强度等级应比下列规定高。

① 素混凝土结构构件的混凝土强度等级不应低于 C20。钢筋混凝土结构构件的混凝土强度等级不应低于 C25。预应力混凝土楼板结构的混凝土强度等级不应低于 C30，其他预应力混凝土结构构件的混凝土强度等级不应低于 C40。钢－混凝土组合结构构件的混凝土强度等级不应低于 C30。

② 承受重复荷载作用的钢筋混凝土结构构件，混凝土强度等级不应低于 C30。

③ 抗震等级不低于二级的钢筋混凝土结构构件，混凝土强度等级不应低于 C30。

④ 采用 500MPa 及以上等级钢筋的钢筋混凝土结构构件，混凝土的强度等级不应低于 C30。

（3）混凝土结构应从设计、材料、施工、维护各环节采取控制混凝土裂缝的措施。混凝土构件受力裂缝的计算应符合下列规定：

① 不允许出现裂缝的混凝土构件，应根据实际情况控制混凝土截面不产生拉应力或控制最大拉应力不超过混凝土抗拉强度标准值。

② 允许出现裂缝的混凝土构件，应根据构件类别与环境类别控制受力裂缝宽度，使其不致影响设计工作年限内的结构受力性能、使用性能和耐久性能。

4）结构钢筋技术要求

（1）混凝土结构用普通钢筋、预应力筋应具有符合工程结构在承载能力极限状态和正常使用极限状态下需求的强度和延伸率。

（2）混凝土结构中普通钢筋、预应力筋应采取可靠的锚固措施。普通钢筋锚固长度取值应符合下列规定：

① 受拉钢筋锚固长度应根据钢筋的直径、钢筋及混凝土抗拉强度、钢筋的外形、钢筋锚固端的形式、结构或结构构件的抗震等级进行计算。

② 受拉钢筋锚固长度不应小于 200mm。

③ 对受压钢筋，当充分利用其抗压强度并需锚固时，其锚固长度不应小于受拉钢筋锚固长度的 70%。

（3）混凝土结构中的普通钢筋、预应力筋应设置混凝土保护层，混凝土保护层厚度应符合下列规定：

① 满足普通钢筋、有粘结预应力筋与混凝土共同工作性能要求。

② 满足混凝土构件的耐久性能及防火性能要求。

③ 不应小于普通钢筋的公称直径，且不应小于 15mm。

（4）钢筋套筒灌浆连接接头的实测极限抗拉强度不应小于连接钢筋的抗拉强度标

准值，且接头破坏应位于套筒外的连接钢筋。

（5）当施工中进行混凝土结构构件的钢筋、预应力筋代换时，应符合设计规定的构件承载能力、正常使用、配筋构造及耐久性能要求，并应取得设计变更文件。

1.2.4　砌体结构设计构造要求

1. 砌体结构的特点

砌体结构包括砖砌体、砌块砌体和石砌体结构。在建筑工程中，砌体结构主要应用于以承受竖向荷载为主的内外墙体、柱子、基础、地沟等构件，还可应用于建造烟囱、料仓、小型水池等特种结构。砌体结构具有如下特点：

（1）容易就地取材，比使用水泥、钢筋和木材造价低；

（2）具有较好的耐久性、良好的耐火性；

（3）保温隔热性能好，节能效果好；

（4）施工方便，工艺简单；

（5）具有承重与围护双重功能；

（6）自重大，抗拉、抗剪、抗弯能力低；

（7）抗震性能差；

（8）砌筑工程量繁重，生产效率低。

2. 砌体结构的主要技术要求

国家标准《砌体结构通用规范》GB 55007—2021 对砌体结构设计与施工规定如下：

1）基本规定

（1）砌体结构应布置合理、受力明确、传力途径合理，并保证砌体结构的整体性和稳定性。

（2）砌体结构施工质量控制等级应根据现场质量管理水平、砂浆和混凝土质量控制、砂浆拌合工艺、砌筑工人技术等级四个要素从高到低分为 A、B、C 三级，设计工作年限为 50 年及以上的砌体结构工程，应为 A 级或 B 级。

（3）砌体结构应选择满足工程耐久性要求的材料，建筑与结构构造应有利于防止雨雪、湿气和侵蚀性介质对砌体的危害。

（4）环境类别为 2 类～5 类条件下砌体结构的钢筋应采取防腐处理或其他保护措施。

（5）处于环境类别为 4 类、5 类条件下的砌体结构应采取抗侵蚀和耐腐蚀措施。

2）材料要求

（1）砌体结构材料应根据其承载性能、节能环保性能、使用环境条件合理选用。

（2）所用的材料应有产品出厂合格证书、产品性能型式检验报告；应对块材、水泥、钢筋、外加剂、预拌砂浆、预拌混凝土的主要性能进行检验。应根据块材类别和性能，选用与其匹配的砌筑砂浆。

（3）砌体结构不应采用非蒸压硅酸盐砖、非蒸压硅酸盐砌块及非蒸压加气混凝土制品。

（4）砌体结构应推广应用以废弃砖瓦、混凝土块、渣土等废弃物为主要材料制作的砌块。

（5）夹心墙的外叶墙的砖及混凝土砌块的强度等级不应低于 MU10。

（6）填充墙的块材最低强度等级应满足：内墙空心砖、轻骨料混凝土砌块、混凝土空心砌块为MU3.5，外墙为MU5；内墙蒸压加气混凝土砌块为A2.5，外墙为A3.5。

（7）下列部位或环境中的填充墙不应使用轻骨料混凝土小型空心砌块或蒸压加气混凝土砌块：

① 建筑物防潮层以下墙体；

② 长期浸水或化学侵蚀环境；

③ 砌体表面温度高于80℃的部位；

④ 长期处于有振动源环境的墙体。

（8）砌筑砂浆的最低强度等级应符合下列规定：

① 设计工作年限大于和等于25年的烧结普通砖和烧结多孔砖砌体为M5；设计工作年限小于25年的烧结普通砖和烧结多孔砖砌体为M2.5。

② 蒸压加气混凝土砌块砌体为Ma5.0；蒸压灰砂普通砖和蒸压粉煤灰普通砖砌体为Ms5.0。

③ 混凝土普通砖、混凝土多孔砖砌体为Mb5。

④ 混凝土砌块、煤矸石混凝土砌块为Mb7.5。

⑤ 配筋砌块砌体为Mb10。

⑥ 毛料石、毛石砌体为M5。

（9）混凝土砌块砌体的灌孔混凝土最低强度等级不应低于Cb20，且不应低于块体强度等级的1.5倍。

3）设计构造要求

（1）墙体转角处和纵横墙交接处应设置水平拉结钢筋或钢筋焊接网。

（2）砌体结构钢筋混凝土板、屋面板应符合下列规定：

① 现浇钢筋混凝土楼板或屋面板伸进纵、横墙内的长度，均不应小于120mm；

② 预制钢筋混凝土板在混凝土梁或圈梁上的支承长度不应小于80mm；当板未直接搁置在圈梁上时，在内墙上的支承长度不应小于100mm，在外墙上的支承长度不应小于120mm；

③ 预制钢筋混凝土板端钢筋应与支座处沿墙或圈梁配置的纵筋绑扎，应采用强度等级不低于C25的混凝土浇筑成板带；

④ 预制钢筋混凝土板与现浇板对接时，预制板端钢筋应与现浇板可靠连接；

⑤ 当预制钢筋混凝土板的跨度大于4.8m并与外墙平行时，靠外墙的预制板侧边应与墙或圈梁拉结；

⑥ 钢筋混凝土预制板应相互拉结，并应与梁、墙或圈梁拉结。

（3）承受吊车荷载的单层砌体结构应采用配筋砌体结构。

（4）多层砌体结构房屋中的承重墙、梁不应采用无筋砌体构件支承。

（5）对于多层砌体结构民用房屋，当层数为3层、4层时，应在底层和檐口标高处各设置一道圈梁。当层数超过4层时，除应在底层和檐口标高处各设置一道圈梁外，还至少在所有纵、横墙上隔层设置。

（6）圈梁宽度不应小于190mm，高度不应小于120mm，配筋不应少于4ϕ12，箍筋间距不应大于200mm。

（7）底部框架－抗震墙结构房屋底部现浇混凝土抗震墙厚度不应小于 160mm；框架柱截面尺寸不应小于 400mm×400mm，圆柱直径不应小于 450mm。

（8）配筋砌块砌体抗震墙应全部用灌孔混凝土灌实。

（9）填充墙与周边主体结构构件的连接构造和嵌缝材料应能满足传力、变形、耐久、防护和防止平面外倒塌要求。

1.2.5　钢结构设计构造要求

钢结构建筑是以建筑钢材构成承重结构的建筑。通常由型钢和钢板制成的梁、柱、桁架等构件构成承重结构，其与屋面、楼面和墙面等围护结构共同组成建筑物。

1. 钢结构的特点

（1）建筑型钢通常指热轧成型的角钢、槽钢、工字钢、H 型钢和钢管等。由其构件构成承重结构的建筑称型钢结构建筑。另外，由薄钢板冷轧成型的、卷边或不卷边的 L 形、U 形、Z 形和管形等薄壁型钢，以及其与小型钢材如角钢、钢筋等制成的构件所形成的承重结构建筑，一般称轻型钢结构建筑。还有采用钢索的悬索结构建筑等，也属于钢结构建筑。

（2）钢结构具有以下主要优点：

① 材料强度高，自重轻，塑性和韧性好，材质均匀；

② 便于工厂生产和机械化施工，便于拆卸，施工工期短；

③ 具有优越的抗震性能；

④ 无污染、可再生、节能、安全，符合建筑可持续发展的原则。

（3）钢结构的缺点是易腐蚀，需经常油漆维护，故维护费用较高。钢结构的耐火性差，当温度达到 250℃时，钢结构的材质将会发生较大变化；当温度达到 500℃时，结构会瞬间崩溃，完全丧失承载能力。

2. 钢结构的主要技术要求

国家标准《钢结构通用规范》GB 55006—2021 对钢结构设计与施工规定如下：

1）钢结构工程建设应遵循的原则

（1）满足适用、经济和耐久性要求；

（2）提高工程建设质量和运营维护水平；

（3）符合国家节能、环保、防灾减灾和应急管理等政策；

（4）符合建筑技术的发展方向，鼓励新技术应用。

2）基本规定

当施工方法对结构的内力和变形有较大影响时，应进行施工方法对主体结构影响的分析，并对施工阶段结构的强度、稳定性和刚度进行验算。

3）材料要求

钢结构承重构件所用的钢材应具有屈服强度、断后伸长率、抗拉强度和磷、硫含量的合格保证，在低温使用环境下尚应具有冲击韧性的合格保证；对焊接结构尚应具有碳或碳当量的合格保证。

4）设计要求

（1）螺栓孔加工精度、高强度螺栓施加的预拉力、高强度螺栓摩擦型连接的连接板摩擦面处理工艺应保证螺栓连接的可靠性；已施加过预拉力的高强度螺栓拆卸后不应作为受力螺栓循环使用。

（2）焊接材料应与母材相匹配。焊缝应采用减少垂直于厚度方向的焊接收缩应力的坡口形式与构造措施。

（3）钢结构承受动荷载且需进行疲劳验算时，严禁使用塞焊、槽焊、电渣焊和气电立焊接头。

（4）高强度螺栓承压型连接不应用于直接承受动力荷载重复作用且需要进行疲劳计算的构件连接。

（5）栓焊并用连接应按全部剪力由焊缝承担的原则，对焊缝进行疲劳验算。

（6）焊接结构设计中不得任意加大焊缝尺寸，避免焊缝密集交叉。对直接承受动力荷载的普通螺栓受拉连接应采用双螺母或其他防止螺母松动的有效措施。

（7）多层和高层钢结构结构计算时应考虑构件的下列变形：

① 梁的弯曲和剪切变形；

② 柱的弯曲、轴向、剪切变形；

③ 支撑的轴向变形；

④ 剪力墙板和延性墙板的剪切变形；

⑤ 消能梁段的剪切、弯曲和轴向变形；

⑥ 楼板的变形。

1.2.6 装配式混凝土建筑设计构造要求

装配式混凝土建筑是指以工厂化生产的混凝土预制构件为主，通过现场装配的方式设计建造的混凝土结构类房屋建筑。构件的装配方法一般有现场后浇叠合层混凝土、钢筋锚固后浇混凝土连接等，钢筋连接可采用套筒灌浆连接、焊接、机械连接及预留孔洞搭接连接等做法。装配式混凝土建筑是建筑工业化最重要的方式，它具有提高质量、缩短工期、节约能源、减少消耗、清洁生产等许多优点。

1. 基本设计规定

（1）装配式结构中，预制构件的连接部位宜设置在结构受力较小的部位，其尺寸和形状应符合下列规定：

① 应满足建筑使用功能、模数、标准化要求，并应进行优化设计；

② 应根据预制构件的功能和安装部位、加工制作及施工精度等要求，确定合理的公差；

③ 应满足制作、运输、堆放、安装及质量控制要求。

（2）建筑的围护结构以及楼梯、阳台、隔墙、空调板、管道井等配套构件、室内装修材料宜采用工业化、标准化产品。

（3）高层装配整体式结构应符合下列规定：

① 宜设置地下室，地下室宜采用现浇混凝土。

② 剪力墙结构底部加强部位的剪力墙宜采用现浇混凝土。

③ 框架结构首层柱宜采用现浇混凝土，顶层宜采用现浇楼盖结构。

④ 底部加强部位的剪力墙、框架结构的首层柱采用预制混凝土时，应采取可靠的

技术措施。

（4）预制构件节点及接缝处后浇混凝土强度等级不应低于预制构件的混凝土强度等级；多层剪力墙结构中墙板水平接缝用坐浆材料的强度等级值应大于被连接构件的混凝土强度等级值。

2. 剪力墙结构设计要求

（1）装配整体式剪力墙结构的布置应满足下列要求：

① 应沿两个方向布置剪力墙；

② 剪力墙的截面宜简单、规则；预制墙的门窗洞口宜上下对齐、成列布置。

（2）预制剪力墙宜采用一字形，也可采用 L 形、T 形或 U 形；开洞预制剪力墙洞口宜居中布置，洞口两侧的墙肢宽度不应小于 200mm，洞口上方连梁高度不宜小于 250mm。

（3）当预制外墙采用夹心墙板时，应满足下列要求：

① 外叶墙板厚度不应小于 50mm，且外叶墙板应与内叶墙板可靠连接；

② 夹心外墙板的夹层厚度不宜大于 120mm；

③ 当作为承重墙时，内叶墙板应按剪力墙进行设计。

（4）预制剪力墙底部接缝宜设置在楼面标高处，并应符合下列规定：

① 接缝高度宜为 20mm；

② 接缝宜采用灌浆料填实；

③ 接缝处后浇混凝土上表面应设置粗糙面。

（5）上下层预制剪力墙的竖向钢筋，当采用套筒灌浆连接和浆锚搭接连接时，应符合下列规定：

① 边缘构件竖向钢筋应逐根连接。

② 预制剪力墙的竖向分布钢筋仅部分连接时，被连接的同侧钢筋间距不应大于 600mm。

③ 一级抗震等级剪力墙以及二、三级抗震等级底部加强部位，剪力墙的边缘构件竖向钢筋宜采用套筒灌浆连接。

第2章　主要建筑工程材料性能与应用

2.1　常用结构工程材料

第2章
看本章精讲课
配套章节自测

2.1.1　建筑钢材的性能与应用

建筑钢材可分为钢结构用钢、钢筋混凝土结构用钢和建筑装饰用钢材制品。

钢材是以铁为主要元素，含碳量为0.02%～2.06%，并含有其他元素的合金材料。钢材按化学成分分为碳素钢和合金钢两大类。碳素钢根据含碳量又可分为低碳钢（含碳量小于0.25%）、中碳钢（含碳量0.25%～0.6%）和高碳钢（含碳量大于0.6%）。合金钢是在炼钢过程中加入一种或多种合金元素，如硅（Si）、锰（Mn）、钛（Ti）、钒（V）等而得的钢种。按合金元素的总含量，合金钢又可分为低合金钢（总含量小于5%）、中合金钢（总含量5%～10%）和高合金钢（总含量大于10%）。

优质碳素结构钢按冶金质量等级分为优质钢、高级优质钢（牌号后加“A”）和特级优质钢（牌号后加“E”）。优质碳素结构钢一般用于生产预应力混凝土用钢丝、钢绞线、锚具，以及高强度螺栓、重要结构的钢铸件等。低合金高强度结构钢的牌号与碳素结构钢类似，不过其质量等级分为B、C、D、E、F五级，牌号有Q355、Q390、Q420、Q460几种。主要用于轧制各种型钢、钢板、钢管及钢筋，广泛用于钢结构和钢筋混凝土结构中，特别适用于各种重型结构、高层结构、大跨度结构及桥梁工程等。

1. 常用的建筑钢材

1）钢结构用钢

（1）钢结构用钢主要有型钢、钢板和钢索等，其中型钢是钢结构中采用的主要钢材。型钢又分热轧型钢和冷弯薄壁型钢，常用热轧型钢主要有工字钢、H型钢、T型钢、槽钢、等边角钢、不等边角钢等。薄壁型钢是用薄钢板经模压或冷弯而制成，其截面形式多样，壁厚一般为1.5～5mm，能充分利用钢材的强度，节约钢材。薄壁轻型钢结构中主要采用薄壁型钢、圆钢和小角钢。

（2）钢板材包括钢板、花纹钢板、建筑用压型钢板和彩色涂层钢板等。钢板规格表示方法为“宽度×厚度×长度”（单位为mm）。钢板分厚板（厚度大于4mm）和薄板（厚度不大于4mm）两种。厚板主要用于结构，薄板主要用于屋面板、楼板和墙板等。在钢结构中，单块钢板一般较少使用，而是用几块板组合成工字形、箱形等结构形式来承受荷载。

2）钢筋混凝土结构用钢

（1）钢筋混凝土结构用钢主要品种有热轧钢筋、预应力混凝土用热处理钢筋、预应力混凝土用钢丝和钢绞线等。热轧钢筋是建筑工程中用量最大的钢材品种之一，主要用于钢筋混凝土结构和预应力钢筋混凝土结构的配筋。目前我国的热轧钢筋品种、强度标准值见表2.1-1。

（2）热轧光圆钢筋强度较低，与混凝土的粘结强度也较低，主要用作板的受力钢筋、箍筋以及构造钢筋。热轧带肋钢筋与混凝土之间的握裹力大，共同工作性能较好，其中的HRB400级钢筋是钢筋混凝土用的主要受力钢筋，是目前工程中常用的钢筋牌号。

表 2.1–1　热轧钢筋的品种及强度标准值

品种	牌号	屈服强度 f_{yk}（MPa）	极限强度 f_{stk}（MPa）
		不小于	不小于
光圆钢筋	HPB300	300	420
带肋钢筋	HRB400	400	540
	HRBF400		
	HRB400E		
	HRBF400E		
	HRB500	500	630
	HRBF500		
	HRB500E		
	HRBF500E		
	HRB600	600	730

注：HPB 属于热轧光圆钢筋，HRB 属于普通热轧钢筋，HRBF 属于细晶粒热轧钢筋。

（3）国家标准规定，有较高要求的抗震结构适用的钢筋牌号为：在表 2.1–1 中已有带肋钢筋牌号后加 E（例如：HRB400E、HRBF400E）的钢筋。该类钢筋除满足表中的强度标准值要求外，还应满足以下要求：

① 抗拉强度实测值与屈服强度实测值的比值不应小于 1.25。

② 屈服强度实测值与屈服强度标准值的比值不应大于 1.30。

③ 最大力总延伸率实测值不应小于 9%。

（4）国家标准还规定，热轧带肋钢筋应在其表面轧上牌号标志、生产企业序号（行政区划代码前 2 位或注册的厂名或商标和许可证后 3 位数字）和公称直径毫米数字，还可轧上经注册的厂名（或商标）。钢筋牌号以阿拉伯数字或阿拉伯数字加英文字母表示，HRB400、HRB500、HRB600 分别以 4、5、6 表示，HRBF400、HRBF500 分别以 C4、C5 表示，HRB400E、HRB500E 分别以 4E、5E 表示，HRBF400E、HRBF500E 分别以 C4E、C5E 表示。厂名以汉语拼音字头表示。公称直径毫米数以阿拉伯数字表示。

2. 建筑钢材的力学性能

钢材的主要性能包括力学性能和工艺性能。其中力学性能是钢材最重要的使用性能，包括拉伸性能、冲击性能、疲劳性能等。工艺性能表示钢材在各种加工过程中的行为，包括弯曲性能和焊接性能等。

1）拉伸性能

建筑钢材拉伸性能的指标包括屈服强度、抗拉强度和伸长率。屈服强度是结构设计中钢材强度的取值依据。抗拉强度与屈服强度之比（强屈比）是评价钢材使用可靠性的一个参数。强屈比越大，钢材受力超过屈服点工作时的可靠性越大，安全性越高；但强屈比太大，钢材强度利用率偏低，浪费材料。

钢材在受力破坏前可以经受永久变形的性能，称为塑性。在工程应用中，钢材的塑性指标通常用伸长率表示。伸长率是钢材发生断裂时所能承受永久变形的能力。伸长率越大，说明钢材的塑性越大。试件拉断后标距长度的增量与原标距长度之比的百分比即为断后伸长率。对常用的热轧钢筋而言，还有一个最大力总延伸率的指标要求。

2）冲击性能

冲击性能是指钢材抵抗冲击荷载的能力。钢的化学成分及冶炼、加工质量都对冲击性能有明显的影响。除此以外，钢的冲击性能受温度的影响较大，冲击性能随温度的下降而减小；当降到一定温度范围时，冲击值急剧下降，从而使钢材出现脆性断裂，这种性质称为钢的冷脆性，这时的温度称为脆性临界温度。脆性临界温度的数值越低，钢材的低温冲击性能越好。所以，在负温下使用的结构，应选用脆性临界温度较使用温度低的钢材。

3）疲劳性能

受交变荷载反复作用时，钢材在应力远低于其屈服强度的情况下突然发生脆性断裂破坏的现象，称为疲劳破坏。疲劳破坏是在低应力状态下突然发生的，所以危害极大，往往造成灾难性的事故。钢材的疲劳极限与其抗拉强度有关，一般抗拉强度高，其疲劳极限也较高。

2.1.2　水泥的性能与应用

我国建筑工程中常用的是通用硅酸盐水泥。国家标准《通用硅酸盐水泥》GB 175—2023 规定，按混合材料的品种和掺量，通用硅酸盐水泥可分为硅酸盐水泥、普通硅酸盐水泥、矿渣硅酸盐水泥、火山灰质硅酸盐水泥、粉煤灰硅酸盐水泥和复合硅酸盐水泥，见表 2.1–2。

表 2.1–2　通用硅酸盐水泥的代号和强度等级

<table>
<tr><th>水泥名称</th><th>简称</th><th>代号</th><th>强度等级</th></tr>
<tr><td>硅酸盐水泥</td><td>硅酸盐水泥</td><td>P·Ⅰ、P·Ⅱ</td><td rowspan="2">42.5、42.5R、52.5、52.5R、62.5、62.5R</td></tr>
<tr><td>普通硅酸盐水泥</td><td>普通水泥</td><td>P·O</td></tr>
<tr><td>矿渣硅酸盐水泥</td><td>矿渣水泥</td><td>P·S·A、P·S·B</td><td rowspan="3">32.5、32.5R
42.5、42.5R
52.5、52.5R</td></tr>
<tr><td>火山灰质硅酸盐水泥</td><td>火山灰水泥</td><td>P·P</td></tr>
<tr><td>粉煤灰硅酸盐水泥</td><td>粉煤灰水泥</td><td>P·F</td></tr>
<tr><td>复合硅酸盐水泥</td><td>复合水泥</td><td>P·C</td><td>42.5、42.5R，52.5、52.5R</td></tr>
</table>

注：强度等级中，R 表示早强型。

1. 常用水泥的技术要求

1）凝结时间

水泥的凝结时间分初凝时间和终凝时间。初凝时间是从水泥加水拌合起至水泥浆开始失去可塑性所需的时间；终凝时间是从水泥加水拌合起至水泥浆完全失去可塑性并开始产生强度所需的时间。国家标准规定，六大常用水泥的初凝时间均不得短于 45min，硅酸盐水泥的终凝时间不得长于 6.5h，其他五类常用水泥的终凝时间不得长于 10h。

2）安定性

水泥的体积安定性是指水泥在凝结硬化过程中，体积变化的均匀性。如果水泥硬化后产生不均匀的体积变化，即所谓体积安定性不良，就会使混凝土构件产生膨胀性裂缝，降低建筑工程质量，甚至引起严重事故。安定性不合格的水泥严禁用于工程。

3）强度及强度等级

国家标准规定，采用胶砂法来测定水泥的 3d 和 28d 的抗压强度和抗折强度，根据测定结果来确定该水泥的强度等级。

4）其他技术要求

其他技术要求包括标准稠度用水量、水泥的细度及化学指标。水泥的细度属于选择性指标。通用硅酸盐水泥的化学指标有不溶物、烧失量、三氧化硫、氧化镁、氯离子和碱含量。碱含量属于选择性指标。水泥中的碱含量高时，如果配制混凝土的骨料具有碱活性，可能产生碱骨料反应，导致混凝土因不均匀膨胀而破坏。

2. 常用水泥的特性

六大常用水泥的主要特性见表 2.1–3。

表 2.1–3　六大常用水泥的主要特性

水泥	硅酸盐水泥	普通水泥	矿渣水泥	火山灰水泥	粉煤灰水泥	复合水泥
主要特性	① 凝结硬化快、早期强度高 ② 水化热大 ③ 抗冻性好 ④ 耐热性差 ⑤ 耐蚀性差 ⑥ 干缩性较小	① 凝结硬化较快、早期强度较高 ② 水化热较大 ③ 抗冻性较好 ④ 耐热性较差 ⑤ 耐蚀性较差 ⑥ 干缩性较小	① 凝结硬化慢、早期强度低，后期强度增长较快 ② 水化热较小 ③ 抗冻性差 ④ 耐热性好 ⑤ 耐蚀性较好 ⑥ 干缩性较大 ⑦ 泌水性大、抗渗性差	① 凝结硬化慢、早期强度低，后期强度增长较快 ② 水化热较小 ③ 抗冻性差 ④ 耐热性较差 ⑤ 耐蚀性较好 ⑥ 干缩性较大 ⑦ 抗渗性较好	① 凝结硬化慢、早期强度低，后期强度增长较快 ② 水化热较小 ③ 抗冻性差 ④ 耐热性较差 ⑤ 耐蚀性较好 ⑥ 干缩性较小 ⑦ 抗裂性较高	① 凝结硬化慢、早期强度低，后期强度增长较快 ② 水化热较小 ③ 抗冻性差 ④ 耐蚀性较好 ⑤ 其他性能与所掺入的两种或两种以上混合材料的种类、掺量有关

3. 常用水泥的包装及标志

水泥可以散装或袋装，袋装水泥每袋净含量为 50kg。水泥包装袋上应清楚标明：执行标准、水泥品种、代号、强度等级、生产者名称、生产许可证标志（QS）及编号、出厂编号、包装日期、净含量。包装袋两侧应根据水泥的品种采用不同的颜色印刷水泥名称和强度等级，硅酸盐水泥和普通硅酸盐水泥采用红色，矿渣硅酸盐水泥采用绿色；火山灰质硅酸盐水泥、粉煤灰硅酸盐水泥和复合硅酸盐水泥采用黑色或蓝色。

散装发运时应提交与袋装标志相同内容的卡片。

2.1.3　混凝土及组成材料的性能与应用

混凝土是指由胶凝材料将集料胶结成整体的工程复合材料的统称。民用建筑工程常用的混凝土，通常指用水泥（或活性矿物掺合料）作为胶凝材料，砂、石作为集料（或称骨料），与水、外加剂或其他掺合料按一定比例配合，经搅拌而得的水泥混凝土，称作普通混凝土。

1. 混凝土的技术性能

混凝土在未凝结硬化前，称为混凝土拌合物（或称新拌混凝土）。它必须具有良好的和易性，便于施工，以保证能获得良好的浇筑质量；混凝土拌合物凝结硬化后，应具有足够的强度，以保证建筑物能安全地承受设计荷载，并应具有必要的耐久性。

1）混凝土拌合物的和易性

混凝土和易性又称工作性，是一项综合的技术性质，包括流动性、黏聚性和保水性三方面的含义。

用坍落度试验来测定混凝土拌合物的坍落度或坍落扩展度，并作为流动性指标，坍落度或坍落扩展度越大表示流动性越大。对坍落度值小于10mm的干硬性混凝土拌合物，则用维勃稠度试验测定其稠度作为流动性指标，稠度（s）值越大表示流动性越小。混凝土拌合物的黏聚性和保水性主要通过目测结合经验进行评定。

影响混凝土拌合物和易性的主要因素包括单位体积用水量、砂率、组成材料的性质、时间和温度等。单位体积用水量决定水泥浆的数量和稠度，它是影响混凝土和易性的最主要因素。砂率是指混凝土中砂的质量占砂、石总质量的百分率。组成材料的性质包括水泥的需水量和泌水性、骨料的特性、外加剂和掺合料的特性等几方面。

2）混凝土的强度

（1）混凝土立方体抗压强度

按国家标准《混凝土物理力学性能试验方法标准》GB/T 50081—2019，制作边长为150mm的立方体试件，在温度（20±2）℃，相对湿度95%以上，养护到28d龄期，测得的抗压强度值为混凝土立方体试件抗压强度，以f_{cu}表示，单位为N/mm^2或MPa。

（2）混凝土立方体抗压标准强度与强度等级

混凝土立方体抗压标准强度（或称立方体抗压强度标准值）是指按标准方法制作和养护的边长为150mm的立方体试件，在28d龄期，用标准试验方法测得的抗压强度总体分布中具有不低于95%保证率的抗压强度值，以$f_{cu,k}$表示。

混凝土强度等级是按混凝土立方体抗压标准强度来划分的，采用符号C与立方体抗压强度标准值（单位为MPa）表示。普通混凝土划分为C15、C20、C25、C30、C35、C40、C45、C50、C55、C60、C65、C70、C75和C80共14个等级，C30即表示混凝土立方体抗压强度标准值$30MPa \leq f_{cu,k} < 35MPa$。混凝土强度等级是混凝土结构设计、施工质量控制和工程验收的重要依据。

（3）混凝土的轴心抗压强度

轴心抗压强度的测定采用150mm×150mm×300mm棱柱体作为标准试件。试验表明，在立方体抗压强度$f_{cu}=10\sim55MPa$的范围内，轴心抗压强度$f_c=(0.70\sim0.80)f_{cu}$。结构设计中，混凝土受压构件的计算采用混凝土的轴心抗压强度，更加符合工程实际。

（4）混凝土的抗拉强度

混凝土抗拉强度只有抗压强度的1/20～1/10，且随着混凝土强度等级的提高，比值有所降低。在结构设计中抗拉强度是确定混凝土抗裂度的重要指标，有时也用它来间接衡量混凝土与钢筋的粘结强度等。我国采用立方体的劈裂抗拉试验来测定混凝土的劈裂抗拉强度f_{ts}，并可换算得到混凝土的轴向抗拉强度f_t。

（5）影响混凝土强度的因素

影响混凝土强度的因素主要有原材料及生产工艺等。原材料方面的因素包括：水泥强度与水胶比，骨料的种类、质量和数量，外加剂和掺合料；生产工艺方面的因素包括：搅拌与振捣，养护的温度和湿度，龄期。

3）混凝土的耐久性

混凝土的耐久性是一个综合性概念，包括抗渗、抗冻、抗侵蚀、碳化、碱骨料反应及混凝土中的钢筋锈蚀等性能，这些性能均决定着混凝土经久耐用的程度，故称为耐久性。

（1）抗渗性。混凝土的抗渗性直接影响到混凝土的抗冻性和抗侵蚀性。混凝土的抗渗性用抗渗等级表示，分 P4、P6、P8、P10、P12、＞ P12 共六个等级。混凝土的抗渗性主要与其密实度及内部孔隙的大小和构造有关。

（2）抗冻性。混凝土的抗冻性用抗冻等级表示，分 F50、F100、F150、F200、F250、F300、F350、F400、＞ F400 共九个等级。抗冻等级 F50 以上的混凝土简称抗冻混凝土。

（3）抗侵蚀性。当混凝土所处环境中含有侵蚀性介质时，要求混凝土具有抗侵蚀能力。侵蚀性介质包括软水、硫酸盐、镁盐、碳酸盐、一般酸、强碱、海水等。

（4）混凝土的碳化（中性化）。混凝土的碳化是环境中的二氧化碳与水泥石中的氢氧化钙作用，生成碳酸钙和水。碳化使混凝土的碱度降低，削弱混凝土对钢筋的保护作用，可能导致钢筋锈蚀；碳化显著增加混凝土的收缩，使混凝土抗压强度增大，但可能产生细微裂缝，而使混凝土抗拉强度、抗折强度降低。

（5）碱骨料反应。碱骨料反应是指水泥中的碱性氧化物含量较高时，会与骨料中所含的活性二氧化硅发生化学反应，并在骨料表面生成碱 - 硅酸凝胶，吸水后在混凝土的长期使用过程中会产生较大的体积膨胀，导致混凝土胀裂的现象，影响混凝土的耐久性。

2. 混凝土外加剂、掺合料的种类与应用

1）外加剂的分类

混凝土外加剂种类繁多，功能多样，可按其主要使用功能分为以下四类：

（1）改善混凝土拌合物流动性能的外加剂。包括各种减水剂、引气剂和泵送剂等。

（2）调节混凝土凝结时间、硬化性能的外加剂。包括缓凝剂、早强剂和速凝剂等。

（3）改善混凝土耐久性的外加剂。包括引气剂、防水剂和阻锈剂等。

（4）改善混凝土其他性能的外加剂。包括膨胀剂、防冻剂、着色剂、防水剂和泵送剂等。

2）外加剂的应用

目前建筑工程中应用较多和较成熟的外加剂有减水剂、早强剂、缓凝剂、引气剂、膨胀剂、防冻剂等。

（1）混凝土中掺入减水剂，若不减少拌合用水量，能显著提高拌合物的流动性；当减水而不减少水泥时，可提高混凝土强度；若减水的同时适当减少水泥用量，则可节约水泥，同时，混凝土的耐久性也能得到显著改善。

（2）早强剂可加速混凝土硬化和早期强度发展，缩短养护周期，加快施工进度，提高模板周转率。多用于冬期施工或紧急抢修工程。

（3）缓凝剂主要用于高温季节混凝土、大体积混凝土、泵送与滑模方法施工以及远距离运输的商品混凝土等，不宜用于日最低气温 5℃以下施工的混凝土，也不宜用于有早强要求的混凝土和蒸汽养护的混凝土。缓凝剂的水泥品种适应性十分明显，不同品

种水泥的缓凝效果不相同，甚至会出现相反的效果。因此，使用前必须进行试验，检测其缓凝效果。

（4）引气剂是在搅拌混凝土过程中能引入大量均匀分布、稳定而封闭的微小气泡的外加剂。引气剂可改善混凝土拌合物的和易性，减少泌水离析，并能提高混凝土的抗渗性和抗冻性。同时，随着含气量的增加，混凝土的弹性模量降低，对提高混凝土的抗裂性有利。由于大量微气泡的存在，混凝土的抗压强度会有所降低。引气剂适用于抗冻、防渗、抗硫酸盐、泌水严重的混凝土等。

（5）膨胀剂能使混凝土在硬化过程中产生微量体积膨胀。膨胀剂主要有硫铝酸钙类、氧化钙类、金属类等。膨胀剂适用于补偿收缩混凝土、填充用膨胀混凝土、灌浆用膨胀砂浆、自应力混凝土等。含硫铝酸钙类、硫铝酸钙－氧化钙类膨胀剂的混凝土（砂浆）不得用于长期环境温度为80℃以上的工程；含氧化钙类膨胀剂的混凝土（砂浆）不得用于海水或有侵蚀性水的工程。

（6）防冻剂在规定的温度下，能显著降低混凝土的冰点，使混凝土液相不冻结或仅部分冻结，从而保证水泥的水化作用，并在一定时间内获得预期强度。含亚硝酸盐、碳酸盐的防冻剂严禁用于预应力混凝土结构；含有六价铬盐、亚硝酸盐等有害成分的防冻剂，严禁用于饮水工程及与食品相接触的工程；含有硝铵、尿素等产生刺激性气味的防冻剂，严禁用于办公、居住等建筑工程。

3）混凝土掺合料

（1）用于混凝土中的掺合料可分为活性矿物掺合料和非活性矿物掺合料两大类。非活性矿物掺合料一般与水泥组分不起化学作用，或化学作用很小，如磨细石英砂、石灰石、硬矿渣之类材料。活性矿物掺合料虽然本身不水化或水化速度很慢，但能与水泥水化生成的$Ca(OH)_2$反应，生成具有水硬性的胶凝材料。如粒化高炉矿渣、火山灰质材料、粉煤灰、硅粉、钢渣粉、磷渣粉等。

（2）通常使用的掺合料多为活性矿物掺合料。在掺有减水剂的情况下，能增加新拌混凝土的流动性、黏聚性、保水性，改善混凝土的可泵性，降低混凝土的水化热。综合以上性能，活性矿物掺合料的加入能提高硬化混凝土的强度和耐久性。常用的混凝土掺合料有粉煤灰、粒化高炉矿渣、火山灰类物质。尤其是粉煤灰、超细粒化电炉矿渣、硅灰等应用效果良好。

2.1.4 砌体材料的性能与应用

由各种块体通过铺设砂浆粘结而成的材料称为砌体，砌体砌筑成的结构称为砌体结构。块体和砂浆是组成砌体的主要材料，它们的性能好坏将直接影响作为复合体的砌体的强度与变形。

1. 砂浆

砂浆是由胶凝材料（水泥、石灰）、细集料（砂）、掺加料（可以是矿物掺合料、石灰膏、电石膏等一种或多种）和水等为主要原材料进行拌合，硬化后具有强度的工程材料。

1）砂浆的种类

砂浆按成分组成，通常分为水泥砂浆、混合砂浆和专用砂浆。

（1）水泥砂浆

以水泥、砂和水为主要原材料，也可根据需要加入矿物掺合料等配制而成的砂浆，称为水泥砂浆或纯水泥砂浆。水泥砂浆强度高、耐久性好，但流动性、保水性均稍差，一般用于房屋防潮层以下的砌体或对强度有较高要求的砌体。

（2）混合砂浆

以水泥、砂和水为主要原材料，并加入石灰膏、电石膏、黏土膏的一种或多种，也可根据需要加入矿物掺合料等配制而成的砂浆，称为水泥混合砂浆，简称混合砂浆。依掺合料的不同，又有水泥石灰砂浆、水泥黏土砂浆等之分，但应用最广的混合砂浆还是水泥石灰砂浆。水泥石灰砂浆具有一定的强度和耐久性，且流动性、保水性均较好，易于砌筑，是一般墙体中常用的砂浆。

（3）砌块专用砂浆

由水泥、砂、水以及根据需要掺入的掺合料和外加剂等组分，按一定比例，采用机械拌合制成，专门用于砌筑混凝土砌块的砌筑砂浆，称为砌块专用砂浆。

（4）蒸压砖专用砂浆

由水泥、砂、水以及根据需要掺入的掺合料和外加剂等组分，按一定比例，采用机械拌合制成，专门用于砌筑蒸压灰砂砖砌体或蒸压粉煤灰砖砌体，且砌体抗剪强度不应低于烧结普通砖砌体取值的砂浆，称为蒸压砖专用砂浆。

2）砂浆的组成材料

砂浆的组成材料包括胶凝材料、细骨料、掺合料、水和外加剂。

（1）胶凝材料

建筑砂浆常用的胶凝材料有水泥、石灰、石膏等。在选用时应根据使用环境、用途等合理选择。在干燥条件下使用的砂浆既可选用气硬性胶凝材料（石灰、石膏），也可选用水硬性胶凝材料（水泥）；在潮湿环境或水中使用的砂浆，则必须选用水泥作为胶凝材料。砌筑水泥代号为 M，强度等级分为 12.5、22.5、32.5 三个等级。

（2）细骨料

对于砌筑砂浆用砂，优先选用中砂，既可满足和易性要求，又可节约水泥。毛石砌体宜选用粗砂。另外，砂的含泥量也应受到控制。

砂浆用砂还可根据原材料情况，采用人工砂、山砂、海砂、特细砂等，但应根据经验并经试验后，确定其技术要求。在保温砂浆、吸声砂浆和装饰砂浆中，还采用轻砂（如膨胀珍珠岩）、白色砂或彩色砂等。

（3）掺合料

掺合料是指为改善砂浆和易性而加入的无机材料，例如：石灰膏、电石膏、黏土膏、粉煤灰、沸石粉等。掺合料对砂浆强度无直接影响。

3）砂浆的主要技术性能

砌体强度与砂浆的强度、砂浆的流动性（可塑性）和砂浆的保水性等密切相关，强度、流动性和保水性是衡量砂浆质量的三大重要指标。

（1）抗压强度与强度等级

砌筑砂浆的强度用强度等级来表示。砂浆强度等级是以边长为 70.7mm 的立方体试件，在标准养护条件下，用标准试验方法测得 28d 龄期的抗压强度值（单位为 MPa）确定。砌筑砂浆的强度等级可分为 M30、M25、M20、M15、M10、M7.5、M5 七个等级。对于砂浆立方体抗压强度的测定，《建筑砂浆基本性能试验方法标准》JGJ/T 70—2009 作出如下规定：

① 立方体试件以三个为一组进行评定，以三个试件测值的算术平均值作为该组试件的砂浆立方体试件抗压强度平均值（f_2）（精确至 0.1MPa）。

② 当三个测值的最大值或最小值中如有一个与中间值的差值超过中间值的 15% 时，则把最大值及最小值一并舍去，取中间值作为该组试件的抗压强度值；如有两个测值与中间值的差值均超过中间值的 15% 时，则该组试件的试验结果无效。

影响砂浆强度的因素很多，除了砂浆的组成材料、配合比、施工工艺、施工及硬化时的条件等因素外，砌体材料的吸水率也会对砂浆强度产生影响。

（2）流动性（稠度）

① 砂浆的流动性指砂浆在自重或外力作用下流动的性能，用稠度表示。稠度是以砂浆稠度测定仪的圆锥体沉入砂浆内的深度（单位为 mm）表示。圆锥沉入深度越大，砂浆的流动性越大。

② 砂浆稠度的选择与砌体材料的种类、施工条件及气候条件等有关。对于吸水性强的砌体材料和高温干燥的天气，要求砂浆稠度要大些；反之，对于密实不吸水的砌体材料和湿冷天气，砂浆稠度可小些。

③ 影响砂浆稠度的因素有：所用胶凝材料种类及数量；用水量；掺合料的种类与数量；砂的形状、粗细与级配；外加剂的种类与掺量；搅拌时间。

（3）保水性

保水性指砂浆拌合物保持水分的能力。砂浆的保水性用分层度表示。砂浆的分层度不得大于 30mm。通过保持一定数量的胶凝材料和掺合料，或采用较细砂并加大掺量，或掺入引气剂等，可改善砂浆保水性。

2. 块体材料

所谓块体，就是砌体所用的各种砖、石、小型砌块的总称。

1）砖

砖是建筑用的人造小型块材，外形主要为直角六面体，分为烧结砖、蒸压砖和混凝土砖三类。以 10 块砖的抗压强度的平均值确定的强度等级，根据变异系数不同，还需要满足强度标准值和单块最小抗压强度值的要求，部分砖尚需满足折压比之规定。

（1）烧结砖

① 烧结砖有烧结普通砖（实心砖）、烧结多孔砖和烧结空心砖等种类。

② 烧结普通砖又称标准砖，它是由煤矸石、页岩、粉煤灰或黏土为主要原料，经塑压成型制坯，干燥后经焙烧而成的实心砖。统一外形公称尺寸为 240mm×115mm×53mm，其他规格尺寸由供需双方协商确定。

③ 烧结多孔砖孔洞率大于或等于 28%，烧结多孔砌块孔洞率大于或等于 33%，主要用于承重部位，砌筑时孔洞垂直于受压面。

④ 烧结空心砖就是孔洞率不小于 40%，孔的尺寸大而数量少的烧结砖。砌筑时孔洞水平，主要用于框架填充墙和自承重隔墙。

（2）蒸压砖

蒸压砖应用较多的是硅酸盐砖，其是将材料压制成坯并经高压釜蒸汽养护而形成的砖，依主要材料不同又分为灰砂砖和粉煤灰砖，其尺寸规格与实心黏土砖相同。这种砖不能用于长期受热 200℃以上、受急冷急热或有酸性介质腐蚀的建筑部位。

（3）混凝土砖

混凝土砖是以水泥为胶结材料，以砂、石等为主要集料，加水搅拌、成型、养护制成的一种实心砖或多孔的半盲孔砖。混凝土砖具有质轻、防火、隔声、保温、抗渗、抗震、耐久等特点，而且无污染、节能降耗，可直接替代烧结普通砖、多孔砖用于各种承重的建筑墙体结构中，是新型墙体材料的一个重要组成部分。

2）砌块

砌块是建筑用的人造块材，外形主要为直角六面体，主要规格的长度、宽度和高度至少一项分别大于 365mm、240mm 和 115mm，而且高度不大于长度或宽度的 6 倍，长度不超过高度的 3 倍。砌块表观密度较小，可减轻结构自重，保温隔热性能好，施工速度快，能充分利用工业废料，价格便宜。目前已广泛用于房屋的墙体，在一些地区小型砌块已成功用于高层建筑的承重墙体。

砌块按主规格尺寸可分为小砌块、中砌块和大砌块。目前，我国以中小型砌块使用较多。按其空心率大小砌块又可分为空心砌块和实心砌块两种。空心率小于 25% 或无孔洞的砌块为实心砌块；空心率大于或等于 25% 的砌块为空心砌块。

砌块通常又可按其所用主要原料及生产工艺命名，如水泥混凝土砌块、加气混凝土砌块、粉煤灰砌块、石膏砌块、烧结砌块等。常用的砌块有普通混凝土小型空心砌块、轻骨料混凝土小型空心砌块和蒸压加气混凝土砌块等。

（1）普通混凝土小型空心砌块

① 按国家标准《普通混凝土小型砌块》GB/T 8239—2014 的规定，普通混凝土小型砌块出厂检验项目有尺寸偏差、外观质量、最小壁肋厚度和强度等级；空心砌块按其强度等级分为 MU5.0、MU7.5、MU10、MU15、MU20 和 MU25 六个等级；实心砌块按其强度等级分为 MU10、MU15、MU20、MU25、MU30、MU35 和 MU40 七个等级。

② 砌块的主规格尺寸为 390mm×190mm×190mm。其孔洞设置在受压面，有单排孔、双排孔、三排及四排孔洞。砌块除主规格外，还有若干辅助规格，共同组成砌块基本系列。

③ 普通混凝土小型空心砌块作为烧结砖的替代材料，可用于承重结构和非承重结构。目前主要用于单层和多层工业与民用建筑的内墙和外墙，如果利用砌块的空心配置钢筋，可用于建造高层砌块建筑。

④ 混凝土砌块的吸水率小（一般为 14% 以下），吸水速度慢，砌筑前不允许浇水，以免发生“走浆”现象，影响砂浆饱满度和砌体的抗剪强度。但在气候特别干燥炎热时，可在砌筑前稍喷水湿润。与烧结砖砌体相比，混凝土砌块墙体较易产生裂缝，应注意在构造上采取抗裂措施。另外，还应注意防止外墙面渗漏，粉刷时做好填缝，并压实、抹平。

（2）轻骨料混凝土小型空心砌块

轻骨料混凝土小型空心砌块按密度划分为 700kg/m^3、800kg/m^3、900kg/m^3、

1000kg/m³、1100kg/m³、1200kg/m³、1300kg/m³ 和 1400kg/m³ 八个等级；按强度可采用 MU3.5、MU5.0、MU7.5、MU10.0 和 MU15 五个等级。同一强度等级砌块的抗压强度和密度等级范围应同时符合规定方为合格。

与普通混凝土小型空心砌块相比，轻骨料混凝土小型空心砌块密度较小、热工性能较好，但干缩值较大，使用时更容易产生裂缝，目前主要用于非承重的隔墙和围护墙。

（3）蒸压加气混凝土砌块

根据国家标准规定，砌块按干密度分为 B03、B04、B05、B06、B07、B08 共六个级别；按抗压强度分 A1.0、A2.0、A2.5、A3.5、A5.0、A7.5、A10 七个强度级别；按尺寸偏差与外观质量、干密度、抗压强度和抗冻性分为优等品（A）、合格品（B）两个等级。加气混凝土砌块广泛用于一般建筑物墙体，还用于多层建筑物的非承重墙及隔墙，也可用于低层建筑的承重墙。体积密度级别低的砌块还用于屋面保温。

3）石材

砌体结构中，常用的天然石材为无明显风化的花岗石、砂石和石灰石等。石材的抗压强度高，耐久性好，多用于房屋基础、勒脚部位。在有开采加工能力的地区，也可用于房屋的墙体，但是石材传热性高，用于采暖房屋的墙壁时，厚度需要很大，经济性较差。

2.2　常用建筑装饰装修和防水、保温材料

2.2.1　饰面板材和陶瓷的特性和应用

1. 饰面石材

1）天然花岗石

（1）装饰工程用花岗石包括辉绿岩、辉长岩、玄武岩、橄榄岩等。花岗石构造致密、强度高、密度大、吸水率极低、质地坚硬、耐磨，为酸性石材，因此其耐酸、抗风化、耐久性好，使用年限长。所含石英在高温下会发生晶变，体积膨胀而开裂、剥落，所以不耐火，但因此而适宜制作火烧板。

（2）天然花岗石板材的技术要求包括规格尺寸允许偏差、平面度允许公差、角度允许公差、外观质量和物理性能。

（3）花岗石板材主要应用于大型公共建筑或装饰等级要求较高的室内外装饰工程。花岗石因不易风化，外观色泽可保持百年以上，所以粗面和细面板材常用于室外地面、墙面、柱面、勒脚、基座、台阶；镜面板材主要用于室内外地面、墙面、柱面、台面、台阶等，特别适宜做大型公共建筑大厅的地面。

2）天然大理石

（1）建筑装饰工程上所指的大理石是广义的，除指大理岩外，还泛指具有装饰功能，可以磨平、抛光的各种碳酸盐类的沉积岩和与其有关的变质岩，如石灰岩、白云岩、钙质砂岩等。

（2）大理石质地较密实、抗压强度较高、吸水率低、质地较软，属中硬石材。天然大理石易加工，开光性好，常被制成抛光板材，其色调丰富、材质细腻、极富装饰性。

（3）天然大理石板材按板材的加工质量和外观质量分为 A、B、C 三级。天然大理石板材的技术要求包括加工质量、外观质量和物理性能。

（4）天然大理石板材是装饰工程的常用饰面材料。一般用于宾馆、展览馆、剧院、商场、图书馆、机场、车站等工程的室内墙面、柱面、服务台、栏板、电梯间门口等部位。由于其耐磨性相对较差，用于室内地面，可以采取表面结晶处理，提高表面耐磨性和耐酸腐蚀能力。大理石由于耐酸腐蚀能力较差，除个别品种外，一般只适用于室内。

3）人造石

（1）人造石按主要原材料分包括人造石实体面材、人造石英石和人造石岗石等产品。

（2）人造石实体面材以甲基丙烯酸甲酯或不饱和聚酯树脂为基体，主要以氢氧化铝为填料，加入颜料及其他辅助剂，经浇筑成型或真空模塑、模压成型。按基体树脂分为丙烯酸类和不饱和聚酯类两种类型。按巴氏硬度、落球冲击分为优等 A 级和合格 B 级两个等级。

（3）人造石英石以天然石英石（砂、粉）、硅砂、尾矿渣等无机材料（主要成分为二氧化硅）为主要原材料，以高分子聚合物或水泥或两者混合物为粘结材料制成，简称石英石或人造石英石，俗称石英微晶合成装饰板或人造硅晶石。按规格尺寸允许偏差、角度公差、平整度、外观质量和落球冲击（仅限用于台面时）分为优等 A 级和合格 B 级。

（4）人造石岗石以大理石、石灰石等的碎料、粉料为主要原材料，以高分子聚合物或水泥或两者混合物为粘合材料制成，简称岗石或人造大理石。按规格尺寸允许偏差、角度公差、平整度、外观质量分为优等 A 级和合格 B 级。

2. 建筑卫生陶瓷

建筑卫生陶瓷包括建筑陶瓷和卫生陶瓷两大类。建筑陶瓷包括陶瓷砖、建筑琉璃制品、微晶玻璃陶瓷复合砖、陶瓷烧结透水砖、建筑幕墙用陶瓷板等。卫生陶瓷指用作卫生设施的有釉陶瓷制品。

1）建筑陶瓷

（1）建筑陶瓷包括陶瓷砖（各类室内、室外、墙面、地面用陶瓷砖，陶瓷板，陶瓷锦砖，防静电陶瓷砖，广场砖等）、建筑琉璃制品、微晶玻璃陶瓷复合砖、陶瓷烧结透水砖、建筑幕墙用陶瓷板等。

（2）陶瓷砖按成型方法分类，可分为挤压砖、干压砖。按吸水率分类，可分为低吸水率砖、中吸水率砖和高吸水率砖。其中低吸水率砖包括：瓷质砖和炻瓷砖；中吸水率砖包括：细炻砖和炻质砖；高吸水率砖为陶质砖。按表面施釉与否分类，可分为有釉砖和无釉砖两种。

（3）不同用途陶瓷砖的产品性能要求不同。陶瓷墙砖对产品的吸水率、破坏强度、断裂模数、线性热膨胀、抗热震性、有釉砖抗釉裂性、湿膨胀、小色差、室外砖的抗冻性、耐污染性、耐酸、碱化学腐蚀性、有釉砖的铅和镉的溶出量等有要求。除了以上要求，陶瓷地砖还对无釉砖耐磨深度、有釉砖表面耐磨性、摩擦系数、抗冲击性有规定。

2）卫生陶瓷

卫生陶瓷指用作卫生设施的有釉陶瓷制品。卫生陶瓷根据吸水率分为瓷质卫生陶瓷和炻陶质卫生陶瓷。常用的卫生陶瓷产品有：坐便器、蹲便器、洗面器、洗手盆、小便器、净身器、洗涤槽、水箱及其他小件卫生陶瓷。便器按照用水量多少分为普通型和节水型。卫生陶瓷产品的技术要求分为通用技术要求和便器技术要求。

（1）通用技术要求有：外观质量（釉面、外观缺陷最大允许范围、色差）、最大允许变形、尺寸（尺寸允许偏差、厚度）、吸水率、抗裂性、轻量化产品单件质量、耐荷重性。

① 釉面与陶瓷坯体完全结合，同一件产品或配套产品之间应无明显色差，经抗裂试验应无釉裂、无坯裂。

② 卫生陶瓷产品的任何部位的坯体厚度应不小于6mm。不包括为防止烧变形外加的支撑坯体。

③ 轻量化产品单件质量符合以下要求：连体坐便器质量不宜超过40kg；分体坐便器（不含水箱）质量不宜超过25kg；蹲便器、洗面器质量不宜超过20kg；壁挂式小便器质量不宜超过15kg。

④ 卫生陶瓷产品经耐荷重性测试后，应无变形、无任何可见结构破损。其中坐便器和净身器应能承受3.0kN的荷重；壁挂式洗面器、洗涤槽、洗手盆应能承受1.1kN的荷重；壁挂式小便器应能承受0.22kN的荷重；淋浴盆应能承受1.47kN的荷重。

（2）便器技术要求有：尺寸要求（坐便器排污口安装距、坐便器和蹲便器排污口、水封、坐圈、便器进水口）、功能要求（便器用水量、便器冲洗功能）。

① 下排式坐便器排污口安装距应为305mm，后排落地式坐便器排污口安装距应为180mm或100mm；

② 所有带整体存水弯便器的水封深度应不小于50mm；

③ 便器的名义用水量限定了各种产品的用水上限，其中坐便器的普通型和节水型分别为不大于6.4L和5.0L；蹲便器的普通型分别不大于8.0L（单冲式）和6.4L（双冲式）、节水型不大于6.0L；小便器普通型和节水型分别不大于4.0L和3.0L。

2.2.2 木材和木制品的特性和应用

1. 木材的含水率与湿胀干缩变形

（1）木材的含水量用含水率表示，指木材的水分质量占木材质量的百分数。分为绝对含水率和相对含水率。木材含水率升高尺寸会膨胀，含水率降低尺寸会缩小。影响木材物理力学性质和应用的最主要的含水率指标是平衡含水率和纤维饱和点。

（2）平衡含水率是在一定的湿度和温度条件下，木材中的水分与空气中的水分不再进行交换而达到稳定状态时的含水率。

（3）纤维饱和点是木材仅细胞壁中的吸附水达饱和而细胞腔和细胞间隙中无自由水存在时的含水率。其值随树种而异，一般为25%～35%，平均值为30%。它是木材物理力学性质是否随含水率而发生变化的转折点。木材仅当细胞壁内吸附水的含量发生变化时才会引起变形，即湿胀干缩变形。

（4）湿胀干缩变形会影响木材的使用特性。干缩会使木材翘曲、开裂，接榫松动，拼缝不严。湿胀可造成表面鼓凸，所以木材在加工或使用前应预先进行干燥，使其含水率达到或接近与环境湿度相适应的平衡含水率。

（5）木材的变形在各个方向上不同，顺纹方向最小，径向较大，弦向最大。因此，湿材干燥后，其截面尺寸和形状会发生明显的变化。

2. 木制品的特性与应用

1）实木地板

实木地板是指未经拼接、覆贴的单块木材直接加工而成的地板。按表面形态分类实木地板可分为平面实木地板、非平面实木地板；按照表面有无涂饰分类分为涂饰实木地板和未涂饰实木地板；按表面涂饰类型分为漆饰实木地板和油饰实木地板；按加工工艺分为普通实木地板、仿古实木地板。平面实木地板按外观质量、理化性能分为优等品和合格品，非平面实木地板不分等级。其中理化性能指标有：含水率、漆膜表面耐磨性、漆膜附着力、漆膜硬度和漆膜表面耐污染性、重金属含量（限色漆）等。

2）人造木地板

（1）实木复合地板

实木复合地板按结构可分为两层实木复合地板、三层实木复合地板、多层实木复合地板。按外观质量等级分为优等品、一等品和合格品。

（2）浸渍纸层压木质地板

① 强化木地板规格尺寸大、花色品种较多、铺设整体效果好、色泽均匀，视觉效果好；表面耐磨性高，有较高的阻燃性能，耐污染腐蚀能力强，抗压、抗冲击性能好；便于清洁、护理；尺寸稳定性好，不易起拱；铺设方便，可直接铺装在防潮衬垫上；价格较便宜，但密度较大、脚感较生硬、可修复性差。

② 按用途分为：商用Ⅰ级浸渍纸层压木质地板、商用Ⅱ级浸渍纸层压木质地板、家用Ⅰ级浸渍纸层压木质地板、家用Ⅱ级浸渍纸层压木质地板。按地板基材分为：以高密度纤维板为基材的浸渍纸层压木质地板和以刨花板为基材的浸渍纸层压木质地板。按装饰层分为：单层浸渍装饰纸层压木质地板、热固性树脂浸渍纸高压装饰层积板层压木质地板。

③ 强化地板适用于会议室、办公室、高清洁度实验室等，也可用于中、高档宾馆，饭店及民用住宅的地面装修等。强化地板虽然有防潮层，但不宜用于浴室、卫生间等潮湿的场所。

（3）软木地板

① 软木地板是用栓皮栎或类似树种的树皮经加工并施加胶粘剂制成的地板。其特点为绝热、隔振、防滑、防潮、阻燃、耐水、不霉变、不易翘曲和开裂、脚感舒适、有弹性。栓皮栎橡树的树皮可再生，属于绿色建材。

② 按表面涂饰方式分为：未涂饰软木地板、涂饰软木地板、油饰软木地板。按使用场所分为：商用软木地板、家用软木地板。

③ 根据理化性能指标，软木地板分为优等品、合格品。软木复合地板的理化性能指标包括密度、含水率、初始压缩度、残留压缩度、表面耐磨性、抗拉强度、表面耐污染性、耐沸水。软木地板中若使用脲醛树脂或者三聚氰胺甲醛树脂，甲醛释放量限值为 $0.124mg/m^3$。

3）人造板

人造板是以木材或非木材植物纤维为主要原料，加工成各种材料单元，施加（或不施加）胶粘剂和其他添加剂，制成的板材或成型制品。主要包括胶合板、刨花板、纤维板等。

（1）胶合板

① 普通胶合板按成品板上可见的材质缺陷和加工缺陷的数量和范围分为三个等级，即优等品、一等品和合格品。按使用环境条件分为Ⅰ类、Ⅱ类、Ⅲ类胶合板，Ⅰ类胶合板即耐气候胶合板，供室外条件下使用，能通过煮沸试验；Ⅱ类胶合板即耐水胶合板，供潮湿条件下使用，能通过（63±3）℃热水浸渍试验；Ⅲ类胶合板即不耐潮胶合板，供干燥条件下使用，能通过干燥试验。

② 室内用胶合板甲醛释放限量为0.124mg/m^3，限量标识为E_1。

（2）纤维板

① 将木材或其他植物纤维原料分离成纤维，利用纤维之间的交织及其自身固有的粘结物质，或者施加胶粘剂，在加热和（或）加压条件下制成的人造板材。

② 纤维板构造均匀，完全克服了木材的各种缺陷，不易变形、翘曲和开裂，各向同性。硬质纤维板可代替木材用于室内墙面、顶棚等；软质纤维板可用作保温、吸声材料。

（3）刨花板

刨花板是将木材或非木材植物纤维原料加工成刨花（或碎料），施加胶粘剂（和其他添加剂），组坯成型并经热压而成的一类人造板材。刨花板密度小、材质均匀，但易吸湿、强度不高，可用于保温、吸声或室内装饰等。

（4）细木工板

由木条或木块顺纹方向组成板芯，两面与单板或胶合板组坯胶合而成的一种人造板。细木工板不仅是一种综合利用木材的有效措施，而且这样制得的板材构造均匀、尺寸稳定、幅面较大、厚度较大。除可用作表面装饰外，也可直接兼作构造材料。

2.2.3　建筑玻璃的特性和应用

建筑工程所使用的玻璃应符合《建筑玻璃应用技术规程》JGJ 113—2015的规定。

1. 净片玻璃

（1）未经深加工的平板玻璃，也称为净片玻璃。

（2）净片玻璃有良好的透视、透光性能。对太阳光中热射线的透过率较高，但对室内墙、顶、地面和物品产生的长波热射线却能有效阻挡，可产生明显的"暖房效应"，夏季空调能耗加大；太阳光中紫外线对净片玻璃的透过率较低。

（3）3～5mm的净片玻璃一般直接用于有框门窗的采光，8～12mm的平板玻璃可用于隔断、橱窗、无框门。净片玻璃的另外一个重要用途是作深加工玻璃的原片。

2. 装饰玻璃

装饰玻璃包括以装饰性能为主要特性的彩色平板玻璃、釉面玻璃、压花玻璃、喷花玻璃、乳花玻璃、刻花玻璃、冰花玻璃等。

3. 安全玻璃

（1）安全玻璃包括钢化玻璃、均质钢化玻璃、防火玻璃和夹层玻璃。

（2）钢化玻璃机械强度高，抗冲击性也很高，弹性比普通玻璃大得多，热稳定性好，在受急冷急热作用时，不易发生炸裂，碎后不易伤人。常用作建筑物的门窗、隔墙、幕墙及橱窗、家具等。但钢化玻璃的自爆大大限制了钢化玻璃的应用。通过对钢化玻璃进行均质（第二次热处理工艺）处理，可以大大降低钢化玻璃的自爆率。

（3）防火玻璃按结构可分为复合防火玻璃（FFB）和单片防火玻璃（DFB）。防火玻璃按耐火性能指标分为隔热型防火玻璃（A 类）和非隔热型防火玻璃（C 类）两类。A 类防火玻璃要同时满足耐火完整性、耐火隔热性的要求；C 类防火玻璃仅满足耐火完整性的要求。防火玻璃按耐火极限可分为五个等级，其耐火时间分别为不小于 3h、2h、1.5h、1h、0.5h。防火玻璃常用作建筑物的防火门、窗和隔断的玻璃。

（4）夹层玻璃原片有浮法玻璃、钢化玻璃、彩色玻璃、吸热玻璃或热反射玻璃等。层数有 2、3、4、5 层，最多可达 9 层。夹层玻璃透明度好，抗冲击性能高，玻璃破碎不会散落伤人。适用于高层建筑的门窗、天窗、楼梯栏板和有抗冲击作用要求的商店、银行、橱窗、隔断及水下工程等安全性能要求高的场所或部位等。夹层玻璃不能切割，需要选用定型产品或按尺寸定制。

4. 节能装饰型玻璃

（1）节能装饰型玻璃包括着色玻璃、镀膜玻璃和中空玻璃。

（2）着色玻璃是一种既能显著地吸收阳光中的热射线，又能保持良好透明度的节能装饰性玻璃，也称为着色吸热玻璃。一般多用作建筑物的门窗或玻璃幕墙。

（3）阳光控制镀膜玻璃是对太阳光中的热射线具有一定控制作用的镀膜玻璃，其具有良好的隔热性能，可以避免暖房效应，节约室内降温空调的能源消耗。具有单向透视性，故又称为单反玻璃。

（4）低辐射镀膜玻璃又称“Low-E”玻璃。该种玻璃对于可见光有较高的透过率，但对阳光和室内物体辐射的热射线却可有效阻挡，可使室内夏季凉爽、冬季保温，节能效果明显。此外，还具有阻止紫外线透射的功能，起到改善室内物品、家具老化、褪色的作用。低辐射镀膜玻璃一般不单独使用，往往与净片玻璃、浮法玻璃、钢化玻璃等配合，制成高性能的中空玻璃。

（5）中空玻璃的性能特点为光学性能良好，且由于玻璃层间干燥气体导热系数极小，露点很低，具有良好的隔声性能。中空玻璃主要用于有保温隔热、隔声等功能要求的建筑物，如宾馆、住宅、医院、商场、写字楼等的幕墙工程。

2.2.4　防水材料的特性和应用

常用的防水材料有四类：防水卷材、建筑防水涂料、刚性防水材料、建筑密封材料。主要用于建筑墙体、屋面等处，是建筑工程的主要材料。

1. 防水卷材

防水卷材分为 SBS、APP 改性沥青防水卷材，聚乙烯丙纶（涤纶）防水卷材，PVC、TPO 高分子防水卷材，自粘复合防水卷材等。

1）SBS、APP 改性沥青防水卷材

SBS、APP 改性沥青防水卷材具有不透水性能强，抗拉强度高，延伸率大，耐高低温性能好，施工方便等特点。适用于工业与民用建筑的屋面、地下等处的防水防潮以及桥梁、停车场、游泳池、隧道等构筑物的防水。

2）聚乙烯丙纶（涤纶）防水卷材

聚乙烯丙纶（涤纶）防水卷材具有优良的机械强度、抗渗性能、低温性能、耐腐蚀

性和耐候性，广泛应用于各种建筑结构的屋面、墙体、厕浴间、地下室、冷库、桥梁、水池、地下管道等工程的防水、防渗、防潮、隔气等工程。

3）PVC、TPO 高分子防水卷材

PVC 防水卷材是一种性能优异的高分子防水卷材，具有拉伸强度大、延伸率高、收缩率小、低温柔性好、使用寿命长等特点。产品性能稳定、质量可靠、施工方便。广泛应用于各类工业与民用建筑、地铁、隧道、水利、垃圾掩埋场、化工、冶金等多个领域的防水、防渗、防腐工程。

TPO 防水卷材具有超强的耐紫外线、耐自然老化能力，优异的抗穿刺性能，高撕裂强度、高断裂延伸性等特点，主要适用于工业与民用建筑及公共建筑的各类屋面防水工程。

4）自粘复合防水卷材

自粘复合防水卷材具有强度高、延伸性强、自愈性好、施工简便、安全性高等特点。广泛适用于工业与民用建筑的室内、屋面、地下防水工程，蓄水池、游泳池及地铁隧道防水工程，木结构及金属结构屋面的防水工程。

2. 建筑防水涂料

防水涂料在建筑工程中适用于屋面、墙面、地下室等的防水、防潮。防水涂料分为 JS 聚合物水泥基防水涂料、聚氨酯防水涂料、水泥基渗透结晶型防水涂料等。

1）JS 聚合物水泥基防水涂料

JS 聚合物水泥基防水涂料具有较高的断裂伸长率和拉伸强度，优异的耐水、耐碱、耐候、耐老化性能，使用寿命长等特点，广泛应用于屋面、内外墙、厕浴间、水池及地下工程的防水、防渗、防潮。

2）聚氨酯防水涂料

聚氨酯防水涂料以其优异的性能在建筑防水涂料中占有重要地位，素有“液体橡胶”的美誉。使用聚氨酯防水涂料进行防水工程施工，涂刷后形成的防水涂膜耐水、耐碱、耐久性优异，粘结良好，柔韧性强。广泛适用于屋面、地下室、厕浴间、桥梁、冷库、水池等工程的防水、防潮；亦可用于形状复杂、管道纵横部位的防水，也可作为防腐涂料使用。

3）水泥基渗透结晶型防水涂料

水泥基渗透结晶型防水涂料是一种刚性防水材料，具有独特的呼吸、防腐、耐老化、保护钢筋能力，环保、无毒、无公害，施工简单、节省人工等特点。广泛用于隧道、大坝、水库、发电站、核电站、冷却塔、地下铁道、立交桥、桥梁、地下连续墙、机场跑道、桩头桩基、废水处理池、蓄水池、工业与民用建筑地下室、屋面、厕浴间的防水施工，以及混凝土建筑设施等所有混凝土结构弊病的维修堵漏。

3. 刚性防水材料

刚性防水材料通常指防水砂浆与防水混凝土，俗称刚性防水。它是以水泥、砂、石为原料或掺入少量外加剂（防水剂）、高分子聚合物等材料，通过调整配合比，抑制或减少孔隙率，改变孔隙特征，增加各原材料界面间的密实性等方法配制成具有一定抗渗能力的水泥砂浆或混凝土类防水材料，通常用于地下工程的防水与防渗。

1）防水混凝土

防水混凝土是以调整混凝土的配合比、掺外加剂或使用新品种水泥等方法提高自

身的密实性、憎水性和抗渗性，使其满足抗渗压力大于 0.6MPa 的不透水性的混凝土。具有节约材料、成本低廉、渗漏水时易于检查、便于修补、耐久性好等特点。主用适用于一般工业、民用及公共建筑的地下防水工程。

防水混凝土兼有结构层和防水层的双重功效，其防水机理是依靠结构构件（如梁、板、柱、墙体等）混凝土自身的密实性，再加上一些构造措施（如设置坡度、变形缝或者使用嵌缝膏、止水环等），达到结构自防水的目的。

2）防水砂浆

防水砂浆具有操作简便、造价便宜、易于修补等特点，仅适用于结构刚度大、建筑物变形小、基础埋深小、抗渗要求不高的工程，不适用于有剧烈振动、处于侵蚀性介质中及环境温度高于 100℃的工程。

应用人工抹压的防水砂浆，主要依靠特定的某种外加剂，如防水剂、膨胀剂、聚合物等，以提高水泥砂浆的密实性或改善砂浆的抗裂性，从而达到防水抗渗的目的。

4. 建筑密封材料

建筑密封材料是一些能使建筑上的各种接缝或裂缝、变形缝（沉降缝、伸缩缝、抗震缝）保持水密、气密性能，并且具有一定强度，能连接结构件的填充材料。常用的建筑密封材料有硅酮、聚氨酯、丙烯酸酯等密封材料。

2.2.5　保温隔热材料的特性和应用

保温隔热材料通常由轻质、疏松、多孔的纤维材料构成，其保温隔热功能性指标的好坏是由材料导热系数的大小决定的，导热系数越小，保温性能越好。用于建筑物保温的材料一般要求密度小、导热系数小、吸水率低、尺寸稳定性好、保温性能可靠、施工方便、环境友好、造价合理。

1. 保温隔热材料分类

保温材料的品种繁多。按材质可分为无机保温材料、有机保温材料和复合保温材料三大类，按形态分为纤维状、多孔（微孔、气泡）状、层状等。目前应用较为广泛的有纤维状保温材料，如岩棉、矿渣棉、玻璃棉、硅酸铝棉等制品；多孔状保温材料，如泡沫玻璃、玻化微珠、膨胀蛭石以及加气混凝土，泡沫塑料类如聚苯乙烯泡沫塑料、聚氨酯泡沫塑料、酚醛泡沫塑料、脲醛泡沫塑料等；层状保温材料，如铝箔、金属或非金属镀膜玻璃以及以织物为基材制成的镀膜制品。

2. 影响保温隔热材料导热系数的因素

（1）材料的性质。导热系数以金属最大，非金属次之，液体较小，气体更小。

（2）表观密度与孔隙特征。表观密度小的材料，导热系数小。孔隙率相同时，孔隙尺寸越大，导热系数越大。

（3）湿度。材料吸湿受潮后，导热系数就会增大。水的导热系数为 0.5W/（m・K），比空气的导热系数 0.029W/（m・K）大很多倍。而冰的导热系数是 2.33W/（m・K），其结果是使材料的导热系数更大。

（4）温度。材料的导热系数随温度的升高而增大，但温度在 0～50℃时并不显著，只有对处于高温和负温下的材料，才要考虑温度的影响。

（5）热流方向。当热流平行于纤维方向时，保温性能减弱；而热流垂直于纤维方向时，保温材料的阻热性能发挥最好。

3. 常用保温隔热材料

1）聚氨酯泡沫塑料

聚氨酯泡沫塑料按所用材料的不同分为聚醚型和聚酯型两种，又有软质和硬质之分。按照成型方法又分为喷涂型硬泡聚氨酯和硬泡聚氨酯板材。主要性能特点有：

（1）保温性能好。硬泡聚氨酯是高度交联、低密度、多孔的绝热结构材料，导热系数低，为0.017～0.024W/（m·K）。

（2）防水性能优异。具有封闭的泡孔结构，闭孔率超过90%，吸水率很低，能有效阻碍水汽的渗透，被视为防水保温一体化产品。

（3）防火阻燃性能好。硬泡聚氨酯燃烧性能等级不低于B_2级，其离火自熄，遇火时不产生熔滴；过火后表面形成碳化结焦层，阻缓内部进一步燃烧；没有阴燃现象，不会成为二次火源。

（4）使用温度范围广。使用温度范围为−50～150℃，短期使用温度可达250℃，可应用于严寒和高温地区。

（5）耐化学腐蚀性好。硬泡聚氨酯可耐多种有机溶剂，甚至在一些极性较强的溶剂里，也只发生膨胀现象；在较浓的酸和氧化剂中，才发生分解现象。

（6）使用方便。可现场喷涂为任意形状，板材具有良好的可加工性，使用方便。硬泡聚氨酯板材广泛应用于屋面和墙体保温。可代替传统的防水层和保温层，具有一材多用的功效。

2）改性酚醛泡沫塑料

用于生产酚醛泡沫的树脂有两种：热塑性树脂和热固性树脂，并大多采用热固性树脂。酚醛泡沫的特点有：

（1）绝热性。其热导率仅为0.022～0.045W/（m·K），在所有无机及有机保温材料中是最低的。适用于做宾馆、公寓、医院等高级建筑物内顶棚的衬里和房顶隔热板。

（2）耐化学溶剂腐蚀性。该性能优于其他泡沫塑料，除能被强酸腐蚀外，几乎能耐所有的无机酸、有机酸及盐类。可与任何水溶型、溶剂型胶类并用。

（3）吸声性能。吸声系数在中、高频区仅次于玻璃棉，接近于岩棉板，而优于其他泡沫塑料。广泛用于隔墙、外墙复合板、吊顶顶棚等。

（4）吸湿性。酚醛泡沫闭孔率大于97%，泡沫不吸水。可用于管道保冷。

（5）抗老化性。长期暴露在阳光下，无明显老化现象，使用寿命明显长于其他泡沫材料。

（6）阻燃性。检测表明，酚醛泡沫无需加入任何阻燃剂，氧化指数即高达40，属B_1级难燃材料；添加无机填料的高密度酚醛泡沫塑料氧化指数可达60，燃烧等级为A级。

（7）抗火焰穿透性。泡沫遇见火时表面能形成结构碳的石墨层，有效保护泡沫的内部结构，在材料一侧燃烧时另一侧的温度不会升得较高，也不扩散，当火焰撤出后火自动熄灭。有测试表明酚醛泡沫在1000℃火焰温度下，抗火焰能力可达120min。

酚醛泡沫塑料广泛应用于防火保温要求较高的工业建筑和民用建筑。

3）聚苯乙烯泡沫塑料

（1）按照生产工艺的不同，可以分为模塑聚苯乙烯泡沫塑料（EPS）和挤塑聚苯乙烯泡沫塑料（XPS）。使用温度不超过 75℃，燃烧等级为 B_2 级。

（2）模塑聚苯乙烯泡沫塑料分为普通型和阻燃型；按照密度范围又分为六类。

（3）挤塑聚苯乙烯泡沫塑料按制品压缩强度和表皮不同分为十类；按制品边缘结构不同又分为四种，分别为 SS 平头型、SL 型（搭接）、TG 型（榫槽）、RC 型（雨槽）。

（4）聚苯乙烯泡沫塑料具有重量轻、隔热性能好、隔声性能优、耐低温性能强的特点，还具有一定的弹性、低吸水性和易加工等优点，广泛应用于建筑外墙外保温和屋面的隔热保温系统。

4）岩棉、矿渣棉制品

（1）矿渣棉和岩棉（统称矿岩棉）制品是一种易得原料，可就地取材，生产能耗少，成本低，可称为耐高温、廉价、长效保温、隔热、吸声材料，其制品形式有棉、板、带、毡、缝毡、贴面毡和管壳等。矿渣棉的最高使用温度为 600～650℃，岩棉最高使用温度可达 820～870℃。燃烧性能为不燃材料。

（2）岩棉、矿渣棉制品的性能特点有：优良的绝热性、使用温度高、防火不燃、较好的耐低温性、长期使用稳定性、吸声、隔声、对金属无腐蚀性等。

5）玻璃棉制品

（1）玻璃棉的特性是体积密度小（表观密度仅为矿岩棉的一半左右）、热导率低、吸声性好、不燃、耐热、抗冻、耐腐蚀、不怕虫蛀、化学性能稳定，是一种良好的绝热吸声过滤材料。建筑业常用的玻璃棉分为两种，即普通玻璃棉和超细玻璃棉。普通玻璃棉一般使用温度不超过 300℃，耐腐蚀性差；超细玻璃棉一般使用温度不超过 400℃。普通玻璃棉的密度为 80～100kg/m^3，超细玻璃棉的密度小于 20kg/m^3。玻璃棉燃烧性能为不燃材料。

（2）玻璃棉毡、卷毡、板主要用于建筑物的隔热、隔声等；玻璃棉管套主要用于通风、供热供水、动力等设备管道的保温。

6）中空玻璃微珠保温隔热材料

中空玻璃微珠保温隔热材料由底涂、中空玻璃微珠中间层和面涂组成，是具有保温隔热性能的系统材料。底涂用于封闭基材，防止泛碱泛盐，增强中空玻璃微珠中间层与基材的附着能力，通过渗透到基层而加固基材。中空玻璃微珠中间层是以中空玻璃微珠为主要填料，通过添加改性丙烯酸树脂、助剂等合成的保温隔热材料。面涂是用于中空玻璃微珠中间层表面，增强装饰效果，具有耐沾污性、耐气候老化性和反射隔热等性能的涂料。

第3章　建筑工程施工技术

3.1　施工测量放线

第3章
看本章精讲课
配套章节自测

3.1.1　常用测量仪器的性能与应用

1. 钢尺

（1）钢尺是采用经过一定处理的优质钢制成的带状尺，长度通常有20m、30m和50m等几种，卷放在金属架上或圆形盒内。钢尺按零点位置分为端点尺和刻线尺。

（2）钢尺的主要作用是距离测量，钢尺量距是目前楼层测量放线最常用的距离测量方法。钢尺量距时应使用拉力计，拉力与钢尺检定时一致。距离测量结果中应加入尺长、温度、倾斜等改正数。

2. 水准仪

（1）我国的水准仪系列分为DS05、DS1、DS3等几个等级。其中DS05型和DS1型水准仪称为精密水准仪，用于国家一、二等水准测量和其他精密水准测量；DS3型水准仪称为普通水准仪，用于国家三、四等水准测量和一般工程水准测量。

（2）水准仪主要由望远镜、水准器和基座三个部分组成，使用时通常架设在脚架上进行测量。

（3）水准测量的主要配套工具有水准尺、尺垫等。常用的水准尺主要有因瓦水准尺、条形码尺和双面水准尺几种。水准尺一般采用铝合金制成，其长度一般为3m或5m，也有用优质木材制成的，长度一般为3m，比较坚固，不易变形。

3. 经纬仪

（1）经纬仪是一种能进行水平角和竖直角测量的仪器，它还可以借助水准尺，利用视距测量原理，测出两点间的大致水平距离和高差，也可以进行点位的竖向传递测量。

（2）经纬仪分光学经纬仪和电子经纬仪，主要区别在于角度值读取方式的不同，光学经纬仪采用读数光路来读取刻度盘上的角度值，电子经纬仪采用光敏元件来读取数字编码度盘上的角度值，并显示到屏幕上。随着技术的进步，目前普遍使用电子经纬仪。

（3）在工程中常用的经纬仪有DJ2和DJ6两种，其中，DJ6型进行普通等级测量，而DJ2型则可进行高等级测量工作。经纬仪主要由照准部、水平度盘和基座三部分组成。

4. 激光铅直仪

（1）激光铅直仪主要用来进行点位的竖向传递，如高层建筑施工中轴线点的竖向投测等。除激光铅直仪外，有的工程也采用激光经纬仪来进行点位的竖向传递测量。

（2）激光铅直仪按技术指标分1/4万、1/10万、1/20万等几个级别，建筑施工测量一般采用1/4万精度激光铅直仪。

5. 全站仪

（1）全站仪又称全站型电子速测仪，是一种可以同时进行角度测量和距离测量的仪器，由电子测距仪、电子经纬仪和电子记录装置三部分组成。

（2）全站仪具有操作方便、快捷、测量功能全等特点，使用全站仪测量时，在测站上安置好仪器后，除照准需人工操作外，其余操作可以自动完成，而且几乎是在同一时间测得平距、高差、点的坐标和高程。

3.1.2　施工测量放线的内容与方法

1. 施工测量放线的内容

（1）各种工程在施工阶段所进行的测量工作称为施工测量。施工测量现场主要工作有：施工控制网的建立、已知长度的测设、已知角度的测设、建筑物细部点平面位置的测设、建筑物细部点高程位置及倾斜线的测设等。

（2）一般建筑工程，通常先布设施工控制网，再以施工控制网为基础，开展建筑物轴线测量和细部放样等施工测量工作。

（3）竣工总图的实测，应在已有的施工控制点（桩）上进行。当控制点被破坏时，应进行恢复。恢复后的控制点点位，应保证所施测细部点的精度。依据施工控制点将有变化的细部点位在竣工图上重新设定。

2. 施工测量的方法

1）建筑物平面位置的测设

根据控制网的形式及分布、放线精度要求及施工现场条件来选择测设方法。

（1）直角坐标法

当建筑场地的施工控制网为方格网或轴线形式时，采用直角坐标法放线最为方便。用直角坐标法测定一已知点的位置时，只需要按其坐标差数量取距离和测设直角，用加减法计算即可，工作方便，并便于检查，测量精度亦较高。

（2）极坐标法

极坐标法适用于测设点靠近控制点，便于量距的地方。用极坐标法测定一点的平面位置时，系在一个控制点上进行，但该点必须与另一控制点通视。根据测定点与控制点的坐标，计算出它们之间的夹角（极角 β）与距离（极距 S），按 β 与 S 之值即可将给定的点位定出。

（3）角度前方交会法

角度前方交会法，适用于不便量距或测设点远离控制点的地方。对于一般小型建筑物或管线的定位，亦可采用此法。

（4）距离交会法

从控制点到测设点的距离，若不超过测距尺的长度时，可用距离交会法来测定。用距离交会法来测定点位，不需要使用仪器，但精度较低。

（5）方向线交会法

这种方法的特点是：测定点由相对应的两已知点或两定向点的方向线交会而得。方向线的设立可以用经纬仪，也可以用细线绳。

施工层的轴线投测，宜使用 2″ 级激光经纬仪或激光铅直仪进行。控制轴线投测至施工层后，应在结构平面上按闭合图形对投测轴线进行校核。合格后，才能进行本施工层上的其他测设工作；否则，应重新进行投测。

2）建筑物高程位置的测设

（1）地面上点的高程测设

测定地面上点的高程，如图 3.1–1 所示，设 B 为待测点，其设计高程为 H_B，A 为水准点，已知其高程为 H_A。先测出 a，按式（3.1–1）计算 b：

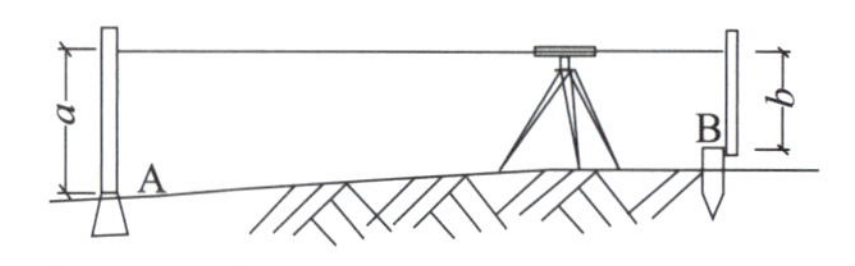

图 3.1–1　高程测设示意图

$$b = H_A + a - H_B \tag{3.1–1}$$

当前视尺读数等于 b 时，沿尺底在桩侧或墙上画线（标记），即为 B 点高程。

（2）高程传递

① 用水准测量法传递高程。当开挖较深的基槽时，可用水准测量传递高程。

② 用钢尺直接丈量垂直高度传递高程。施工层标高的传递，宜采用悬挂钢尺代替水准尺的水准测量方法进行。层数较多时，过程中应进行误差修正。

3. 建筑结构施工测量

（1）结构施工测量的主要内容包括：主轴线内控基准点的设置、施工层的放线与抄平、建筑物主轴线的竖向投测、施工层标高的竖向传递等。

（2）建筑物主轴线的竖向投测，主要有外控法和内控法两类。多层建筑可采用外控法或内控法，高层建筑一般采用内控法。

（3）采用外控法进行轴线竖向投测时，应将控制轴线引测至首层结构外立面上，作为各施工层主轴线竖向投测的基准。采用内控法进行轴线竖向投测时，应在首层或最底层底板上预埋钢板，划“十”字线，并在“十”字线中心钻孔作为基准点，且在各层楼板对应位置预留 200mm×200mm 孔洞，以便传递轴线。

（4）轴线竖向投测前，应检测基准点，确保其位置正确，每层投测的允许偏差应在 3mm 以内，并逐层纠偏。

（5）标高的竖向传递，宜采用钢尺从首层起始标高线垂直量取，规模较小的工业建筑或多层民用建筑宜从 2 处分别向上传递，规模较大的工业建筑或高层建筑及特殊工程宜从 3 处分别向上传递。施工层抄平之前，应先检测三个传递标高点，当较差小于 3mm 时，以其平均值作为本层标高基准，否则应重新传递。

3.2　地基与基础工程施工

3.2.1　基坑支护工程施工

1. 岩土分类与基坑支护结构安全等级

（1）《建筑地基基础设计规范》GB 50007—2011 规定：

① 建筑地基的岩土可分为岩石、碎石土、砂土、粉土、黏性土和人工填土。

② 岩石按风化程度可分为未风化、微风化、中等风化、强风化和全风化。

③ 碎石土为粒径大于 2mm 的颗粒含量超过全重 50% 的土。

④ 砂土为粒径大于 2mm 的颗粒含量不超过全重 50%、粒径大于 0.075mm 的颗粒超过全重 50% 的土。砂土分砾砂、粗砂、中砂、细砂、粉砂。

⑤ 粉土为塑性指数 I_p 小于或等于 10 且粒径大于 0.075mm 的颗粒含量不超过全重 50% 的土。

⑥ 黏性土为塑性指数 I_p 大于 10 的土。

⑦ 人工填土根据其组成和成因，可分为素填土、压实填土、杂填土、冲填土。

（2）《建筑基坑支护技术规程》JGJ 120—2012 规定，基坑支护结构划分为三个安全等级，相对应的重要性系数 γ_0 见表 3.2-1。对于同一基坑的不同部位，可采用不同的安全等级。

表 3.2-1　基坑支护结构安全等级及重要性系数

安全等级	破坏后果	重要性系数 γ_0
一级	支护结构失效、土体过大变形对基坑周边环境或主体结构施工安全的影响很严重	1.10
二级	支护结构失效、土体过大变形对基坑周边环境或主体结构施工安全的影响严重	1.00
三级	支护结构失效、土体过大变形对基坑周边环境或主体结构施工安全的影响不严重	0.90

2. 浅基坑支护

（1）锚拉支撑：水平挡土板支在柱桩的内侧，柱桩一端打入土中，另一端用拉杆与锚桩拉紧，在挡土板内侧回填土。适于开挖较大型、深度较深的基坑或使用机械挖土，不能安设横撑时使用。

（2）型钢桩横挡板支撑：沿挡土位置预先打入钢轨、工字钢或 H 型钢桩，间距 1.0～1.5m，然后边挖方，边将 3～6cm 厚的挡土板塞进钢桩之间挡土，适于地下水位较低、深度不很大的一般黏性土层或砂土层中使用。

（3）短桩横隔板支撑：打入小短木桩或钢桩，部分打入土中，部分露出地面，钉上水平挡土板，在背面填土、夯实。适于开挖宽度大的基坑，当部分地段下部放坡不够时使用。

（4）临时挡土墙支撑：沿坡脚用砖、石叠砌或用装水泥的聚丙烯扁丝编织袋、草袋装土、砂堆砌，使坡脚保持稳定。适于开挖宽度大的基坑，当部分地段下部放坡不够时使用。

（5）挡土灌注桩支护：在开挖基坑的周围，用钻机或洛阳铲成孔，桩径 400～500mm，现场灌注钢筋混凝土桩，桩间距为 1.0～1.5m，将桩间土方挖成外拱形，使之起土拱作用。适用于开挖较大、较浅（小于 5m）基坑，邻近有建筑物，不允许背面地基有下沉、位移时采用。

3. 深基坑支护

基坑支护结构的类型有灌注桩排桩围护墙、板桩围护墙、咬合桩围护墙、型钢水泥土搅拌墙、地下连续墙、水泥土重力式围护墙、土钉墙等；支护结构围护墙的支撑形式有内支撑、锚杆（索）、与主体结构相结合（两墙合一）的基坑支护等。

1）灌注桩排桩支护

通常由支护桩、支撑（或土层锚杆）及防渗帷幕等组成。排桩根据支撑情况可分为悬臂式支护结构、锚拉式支护结构、内撑式支护结构和内撑－锚拉混合式支护结构。当以上支护方式都不适合时，可以考虑采用双排桩形式。

适用条件：基坑侧壁安全等级为一级、二级、三级；适用于可采取降水或止水帷幕的基坑。除悬臂式支护适用于浅基坑外，其他几种支护方式都适用于深基坑。

2）地下连续墙支护

地下连续墙可采取与内支撑、主体结构相结合（两墙合一）等支撑形式，与顺作法、逆作法、半逆作法结合使用，地下连续墙宜同时用作主体地下结构外墙即“两墙合一”。

适用条件：基坑侧壁安全等级为一级、二级、三级；适用于周边环境条件很复杂的深基坑。

3）土钉墙

土钉墙可分为单一土钉墙、预应力锚杆复合土钉墙、水泥土桩复合土钉墙、微型桩复合土钉墙等类型。土钉墙应按照规定对基坑开挖的各工况进行整体滑动稳定性验算；土钉墙与截水帷幕结合时，还应按照规定进行地下水渗透稳定性验算；对土钉进行承载力计算。土钉墙或复合土钉墙支护的土钉不应超出建筑用地红线范围，同时不应伸入邻近建（构）筑物基础及基础下方。

适用条件：基坑侧壁安全等级为二级、三级。单一土钉墙适用于地下水位以上或降水的非软土基坑，且深度不宜大于12m；预应力锚杆复合土钉墙适用于地下水位以上或降水的非软土基坑，且深度不宜大于15m；水泥土桩复合土钉墙用于非软土基坑时，基坑深度不宜大于12m，用于淤泥质土基坑时，基坑深度不宜大于6m，不宜在高水位的碎石土、砂土层中使用；微型桩复合土钉墙适用于地下水位以上或降水的基坑，用于非软土基坑时，基坑深度不宜大于12m，用于淤泥质土基坑时，基坑深度不宜大于6m。当基坑潜在面内有建筑物、重要地下管线时，不宜采用土钉墙。

4）内支撑

内支撑包括钢筋混凝土支撑和钢支撑，施工要求有：

（1）支撑系统的施工与拆除顺序应与支撑结构的设计工况一致，严格执行先撑后挖的原则。立柱穿过主体结构底板以及支撑穿越地下室外墙的部位应有止水构造措施。

（2）钢筋混凝土支撑拆除，可采用机械拆除、爆破拆除，爆破孔宜采取预留方式。爆破前应先切割支撑与围檩或主体结构连接的部位。

（3）支撑结构爆破拆除前，应对永久结构及周边环境采取隔离防护措施。

5）锚杆（索）

锚杆（索）施工要求有：

（1）施工前应通过试成锚验证设计指标和施工工艺。

（2）锚固段强度大于15MPa并达到设计强度的75%后方可进行张拉。

（3）锚杆正式张拉前，对锚杆预张拉1～2次。正式张拉时，锚杆张拉到（1.05～1.10）N_t时，岩层、砂土层应保持10min，黏性土层应保持15min，然后卸载至设计锁定值。

4. 基坑监测

（1）应实施监测的基坑工程

① 设计安全等级为一、二级的基坑。

② 开挖深度大于或等于 5m 的下列基坑：

a. 土质基坑；

b. 极软岩基坑、破碎的软岩基坑、极破碎的岩体基坑；

c. 上部为土体，下部为极软岩、破碎的软岩、极破碎的岩体构成的土岩组合基坑。

③ 开挖深度小于 5m 但现场地质情况和周围环境较复杂的基坑工程。

（2）基坑工程施工前，应由建设方委托具备相应资质的第三方对基坑工程实施现场监测。监测单位应编制监测方案，监测方案应经建设方、设计方等认可，必要时还应与基坑周边环境涉及的有关管理单位协商一致后方可实施。

（3）现场监测的对象宜包括：

① 支护结构；

② 基坑及周围岩土体；

③ 地下水；

④ 周边环境中的被保护对象，包括周边建筑、管线、轨道交通、铁路及重要的道路等；

⑤ 其他应监测的对象。

（4）基坑工程监测，应符合下列规定：

① 基坑工程施工前，应编制基坑工程监测方案。

② 应根据基坑工程安全等级、周边环境条件、支护类型及施工场地等确定基坑工程监测项目、监测点布置、监测方法、监测频率和监测预警。

③ 应至少进行围护墙顶部水平位移、沉降以及周边建筑、道路等沉降监测，并应根据项目技术设计条件对围护墙或土体深层水平位移、支护结构内力、土压力、孔隙水压力等进行监测。

④ 监测点应沿基坑围护墙顶部周边布设，周边中部、阳角处应布点。

⑤ 当基坑监测达到变形预警值，或基坑出现流砂、管涌、隆起、陷落，或基坑支护结构及周边环境出现大的变形时，应立即进行预警。

⑥ 基坑降水应对水位降深进行监测，地下水回灌施工应对回灌量和水质进行监测。

⑦ 逆作法施工应全过程进行监测。

（5）基坑工程监测工作应贯穿于基坑工程和地下工程施工全过程。监测工作应从基坑工程施工前开始，直至地下工程完成为止。对有特殊要求的周边环境的监测应根据需要延续至变形趋于稳定后才能结束。

3.2.2　土方与人工降排水施工

1. 土方开挖

（1）土方工程施工前应考虑土方量、土方运距、土方施工顺序、地质条件等因素，进行土方平衡和合理调配，确定土方机械的作业线路、运输车辆的行走路线、弃土地点。

（2）土方工程施工前，应采取有效的地下水控制措施。基坑内地下水位应降至拟开挖下层土方的底面以下不小于 0.5m。

（3）无支护土方工程采用放坡挖土，有支护土方工程可采用中心岛式（也称墩式）

挖土、盆式挖土和逆作法挖土等方法。

（4）当基坑开挖深度不大、周围环境允许，经验算能确保边坡的稳定性时，可采用放坡开挖。

（5）中心岛式挖土，宜用于支护结构的支撑形式为角撑、环梁式或边桁（框）架式；中间具有较大空间情况下的大型基坑土方开挖。但由于首先挖去基坑四周的土，支护结构受荷时间长，在软黏土中时间效应显著，有可能增大支护结构的变形量，对于支护结构受力不利。

（6）盆式挖土是先开挖基坑中间部分的土体，周围四边留土坡，土坡最后挖除。采用盆式挖土方法时，周边预留的土坡对围护结构有支撑作用，有利于减少围护结构的变形，其缺点是大量的土方不能直接外运，需集中提升后装车外运。

（7）基坑周围地面应进行防水、排水处理，严防雨水等地表水浸入基坑周边土体。

（8）当基坑较深，地下水位较高，开挖土体大多位于地下水位以下时，应采取合理的人工降水措施，降水时应根据相关要求观察附近已有建筑物或构筑物、道路、管线，有无下沉和变形。

（9）基坑开挖完成后，应及时清底、验槽，减少暴露时间，防止暴晒和雨水浸刷破坏地基土的原状结构。

2. 土方回填

土方回填前，应根据工程特点、土料性质、设计压实系数、施工条件等合理选择压实机具，并确定回填土料含水率控制范围、铺土厚度、压实遍数等施工参数。重要的土方回填工程或采用新型压实机具的，应通过填土压实试验确定施工参数。

1）土料要求与含水量控制

填方土料应符合设计要求，保证填方的强度和稳定性。一般不能选用淤泥、淤泥质土、膨胀土、有机质大于5%的土、含水溶性硫酸盐大于5%的土、含水量不符合压实要求的黏性土。填方土应尽量采用同类土。现场初步判定土料含水量一般以手握成团、落地开花为适宜；回填时应确定土料的含水率。在气候干燥时，须加快挖土、运土、平土和碾压过程，以减少土的水分散失。当填料为碎石类土（充填物为砂土）时，碾压前应充分洒水湿透，以提高压实效果。

2）基底处理

（1）清除基底上的垃圾、草皮、树根等杂物，排除坑穴中的积水、淤泥和种植土，将基底充分夯实和碾压密实。

（2）应采取措施防止地表滞水流入填方区，浸泡地基，造成基土下陷。

（3）当填土场地地面陡于1∶5时，可将斜坡挖成阶梯形，阶高0.2～0.3m，阶宽大于1m。然后分层填土，以利土料接合和防止滑动。

3）土方填筑与压实

（1）填方的边坡坡度应根据填方高度、土的种类和其重要性确定。对使用时间较长的临时性填方边坡坡度，当填方高度小于10m时，可采用1∶1.5；超过10m时，可做成折线形，上部采用1∶1.5，下部采用1∶1.75。

（2）填土应从场地最低处开始，由下而上整个宽度分层铺填。每层虚铺厚度应根据夯实机械确定，一般情况下每层虚铺厚度见表3.2-2。

表 3.2-2 填土施工分层厚度及压实遍数

压实机具	分层厚度（mm）	每层压实遍数
平碾	250～300	6～8
振动压实机	250～350	3～4
柴油打夯机	200～250	3～4
人工打夯	＜200	3～4

（3）填方应在相对两侧或周围同时进行回填和夯实。

（4）填土应尽量采用同类土填筑，填方的密实度要求和质量指标通常以压实系数 λ_c 表示。压实系数为土的控制（实际）干土密度 ρ_d 与最大干土密度 ρ_{dmax} 的比值。最大干土密度 ρ_{dmax} 是当最优含水量时，通过标准的击实方法确定的。

3. 人工降排地下水

基坑开挖深度浅，基坑涌水量不大时，可采用边开挖边用排水沟和集水井进行集水明排的方法。在软土地区基坑开挖深度超过 3m 时，一般可采用井点降水。

1）明沟、集水井排水

（1）明沟、集水井排水是指在基坑的两侧或四周设置排水明沟，在基坑四角或每隔 30～40m 设置集水井，使基坑渗出的地下水通过排水明沟汇集于集水井内，然后用水泵将其排出基坑外。

（2）排水明沟宜布置在拟建建筑基础边 0.4m 以外，沟边缘离开边坡坡脚应不小于 0.5m。排水明沟的底面应比挖土面低 0.3～0.4m，集水井底面应比明沟底面低 0.5m 以上，并随基坑的挖深而加深，以保持水流畅通。

（3）用水泵从集水井中排水，常用水泵有潜水泵、离心式水泵和泥浆泵。

2）降水

降水即在基坑土方开挖之前，用真空（轻型）井点、喷射井点或管井深入含水层内，用不断抽水方式使地下水位下降至坑底以下，同时使土体产生固结以方便土方开挖。

（1）基坑降水应编制降水施工方案，其主要内容为：井点降水方法；井点管长度、构造和数量；降水设备的型号和数量；井点系统布置图；井孔施工方法及设备；质量和安全技术措施；降水对周围环境影响的评估及预防措施等。

（2）井孔应垂直，孔径上下一致。井点管应居于井孔中心，滤管不得紧靠井孔壁或插入淤泥中。

（3）井点管安装完毕后应进行试运转，全面检查管路接头、出水状况和机械运转情况。一般开始出水混浊，经一定时间后出水应逐渐变清，对长期出水混浊的井点应予以停闭或更换。

（4）降水系统运转过程中应随时检查、观测井孔中的水位。

（5）降水施工完毕，根据结构施工情况和土方回填进度，陆续关闭和逐根拔出井点管。土中所留孔洞应立即用砂土填实。

3）防止或减少降水影响周围环境的技术措施

（1）采用回灌技术。回灌井点与降水井点的距离不宜小于 6m。回灌井点的间距应根据降水井点的间距和被保护建（构）筑物的平面位置确定。

（2）采用砂沟、砂井回灌。回灌砂井的灌砂量，应取井孔体积的95%，填料宜采用含泥量不大于3%、不均匀系数在3～5之间的纯净中粗砂。

（3）减缓降水速度。在砂质粉土中降水影响范围可达80m以上，降水曲线较平缓，为此可将井点管加长，减缓降水速度，防止产生过大的沉降，亦可在井点系统降水过程中，调小离心泵阀，减缓抽水速度，还可在邻近被保护建（构）筑物一侧，将井点管间距加大，必要时甚至暂停抽水。

3.2.3 基坑验槽的方法与要求

1. 验槽时必须具备的资料

（1）详勘阶段的岩土工程勘察报告；

（2）附有基础平面和结构总说明的施工图阶段的结构图；

（3）其他必须提供的文件或记录。

2. 验槽前的准备工作

（1）察看结构说明和地质勘察报告，对比结构设计所用的地基承载力、持力层与报告所提供的是否相同；

（2）询问、察看建筑位置是否与勘察范围相符；

（3）察看场地内是否有软弱下卧层；

（4）场地是否为特别的不均匀场地，是否存在勘察方要求进行特别处理的情况，而设计方没有要求进行处理；

（5）要求建设方提供场地内是否有地下管线和相应的地下设施说明或图纸。

3. 验槽程序

（1）在施工单位自检合格的基础上进行，施工单位确认自检合格后提出验收申请；

（2）由总监理工程师或建设单位项目负责人组织建设、监理、勘察、设计及施工单位的项目负责人、技术质量负责人，共同按设计要求和有关规定进行。

4. 验槽的主要内容

（1）根据设计图纸检查基槽的开挖平面位置、尺寸、槽底深度，检查是否与设计图纸相符，开挖深度是否符合设计要求。

（2）仔细观察槽壁、槽底土质类型、均匀程度和有关异常土质是否存在，核对基坑土质及地下水情况是否与勘察报告相符。

（3）检查基槽之中是否有旧建筑物基础、古井、古墓、洞穴、地下掩埋物及地下人防工程等。

（4）检查基槽边坡外缘与附近建筑物的距离，基坑开挖对建筑物稳定是否有影响。

（5）天然地基验槽应检查、核实、分析钎探资料，对存在的异常点位进行复核检查。桩基应检测桩的质量是否合格。

5. 验槽方法

地基验槽通常采用观察法。对于基底以下的土层不可见部位，通常采用钎探法。

1）观察法

（1）槽壁、槽底的土质情况，验证基槽开挖深度，初步验证基槽底部土质是否与勘察报告相符（对难于鉴别的土质，应采用洛阳铲等工具挖至一定深度仔细鉴别），观察槽底土质结构是否受到人为破坏；验槽时应重点观察柱基、墙角、承重墙下或其他受力较大部位，如有异常部位，要会同勘察、设计等有关单位进行处理。

（2）基槽边坡是否稳定，是否有影响边坡稳定的因素存在，如坑底或边坡渗水、坑边堆载或近距离扰动等。

（3）基槽内有无旧的房基、洞穴、古井、掩埋的管道和人防设施等，如存在上述情况，应沿其走向进行追踪，查明其在基槽内的范围、延伸方向、长度、深度及宽度。

（4）在进行直接观察时，可用袖珍式贯入仪作为辅助手段。

2）钎探法

（1）钎探是用锤将钢钎打入坑底以下的土层内一定深度，根据锤击次数和入土难易程度来判断土的软硬情况及有无古井、古墓、洞穴、地下掩埋物等。

（2）钢钎的打入分人工和机械两种。

（3）根据基坑平面图，依次编号绘制成钎探点平面布置图。

（4）按照钎探点顺序号依次进行钎探施工。

（5）打钎时，同一工程应钎径一致、锤重一致、用力（落距）一致。每贯入30cm（通常称为一步），记录一次锤击数，每打完一个孔（点），将相关数据填入钎探记录表内，最后进行统一整理。

（6）分析钎探资料：检查其测试深度、部位，以及测试钎探器具是否标准，记录是否规范，对钎探记录各点的测试击数认真分析，分析钎探击数是否均匀，对偏差大于50%的点位，分析原因，确定范围，重新补测，对异常点采用洛阳铲进一步核查。

（7）钎探后的孔要用砂灌实。

3）轻型动力触探

遇到下列情况之一时，应在基底进行轻型动力触探：

（1）持力层明显不均匀。

（2）局部有软弱下卧层。

（3）有浅埋的坑穴、古墓、古井等，直接观察难以发现时。

（4）勘察报告或设计文件规定应进行轻型动力触探时。

3.2.4　常见地基处理方法应用

常见的地基处理方式有换填地基、压实和夯实地基、复合地基、注浆加固、预压地基、微型桩加固等。

1. 换填地基

换填地基适用于浅层软弱土层或不均匀土层的地基处理。按其回填的材料不同可分为素土、灰土地基，砂和砂石地基，粉煤灰地基等。换填厚度由设计确定，一般宜为0.5～3m。施工要求有：

（1）素土、灰土地基：土料可采用黏土或粉质黏土，石灰采用新鲜的消石灰。灰土体积配合比宜为2∶8或3∶7。素土、灰土分层（200～300mm）回填夯实或压实。

（2）砂和砂石地基：宜选用碎石、卵石、角砾、圆砾、砾砂、粗砂、中砂或石屑，应级配良好，不含植物残体、垃圾等杂质。当使用粉细砂或石粉时，应掺入不少于总重 30% 的碎石或卵石。砂和砂石地基采用砂或砂砾石（碎石）混合物，经分层夯（压）实。

（3）换填地基压实标准要求：换填材料为灰土、粉煤灰时，压实系数≥ 0.95；其他材料时，压实系数≥ 0.97。

2. 夯实地基

夯实地基可分为强夯和强夯置换处理地基。强夯处理地基适用于碎石土、砂土、低饱和度的粉土与黏性土、湿陷性黄土、素填土和杂填土等地基；强夯置换处理地基适用于高饱和度的粉土与软塑～流塑的黏性土等地基上对变形要求不严格的工程。一般有效加固深度 3～10m。施工要求有：

（1）强夯和强夯置换施工前，应在施工现场有代表性的场地上选取一个或几个试验区，进行试夯或试验性施工。每个试验区面积不宜小于 20m×20m。

（2）强夯处理地基夯锤质量宜为 10～60t，其底面形式宜为圆形，锤底面积宜按土的性质确定，锤底静接地压力值宜为 25～80kPa，单击夯击能高时取高值，单击夯击能低时取低值，对于细颗粒土宜取较低值。锤的底面宜对称设置若干个上下贯通的排气孔，孔径宜为 300～400mm。

（3）强夯置换夯锤底面形式宜采用圆形，夯锤底静接地压力值宜大于 80kPa。

3. 复合地基

复合地基按照增强体的不同可分为振冲碎石桩和沉管砂石桩复合地基、水泥土搅拌桩复合地基、旋喷桩复合地基、水泥粉煤灰碎石桩复合地基、夯实水泥土桩复合地基、灰土（土）挤密桩复合地基、桩锤扩充桩复合地基和多桩型复合地基等。复合地基处理要求有：

1）水泥粉煤灰碎石桩复合地基

水泥粉煤灰碎石桩，简称 CFG 桩，是在碎石桩的基础上掺入适量石屑、粉煤灰和少量水泥，加水拌合后制成具有一定强度的桩体。适用于处理黏性土、粉土、砂土和自重固结完成的素填土地基。根据现场条件可选用下列施工工艺：

（1）长螺旋钻孔灌注成桩：适用于地下水位以上的黏性土、粉土、素填土、中等密实以上的砂土地基；

（2）长螺旋钻中心压灌成桩：适用于黏性土、粉土、砂土和素填土地基；

（3）振动沉管灌注成桩：适用于粉土、黏性土及素填土地基；

（4）泥浆护壁成孔灌注成桩：适用于地下水位以下的黏性土、粉土、砂土、填土、碎石土及风化岩等地基。

2）灰土挤密桩复合地基

灰土挤密桩复合地基适用于处理地下水位以上的粉土、黏性土、素填土、杂填土和湿陷性黄土等地基，可处理地基的厚度宜为 3～15m。当以消除土层的湿陷性为目的时，可选用土挤密桩；以提高地基承载力或增强水稳性为目的时，宜选用灰土挤密桩。当地基土的含水量大于 24%、饱和度大于 65% 时，应通过现场试验确定其适用性。

3）振冲碎石桩和沉管砂石桩复合地基

振冲碎石桩和沉管砂石桩复合地基，适用于挤密松散砂土、粉土、粉质黏土、素填土和杂填土等地基，以及用于可液化地基。饱和黏性土地基，如对变形控制不严格，可采用砂石桩作置换处理。

振冲桩桩体材料可采用含泥量不大于 5% 的碎石、卵石、矿渣和其他性能稳定的硬质材料，不宜采用风化易碎的石料。沉管桩桩体材料可用含泥量不大于 5% 的碎石、卵石、角砾、圆砾、砾砂、粗砂、中砂或石屑等硬质材料。

3.2.5　混凝土桩基础施工

1. 钢筋混凝土预制桩

钢筋混凝土预制桩打（沉）桩施工方法通常有：锤击沉桩法、静力压桩法及振动法等，以锤击沉桩法和静力压桩法应用最为普遍。

锤击沉桩法一般施工程序：确定桩位和沉桩顺序→桩机就位→吊桩喂桩→校正→锤击沉桩→接桩→再锤击沉桩→送桩→收锤→转移桩机。

静力压桩法一般施工程序：测量定位→桩机就位→吊桩、插桩→桩身对中调直→静压沉桩→接桩→再静压沉桩→送桩→终止压桩→转移桩机。

2. 钢筋混凝土灌注桩

钢筋混凝土灌注桩按其成孔方法不同，可分为钻孔灌注桩、沉管灌注桩和人工挖孔灌注桩等几类。

1）钻孔灌注桩

钻孔灌注桩可以分为：干作业法钻孔灌注桩、泥浆护壁法钻孔灌注桩及套管护壁法钻孔灌注桩。

泥浆护壁法钻孔灌注桩施工工艺流程：场地平整→桩位放线→开挖浆池、浆沟→护筒埋设→钻机就位、孔位校正→成孔、泥浆循环、清除废浆、泥渣→第一次清孔→质量验收→下钢筋笼和钢导管→第二次清孔→清孔质量检验→水下浇筑混凝土→成桩。

2）沉管灌注桩

沉管灌注桩是指利用锤击打桩法或振动打桩法，将带有活瓣式桩尖或预制钢筋混凝土桩靴的钢套管沉入泥土中，然后边浇筑混凝土（或先在管内放入钢筋笼）边锤击或边振动边拔管而成的桩。

沉管灌注桩成桩施工工艺流程：桩机就位→锤击（振动）沉管→上料→边锤击（振动）边拔管，并继续浇筑混凝土→下钢筋笼，继续浇筑混凝土及拔管→成桩。

3）人工挖孔灌注桩

人工挖孔灌注桩是指采用人工挖掘方法进行成孔，然后安放钢筋笼，浇筑混凝土而成的桩。施工时必须考虑预防孔壁坍塌和流砂现象发生，应制订合理、安全的护壁措施。

3.2.6　混凝土基础施工

混凝土基础的主要形式有单独基础、条形基础、筏形基础和箱形基础等。

1. 单独基础浇筑

（1）台阶式基础施工，可按台阶分层一次浇筑完毕（预制柱的高杯口基础的高台部分应另行分层），不允许留设施工缝。每层混凝土按照先边角后中间一次完成。

（2）浇筑台阶式柱基时，为防止垂直交角处可能出现吊脚现象，可采取如下措施：

① 在第一级混凝土捣固下沉2～3cm后暂不填平，继续浇筑第二级，先用混凝土沿第二级模板底圈做成内外坡，然后再分层浇筑。外圈边坡的混凝土于第二级振捣过程中自动摊平，待第二级混凝土浇筑后，再将第一级混凝土齐模板顶边拍实抹平。

② 捣完第一级后拍平表面，在第二级模板外先压以200mm×100mm的压角混凝土并加以捣实后，再继续浇筑第二级。

（3）为保证杯形基础杯口底标高的正确性，宜先将杯口底混凝土振实并稍停片刻，（初凝前）再浇筑振捣杯口模内四周的混凝土，振动时间尽可能缩短。同时，还应特别注意保证杯口模板的位置不被移动，应两侧对称浇筑，以免杯口模挤向上一侧或由于混凝土泛起而使芯模上升。

（4）高杯口基础，由于台阶较高且配置钢筋较多，可采用后安装杯口模的方法，即当混凝土浇捣至接近杯口底时，再安装杯口模板后继续浇捣。

（5）锥式基础，应注意斜坡部位混凝土的振捣质量，在振捣器振捣完毕后，用人工将斜坡表面拍平，使其符合设计要求。

2. 条形基础与设备基础浇筑

（1）根据基础深度宜分段分层连续浇筑混凝土，一般不留施工缝。各段层间应至少在混凝土初凝前相互衔接，每段间浇筑长度控制在2000～3000mm，做到逐段逐层呈阶梯形向前推进。

（2）一般应分层浇筑，并保证上下层之间不形成施工缝，每层混凝土的厚度宜为300～500mm。每层浇筑顺序应从低处开始，沿长边方向自一端向另一端浇筑，也可采取中间向两端或两端向中间浇筑的顺序。

3. 大体积混凝土

（1）大体积混凝土施工应编制施工组织设计或施工技术方案。大体积混凝土工程施工前，宜对施工阶段大体积混凝土浇筑体的温度、温度应力及收缩应力进行试算，并确定施工阶段大体积混凝土浇筑体的升温峰值、里表温差及降温速率的控制指标，制订相应的温控技术措施。

（2）配制大体积混凝土所用水泥应选用中、低热硅酸盐水泥或低热矿渣硅酸盐水泥，大体积混凝土施工所用水泥3d的水化热不宜大于250kJ/kg，7d的水化热不宜大于280kJ/kg。细骨料宜采用中砂，粗骨料宜选用粒径5～31.5mm砂砾，并连续级配；当采用非泵送施工时，粗骨料的粒径可适当增大。

（3）大体积混凝土采用60d或90d强度作为指标时，应将其作为混凝土配合比的设计依据。所配制的混凝土拌合物的坍落度不宜大于180mm。拌合水用量不宜大于170kg/m^3；水胶比不宜大于0.45；砂率宜为38%～45%。

（4）大体积混凝土的浇筑：

① 大体积混凝土工程的施工宜采用整体分层连续浇筑施工或推移式连续浇筑施工。整体分层连续浇筑或推移式连续浇筑，应缩短间歇时间，并在前层混凝土初凝之前将次层混凝土浇筑完毕。

② 大体积混凝土的浇筑厚度应根据所用振捣器的作用深度及混凝土的和易性确定，整体连续浇筑时宜为300～500mm。层间最长的间歇时间不应大于混凝土的初凝时间。

当层间间隔时间超过混凝土的初凝时间时，层面应按施工缝处理。

③ 混凝土浇筑宜从低处开始，沿长边方向自一端向另一端进行。当混凝土供应量有保证时，亦可多点同时浇筑。混凝土宜采用二次振捣工艺。

④ 混凝土应采取机械振捣。在初凝以前对混凝土进行二次振捣，防止因混凝土沉落而出现裂缝。

（5）大体积混凝土的养护：

① 养护方法分为保温法和保湿法两种。

② 大体积混凝土浇筑完毕后，在终凝前加以覆盖和浇水进行保温保湿养护。采用普通硅酸盐水泥拌制的混凝土养护时间不得少于14d。

③ 保温覆盖层的拆除应分层逐步进行，当混凝土的表面温度与环境最大温差小于20℃时，可全部拆除。

（6）大体积混凝土浇筑体里表温差、降温速率及环境温度与温度应变的测试，在混凝土浇筑后1～4d，每4h不应少于1次；5～7d，每8h不应少于1次；7d后，每12h不应少于1次，直至测温结束。温控指标宜符合下列规定：

① 混凝土浇筑体的入模温度不宜大于30℃，最大温升值不宜大于50℃；

② 混凝土浇筑体的里表温差（不含混凝土收缩的当量温度）不宜大于25℃；

③ 混凝土浇筑体的降温速率不宜大于2.0℃/d；

④ 混凝土浇筑体的表面与大气温差不宜大于20℃。

（7）大体积混凝土裂缝控制措施：

① 优先选用低水化热的矿渣水泥拌制混凝土，并适当使用缓凝减水剂。

② 在保证混凝土设计强度等级的前提下，适当降低水胶比，减少水泥用量。

③ 降低混凝土的入模温度，控制混凝土内外的温差。如降低拌合水温度；骨料用水冲洗降温等。

④ 及时对混凝土覆盖保温、保湿材料。

⑤ 可在基础内预埋冷却水管，通入循环水，强制降低混凝土水化热产生的温度。

⑥ 设置后浇缝，以减小外应力和温度应力。

⑦ 大体积混凝土可采用二次抹面工艺，减少表面收缩裂缝。

3.3　主体结构工程施工

3.3.1　混凝土结构工程施工

混凝土结构具有强度较高、整体性好、可塑性好、耐久性和耐火性好、防震性和防辐射性能较好、工程造价和维护费用低、易于就地取材等优点，在各种结构的房屋建筑工程中得到广泛应用。其缺点主要有：结构自重大，抗裂性差，施工过程复杂，受环境影响大，施工工期较长。

1. 模板工程

模板工程应根据结构形式、荷载大小等结合施工过程的安装、使用和拆除等主要工况进行设计，保证其安全可靠，具有足够的承载力和刚度，并保证其整体稳固性。模板面板的种类有钢、木、胶合板、塑料板等。

1）常见模板体系及其特性

（1）木模板体系：优点是制作、拼装灵活，较适用于外形复杂或异形混凝土构件，以及冬期施工的混凝土工程；缺点是制作量大，木材资源浪费大等。

（2）组合钢模板体系：优点是轻便灵活、拆装方便、通用性强、周转率高等；缺点是接缝多且严密性差，导致混凝土成型后外观质量差。

（3）钢框木（竹）胶合板模板体系：它是以热轧异形钢为钢框架，以覆面胶合板作板面，并加焊若干钢肋承托面板的一种组合式模板。与组合钢模板比，其特点为自重轻、用钢量少、面积大、模板拼缝少、维修方便等。

（4）大模板体系：它由板面结构、支撑系统、操作平台和附件等组成，是现浇墙、壁结构施工的一种工具式模板。其特点是以建筑物的开间、进深和层高为大模板尺寸，由于面板为钢板组成，其优点是模板整体性好、抗震性强、无拼缝等；缺点是模板重量大，移动安装需起重机械吊运。

（5）散支散拆胶合板模板体系：面板采用高耐候、耐水性的Ⅰ类木胶合板或竹胶合板，优点是自重轻、板幅大、板面平整、施工安装方便简单等。

（6）早拆模板体系：在模板支架立柱的顶端，采用柱头的特殊构造装置，在保证国家现行标准所规定的拆模原则前提下，尽早拆除部分模板的体系，优点是部分模板可早拆，加快周转，节约成本。

（7）其他还有滑升模板、爬升模板、飞模、模壳模板、钢框木（竹）模板、胎模及永久性压型钢板模板和各种配筋的混凝土薄板模板等。

2）模板工程设计的主要原则

（1）实用性：模板要保证构件形状尺寸和相互位置的正确，且构造简单、支拆方便、表面平整、接缝严密不漏浆等。

（2）安全性：要具有足够的强度、刚度和稳定性，保证施工中不变形、不破坏、不倒塌。

（3）经济性：在确保工程质量、安全和工期的前提下，尽量减少一次性投入，增加模板周转次数，减少支拆用工，实现文明施工。

3）模板及支架设计应包括的主要内容

（1）模板及支架的选型及构造设计；

（2）模板及支架上的荷载及其效应计算；

（3）模板及支架的承载力、刚度验算；

（4）模板及支架的抗倾覆验算；

（5）绘制模板及支架施工图。

4）模板工程安装要点

（1）模板安装应按设计与施工说明书顺序拼装。钢管、门架等支架立柱不得混用。

（2）在基土上安装竖向模板和支架立柱支承部分时，基土应坚实，并有排水措施，并设置具有足够强度和支承面积的垫板，且中心承载；对冻胀性土，应有防冻融措施；对软土地基，当需要时，可采取堆载预压的方法调整模板面安装高度。

（3）竖向模板安装时，应在安装基层面上测量放线，并应采取保证模板位置准确的定位措施。对竖向模板及支架，安装时应有临时稳定措施。安装位于高空的模板时，应有可靠的防倾覆措施。应根据混凝土一次浇筑高度和浇筑速度，采取合理的竖向模板抗侧移、抗浮和抗倾覆措施。

（4）对跨度不小于 4m 的现浇钢筋混凝土梁、板，其模板应按设计要求起拱；当设计无具体要求时，起拱高度应为跨度的 1/1000～3/1000。

（5）采用扣件式钢管作高大模板支架的立杆时，支架搭设应完整。钢管规格、间距和扣件应符合设计要求；立杆上应每步设置双向水平杆，水平杆应与立杆扣接；立杆底部应设置垫板。

（6）安装现浇结构的上层模板及其支架时，下层楼板应具有承受上层荷载的承载能力，或加设支架；上、下楼层模板支架的立柱宜对准，并铺设垫板；模板及支架杆件等应在楼层内分散堆放。

（7）模板安装应保证混凝土结构构件各部分形状、尺寸和相对位置准确；模板的接缝不应漏浆；在浇筑混凝土前，木模板应浇水润湿，但模板内不应有积水。

（8）模板与混凝土的接触面应清理干净并涂刷隔离剂，不得使用影响结构性能或妨碍装饰工程的隔离剂；隔离剂不得污染钢筋和混凝土接槎处。

（9）模板安装应与钢筋安装配合进行，梁柱节点的模板宜在钢筋安装后安装。

（10）浇筑混凝土前，模板内的杂物应清理干净（可设置清扫口）。

（11）对清水混凝土工程及装饰混凝土工程，应使用能达到设计效果的模板，并对模板进行设计。

（12）用作模板的地坪、胎模等应平整光洁，不得产生影响构件质量的下沉、裂缝、起砂或起鼓。

（13）固定在模板上的预埋件、预留孔和预留洞均不得遗漏，且应安装牢固、位置准确。

（14）后浇带的模板及支架应独立设置。

5）模板的拆除

（1）模板拆除时，其顺序和方法应按模板的设计规定进行。当设计无规定时，可采取先支的后拆、后支的先拆，先拆非承重模板、后拆承重模板的顺序，并应从上而下进行拆除。

（2）当混凝土强度达到设计要求时，方可拆除底模及支架；当设计无具体要求时，同条件养护试件的混凝土抗压强度应符合表 3.3-1 的规定。

表 3.3-1　底模拆除时的混凝土强度要求

构件类型	构件跨度（m）	达到设计的混凝土立方体抗压强度标准值的百分率（%）
板	≤2	≥50
	>2，≤8	≥75
	>8	≥100
梁、拱、壳	≤8	≥75
	>8	≥100
悬臂结构		≥100

（3）当混凝土强度能保证其表面及棱角不受损伤时，方可拆除侧模。

（4）快拆支架体系的支架立杆间距不应大于2m。拆模时应保留立杆并顶托支承楼板，拆模时的混凝土强度可按表3.3-1取构件跨度为2m的规定确定。

2. 钢筋工程

1）钢筋配料

钢筋配料是根据构件配筋图，先绘出各种形状和规格的单根钢筋简图并加以编号，然后分别计算钢筋下料长度、根数及重量，填写钢筋配料单，作为申请、备料、加工的依据。为使钢筋满足设计要求的形状和尺寸，需要对钢筋进行弯折，而弯折后钢筋各段的长度总和并不等于其在直线状态下的长度，所以要对钢筋剪切下料长度加以计算。各种钢筋下料长度计算如下：

（1）直钢筋下料长度＝构件长度－保护层厚度＋弯钩增加长度。

（2）弯起钢筋下料长度＝直段长度＋斜段长度－弯曲调整值＋弯钩增加长度。

（3）箍筋下料长度＝箍筋周长＋箍筋调整值。

（4）上述钢筋如需要搭接，还要增加钢筋搭接长度。

钢筋代换时，应征得设计单位的同意并办理相应设计变更文件。代换后钢筋的间距、锚固长度、最小钢筋直径、数量等构造要求和受力、变形情况均应符合相应规范要求。

2）钢筋连接

钢筋的连接方法：焊接、机械连接和绑扎连（搭）接三种。

（1）钢筋的焊接

常用的焊接方法有：电阻点焊、闪光对焊、电弧焊（包括帮条焊、搭接焊、熔槽焊、坡口焊、预埋件角焊和塞孔焊等）、电渣压力焊、气压焊、埋弧压力焊等。

电渣压力焊适用于现浇钢筋混凝土结构中竖向或斜向（倾斜度在4：1范围内）钢筋的连接。直接承受动力荷载的结构构件中，纵向钢筋不宜采用焊接接头。

细晶粒热轧钢筋及直径大于28mm的普通热轧钢筋，其焊接参数应经试验确定；余热处理钢筋不宜焊接。

（2）钢筋机械连接

有钢筋套筒挤压连接、钢筋直螺纹套筒连接（包括钢筋镦粗直螺纹套筒连接、钢筋剥肋滚压直螺纹套筒连接）等方法。

目前最常见、采用最多的方式是钢筋剥肋滚压直螺纹套筒连接。其适用的钢筋级别为HRB400、HRB500等；适用的钢筋直径范围通常为16～50mm。

（3）钢筋绑扎连接（或搭接）

钢筋搭接长度应符合设计和规范要求。

当受拉钢筋直径大于25mm、受压钢筋直径大于28mm时，不宜采用绑扎搭接接头。轴心受拉及小偏心受拉杆件（如桁架和拱架的拉杆等）的纵向受力钢筋均不得采用绑扎搭接接头。

（4）钢筋接头位置

钢筋接头位置宜设置在受力较小处。同一纵向受力钢筋不宜设置两个或两个以上接头。接头末端至钢筋弯起点的距离不应小于钢筋直径的10倍。构件同一截面内钢筋接头数应符合设计和规范要求。

3）钢筋加工

（1）钢筋加工包括调直、除锈、下料切断、接长、弯曲成型等。

（2）钢筋宜采用无延伸功能的机械设备进行调直，也可采用冷拉调直。当采用冷拉调直时，HPB300 级光圆钢筋的冷拉率不宜大于 4%；HRB400、HRB500 级带肋钢筋的冷拉率不宜大于 1%。钢筋调直过程中不应损伤带肋钢筋的横肋。调直后的钢筋应平直，不应有局部弯折。

（3）钢筋除锈：一是在钢筋冷拉或调直过程中除锈；二是可采用机械除锈机除锈、喷砂除锈、酸洗除锈和手工除锈等。

（4）钢筋下料切断可采用钢筋切断机或手动液压切断器进行。钢筋的切断口不得有马蹄形或起弯等现象。

（5）钢筋加工宜在常温状态下进行，加工过程中不应加热钢筋。钢筋弯曲成型可采用钢筋弯曲机、四头弯筋机及手工弯曲工具等进行。钢筋弯折可采用专用设备一次弯折到位，不得反复弯折。对于弯折过度的钢筋，不得回弯。

4）钢筋安装

（1）柱钢筋绑扎

① 柱钢筋的绑扎应在柱模板安装前进行。

② 纵向受力钢筋有接头时，设置在同一构件内的接头应相互错开。

③ 每层柱第一个钢筋接头位置距楼地面高度不宜小于 500mm、柱净高的 1/6 及柱截面长边（或直径）的较大值。

④ 框架梁、牛腿及柱帽等钢筋，应放在柱子纵向钢筋的内侧。

⑤ 柱中的竖向钢筋搭接时，角部箍筋的弯钩应与模板成 45°（多边形柱为模板内角的平分角，圆形柱应与模板切线垂直），中间箍筋的弯钩应与模板成 90°。

⑥ 箍筋的接头（弯钩叠合处）应交错布置在四角纵向钢筋上；箍筋转角与纵向钢筋交叉点均应扎牢（钢筋平直部分与纵向钢筋交叉点可间隔扎牢），绑扎箍筋时绑扣相互间成八字形。

⑦ 如设计无特殊要求，当柱中纵向受力钢筋直径大于 25mm 时，应在搭接接头两个端面外 100mm 范围内各设置两个箍筋，其间距宜为 50mm。

（2）墙钢筋绑扎

① 墙钢筋绑扎应在墙模板安装前进行。

② 墙（包括水塔壁、烟囱筒身、池壁等）的垂直钢筋每段长度不宜超过 4m（钢筋直径不大于 12mm）或 6m（钢筋直径大于 12mm）或层高加搭接长度，水平钢筋每段长度不宜超过 8m，以利绑扎。钢筋的弯钩应朝向混凝土内。

③ 采用双层钢筋网时，在两层钢筋间应设置撑铁或绑扎架，以固定钢筋间距。

（3）梁、板钢筋绑扎

① 框架梁的上部钢筋接头位置宜设置在跨中 1/3 跨度范围内，下部钢筋接头位置宜设置在梁端 1/3 跨度范围内。

② 当梁的高度较小时，梁的钢筋可架空在梁模板顶上绑扎，然后再落位；当梁的高度较大（大于等于 1.0m）时，梁的钢筋宜在梁底模上绑扎，其两侧或一侧模板后安

装。板的钢筋在模板安装后绑扎。

③ 梁纵向受力钢筋采取双层排列时，两排钢筋之间应垫直径不小于25mm的短钢筋，以保证其设计距离。箍筋的接头（弯钩叠合处）应交错布置在两根架立钢筋上，其余同柱。

④ 板的钢筋网绑扎，四周两行钢筋交叉点应每点扎牢，中间部分交叉点可相隔交错扎牢，但必须保证受力钢筋不移位。双向主筋的钢筋网，则须将全部钢筋相交点扎牢。采用双层钢筋网时，在上层钢筋网下面应设置钢筋撑脚，以保证钢筋位置正确。绑扎时应注意相邻绑扎点的铁丝要成八字形，以免网片歪斜变形。

⑤ 板上部的负筋要防止被踩下，特别是雨篷、挑檐、阳台等悬臂板，要严格控制负筋位置，以免拆模后断裂。

⑥ 板、次梁与主梁交叉处，板的钢筋在上，次梁的钢筋居中，主梁的钢筋在下；当有圈梁或垫梁时，主梁的钢筋在上。

⑦ 框架节点处钢筋穿插十分稠密时，应特别注意梁顶面主筋间的净距要有30mm，以利浇筑混凝土。

⑧ 梁板钢筋绑扎时，应防止水电管线影响钢筋位置。

（4）细部构造钢筋处理

① 钢筋的绑扎搭接接头应在接头中心和两端用铁丝扎牢。

② 墙、柱、梁钢筋骨架中各垂直面钢筋网交叉点应全部扎牢；板上部钢筋网的交叉点应全部扎牢，底部钢筋网除边缘部分外可间隔交错扎牢。

③ 梁、柱的箍筋弯钩及焊接封闭箍筋的对焊点应沿纵向受力钢筋方向错开设置。构件同一表面，焊接封闭箍筋的对焊接头面积百分率不宜超过50%。

④ 填充墙构造柱纵向钢筋宜与框架梁钢筋共同绑扎。

⑤ 梁及柱中箍筋、墙中水平分布钢筋及暗柱箍筋、板中钢筋距构件边缘的距离宜为50mm。

⑥ 当设计无要求时，应优先保证主要受力构件和构件中主要受力方向钢筋的位置。框架节点处梁纵向受力钢筋宜置于柱纵向钢筋内侧；次梁钢筋宜放在主梁钢筋内侧；剪力墙中水平分布钢筋宜放在外部，并在墙边弯折锚固。

⑦ 钢筋安装应采用定位件固定钢筋的位置，并宜采用专用定位件。混凝土框架梁、柱保护层内，不宜采用金属定位件。

⑧ 采用复合箍筋时，箍筋外围应封闭。梁类构件复合箍筋内部宜选用封闭箍筋，单数肢也可采用拉筋；柱类构件复合箍筋内部可部分采用拉筋。当拉筋设置在复合箍筋内部不对称的一边时，沿纵向受力钢筋方向的相邻复合箍筋应交错布置。

3. 混凝土工程

1）混凝土配合比

（1）混凝土配合比应根据原材料性能及对混凝土的技术要求（强度等级、耐久性和工作性等），由具有资质的试验室进行计算，并经试配、调整后确定。混凝土配合比采用重量比。

（2）泵送混凝土配合比设计：

① 泵送混凝土的入泵坍落度不宜低于100mm；

② 用水量与胶凝材料总量之比不宜大于 0.6；

③ 泵送混凝土的胶凝材料总量不宜小于 300kg/m^3。

（3）对采用搅拌运输车运输的混凝土，当运输时间可能较长时，试配时应控制混凝土坍落度的损失值。

（4）试配掺外加剂的混凝土时，应采用工程使用的原材料。检测项目应根据设计及施工要求确定，检测条件应与施工条件相同，当工程所用原材料或混凝土性能要求发生变化时，应再进行试配试验。

2）混凝土的搅拌与运输

（1）混凝土搅拌一般宜由场外预拌商品混凝土搅拌站或现场搅拌站搅拌，应严格掌握混凝土配合比，确保各种原材料合格，计量偏差符合标准要求，投料顺序、搅拌时间应合理、准确，最终确保混凝土搅拌质量满足设计、施工要求。

（2）混凝土在运输中不应发生分层、离析现象，否则应在浇筑前二次搅拌。尽量减少混凝土的运输时间和转运次数，确保混凝土在初凝前运至现场并浇筑完毕。

（3）采用搅拌运输车运送混凝土，运输途中及等候卸料时，不得停转。当坍落度损失较大不能满足施工要求时，可在运输车罐内加入适量的与原配合比相同成分的减水剂。减水剂加入量应事先由试验确定。

3）泵送混凝土

（1）泵送混凝土是利用混凝土泵的压力将混凝土通过管道输送到浇筑地点，一次完成水平运输和垂直运输。泵送混凝土具有输送能力大、效率高、连续作业、节省人力等优点。

（2）泵送混凝土搅拌时，应按规定顺序进行投料，且粉煤灰宜与水泥同步，外加剂的添加宜滞后于水和水泥。

（3）混凝土泵或泵车设置处，应场地平整、坚实，具有重车行走条件。混凝土泵或泵车应尽可能靠近浇筑地点，浇筑时由远至近进行。

（4）混凝土供应要保证泵能连续工作。输送管线宜直，转弯宜缓，接头应严密，并要注意预防输送管线堵塞。输送泵管应采用支架固定，支架应与结构牢固连接，输送泵管转向处支架应加密。

（5）混凝土粗骨料最大粒径不大于 25mm 时，可采用内径不小于 125mm 的输送泵管；混凝土粗骨料最大粒径不大于 40mm 时，可采用内径不小于 150mm 的输送泵管。

4）混凝土浇筑

（1）混凝土浇筑前应根据施工方案认真交底，并做好浇筑前的各项准备工作，尤其应对模板、支撑、钢筋、预埋件等认真细致检查，合格并做好相关隐蔽验收后，才可浇筑混凝土。

（2）浇筑混凝土前，应清除模板内或垫层上的杂物。表面干燥的地基、垫层、模板上应洒水湿润；现场环境温度高于 35℃时宜对金属模板进行洒水降温；洒水后不得留有积水。

（3）在浇筑竖向结构混凝土前，应先在底部填以不大于 30mm 厚与混凝土中水泥、砂配比成分相同的水泥砂浆；浇筑过程中混凝土不得发生离析现象。

（4）柱、墙模板内的混凝土浇筑，当无可靠措施保证混凝土不产生离析时，其自由倾落高度应符合如下规定，当不能满足时，应加设串筒、溜管、溜槽等装置。

① 粗骨料粒径大于25mm时，不宜超过3m；

② 粗骨料粒径不大于25mm时，不宜超过6m。

（5）浇筑混凝土应连续进行。当必须间歇时，其间歇时间宜尽量缩短，并应在前层混凝土初凝之前，将次层混凝土浇筑完毕，否则应留置施工缝。

（6）混凝土宜分层浇筑，分层振捣。当采用插入式振动器振捣普通混凝土时，应快插慢拔，并应避免碰撞钢筋、模板、芯管、吊环、预埋件等；当采用平板振动器时，其移动间距应保证振动器的平板能覆盖已振实部分的边缘。

（7）在混凝土浇筑过程中，应经常观察模板、支架、钢筋、预埋件和预留孔洞的情况，当发现有变形、移位时，应及时采取措施进行处理。

（8）梁和板宜同时浇筑混凝土，有主次梁的楼板宜顺着次梁方向浇筑，单向板宜沿着板的长边方向浇筑；拱和高度大于1m的梁等结构，可单独浇筑混凝土。

（9）混凝土浇筑后，在初凝前和终凝前宜分别对混凝土裸露表面进行抹面处理。

5）施工缝

（1）施工缝的位置应在混凝土浇筑之前确定，并宜留置在结构受剪力较小且便于施工的部位。施工缝的留置位置应符合下列规定：

① 柱、墙水平施工缝可留设在基础、楼层结构顶面，柱施工缝与结构上表面的距离宜为0～100mm，墙施工缝与结构上表面的距离宜为0～300mm；

② 柱、墙水平施工缝也可留设在楼层结构底面，施工缝与结构下表面的距离宜为0～50mm；当板下有梁托时，可留设在梁托下0～20mm范围内；

③ 高度较大的柱、墙、梁以及厚度较大的基础可根据施工需要在其中部留设水平施工缝；必要时，可对配筋进行调整，并应征得设计单位认可；

④ 有主次梁的楼板垂直施工缝应留设在次梁跨度中间的1/3范围内；

⑤ 单向板施工缝应留设在平行于板短边的任何位置；

⑥ 楼梯梯段施工缝宜设置在梯段板跨度端部的1/3范围内；

⑦ 墙的垂直施工缝宜设置在门洞口过梁跨中1/3范围内，也可留设在纵横交接处；

⑧ 特殊结构部位留设水平或垂直施工缝应征得设计单位同意。

（2）在施工缝处继续浇筑混凝土时，应符合下列规定：

① 已浇筑的混凝土，其抗压强度不应小于$1.2N/mm^2$；

② 对已硬化的混凝土表面，应清除水泥薄膜和松动石子以及软弱混凝土层，并加以充分湿润和冲洗干净，且不得有积水；

③ 在浇筑混凝土前，宜先在施工缝处铺一层水泥浆（可掺适量界面剂）或与混凝土内成分相同的水泥砂浆；

④ 混凝土应细致捣实，使新旧混凝土紧密结合。

6）后浇带

（1）后浇带根据设计要求留设。若设计无要求，则至少保留14d后再浇筑。

（2）后浇带应采取钢筋防锈或阻锈等保护措施。

（3）填充后浇带可采用微膨胀混凝土，强度等级比原结构强度提高一级，并保持至少14d的湿润养护。后浇带接缝处按施工缝的要求处理。

7）混凝土的养护

（1）混凝土浇筑后应及时进行保湿养护，保湿养护可采用洒水、覆盖、喷涂养护剂等方式。选择养护方式应考虑现场条件、环境温湿度、构件特点、技术要求、施工操作等因素。

（2）对已浇筑完毕的混凝土，应在其终凝前开始进行自然养护。

（3）混凝土的养护时间应符合下列规定：

① 采用硅酸盐水泥、普通硅酸盐水泥或矿渣硅酸盐水泥配制的混凝土，不应少于 7d；采用其他品种水泥时，养护时间应根据水泥性能确定。

② 采用缓凝型外加剂、大掺量矿物掺合料配制的混凝土，不应少于 14d。

③ 抗渗混凝土、强度等级 C60 及以上的混凝土，不应少于 14d。

④ 后浇带混凝土的养护时间不应少于 14d。

⑤ 地下室底层墙、柱和上部结构首层墙、柱宜适当增加养护时间。

⑥ 基础大体积混凝土养护时间应根据施工方案及相关规范确定。

3.3.2　砌体结构工程施工

1. 砌筑砂浆

1）砂浆配合比

（1）砌筑砂浆配合比应通过有资质的试验室，根据现场实际情况试配确定，并同时满足稠度、分层度和抗压强度的要求。

（2）当砂浆的组成材料有变更时，应重新确定配合比。

（3）砌筑砂浆的稠度通常为 30～90mm；在砌筑材料为粗糙多孔且吸水较大的块料或在干热条件下砌筑时，应选用较大稠度值的砂浆，反之应选用稠度值较小的砂浆。

（4）砌筑砂浆的分层度不得大于 30mm，确保砂浆具有良好的保水性。

（5）施工中不应采用强度等级小于 M5 的水泥砂浆替代同强度等级的水泥混合砂浆，如需替代，应将水泥砂浆提高一个强度等级。

2）砂浆的拌制及使用

（1）砂浆现场拌制时，各组分材料应采用重量计量。

（2）砂浆应采用机械搅拌，搅拌时间自投料完算起，应为：

① 水泥砂浆和水泥混合砂浆不得少于 120s。

② 水泥粉煤灰砂浆和掺用外加剂的砂浆不得少于 180s。

③ 掺液体增塑剂的砂浆，应先将水泥、砂干拌混合均匀后，将混有增塑剂的拌合水倒入干混砂浆中继续搅拌；掺固体增塑剂的砂浆，应先将水泥、砂和增塑剂干拌混合均匀后，将拌合水倒入其中继续搅拌。从加水开始，搅拌时间不应少于 210s。

④ 预拌砂浆及加气混凝土砌块专用砂浆的搅拌时间应符合有关技术标准或产品说明书的要求。

（3）现场拌制的砂浆应随拌随用，拌制的砂浆应在 3h 内使用完毕；当施工期间最高气温超过 30℃时，应在 2h 内使用完毕。对掺用缓凝剂的砂浆，其使用时间可根据其缓凝时间的试验结果确定。

2. 砖砌体工程

1）砖砌体施工

（1）混凝土砖、蒸压砖的生产龄期应达到28d后，方可用于砌体的施工。

（2）砌筑烧结普通砖、烧结多孔砖、蒸压灰砂砖、蒸压粉煤灰砖砌体时，砖应提前1～2d适度湿润，严禁采用干砖或处于吸水饱和状态的砖砌筑，块体湿润程度宜符合下列规定：

① 烧结类块体的相对含水率60%～70%；

② 混凝土多孔砖及混凝土实心砖不需浇水湿润，但在气候干燥炎热的情况下，宜在砌筑前对其喷水湿润。其他非烧结类块体的相对含水率40%～50%。

（3）砌筑方法有“三一”砌筑法、挤浆法（铺浆法）、刮浆法和满口灰法四种。通常宜采用“三一”砌筑法，即一铲灰、一块砖、一揉压的砌筑方法。当采用铺浆法砌筑时，铺浆长度不得超过750mm，施工期间气温超过30℃时，铺浆长度不得超过500mm。

（4）设置皮数杆：在砖砌体转角处、交接处应设置皮数杆，皮数杆上标明砖皮数、灰缝厚度以及竖向构造的变化部位。皮数杆间距不应大于15m。在相对两皮数杆上砖上边线处拉水准线。

（5）砖墙砌筑形式：根据砖墙厚度不同，可采用全顺、两平一侧、全丁、一顺一丁、梅花丁或三顺一丁等砌筑形式。

（6）240mm厚承重墙的每层墙的最上一皮砖，砖砌体的台阶水平面上及挑出层的外皮砖，应整砖丁砌。

（7）砖过梁底部的模板及其支架拆除时，灰缝砂浆强度不应低于设计强度的75%。

（8）砖墙灰缝宽度宜为10mm，且不应小于8mm，也不应大于12mm。砖墙的水平灰缝砂浆饱满度不得小于80%；竖缝宜采用挤浆或加浆方法，不得出现透明缝、瞎缝和假缝。不得用水冲浆灌缝。

（9）在砖墙上留置临时施工洞口，其侧边离交接处墙面不应小于500mm，洞口净宽不应超过1m。抗震设防烈度为9度地区建筑物的施工洞口位置，应会同设计单位确定。临时施工洞口应做好补砌。

（10）不得在下列墙体或部位设置脚手眼：

① 120mm厚墙、清水墙、料石墙、独立柱和附墙柱；

② 过梁上与过梁成60°角的三角形范围及过梁净跨度1/2的高度范围内；

③ 宽度小于1m的窗间墙；

④ 门窗洞口两侧石砌体300mm，其他砌体200mm范围内；转角处石砌体600mm，其他砌体450mm范围内；

⑤ 梁或梁垫下及其左右500mm范围内；

⑥ 设计不允许设置脚手眼的部位；

⑦ 轻质墙体；

⑧ 夹心复合墙外叶墙。

（11）设计要求的洞口、沟槽、管道应于砌筑时正确留出或预埋，未经设计同意，不得打凿墙体和在墙体上开凿水平沟槽。宽度超过300mm的洞口上部，应设置钢筋混凝土过梁。不应在截面长边小于500mm的承重墙体、独立柱内埋设管线。

（12）砖砌体的转角处和交接处应同时砌筑，严禁无可靠措施的内外墙分砌施工。在抗震设防烈度为 8 度及以上地区，对不能同时砌筑而又必须留置的临时间断处应砌成斜槎，普通砖砌体斜槎水平投影长度不应小于其高度的 2/3，多孔砖砌体的斜槎长高比不应小于 1/2。斜槎高度不得超过一步脚手架的高度。

（13）非抗震设防及抗震设防烈度为 6 度、7 度地区的临时间断处，当不能留斜槎时，除转角处外，可留直槎，但直槎必须做成凸槎，且应加设拉结钢筋，拉结钢筋应符合下列规定：

① 每 120mm 墙厚放置 1ϕ6 拉结钢筋（120mm 厚墙放置 2ϕ6 拉结钢筋）；

② 间距沿墙高不应超过 500mm，且竖向间距偏差不应超过 100mm；

③ 埋入长度从留槎处算起每边均不应小于 500mm，抗震设防烈度 6 度、7 度地区，不应小于 1000mm；

④ 末端应有 90° 弯钩。

（14）设有钢筋混凝土构造柱的抗震多层砖房，应先绑扎钢筋，然后砌砖墙，最后浇筑混凝土。墙与柱应沿高度方向每 500mm 设 2ϕ6 拉筋（一砖墙），每边伸入墙内不应少于 1m；构造柱应与圈梁连接；砖墙应砌成马牙槎，每一马牙槎沿高度方向的尺寸不超过 300mm，马牙槎从每层柱脚开始，先退后进。该层构造柱混凝土浇筑完以后，才能进行上一层施工。

（15）砖墙工作段的分段位置，宜设在变形缝、构造柱或门窗洞口处；相邻工作段的砌筑高度不得超过一个楼层高度，也不宜大于 4m。

（16）正常施工条件下，砖砌体每日砌筑高度宜控制在 1.5m 或一步脚手架高度内。

（17）多孔砖的孔洞应垂直于受压面砌筑。半盲孔多孔砖的封底面应朝上砌筑。

2）砖柱与砖垛

（1）砖柱应选用整砖砌筑，砖柱断面宜为方形或矩形。

（2）砖柱砌筑应保证砖柱外表面上下皮垂直灰缝相互错开 1/4 砖长，且不得采用包心砌法。

（3）砖柱的水平灰缝和竖向灰缝饱满度不应小于 90%，不得用水冲浆灌缝。

（4）砖垛应与所附砖墙同时砌筑。砖垛应隔皮与砖墙搭砌，搭砌长度应不小于 1/4 砖长。砖垛外表面上下皮垂直灰缝应相互错开 1/2 砖长。

3. 混凝土小型空心砌块砌体工程

（1）混凝土小型空心砌块分普通混凝土小型空心砌块和轻骨料混凝土小型空心砌块（简称小砌块）两种。

（2）施工采用的小砌块的产品龄期不应小于 28d。承重墙体使用的小砌块应完整、无破损、无裂缝。防潮层以上的小砌块砌体，宜采用专用砂浆砌筑。

（3）普通混凝土小型空心砌块砌体，砌筑前不需对小砌块浇水湿润；但遇天气干燥炎热时，宜在砌筑前对其浇水湿润；对轻骨料混凝土小砌块，宜提前 1～2d 浇水湿润。雨天及小砌块表面有浮水时，不得用于施工。

（4）当砌筑厚度大于 190mm 的小砌块墙体时，宜在墙体内外侧双面挂线。小砌块应将生产时的底面朝上反砌于墙上，小砌块墙体宜逐块坐（铺）浆砌筑。

（5）底层室内地面以下或防潮层以下的砌体，应采用强度等级不低于 C20（或

Cb20）的混凝土灌实小砌块的孔洞。

（6）在散热器、厨房和卫生间等设置的卡具安装处砌筑的小砌块，宜在施工前用强度等级不低于 C20（或 Cb20）的混凝土将其孔洞灌实。

（7）小砌块墙体应孔对孔、肋对肋错缝搭砌。单排孔小砌块的搭接长度应为块体长度的 1/2；多排孔小砌块的搭接长度可适当调整，但不宜小于小砌块长度的 1/3，且不应小于 90mm。墙体竖向通缝不得超过两皮小砌块，独立柱不允许有竖向通缝。

（8）砌筑应从转角或定位处开始，内外墙同时砌筑，纵横交错搭接。外墙转角处应使小砌块隔皮露端面；T 字交接处应使横墙小砌块隔皮露端面。

（9）墙体转角处和纵横交接处应同时砌筑。临时间断处应砌成斜槎，斜槎水平投影长度不应小于斜槎高度。临时施工洞口可预留直槎，但在补砌洞口时，应在直槎上下搭砌的小砌块孔洞内用强度等级不低于 Cb20 或 C20 的混凝土灌实。

（10）厚度为 190mm 的自承重小砌块墙体宜与承重墙同时砌筑。厚度小于 190mm 的自承重小砌块墙体宜后砌，且应按设计要求预留拉结筋或钢筋网片。

4. 填充墙砌体工程

（1）砌筑填充墙时，轻骨料混凝土小型空心砌块和蒸压加气混凝土砌块的产品龄期不应小于 28d，蒸压加气混凝土砌块的含水率宜小于 30%。

（2）砌块进场后应按品种、规格堆放整齐，堆置高度不宜超过 2m。蒸压加气混凝土砌块在运输及堆放中应防止雨淋。

（3）吸水率较小的轻骨料混凝土小型空心砌块及采用薄灰砌筑法施工的蒸压加气混凝土砌块，砌筑前不应对其浇（喷）水湿润。

采用普通砂浆砌筑填充墙时，烧结空心砖、吸水率较大的轻骨料混凝土小型空心砌块应提前 1～2d 浇水湿润；蒸压加气混凝土砌块采用专用砂浆或普通砂浆砌筑时，应在砌筑当天对砌块砌筑面浇水湿润。

（4）轻骨料混凝土小型空心砌块或蒸压加气混凝土砌块墙如无切实有效措施，不得使用于下列部位或环境：

① 建筑物防潮层以下墙体；

② 长期浸水或化学侵蚀环境；

③ 砌块表面温度高于 80℃的部位；

④ 长期处于有振动源环境的墙体。

（5）在厨房、卫生间、浴室等处采用轻骨料混凝土小型空心砌块、蒸压加气混凝土砌块砌筑墙体时，墙底部宜现浇混凝土坎台，其高度宜为 150mm。

（6）填充墙砌体砌筑，应在承重主体结构检验批验收合格后进行；填充墙顶部与承重主体结构之间的空隙部位，应在填充墙砌筑 14d 后进行砌筑。

（7）蒸压加气混凝土砌块、轻骨料混凝土小型空心砌块不应与其他块体混砌，不同强度等级的同类块体也不得混砌。

（8）烧结空心砖墙应侧立砌筑，孔洞应呈水平方向。空心砖墙底部宜砌筑 3 皮普通砖，且门窗洞口两侧一砖范围内应采用烧结普通砖砌筑。

砌筑时，墙体的第一皮空心砖应进行试摆。排砖时，不够半砖处应采用普通砖或配砖补砌，半砖以上的非整砖宜采用无齿锯加工制作。

烧结空心砖砌体组砌时，应上下错缝，交接处应咬槎搭砌，掉角严重的空心砖不宜使用。转角及交接处应同时砌筑，不得留直槎，留斜槎时，斜槎高度不宜大于1.2m。

（9）蒸压加气混凝土砌块填充墙砌筑时应上下错缝，搭砌长度不宜小于砌块长度的1/3，且不应小于150mm。当不能满足时，在水平灰缝中应设置2ϕ6钢筋或ϕ4钢筋网片加强，每侧搭接长度不宜小于700mm。

3.3.3　钢结构工程施工

1. 钢结构构件生产的工艺流程

放样→号料→切割下料→平直矫正→边缘及端部加工→滚圆→摵弯→制孔→钢结构组装→焊接→摩擦面的处理→涂装。主要工艺：

（1）切割下料：包括氧割（气割）、等离子切割等高温热源的方法和使用机切、冲模落料、锯切等机械力的方法。

（2）平直矫正：包括型钢矫正机的机械矫正和火焰矫正等。

（3）边缘及端部加工：方法有铲边、刨边、铣边、碳弧气刨、半自动和自动气割机、坡口机加工等。

（4）滚圆：可选用对称三轴滚圆机、不对称三轴滚圆机和四轴滚圆机等机械进行加工。

（5）摵弯：根据不同规格材料可选用型钢滚圆机、弯管机、折弯压力机等机械进行加工。

（6）制孔通常采用钻孔的方法，有时对较薄的不重要的节点板、垫板、加强板等制孔时也可采用冲孔。钻孔通常在钻床上进行，不便用钻床时，可用电钻、风钻和磁座钻加工。

（7）钢结构组装：可采用地样法、仿形复制装配法、专用设备装配法、胎模装配法等。

（8）焊接：选择合理的焊接工艺和方法，严格按要求操作。

（9）摩擦面的处理：可采用喷砂、喷丸、酸洗、打磨等方法，严格按设计要求和有关规定进行施工。

2. 钢结构构件的连接

钢结构的连接方法有焊接、普通螺栓连接、高强度螺栓连接和铆接。

1）焊接

（1）建筑工程中钢结构常用的焊接方法：按焊接的自动化程度一般分为手工焊接、半自动焊接和全自动焊接三种，见图3.3-1。

（2）根据焊接接头的连接部位，可以将熔化焊接接头分为：对接接头、角接接头、T形及十字接头、搭接接头和塞焊接头等。

（3）焊工应经考试合格并取得资格证书，应在认可的范围内焊接作业，严禁无证上岗。

（4）首次采用的钢材、焊接材料、焊接方法、接头形式、焊接位置、焊后热处理等各种参数及参数的组合，应在钢结构制作及安装前进行焊接工艺评定试验，并制定焊接操作规程，焊接施工过程应遵守焊接操作规程规定。

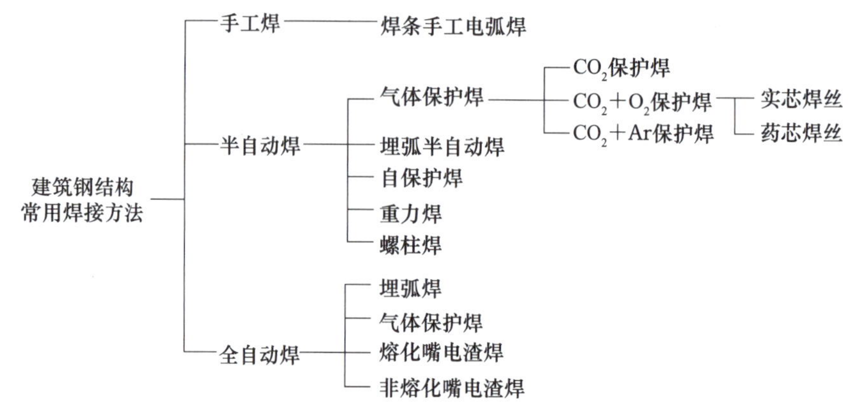

图 3.3-1 建筑钢结构常用焊接方法

（5）焊缝缺陷通常分为：裂纹、孔穴、固体夹杂、未熔合、未焊透、形状缺陷和上述以外的其他缺陷。其主要产生原因和处理方法为：

① 裂纹：通常有热裂纹和冷裂纹之分。产生热裂纹的主要原因是母材抗裂性能差、焊接材料质量不好、焊接工艺参数选择不当、焊接内应力过大等；产生冷裂纹的主要原因是焊接结构设计不合理、焊缝布置不当、焊接工艺措施不合理，如焊前未预热、焊后冷却快等。处理办法是在裂纹两端钻止裂孔或铲除裂纹处的焊缝金属，进行补焊。

② 孔穴：通常分为气孔和弧坑缩孔两种。产生气孔的主要原因是焊条药皮损坏严重、焊条和焊剂未烘烤、母材有油污、焊接电流过小、弧长过长、焊接速度太快等，其处理方法是铲去气孔处的焊缝金属，然后补焊。产生弧坑缩孔的主要原因是焊接电流太大且焊接速度太快、熄弧太快，未反复向熄弧处补充填充金属等，其处理方法是在弧坑处补焊。

③ 固体夹杂：有夹渣和夹钨两种缺陷。产生夹渣的主要原因是焊接材料质量不好、焊接电流太小、焊接速度太快、熔渣密度太大、阻碍熔渣上浮、多层焊时熔渣未清除干净等，其处理方法是铲除夹渣处的焊缝金属，然后补焊。产生夹钨的主要原因是氩弧缝金属，应重新补焊。

④ 未熔合、未焊透：产生的主要原因是焊接电流太小、焊接速度太快、坡口角度间隙太小、操作技术不佳等。对于未熔合的处理方法是铲除未熔合处的焊缝金属后补焊。对于未焊透的处理方法是对开敞性好的结构的单面未焊透，可在焊缝背面直接补焊。对于不能直接补焊的重要焊件，应铲去未焊透的焊缝金属，重新焊接。

⑤ 形状缺陷：包括咬边、焊瘤、下塌、根部收缩、错边、角度偏差、焊缝超高、表面不规则等。

⑥ 其他缺陷：主要有电弧擦伤、飞溅、表面撕裂等。

2）螺栓连接

钢结构中使用的连接螺栓一般分为普通螺栓和高强度螺栓两种。

（1）普通螺栓

① 常用的普通螺栓有六角螺栓、双头螺栓和地脚螺栓等；

② 制孔可采用钻孔、冲孔、铣孔、铰孔、镗孔和锪孔等方法，对直径较大或长形孔也可采用气割制孔。严禁气割扩孔。

（2）高强度螺栓

① 高强度螺栓按连接形式通常分为摩擦型连接和承压型连接等，其中摩擦型连接是目前广泛采用的基本连接形式。

② 经表面处理后的高强度螺栓连接摩擦面应符合以下规定：连接摩擦面保持干燥、清洁，不应有飞边、毛刺、焊接飞溅物、焊疤、氧化铁皮、污垢等；经处理后的摩擦面采取保护措施，不得在摩擦面上作标记；若摩擦面采用生锈处理方法时，安装前应以细钢丝刷垂直于构件受力方向刷除摩擦面上的浮锈。

③ 高强度大六角头螺栓连接副由一个螺栓、一个螺母和两个垫圈组成，扭剪型高强度螺栓连接副由一个螺栓、一个螺母和一个垫圈组成。

④ 安装环境气温不宜低于 -10℃。当摩擦面潮湿或暴露于雨雪中时，停止作业。

⑤ 高强度螺栓安装时应先使用安装螺栓和冲钉。高强度螺栓不得兼作安装螺栓。

⑥ 高强度螺栓现场安装时应能自由穿入螺栓孔，不得强行穿入。若螺栓不能自由穿入时，可采用铰刀或锉刀修整螺栓孔，修孔前应将四周螺栓全部拧紧，不得采用气割扩孔，扩孔数量应征得设计同意，修整后或扩孔后的孔径不应超过 1.2 倍螺栓直径。

（3）高强度螺栓的紧固次序应从中间开始，对称向两边进行。对大型接头应采用复拧，即两次紧固方法，保证接头内各个螺栓能均匀受力。

（4）高强度大六角头螺栓连接副施拧可采用扭矩法或转角法。同一接头中，高强度螺栓连接副的初拧、复拧、终拧应在 24h 内完成。高强度螺栓连接副初拧、复拧和终拧的顺序原则上是从接头刚度较大的部位向约束较小的部位、从螺栓群中央向四周进行。

（5）高强度螺栓和焊接并用的连接节点，当设计文件无规定时，宜按先螺栓紧固后焊接的施工顺序。

3. 钢结构涂装

钢结构涂装工程通常分为防腐涂料（油漆类）涂装和防火涂料涂装两类。通常情况下，先进行防腐涂料涂装，再进行防火涂料涂装。

1）防腐涂料涂装

（1）施工流程：基面处理→底漆涂装→中间漆涂装→面漆涂装→检查验收。

（2）防腐涂装施工前，钢材应按相关规范和设计文件要求进行表面处理。

（3）钢构件采用涂料防腐涂装时，可采用机械除锈和手工除锈方法进行处理。经处理的钢材表面不应有焊渣、焊疤、灰尘、油污、水和毛刺等。对于镀锌构件，酸洗除锈后，钢材表面应露出金属色泽，无污渍、锈迹和残留任何酸液。油漆防腐涂装可采用涂刷法、手工滚涂法、空气喷涂法和高压无气喷涂法。

2）防火涂料涂装

（1）防火涂料按涂层厚度可分为 CB、B 和 H 三类：

① CB 类：超薄型钢结构防火涂料，涂层厚度小于或等于 3mm；

② B 类：薄型钢结构防火涂料，涂层厚度一般为 3～7mm；

③ H 类：厚型钢结构防火涂料，涂层厚度一般为 7～45mm。

（2）施工流程：基层处理→调配涂料→涂装施工→检查验收。

（3）防火涂料施工可采用喷涂、抹涂或滚涂等方法。涂装施工通常采用喷涂方法施涂，对于薄型钢结构防火涂料的面层装饰涂装也可采用刷涂或滚涂等方法施涂。

（4）厚型防火涂料，在下列情况之一时，宜在涂层内设置与钢构件相连的钢丝网或其他相应的措施：

① 承受冲击、振动荷载的钢梁；

② 涂层厚度等于或大于 40mm 的钢梁和桁架；

③ 涂料粘结强度小于或等于 0.05MPa 的钢构件；

④ 钢板墙和腹板高度超过 1.5m 的钢梁。

（5）防腐涂料和防火涂料的涂装油漆工属于特殊工种。施涂时，操作者必须有特殊工种作业操作证（上岗证）。

3.3.4　装配式混凝土结构工程施工

1. 管理规定

（1）装配式混凝土建筑施工前，应组织设计、生产、施工、监理等单位对设计文件进行图纸会审，确定施工工艺措施。根据工程特点和相关规定，进行施工复核及验算、编制专项施工方案。

（2）装配式混凝土建筑构件生产宜采用自动化、机械化、新设备，应按有关规定进行评审、备案。

（3）施工单位应根据装配式结构工程施工要求，合理选择和配备吊装设备；应根据预制构件存放、安装和连接等要求，确定安装使用的工（器）具。

（4）施工现场从事特种作业的人员应取得相应的资格证书后才能上岗作业。灌浆施工人员应进行专项培训，合格后方可上岗。

2. 施工准备

（1）装配式结构施工应编制专项施工方案，专项施工方案内容宜包括工程概况、编制依据、进度计划、施工场地布置、预制构件运输与存放、安装与连接施工、成品保护、绿色施工、安全管理、质量管理、信息化管理、应急预案等内容。

（2）现场运输道路和存放堆场应平整坚实，并有排水措施。施工现场的道路，应满足预制构件的运输要求。卸放、吊装工作范围内不应有障碍物，并应有满足预制构件周转使用的场地。

（3）安装准备应符合下列要求：

① 经验算后选择起重设备、吊具和吊索，在吊装前，应由专人检查核对，确保型号、机具与方案一致；

② 安装施工前应按工序要求检查核对已施工完成结构部分的质量，测量放线后，标出安装定位标志，必要时应提前安装限位装置；

③ 预制构件搁置的底面应清理干净；

④ 吊装设备应满足吊装重量、构件尺寸及作业半径等施工要求，并调试合格。

3. 构件进场与堆放

（1）预制构件进场前，混凝土强度应符合设计要求。当设计无具体要求时，混凝土同条件立方体抗压强度不应小于混凝土强度等级值的 75%。

（2）预制构件运送到施工现场后，应按规格、品种、使用部位、吊装顺序分类设置存放场地。存放场地宜设置在塔式起重机有效起重范围内，并设置通道。

（3）预制墙板可采用插放或靠放的方式，堆放工具或支架应有足够的刚度，并支垫稳固。采用靠放方式时，预制外墙板宜对称靠放、饰面朝外，且与地面倾斜角度不宜小于 80°。

（4）预制水平类构件可采用叠放方式，层与层之间应垫平、垫实，各层支垫应上下对齐。垫木距板端部大于 200mm，且间距不大于 1600mm，最下面一层支垫应通长设置，堆放时间不宜超过两个月。

（5）预制构件堆放时，预制构件与支架、预制构件与地面之间宜设置柔性衬垫保护。

（6）预应力构件需按其受力方式进行存放，不得颠倒其堆放方向。

4. 构件安装与连接

（1）预制构件应按照施工方案吊装顺序提前编号，吊装时严格按编号顺序起吊；预制构件吊装就位并校准定位后，应及时设置临时支撑或采取临时固定措施。

（2）预制构件吊装应符合下列规定：

① 预制构件起吊宜采用标准吊具均衡起吊就位，吊具可采用预埋吊环或埋置式接驳器的形式；专用内埋式螺母或内埋式吊杆及配套的吊具，应根据相应的产品标准和应用技术规定选用。

② 应根据预制构件形状、尺寸及重量和作业半径等要求选择适宜的吊具和起重设备；在吊装过程中，吊索与构件的水平夹角不宜小于 60°，不应小于 45°。

③ 预制构件吊装应采用慢起、快升、缓放的操作方式；构件吊装校正，可采用起吊、静停、就位、初步校正、精细调整的作业方式；起吊应依次逐级增加速度，不应越挡操作。

（3）竖向预制构件安装采用临时支撑时，应符合下列规定：

① 每个预制构件应按照施工方案设置稳定可靠的临时支撑。

② 对预制柱、墙板的上部斜支撑，其支撑点距离板底不宜小于柱、板高的 2/3，且不应小于柱、板高的 1/2；下部支承垫块应与中心线对称布置。

③ 对单个构件高度超过 10m 的预制柱、墙等，需设缆风绳。

④ 构件安装就位后，可通过临时支撑对构件的位置和垂直度进行微调。

（4）预制柱安装应符合下列规定：

① 吊装工艺流程：基层处理→测量放线→预制柱起吊→下层竖向钢筋对孔→预制柱就位→安装临时支撑→预制柱位置、标高调整→临时支撑固定→摘钩→堵缝、灌浆。

② 安装顺序应按吊装方案进行，如方案未明确要求宜按照角柱、边柱、中柱顺序进行安装，与现浇结构连接的柱先行吊装。

③ 就位前应预先设置柱底抄平垫块，控制柱安装标高。

④ 预制柱的就位以轴线和外轮廓线为控制线，对于边柱和角柱，应以外轮廓线控制为准。

⑤ 预制柱安装就位后应在两个方向设置可调斜撑作临时固定，并应进行标高、垂直度、扭转调整和控制。

⑥ 采用灌浆套筒连接的预制柱调整就位后，柱脚连接部位应采用相关措施进行封堵。

（5）预制剪力墙墙板安装应符合下列规定：

① 吊装工艺流程：基层处理→测量放线→预制墙板起吊→下层竖向钢筋对孔→预制墙板就位→安装临时支撑→预制墙板校正→临时支撑固定→摘钩→堵缝、灌浆；

② 与现浇连接的墙板宜先行吊装，其他墙板先外后内吊装；

③ 吊装前，应预先在墙板底部设置抄平垫块或标高调节装置，采用灌浆套筒连接、浆锚连接的夹心保温外墙板应在外侧设置弹性密封封堵材料，多层剪力墙采用坐浆时应均匀铺设坐浆料；

④ 墙板以轴线和轮廓线为控制线，外墙应以轴线和外轮廓线双控制；

⑤ 安装就位后应设置可调斜撑作临时固定，测量预制墙板的水平位置、倾斜度、高度等，通过墙底垫片、临时斜支撑进行调整；

⑥ 调整就位后，墙底部连接部位应采用相关措施进行封堵；

⑦ 墙板安装就位后，进行后浇处钢筋安装，墙板预留钢筋应与后浇段钢筋网交叉点全部扎牢。

（6）预制梁或叠合梁安装应符合下列规定：

① 吊装工艺流程：测量放线→支撑架体搭设→支撑架体调节→预制梁或叠合梁起吊→预制梁或叠合梁落位→位置、标高确认→摘钩；

② 梁安装顺序应遵循先主梁后次梁，先低后高的原则；

③ 安装前，应测量并修正柱顶和临时支撑标高，确保与梁底标高一致，柱上弹出梁边控制线；根据控制线对梁端、两侧、梁轴线进行精密调整，误差控制在2mm以内；

④ 安装前，应先复核柱钢筋与梁钢筋位置、尺寸，对梁钢筋与柱钢筋位置有冲突的应按经设计单位确认的技术方案调整；

⑤ 安装时，梁伸入支座的长度与搁置长度应符合设计要求；

⑥ 安装就位后应对安装位置、标高进行检查；

⑦ 临时支撑应在后浇混凝土强度达到设计要求后，方可拆除。

（7）预制叠合板安装应符合下列规定：

① 吊装工艺流程：测量放线→支撑架体搭设→支撑架体调节→叠合板起吊→叠合板落位→位置、标高确认→摘钩；

② 安装预制叠合板前应检查支座顶面标高及支撑面的平整度，并检查结合面粗糙度是否符合设计要求；

③ 预制叠合板之间的接缝宽度应满足设计要求；

④ 吊装就位后，应对板底接缝高差进行校核；当叠合板板底接缝高差不满足设计要求时，应将构件重新起吊，通过可调托座进行调节；

⑤ 临时支撑应在后浇混凝土强度达到设计要求后方可拆除。

（8）预制楼梯安装应符合下列规定：

① 吊装工艺流程：测量放线→钢筋调直→垫片找平→预制楼梯起吊→钢筋对孔校正→位置、标高确认→摘钩→灌浆；

② 安装前，应检查楼梯构件平面定位及标高，并应设置抄平垫块；

③ 就位后，应立即调整并固定，避免因人员走动造成的偏差及危险；

④ 预制楼梯端部安装，应考虑建筑标高与结构标高的差异，确保踏步高度一致；

⑤ 楼梯与梁板采用预埋件焊接连接或预留孔连接时，应先施工梁板，后放置楼梯段；采用预留钢筋连接时，应先放置楼梯段，后施工梁板。

（9）预制构件间钢筋连接宜采用套筒灌浆连接、浆锚搭接连接焊接、螺栓连接以及直螺纹套筒连接等形式。灌浆施工工艺流程：界面清理→灌浆料制备→灌浆料检测→灌注浆料→出浆口封堵。

（10）采用钢筋套筒灌浆连接、钢筋浆锚搭接连接的预制构件就位前，应检查下列内容：

① 套筒、预留孔的规格、位置、数量和深度；

② 被连接钢筋的规格、数量、位置和长度。

（11）钢筋套筒灌浆连接施工要求：

① 高层建筑装配混凝土剪力墙宜采用连通腔灌浆施工，当有可靠经验时也可采用坐浆法施工。

② 竖向构件采用连通腔灌浆施工时，应合理划分连通灌浆区域；每个区域除预留灌浆孔、出浆孔与排气孔外，应形成密闭空腔，不应漏浆。

③ 当日平均气温高于25℃时，应测量施工环境温度、灌浆料拌合物温度；当日最高气温低于10℃时，应测量施工环境温度、灌浆部位温度及灌浆料拌合物温度。

④ 常温型灌浆料的使用应符合下列规定：

a. 任何情况下灌浆料拌合物温度不应低于5℃，不宜高于30℃；

b. 当灌浆施工开始前的气温、施工环境温度低于5℃时，应采取加热及封闭保温措施，宜确保从灌浆施工开始24h内施工环境温度、灌浆部位温度不低于5℃，之后宜继续封闭保温2d；

c. 当灌浆施工过程的气温低于0℃时，不得采用常温型灌浆料施工。

⑤ 低温型灌浆料、低温型封浆料的使用应符合下列规定：

a. 当连续3d的施工环境温度、灌浆部位温度的最高值均低于10℃时，可采用低温型灌浆料及低温型封浆料；

b. 灌浆施工过程中的施工环境温度、灌浆部位温度不应高于10℃；

c. 应采取封闭保温措施确保灌浆施工过程中施工环境温度不低于0℃，确保从灌浆施工开始24h内灌浆部位温度不低于−5℃，必要时应采取加热措施；

d. 当连续3d平均气温大于5℃时，可换回常温型灌浆料及常温型封浆料。

⑥ 灌浆施工应符合下列规定：

a. 施工中应检查灌浆压力、灌浆速度，灌浆速度宜先快后慢；

b. 对竖向钢筋套筒灌浆连接，灌浆作业应采用压浆法从灌浆套筒下灌浆孔注入，当灌浆料拌合物从构件其他灌浆孔、出浆孔平稳流出后应及时封堵；

c. 竖向钢筋套筒灌浆连接采用连通腔灌浆时，应采用一点灌浆的方式；

d. 灌浆料宜在加水后30min内用完，散落的灌浆料拌合物不得二次使用。

⑦ 当采用连通腔灌浆施工时，构件安装就位后宜及时灌浆，不宜两层及以上集中灌浆；当两层及以上集中灌浆时，应经设计确认，专项施工方案应进行技术论证。

（12）预制外墙板接缝施工工艺流程如下：

表面清洁处理→底涂基层处理→贴美纹纸→背衬材料施工→施打密封胶→密封胶

整平处理→板缝两侧外观清洁→成品保护。

（13）采用密封防水胶施工时应符合下列规定：

① 密封防水胶施工应在预制外墙板固定校核后进行；

② 注胶施工前，墙板侧壁及拼缝内应清理干净，保持干燥；

③ 嵌缝材料的性能、质量应符合设计要求；

④ 防水胶的注胶宽度、厚度应符合设计要求，与墙板粘结牢固，不得漏嵌和虚粘；

⑤ 施工时，先放填充材料后打胶，不应堵塞防水空腔，注胶均匀、顺直、饱和、密实，表面光滑，不应有裂缝现象。

3.3.5　常见施工脚手架

1. 常用施工脚手架分类

（1）脚手架包括作业脚手架和支撑脚手架。作业脚手架包括落地作业脚手架、悬挑脚手架、附着式升降脚手架等，简称作业架。支撑脚手架包括结构安装支撑脚手架、混凝土施工用模板支撑脚手架等，简称支撑架。

（2）脚手架根据脚手架种类、搭设高度和荷载采用不同的安全等级。脚手架安全等级的划分见表3.3-2规定。

表3.3-2　脚手架的安全等级

落地作业脚手架		悬挑脚手架		满堂支撑脚手架（作业）		支撑脚手架		安全等级
搭设高度（m）	荷载标准值（kN）	搭设高度（m）	荷载标准值（kN）	搭设高度（m）	荷载标准值（kN）	搭设高度（m）	荷载标准值	
≤40	—	≤20	—	≤16	—	≤8	$\leq 15kN/m^2$ 或 ≤20kN/m 或 ≤7kN/点	Ⅱ
＞40	—	＞20	—	＞16	—	＞8	$> 15kN/m^2$ 或 ＞20kN/m 或 ＞7kN/点	Ⅰ

注：1. 支撑脚手架的搭设高度、荷载中任一项不满足安全等级为Ⅱ级的条件时，其安全等级应划为Ⅰ级；
2. 附着式升降脚手架安全等级均为Ⅰ级；
3. 竹、木脚手架搭设高度在其现行行业规范限值内，其安全等级均为Ⅱ级。

2. 脚手架设计要求

（1）脚手架承受的荷载应包括永久荷载和可变荷载。

（2）脚手架的永久荷载应包括下列内容：

① 脚手架结构件自重；

② 脚手板、安全网、栏杆等附件的自重；

③ 支撑脚手架所支撑的物体自重；

④ 其他永久荷载。

（3）脚手架的可变荷载应包括下列内容：

① 施工荷载；

② 风荷载；

③ 其他可变荷载。

（4）脚手架可变荷载标准值的取值应符合下列规定：

① 应根据实际情况确定作业脚手架上的施工荷载标准值，且不应低于表 3.3-3 的规定；

② 当作业脚手架上存在 2 个及以上作业层同时作业时，在同一跨距内各操作层的施工荷载标准值总和取值不应小于 5.0kN/m²；

表 3.3-3　作业脚手架施工荷载标准值

序号	作业脚手架用途	施工荷载标准值（kN/m²）
1	砌筑工程作业	3.0
2	其他主体结构工程作业	2.0
3	装饰装修作业	2.0
4	防护作业	1.0

③ 应根据实际情况确定支撑脚手架上的施工荷载标准值，且不应低于表 3.3-4 的规定；

表 3.3-4　支撑脚手架施工荷载标准值

类别		施工荷载标准值（kN/m²）
混凝土结构模板支撑脚手架	一般	2.5
	有水平泵管设置	4.0
钢结构安装支撑脚手架	轻钢结构、轻钢空间网架结构	2.0
	普通钢结构	3.0
	重型钢结构	3.5

④ 支撑脚手架上移动的设备、工具等物品应按其自重计算可变荷载标准值。

3. 施工脚手架构造要求

（1）脚手架底部立杆应设置纵向和横向扫地杆，扫地杆应与相邻立杆连接稳固。

（2）作业脚手架应按设计计算和构造要求设置连墙件，并应符合下列要求：

① 连墙件应采用能承受压力和拉力的刚性构件，并应与工程结构和架体连接牢固；

② 连墙点的水平间距不得超过 3 跨，竖向间距不得超过 3 步，连墙点之上架体的悬臂高度不应超过 2 步；

③ 在架体的转角处、开口型作业脚手架端部应增设连墙件，连墙件竖向间距不应大于建筑物层高，且不应大于 4m。

（3）作业脚手架的纵向外侧立面上应设置竖向剪刀撑，并应符合下列规定：

① 每道剪刀撑的宽度应为 4～6 跨，且不应小于 6m，也不应大于 9m；剪刀撑斜杆与水平面的倾角应在 45°～60° 之间；

② 当搭设高度在 24m 以下时，应在架体两端、转角及中间每隔不超过 15m 各设置一道剪刀撑，并应由底至顶连续设置；当搭设高度在 24m 及以上时，应在全外侧立面上由底至顶连续设置；

③ 悬挑脚手架、附着式升降脚手架应在全外侧立面上由底至顶连续设置。

（4）悬挑脚手架立杆底部应与悬挑支承结构可靠连接；应在立杆底部设置纵向扫地杆，并应间断设置水平剪刀撑或水平斜撑杆。

（5）临街作业脚手架的外侧立面、转角处应采取有效硬防护措施。

（6）支撑脚手架独立架体高宽比不应大于 3.0。

（7）支撑脚手架应设置竖向和水平剪刀撑，并应符合下列规定：

① 剪刀撑的设置应均匀、对称；

② 每道竖向剪刀撑的宽度应为 6～9m，剪刀撑斜杆的倾角应在 45°～60° 之间。

（8）脚手架可调底座和可调托撑调节螺杆插入脚手架立杆内的长度不应小于 150mm，且调节螺杆伸出长度应经计算确定，并应符合下列规定：

① 当插入的立杆钢管直径为 42mm 时，伸出长度不应大于 200mm；

② 当插入的立杆钢管直径为 48.3mm 及以上时，伸出长度不应大于 500mm。

3.4 屋面、防水与保温工程施工

3.4.1 屋面工程构造和施工

1. 屋面防水等级和设防要求

屋面防水工程应根据建筑物的类别、重要程度、使用功能要求确定防水等级，并应按相应等级进行防水设防；对防水有特殊要求的建筑屋面，应进行专项防水设计。平屋面（排水坡度小于或等于 18% 的屋面）工程的防水做法应符合表 3.4-1 的规定。

表 3.4-1 平屋面工程的防水做法

防水等级	防水做法	防水层	
		防水卷材	防水涂料
一级	不应少于 3 道	卷材防水层不应少于 1 道	
二级	不应少于 2 道	卷材防水层不应少于 1 道	
三级	不应少于 1 道	任选	

2. 防水材料选择

（1）外露使用的防水层，应选用耐紫外线、耐老化、耐候性好的防水材料；

（2）上人屋面，应选用耐霉变、拉伸强度高的防水材料；

（3）长期处于潮湿环境的屋面，应选用耐腐蚀、耐霉变、耐穿刺、耐长期水浸等性能的防水材料；

（4）倒置式屋面应选用适应变形能力强、接缝密封保证率高的防水材料；

（5）坡屋面应选用与基层粘结力强、感温性小的防水材料；

（6）屋面接缝密封防水，应选用与基材粘结力强和耐候性好、适应位移能力强的密封材料。

3. 屋面防水要求

（1）混凝土结构层宜采用结构找坡，坡度不应小于 3%；当采用材料找坡时，宜采用质量轻、吸水率低和有一定强度的材料，坡度宜为2%；檐沟、天沟纵向找坡不应小于1%。找坡应按屋面排水方向和设计坡度要求进行，找坡层最薄处厚度不宜小于20mm。

（2）保温层上的找平层应在水泥初凝前压实抹平，并应留设分格缝，缝宽宜为5～20mm，纵横缝的间距不宜大于6m。水泥终凝前完成收水后应二次压光，并应及时取出分格条。养护时间不得少于7d。卷材防水层的基层与突出屋面结构的交接处，以及基层的转角处，找平层均应做成圆弧形，且应整齐平顺。

（3）严寒和寒冷地区屋面热桥部位，应按设计要求采取节能保温等隔断热桥措施。

（4）找平层设置的分格缝可兼作排汽道，排汽道的宽度宜为40mm；排汽道应纵横贯通，并应与大气连通的排汽孔相通，排汽孔可设在檐口下或纵横排汽道的交叉处；排汽道纵横间距宜为6m，屋面面积每36m^{2}宜设置一个排汽孔，排汽孔应作防水处理；在保温层下也可铺设带支点的塑料板。

（5）涂膜防水层的胎体增强材料宜采用聚酯无纺布或化纤无纺布；胎体增强材料长边搭接宽度不应小于50mm，短边搭接宽度不应小于70mm；上下层胎体增强材料的长边搭接缝应错开，且不得小于幅宽的1/3；上下层胎体增强材料不得相互垂直铺设。

4. 卷材防水层施工

（1）卷材防水层铺贴顺序和方向应符合下列规定：

① 卷材防水层施工时，应先进行细部构造处理，然后由屋面最低标高向上铺贴；

② 檐沟、天沟卷材施工时，宜顺檐沟、天沟方向铺贴，搭接缝应顺流水方向；

③ 卷材宜平行屋脊铺贴，上下层卷材不得相互垂直铺贴。

（2）立面或大坡面铺贴卷材时，应采用满粘法，并宜减少卷材短边搭接。

（3）卷材搭接缝应符合下列规定：

① 平行屋脊的搭接缝应顺流水方向；

② 同一层相邻两幅卷材短边搭接缝错开不应小于500mm；

③ 上下层卷材长边搭接缝应错开，且不应小于幅宽的1/3；

④ 叠层铺贴的各层卷材，在天沟与屋面的交接处，应采用叉接法搭接，搭接缝应错开；搭接缝宜留在屋面与天沟侧面，不宜留在沟底。

（4）热粘法铺贴卷材应符合下列规定：

① 熔化热熔型改性沥青胶结料时，宜采用专用导热油炉加热，加热温度不应高于200℃，使用温度不宜低于180℃；

② 粘贴卷材的热熔型改性沥青胶结料厚度宜为1.0～1.5mm；

③ 采用热熔型改性沥青胶结料铺贴卷材时，应随刮随滚铺，并应展平压实。

（5）厚度小于3mm的高聚物改性沥青防水卷材，严禁采用热熔法施工。

（6）机械固定法铺贴卷材应符合下列规定：

① 固定件应与结构层连接牢固；

② 固定件间距应根据抗风揭试验和当地的使用环境与条件确定，并不宜大于600mm；

③ 卷材防水层周边800mm范围内应满粘，卷材收头应采用金属压条钉压固定和密封处理。

5. 涂膜防水层施工

（1）涂膜防水层的基层应坚实、平整、干净，应无孔隙、起砂和裂缝。当采用溶剂型、热熔型和反应固化型防水涂料时，基层应干燥。

（2）涂膜防水层施工应符合下列规定：

① 防水涂料应多遍均匀涂布，涂膜总厚度应符合设计要求。

② 涂膜间夹铺胎体增强材料时，宜边涂布边铺胎体；胎体应铺贴平整，应排除气泡，并应与涂料粘结牢固。在胎体上涂布涂料时，应使涂料浸透胎体，并应覆盖完全，不得有胎体外露现象。最上面的涂膜厚度不应小于 1.0mm。

③ 涂膜施工应先做好细部处理，再进行大面积涂布。

④ 屋面转角及立面的涂膜应薄涂多遍，不得流淌和堆积。

（3）涂膜防水层施工工艺应符合下列规定：

① 水乳型及溶剂型防水涂料宜选用滚涂或喷涂施工；

② 反应固化型防水涂料宜选用刮涂或喷涂施工；

③ 热熔型防水涂料宜选用刮涂施工；

④ 聚合物水泥防水涂料宜选用刮涂法施工；

⑤ 所有防水涂料用于细部构造时，宜选用刮（刷）涂或喷涂施工。

6. 保护层和隔离层施工

（1）施工完的防水层应进行雨后观察、淋水或蓄水试验，并应在合格后再进行保护层和隔离层的施工。

（2）块体材料保护层铺设应符合下列规定：

① 在砂结合层上铺设块体时，砂结合层应平整，块体间应预留 10mm 的缝隙，缝内应填砂，并应用 1∶2 的水泥砂浆勾缝；

② 在水泥砂浆结合层上铺设块体时，应先在防水层上做隔离层，块体间应预留 10mm 的缝隙，缝内应用 1∶2 的水泥砂浆勾缝；

③ 块体表面应洁净、色泽一致，应无裂纹、掉角和缺楞等缺陷。

（3）水泥砂浆及细石混凝土保护层铺设应符合下列规定：

① 水泥砂浆及细石混凝土保护层铺设前，应在防水层上做隔离层；

② 细石混凝土铺设不宜留施工缝；当施工间隙超过时间规定时，应对接槎进行处理；

③ 水泥砂浆及细石混凝土表面应抹平压光，不得有裂纹、脱皮、麻面、起砂等缺陷。

7. 檐口、檐沟、天沟、水落口等细部的施工

（1）卷材防水屋面檐口 800mm 范围内的卷材应满粘，卷材收头应采用金属压条钉压，并应用密封材料封严。檐口下端应做鹰嘴和滴水槽。

（2）檐沟和天沟的防水层下应增设附加层，附加层伸入屋面的宽度不应小于 250mm；檐沟防水层和附加层应由沟底翻上至外侧顶部，卷材收头应用金属压条钉压，并应用密封材料封严，涂膜收头应用防水涂料多遍涂刷。女儿墙泛水处的防水层下应增设附加层，附加层在平面和立面的宽度均不应小于 250mm。

（3）水落口杯应牢固地固定在承重结构上，水落口周围直径 500mm 范围内坡度不

应小于 5%，防水层下应增设涂膜附加层；防水层和附加层伸入水落口杯内不应小于 50mm，并应粘结牢固。

3.4.2　保温隔热工程施工

1. 外墙外保温工程施工技术

1）施工条件

（1）我国常用的墙体保温主要有三种形式，即外墙外保温、外墙内保温和夹芯保温。

（2）外墙外保温系统是由保温层、保护层和固定材料（如胶粘剂、锚固件等）构成，通过组合、组装施工或安装固定在外墙外表面上的非承重保温构造。

（3）外墙外保温的施工条件

① 外墙面的平整度、垂直度及外观质量验收合格。

② 外门窗洞口通过验收；采用先塞口施工时，外檐门窗安装完成，门窗边框与墙体连接预留出保护层的厚度，缝隙分层填塞密实，并做好门窗表面的保护。

③ 伸出外墙面的消防梯、水落管、进户管线和空调器等预埋件、连接件安装完成。

④ 施工用的外脚手架、吊篮等满足施工要求。

⑤ 做好保温工程的密封和防水构造设计详图。

⑥ 有完整的施工方案和技术交底，施工人员应经过培训并考核合格。

⑦ 作业环境温度不应低于 5℃，风力不应大于 5 级，雨雪天气禁止施工。

2）EPS 板薄抹灰系统

（1）系统构造要求

该系统由聚苯板、胶粘剂和必要时使用的锚栓、抹面胶浆（薄抹面层、防裂砂浆）和耐碱玻纤网布及涂料组成，见图 3.4-1。薄抹灰增强防护层的厚度宜控制在：普通型 3～5mm，加强型 5～7mm。建筑物高度在 20m 以上时，在受负压作用较大的部位宜使用锚栓辅助固定或按设计要求施工。

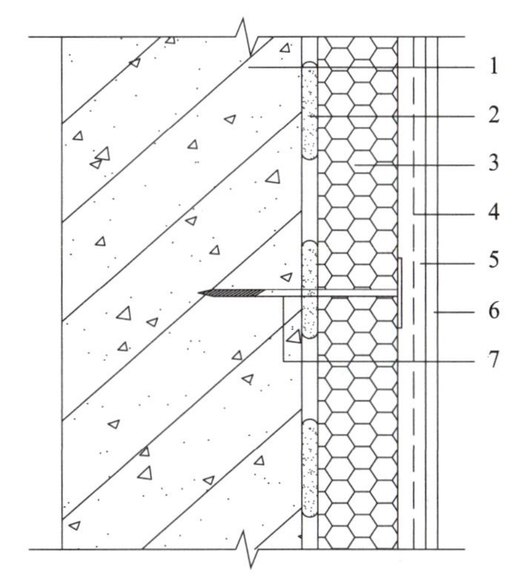

图 3.4-1　EPS 板薄抹灰系统

1—基层；2—胶粘剂；3—EPS 板；4—玻纤网；5—薄抹灰面层；6—饰面涂层；7—锚栓

（2）施工工艺流程

基层墙面清理→测量、放线、挂基准线→粘贴或锚固聚苯板→聚苯板表面扫毛→薄抹一层抹面胶浆→贴压耐碱玻纤网布→细部处理和加贴耐碱玻纤网布→面层抹面胶浆找平→面层涂料工程施工→验收。

（3）施工工艺要点

① 配制聚合物砂浆胶粘剂：根据厂商提供的配合比配制，专人负责，严格计量，机械搅拌，确保搅拌均匀。拌好的胶粘剂静置10min后需二次搅拌才能使用。一次配制量应在可操作时间内完成。

② 粘贴翻色网布：凡在粘贴的聚苯板侧边外露处（如伸缩缝、沉降缝、温度缝等缝线两侧、门窗口处），均应作网布翻色处理。

③ 粘贴聚苯板：按顺砌方式粘贴，竖缝应逐行错缝。墙角处应交错互锁，门窗洞口四角部位不得拼接。

④ 锚固件固定：至少在胶粘剂使用24h后进行固定。固定时锚栓的圆盘不得超出板面，数量和型号根据设计要求确定。

⑤ 抹底层抹面砂浆：一般厚度2～3mm，同时将翻色网布压入砂浆中。

⑥ 贴压网布：将网布绷紧后贴于底层抹面砂浆上，用抹子由中间向四周把网布压入砂浆表层，平整压实，严禁网布皱褶。

⑦ 抹面层抹面砂浆：在底层抹面砂浆凝结前再抹一道抹面砂浆罩面，厚度1～2mm，以覆盖网布。

⑧ "缝"的处理：伸缩缝在抹灰工序时应考虑收边处理，缝宽按要求留量，缝内填塞发泡乙烯圆棒作背衬，分两次勾缝建筑密封膏，深度为缝宽的50%～70%，沉降缝和温度缝根据缝宽和位置设置金属盖板，以射钉或螺栓紧固。

3）胶粉EPS颗粒保温砂浆系统

（1）系统构造要求

胶粉EPS颗粒保温砂浆系统由界面层、胶粉EPS颗粒保温浆料保温层、抗裂砂浆薄抹面层、玻纤网和饰面组成，见图3.4-2。胶粉EPS颗粒保温浆料经现场拌合后喷涂或抹在基层上形成保温层。薄抹面层中应满铺玻纤网，薄抹面层增强了柔性变形、抗裂和防水性能。

（2）施工工艺流程

结构基层处理→吊垂直线、弹控制线、贴饼→复测基层平整度→涂刷基层墙体界面砂浆→抹（喷）胶粉聚苯颗粒保温砂浆→保温层验收→抹抗裂砂浆随即铺压耐碱玻纤网布→涂刷高分子乳液弹性底层涂料→抗裂防护层验收→刮抗裂柔性耐水腻子→饰面层施工→验收。

（3）施工工艺要点

① 胶粉EPS颗粒保温浆料保温层的厚度不宜超过100mm。

② 做好各墙面阳角垂直控制钢线，以及必要的分格线，并按规定做好贴饼。

③ 对基层表面应清理、修补达到验收要求，各种管线、预埋件、空调孔等应提前安装并验收合格，同时应考虑保温层厚度的影响，变形缝、伸缩缝提前做好处理。

④ 保温浆料宜分遍施抹，灰饼宜采用小块聚苯板粘贴而成，每遍间隔时间应在24h

以上，厚度不宜超过 20mm，最后一遍应找平。

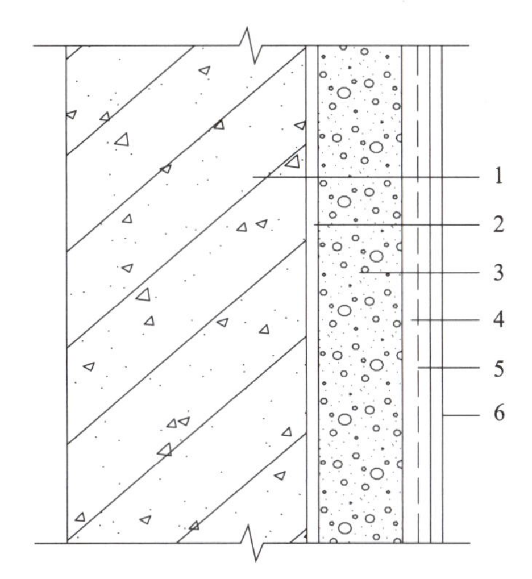

图 3.4–2 保温砂浆系统

1—基层；2—界面砂浆；3—胶粉 EPS 颗粒保温浆料；
4—抗裂砂浆薄抹面层；5—玻纤网；6—饰面层

⑤ 浆料随搅随用，可适当调整用水量满足浆料稠度要求，避免高温时段进行抗裂防护层施工。

⑥ 首层必须铺贴双层耐碱玻纤网布且在大角处应安装金属护角。

⑦ 保温层硬化后，应现场检测保温层厚度并现场取样检验其干密度，保温层厚度应符合设计要求，不得有负偏差，干密度不应大于 250kg/m^3 且不应小于 180kg/m^3。

4）EPS 板无网现浇系统

（1）系统构造要求

EPS 板无网现浇系统以现浇混凝土外墙作为基层，EPS 板为保温层，EPS 板内表面（与现浇混凝土接触的表面）沿水平方向开有矩形齿槽（或燕尾槽），内、外表面均满涂界面砂浆。施工时将 EPS 板置于外模板内侧，并安装锚栓作为辅助固定件。浇灌混凝土后，墙体与 EPS 板以及锚栓结合为一体。EPS 板表面抹抗裂砂浆薄抹面层，薄抹面层中满铺玻纤网布，外表以涂料为饰面层，见图 3.4–3。

（2）施工工艺流程

墙体钢筋绑扎、放垫块→外侧聚苯保温板就位并临时固定→内侧大模板就位固定→插放穿墙螺栓及套管→安装外墙组合模板→调整→支撑加固、螺栓拧紧→浇混凝土→拆模板→清理聚苯板表面污物→吊垂直、套方、弹控制线→做饼、冲筋→用胶粉聚苯颗粒保温浆料修补→抹抗裂砂浆、铺压耐碱玻纤网布→涂刷高分子乳液弹性底层涂料→刮抗裂柔性耐水腻子→涂料饰面施工→验收。

（3）施工工艺要点

① 优先选用带燕尾槽的聚苯板。

② 在浇筑前，聚苯板的两面均应用界面砂浆处理。

③ 浇筑时应控制混凝土的坍落度、下料高度、下料位置以及振动棒的插点位置；混凝土的一次浇筑高度不宜大于 1m，避免振动棒接触聚苯板，同时保证混凝土振捣密实。

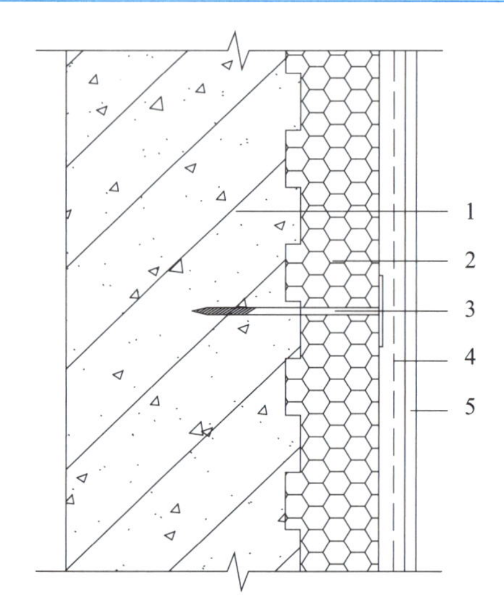

图 3.4-3　无网现浇系统
1—现浇混凝土外墙；2—EPS 板；3—锚栓；
4—抗裂砂浆薄抹面层；5—饰面层

④ 应采用胶粉聚苯颗粒保温浆料进行修补找平，填补穿墙螺栓孔，解决聚苯板表面平整度差和墙角、阳台角的垂直度达不到验收标准的问题。

⑤ 施工质量控制要求：

a. 聚苯板的加工尺寸应准确，宽度宜为 1.2m，高度宜为建筑物层高。

b. 拆模后聚苯板表面无漏浆、无破损，与基层粘结牢固，无空鼓、脱落部位。

c. 胶粉聚苯颗粒保温浆料找平层修补后保温浆料平整，无空鼓、无开裂、无脱落，墙面平整，阴阳角、门窗洞口垂直、方正。

d. 抗裂砂浆保护层厚度为 3～5mm，耐碱玻纤网布无明显接槎、无明显抹痕、无漏贴、无露网现象，墙面平整，门窗洞口、阴阳角垂直、方正。

2. 屋面保温层施工

1）屋面保温材料

（1）板状材料：聚苯乙烯泡沫塑料、硬质聚氨酯泡沫塑料、膨胀珍珠岩制品、泡沫玻璃制品、加气混凝土砌块、泡沫混凝土砌块。

（2）纤维材料：玻璃棉制品，岩棉、矿渣棉制品。

（3）整体材料：喷涂硬泡聚氨酯、现浇泡沫混凝土。

2）板状材料保温层施工规定

（1）基层应平整、干燥、干净；

（2）相邻板块应错缝拼接，分层铺设的板块上下层接缝应相互错开，板间缝隙应采用同类材料嵌填密实；

（3）采用干铺法施工时，板状保温材料应紧靠在基层表面上，并应铺平垫稳；

（4）采用粘结法施工时，胶粘剂应与保温材料相容，板状保温材料应贴严、粘牢，在胶粘剂固化前不得上人踩踏；

（5）采用机械固定法施工时，固定件应固定在结构层上，固定件的间距应符合设计要求。

3）纤维材料保温层施工规定

（1）基层应平整、干燥、干净；

（2）纤维保温材料在施工时，应避免重压，并应采取防潮措施；

（3）纤维保温材料铺设时，平面拼接缝应贴紧，上下层拼接缝应相互错开；

（4）屋面坡度较大时，纤维保温材料宜采用机械固定法施工；

（5）在铺设纤维保温材料时，应做好劳动保护工作。

4）喷涂硬泡聚氨酯保温层施工规定

（1）基层应平整、干燥、干净；

（2）施工前应对喷涂设备进行调试，并应喷涂试块进行材料性能检测；

（3）喷涂时喷嘴与施工基面的间距应由试验确定；

（4）喷涂硬泡聚氨酯的配比应准确计量，发泡厚度应均匀一致；

（5）一个作业面应分遍喷涂完成，每遍喷涂厚度不宜大于15mm，硬泡聚氨酯喷涂后20min内严禁上人；

（6）喷涂作业时，应采取防止污染的遮挡措施。

5）现浇泡沫混凝土保温层施工规定

（1）基层应清理干净，不得有油污、浮尘和积水；

（2）泡沫混凝土应按设计要求的干密度和抗压强度进行配合比设计，拌制时应计量准确，并应搅拌均匀；

（3）泡沫混凝土应按设计的厚度设定浇筑面标高线，找坡时宜采取挡板辅助措施；

（4）泡沫混凝土的浇筑出料口离基层的高度不宜超过1m，泵送时应采取低压泵送；

（5）泡沫混凝土应分层浇筑，一次浇筑厚度不宜超过200mm，终凝后应进行保湿养护，养护时间不得少于7d。

6）倒置式屋面保温层施工规定

（1）施工完的防水层，应进行淋水或蓄水试验，并应在合格后再进行保温层的铺设；

（2）板状保温层的铺设应平稳，拼缝应严密；

（3）保护层施工时，应避免损坏保温层和防水层。

7）进场的保温材料应检验项目

（1）板状保温材料：表观密度或干密度、压缩强度或抗压强度、导热系数、燃烧性能；

（2）纤维保温材料应检验表观密度、导热系数、燃烧性能。

8）保温层的施工环境温度规定

（1）干铺的保温材料可在负温度下施工；

（2）用水泥砂浆粘贴的板状保温材料不宜低于5℃；

（3）喷涂硬泡聚氨酯宜为15～35℃，空气相对湿度宜小于85%，风速不宜大于三级；

（4）现浇泡沫混凝土宜为5～35℃。

3.4.3 地下结构防水工程施工

1. 地下防水工程要求

（1）建筑地下工程防水分为甲、乙、丙类，防水等级分为三级。防水混凝土的适用环境温度不得高于80℃。

（2）地下防水工程施工前，施工单位应进行图纸会审，掌握工程主体及细部构造的防水技术要求，编制防水工程施工方案。

（3）地下防水工程必须由有相应资质的专业防水施工队伍进行施工，主要施工人员应持有建设行政主管部门或其指定单位颁发的执业资格证书。

2. 防水混凝土施工

（1）防水混凝土可通过调整配合比，或掺加外加剂、掺合料等措施配制而成，其抗渗等级不得小于P6，其试配混凝土的抗渗等级应比设计要求提高0.2MPa。

（2）用于防水混凝土的水泥品种宜采用硅酸盐水泥、普通硅酸盐水泥，采用其他品种水泥时应经试验确定。宜选用坚固耐久、粒形良好的洁净石子，其最大粒径不宜大于40mm。砂宜选用坚硬、抗风化性强、洁净的中粗砂，不宜使用海砂。用于拌制混凝土的水，应符合相关标准规定。

（3）防水混凝土胶凝材料总用量不宜小于320kg/m^3，矿物掺合料粉煤灰的掺量宜为胶凝材料总量的20%～30%，在满足混凝土抗渗等级、强度等级和耐久性条件下，水泥用量不宜小于260kg/m^3；砂率宜为35%～40%，泵送时可增至45%；水胶比不得大于0.50，有侵蚀性介质时水胶比不宜大于0.45；防水混凝土宜采用预拌商品混凝土，其入泵坍落度宜控制在120～160mm，坍落度每小时损失值不应大于20mm，总损失值不应大于40mm；掺引气剂或引气型减水剂时，混凝土含气量应控制在3%～5%；预拌混凝土的初凝时间宜为6～8h。

（4）防水混凝土拌合物应采用机械搅拌，搅拌时间不宜小于2min。

（5）防水混凝土应分层连续浇筑，分层厚度不得大于500mm。并应采用机械振捣，避免漏振、欠振和超振。

（6）防水混凝土应连续浇筑，宜少留施工缝。当留设施工缝时，应符合下列规定：

① 墙体水平施工缝不应留在剪力最大处或底板与侧墙的交接处，应留在高出底板表面不小于300mm的墙体上。拱（板）墙结合的水平施工缝，宜留在拱（板）墙接缝线以下150～300mm处。墙体有预留孔洞时，施工缝距孔洞边缘不应小于300mm。

② 垂直施工缝应避开地下水和裂隙水较多的地段，并宜与变形缝相结合。

（7）施工缝应按设计及规范要求做好施工缝防水构造。施工缝的施工应符合如下规定:

① 水平施工缝浇筑混凝土前，应将其表面浮浆和杂物清除，然后铺设净浆或涂刷混凝土界面处理剂、水泥基渗透结晶型防水涂料等材料，再铺30～50mm厚的1∶1水泥砂浆，并应及时浇筑混凝土。

② 垂直施工缝浇筑混凝土前，应将其表面清理干净，再涂刷混凝土界面处理剂或水泥基渗透结晶型防水涂料，并应及时浇筑混凝土。

③ 遇水膨胀止水条（胶）应与接缝表面密贴；选用的遇水膨胀止水条（胶）应具有缓胀性能，7d的净膨胀率不宜大于最终膨胀率的60%，最终膨胀率宜大于220%。

④ 采用中埋式止水带或预埋式注浆管时，应定位准确、固定牢靠。

（8）大体积防水混凝土宜选用水化热低和凝结时间长的水泥，宜掺入减水剂、缓凝剂等外加剂和粉煤灰、磨细矿渣粉等掺合料。在设计许可的情况下，掺粉煤灰混凝土设计强度等级的龄期宜为60d或90d。炎热季节施工时，入模温度不宜大于30℃；冬期施工时，入模温度不应低于5℃。混凝土内部预埋管道，宜进行水冷散热。大体积防水混凝土应采取保温保湿养护，混凝土中心温度与表面温度的差值不应大于25℃，表面温度与大气温度的差值不应大于20℃，养护时间不得少于14d。

（9）地下室外墙穿墙管必须采取止水措施，单独埋设的管道可采用套管式穿墙防水。当管道集中多管时，可采用穿墙群管的防水方法。

3. 水泥砂浆防水层施工

（1）水泥砂浆防水层可用于地下工程主体结构的迎水面或背水面，不应用于受持续振动或温度高于80℃的地下工程防水。

（2）聚合物水泥防水砂浆厚度单层施工宜为6～8mm，双层施工宜为10～12mm；掺外加剂或掺合料的水泥防水砂浆厚度宜为18～20mm。

（3）水泥砂浆应使用硅酸盐水泥、普通硅酸盐水泥或特种水泥。砂宜采用中砂，含泥量不应大于1%。

（4）水泥砂浆防水层施工的基层表面应平整、坚实、清洁，并应充分湿润、无明水。基层表面的孔洞、缝隙，应采用与防水层相同的防水砂浆堵塞并抹平。

（5）防水砂浆宜采用多层抹压法施工。应分层铺抹或喷射，铺抹时应压实、抹平，最后一层表面应提浆压光。

（6）水泥砂浆防水层不得在雨天、五级及以上大风中施工。冬期施工时，气温不应低于5℃。夏季不宜在30℃以上或烈日照射下施工。

（7）水泥砂浆防水层终凝后，应及时进行养护，养护温度不宜低于5℃，并应保持砂浆表面湿润，养护时间不得少于14d。

（8）聚合物水泥防水砂浆拌合后应在规定时间内用完，施工中不得任意加水。聚合物水泥防水砂浆未达到硬化状态时，不得浇水养护或直接受雨水冲刷，硬化后应采用干湿交替的养护方法。潮湿环境中，可在自然条件下养护。

4. 卷材防水层施工

（1）铺贴卷材严禁在雨天、雪天、五级及以上大风中施工；冷粘法、自粘法施工的环境气温不宜低于5℃，热熔法、焊接法施工的环境气温不宜低于－10℃。施工过程中下雨或下雪时，应做好已铺卷材的防护工作。

（2）卷材防水层应铺设在混凝土结构的迎水面上。用于建筑地下室时，应铺设在结构底板垫层至墙体防水设防高度的结构基面上；用于单建式的地下工程时，应从结构底板垫层铺设至顶板基面，并应在外围形成封闭的防水层。

（3）卷材防水层的基面应坚实、平整、清洁、干燥，阴阳角处应做成圆弧或45°坡角，其尺寸应根据卷材品种确定，并应涂刷基层处理剂；当基面潮湿时，应涂刷湿固化型胶粘剂或潮湿界面隔离剂。

（4）如设计无要求时，阴阳角等特殊部位铺设的卷材加强层宽度不应小于500mm。

（5）结构底板垫层混凝土部位的卷材可采用空铺法或点粘法施工，侧墙采用外防外贴法的卷材及顶板部位的卷材应采用满粘法施工。铺贴立面卷材防水层时，应采取防止卷材下滑的措施。

（6）铺贴双层卷材时，上下两层和相邻两幅卷材的接缝应错开1/3～1/2幅宽，且两层卷材不得相互垂直铺贴。

（7）弹性体改性沥青防水卷材和改性沥青聚乙烯胎防水卷材采用热熔法施工应加热均匀，不得加热不足或烧穿卷材，搭接缝部位应溢出热熔的改性沥青。

（8）采用外防外贴法铺贴卷材防水层时，应符合下列规定：

① 先铺平面，后铺立面，交接处应交叉搭接。

② 临时性保护墙宜采用石灰砂浆砌筑，内表面宜做找平层。

③ 从底面折向立面的卷材与永久性保护墙的接触部位，应采用空铺法施工；卷材与临时性保护墙或围护结构模板的接触部位，应将卷材临时贴附在该墙上或模板上，并应将顶端临时固定。当不设保护墙时，从底面折向立面的卷材接槎部位应采取可靠保护措施。

④ 混凝土结构完成，铺贴立面卷材时，应先将接槎部位的各层卷材揭开，并将其表面清理干净，如卷材有损坏应及时修补。卷材接槎的搭接长度，高聚物改性沥青类卷材应为150mm，合成高分子类卷材应为100mm；当使用两层卷材时，卷材应错槎接缝，上层卷材应盖过下层卷材。

（9）采用外防内贴法铺贴卷材防水层时，应符合下列规定：

① 混凝土结构的保护墙内表面应抹厚度为20mm的1∶3水泥砂浆找平层，然后铺贴卷材。

② 卷材宜先铺立面，后铺平面；铺贴立面时，应先铺转角，后铺大面。

（10）卷材防水层经检查合格后，应及时做保护层。顶板卷材防水层上的细石混凝土保护层上部采用人工回填土时厚度不宜小于50mm，采用机械碾压回填土时厚度不宜小于70mm，防水层与保护层之间宜设隔离层。底板卷材防水层上细石混凝土保护层厚度不应小于50mm。侧墙卷材防水层宜采用软质保护材料或铺抹20mm厚1∶2.5水泥砂浆层。

5. 涂料防水层施工

（1）无机防水涂料宜用于结构主体的背水面，有机防水涂料宜用于地下工程主体结构的迎水面，用于背水面的有机防水涂料应具有较高的抗渗性，且与基层有较好的粘结性。

（2）涂料防水层严禁在雨天、雾天、五级及以上大风时施工，不得在施工环境温度低于5℃及高于35℃或烈日暴晒时施工。涂膜固化前如有降雨可能时，应及时做好已完涂层的保护工作。

（3）有机防水涂料基层表面应基本干燥，不应有气孔、凹凸不平、蜂窝麻面等缺陷。涂料施工前，基层阴阳角应做成圆弧形，阴角直径宜大于50mm，阳角直径宜大于10mm，在底板转角部位应增加胎体增强材料，并应增涂防水涂料。铺贴胎体增强材料时，应使胎体层充分浸透防水涂料，不得有露槎及褶皱。

（4）防水涂料应分层刷涂或喷涂，涂层应均匀，不得漏刷漏涂。涂刷应待前遍涂层干燥成膜后进行，每遍涂刷时应交替改变涂层的涂刷方向，同层涂膜的先后搭压宽度宜为30～50mm。甩槎处接缝宽度不应小于100mm，接涂前应将其甩槎表面处理干净。

（5）采用有机防水涂料时，基层阴阳角处应做成圆弧；在转角处、变形缝、施工缝、穿墙管等部位应增加胎体增强材料和增涂防水涂料，宽度不应小于500mm。胎体增强材料的搭接宽度不应小于 100mm，上下两层和相邻两幅胎体的接缝应错开 1/3 幅宽，且上下两层胎体不得相互垂直铺贴。

（6）涂料防水层完工并经验收合格后应及时做保护层。

3.4.4 室内与外墙防水工程施工

1. 室内防水工程施工技术

1）施工流程

清理基层→结合层→细部附加层→防水层→试水试验。

2）防水水泥砂浆施工

（1）基层表面应平整、坚实、清洁，并应充分湿润，无积水。

（2）防水砂浆应采用抹压法施工，分遍成活。各层应紧密结合，每层宜连续施工。当需留槎时，上下层接槎位置应错开 100mm 以上，离转角 200mm 内不得留接槎。

（3）防水砂浆施工环境温度不应低于 5℃。终凝后应及时进行养护，养护温度不宜低于 5℃，养护时间不应少于 14d。

（4）聚合物水泥防水砂浆未达到硬化状态时，不得浇水养护或直接受水冲刷，硬化后应采用干湿交替的养护方法。潮湿环境中可在自然条件下养护。

3）涂膜防水层施工

（1）基层应平整牢固，表面不得出现孔洞、蜂窝麻面、缝隙等缺陷；基面必须干净、无浮浆，基层干燥度应符合产品要求。

（2）施工环境温度：水乳型涂料宜为 5～35℃。

（3）涂料施工时应先对阴阳角、预埋件、穿墙（楼板）管等部位进行加强或密封处理。

（4）涂膜防水层应多遍成活，后一遍涂料施工应待前一遍涂层实干后再进行。前后两遍的涂刷方向应相互垂直，宜先涂刷立面，后涂刷平面。

（5）铺贴胎体增强材料时应充分浸透防水涂料，不得露胎及褶皱。胎体材料长边搭接宽度不应小于 50mm，短边搭接宽度不应小于 70mm。

（6）防水层施工完毕，验收合格后，应及时做保护层。

4）卷材防水层施工

（1）基层应平整牢固，表面不得出现孔洞、蜂窝麻面、缝隙等缺陷；基面必须干净、无浮浆，基层干燥度应符合产品要求。采用水泥基胶粘剂的基层应先充分湿润，但不得有明水。

（2）卷材铺贴施工环境温度：采用冷粘法施工不应低于 5℃，热熔法施工不应低于 −10℃。低于规定要求时应采取技术措施。

（3）以粘贴法施工的防水卷材，其与基层应采用满粘法铺贴。

（4）卷材接缝必须粘贴严密。接缝部位应进行密封处理，密封宽度不应小于 10mm。搭接缝位置距阴阳角应大于 300mm。

（5）防水卷材施工宜先铺立面，后铺平面。

2. 外墙防水技术

建筑外墙防水应具有阻止雨水、雪水侵入墙体的基本功能，并应具有抗冻融、耐高低温、承受风荷载等性能。

1）防水材料

（1）防水砂浆：分为聚合物水泥防水砂浆和普通防水砂浆。普通防水砂浆分为湿拌防水砂浆和干混防水砂浆两种。

（2）聚合物水泥防水涂料：按物理力学性能分为Ⅰ型、Ⅱ型和Ⅲ型，Ⅰ型适用于变形较大的基层，Ⅱ型和Ⅲ型适用于变形较小的基层；建筑外墙受温度的影响，墙体基层产生的变形较大，宜选择Ⅰ型产品。

（3）聚合物乳液防水涂料：以各类聚合物乳液为主要原料的单组分水乳型防水涂料。

（4）聚氨酯防水涂料：分双组分、单组分两种。

（5）防水透气膜：具有防水透气功能的膜状材料。

2）密封材料

（1）硅酮建筑密封胶：按拉伸模量分为高模量（HM）和低模量（LM）两种。

（2）聚氨酯建筑密封胶：按流动性分为非下垂型（N）和自流平型（L）两个类型；按位移能力分为25、20两个级别；按拉伸模量分为高模量（HM）和低模量（LM）两个级别。

（3）聚硫建筑密封胶：按流动性分为非下垂型（N）和自流平型（L）两个类型；按位移能力分为25、20两个级别；按拉伸模量分为高模量（HM）和低模量（LM）两个级别。

（4）丙烯酸酯建筑密封胶：按位移能力分为12.5和7.5两个级别；按其弹性恢复率又分为弹性体和塑性体。

3）建筑外墙防水设计

（1）建筑外墙整体防水设计应包括下列内容：

① 外墙防水工程的构造；

② 防水层材料的选择；

③ 节点的密封防水构造。

（2）建筑外墙节点构造防水设计应包括门窗洞口、雨篷、阳台、变形缝、伸出外墙管道、女儿墙压顶、外墙预埋件、预制构件等交接部位的防水设施。

（3）整体防水层设计

① 无外保温外墙的整体防水层设计应符合下列规定：

a. 采用涂料饰面时，防水层应设在找平层和涂料饰面层之间，防水层宜采用聚合物水泥防水砂浆或普通防水砂浆；

b. 采用块材饰面时，防水层应设在找平层和块材粘结层之间，防水层宜采用聚合物水泥防水砂浆或普通防水砂浆；

c. 采用幕墙饰面时，防水层应设在找平层和幕墙饰面层之间，防水层宜采用聚合物水泥防水砂浆、普通防水砂浆、聚合物水泥防水涂料、聚合物乳液防水涂料或聚氨酯防水涂料。

② 外保温外墙的整体防水层设计应符合下列规定：

a. 采用涂料或块材饰面时，防水层宜设在保温层和墙体基层之间，防水层可采用聚合物水泥防水砂浆或普通防水砂浆；

b. 采用幕墙饰面时，设在找平层上的防水层宜采用聚合物水泥防水砂浆、普通防水砂浆、聚合物水泥防水涂料、聚合物乳液防水涂料或聚氨酯防水涂料；当外墙保温层选用矿物棉保温材料时，防水层宜采用防水透气膜。

（4）节点构造防水设计

① 门窗框与墙体间的缝隙宜采用聚合物水泥防水砂浆或发泡聚氨酯填充；外墙防水层应延伸至门窗框，防水层与门窗框间应预留凹槽，并应嵌填密封材料；门窗上楣的外口应做滴水线；外窗台应设置不小于 5% 的外排水坡度。

② 穿过外墙的管道宜采用套管，套管应内高外低，坡度不应小于 5%，套管周边应作防水密封处理。

4）外墙防水施工要求

（1）外墙门框、窗框、伸出外墙管道、设备或预埋件等应在建筑外墙防水施工前安装完毕。

（2）外墙防水层的基层找平层应平整、坚实、牢固、干净，不得酥松、起砂、起皮。

（3）块材的勾缝应连续、平直、密实，无裂缝、空鼓。

（4）外墙防水工程完工后，应采取保护措施，不得损坏防水层。

（5）外墙防水工程严禁在雨天、雪天和五级风及其以上时施工；施工的环境气温宜为 5～35℃。施工时应采取安全防护措施。

3.5 装饰装修工程施工

3.5.1 抹灰工程施工

1. 抹灰工程分类

抹灰工程分为一般抹灰、保温层薄抹灰、装饰抹灰和清水砌体勾缝等分项工程。

一般抹灰包括水泥砂浆、水泥混合砂浆、聚合物水泥砂浆和粉刷石膏等抹灰。保温层薄抹灰包括保温层外面聚合物砂浆薄抹灰。

装饰抹灰包括水刷石、斩假石、干粘石和假面砖等装饰抹灰。清水砌体勾缝包括清水砌体砂浆勾缝和原浆勾缝。

2. 材料的技术要求

（1）水泥：抹灰用的水泥其强度等级应不小于 32.5MPa，砂浆的拉伸粘结强度、聚合物砂浆的保水率复验应合格。白水泥和彩色水泥主要用于装饰抹灰；不同品种、不同强度等级的水泥不得混用。

（2）砂子：砂子宜选用中砂，砂子使用前应过筛（不大于 5mm 的筛孔），不得含有杂质；特细砂不宜使用。

（3）石灰膏：抹灰用的石灰膏的熟化期不应少于 15d；石灰膏应细腻洁白，不得含有未熟化颗粒，已冻结风化的石灰膏不得使用。

（4）彩色石粒：彩色石粒是由天然大理石破碎而成，具有多种颜色，多用作水磨石、水刷石、斩假石的骨料。

（5）砂浆的配合比：砂浆的配合比应符合设计要求，施工配合比符合抹灰施工的技术要求。其中，一般抹灰砂浆的稠度应符合表 3.5-1 的要求。

表3.5-1 一般抹灰砂浆稠度控制表

序号	层次	稠度（cm）	主要作用
1	底层	9~11	与基层粘结，辅助作用是初步找平
2	中层	7~9	找平
3	面层	7~8	装饰

3. 施工环境要求

（1）主体工程经有关部门验收合格后，方可进行抹灰工作。

（2）检查门窗框及需要埋设的配电管、接线盒、管道套管是否固定牢固，连接缝隙是否嵌塞密实，并事先将门窗框包好。

（3）混凝土及砖结构表面的砂尘、污垢和油渍等要清除干净，对混凝土结构表面、砖墙表面应在抹灰前2d浇水湿透。

（4）屋面防水工作未完前进行抹灰，应采取防雨水措施。

（5）室内抹灰的环境温度，一般不低于5℃，否则应采取保证质量的有效措施。

4. 施工工艺

1）施工流程

基层处理→浇水湿润→抹灰饼→墙面充筋→分层抹灰→设置分格缝→保护成品。

2）基层处理

（1）基层清理：抹灰前基层表面的尘土、污垢、油渍等应清除干净，涂刷1∶1水泥砂浆（加适量胶粘剂）；加气混凝土应在湿润后，边刷界面剂边抹强度不小于M5的水泥混合砂浆。表面凹凸明显的部位应先剔平或用1∶3水泥砂浆补平。

（2）非常规抹灰的加强措施：当抹灰总厚度大于或等于35mm时，应采取加强措施。不同材料基体交接处表面的抹灰，应采取防止开裂的加强措施。当采用加强网时，加强网与各基体的搭接宽度不应小于100mm。加强网应绷紧、钉牢。

（3）细部处理：外墙抹灰工程施工前应先安装门窗框、护栏等，并应将孔洞堵塞密实。室内墙面、柱面和门洞口的阳角做法应符合设计要求。设计无要求时，应采用1∶2水泥砂浆做暗护角，其高度不应低于2m，每侧宽度不应小于50mm。

3）吊垂直、套方、找规矩、做灰饼

根据设计图纸要求的抹灰质量以及基层表面平整垂直情况，吊垂直、套方、找规矩，抹灰饼确定抹灰厚度。灰饼宜用M5水泥砂浆抹成50mm见方形状。

4）墙面充筋

充筋根数应根据房间的宽度和高度确定，一般标筋宽度为50mm。当墙面高度小于3.5m时宜做立筋，两筋间距不大于1.5m。当墙面高度大于3.5m时宜做横筋，做横向冲筋时灰饼的间距不宜大于2m。

5）分层抹灰

大面积抹灰前应设置标筋。抹灰应分层进行，通常抹灰构造分为底层、中层及面层。其中，水泥砂浆不得抹在石灰砂浆层上；罩面石膏灰不得抹在水泥砂浆层上。抹灰层的平均总厚度应符合设计要求。当设计无要求时，抹灰层的平均总厚度不应大于表3.5-2的要求。当抹灰总厚度超出35mm时，应采取加强措施。

表 3.5-2　抹灰层的平均总厚度控制表

序号	工程对象		抹灰层平均总厚度（mm）
1	内墙	普通	20
		高级	25
2	外墙		20（勒脚及突出墙面部分为 25）
3	石墙		. 35

6）设置分格缝

抹灰分格缝的设置应符合设计要求，宽度和深度应均匀，表面应光滑，棱角应整齐。有排水要求的部位应做滴水线（槽）。滴水线（槽）应整齐顺直，滴水线应内高外低，滴水槽的宽度和深度均不应小于 10mm。

7）保护成品

各种砂浆抹灰层，在凝结前应防止快干、水冲、撞击、振动和受冻，在凝结后应采取措施防止沾污和损坏。水泥砂浆抹灰层应在湿润条件下养护，一般应在抹灰 24h 后进行养护。

3.5.2　轻质隔墙工程施工

轻质隔墙特点是自重轻、墙身薄、拆装方便、节能环保，有利于建筑工业化施工。按构造方式和所用材料不同分为板材隔墙、骨架隔墙、活动隔墙和玻璃隔墙等。板材隔墙包括复合轻质墙板、石膏空心板、增强水泥板和混凝土轻质板等隔墙；骨架隔墙包括以轻钢龙骨、木龙骨等为骨架，以纸面石膏板、人造木板、水泥纤维板等为墙面板的隔墙；玻璃隔墙包括玻璃板、玻璃砖隔墙。

1. 板材隔墙

1）施工技术要求

（1）当单层条板隔墙采取接板安装且在限高以内时，竖向接板不宜超过一次，相邻条板接头位置应错开 300mm 以上，错缝范围可为 300～500mm。

（2）采用单层条板做分户墙时，其厚度不应小于 120mm。做户内卧室间隔墙时，其厚度不宜小于 90mm。

（3）在抗震设防区，条板隔墙与顶板、结构梁的接缝处，钢卡间距应不大于 600mm。条板隔墙与主体墙、柱的接缝处，钢卡可间断布置，间距应不大于 1m。

（4）在抗震设防区，条板隔墙安装长度超过 6m 时，应设计构造柱并采取加固、防裂处理措施。

（5）条板隔墙下端与楼层地面结合处宜预留安装空隙，空隙在 40mm 及以下时宜填入 1∶3 水泥砂浆，40mm 以上时填入干硬性细石混凝土，撤除木楔后的遗留空隙应采用相同强度等级的砂浆或细石混凝土填塞、捣实。

（6）在条板隔墙上横向开槽、开洞敷设电气暗线、暗管、开关盒时，选用隔墙厚度不宜小于 90mm。

（7）条板隔墙上需要吊挂重物和设备时，不得单点固定，并应在设计时考虑加固措施，固定两点间距应大于 300mm。

（8）普通石膏条板隔墙及其他防水性能较差的条板隔墙不宜用于潮湿环境及有防潮、防水要求的环境。当防水型石膏条板隔墙及其他有防水、防潮要求的条板隔墙用于潮湿环境时，下端应做C20细石混凝土条形墙垫，墙垫高度不应小于100mm，并应作泛水处理。

2）工艺流程

结构墙面、地面、顶棚清理找平→按安装排板图放线→细石混凝土墙垫（有防水要求）→配板→配置胶结材料→安装定位板→安装固定卡→安装门窗框→安装隔墙板→机电配合安装、板缝处理。

3）主要施工工艺

（1）组装顺序：条板应从主体墙、柱的一端向另一端按顺序安装；当有门洞口时，应从门洞口处向两侧依次进行。

（2）配板：条板长度宜为2200～3500mm；条板应竖向排列，采用标准板。需要补板时，宽度不应小于200mm。条板下端距地面的预留安装间隙宜保持在30～60mm，并可根据需要调整。有门窗时，据此配有预埋件的门窗框板。

（3）安装隔墙板

① 先安装定位板：可在条板的企口处、板的顶面均匀满刮粘结材料，空心条板的上端宜局部封孔，上下对准定位线立板。

② 利用木楔调整位置，两个木楔为一组，使条板就位，将板垂直向上挤压，顶紧梁、板底部，调整好板的垂直度后再固定。

③ 按顺序安装条板，将板榫槽对准榫头拼接，条板与条板之间应紧密连接；调整好垂直度和相邻板面的平整度，并应待条板的垂直度、平整度检验合格后，再安装下一块条板。

④ 按排板图在条板与顶板、结构梁，主体墙、柱的连接处设置定位钢卡、抗震钢卡。

⑤ 板与板之间的对接缝隙内填满、灌实粘结材料，板缝间隙揉挤严密并刮平勾实。

⑥ 用水泥砂浆或干硬性细石混凝土填实条板隔墙与楼地面空隙处。

2. 骨架隔墙

1）施工技术要求

（1）有隔声、隔热、阻燃和防潮等特殊要求的工程，材料应有相应性能保证。

（2）骨架隔墙的沿地、沿顶及边框龙骨应与基体结构连接牢固。

（3）木龙骨及木墙面板的防火和防腐处理应符合设计要求。

（4）骨架隔墙的墙面板应安装牢固，无脱层、翘曲、折裂及缺损。

（5）骨架隔墙上的孔洞、槽、盒应位置正确、套割吻合、边缘整齐。

（6）骨架隔墙内的填充材料应干燥，填充应密实、均匀、无下坠。

2）工艺流程

墙位放线→安装沿顶龙骨、沿地龙骨→安装门洞口框的龙骨→竖向龙骨分档→安装竖向龙骨→安装横向贯通龙骨、横撑、卡档龙骨→水电暖等专业工程安装→安装一侧的饰面板→墙体填充材料→安装另一侧的饰面板→板缝处理。

3）主要施工工艺

（1）龙骨安装

① 采用膨胀螺栓沿弹线位置固定沿顶和沿地龙骨，龙骨与基体的固定点间距不大于1000mm，龙骨的端部必须固定牢固。

② 将竖龙骨插入沿顶、沿地龙骨之间，开口方向保持一致，间距300mm、400mm或600mm，不应超过600mm。门窗、特殊节点处应按设计要求加设附加龙骨。

③ 隔墙高度3m以下安装一道贯通龙骨，超过3m时，每隔1.2m设置一根贯通龙骨。

④ 边框龙骨与基体之间，应按设计要求密封。

（2）饰面板安装

① 骨架隔墙一般以纸面石膏板（潮湿区域应采用防潮石膏板）、人造木板、水泥纤维板等为墙面板。

② 石膏板安装：

a. 石膏板应竖向铺设，长边接缝应落在竖向龙骨上。双层石膏板安装时两层板的接缝不应在同一根龙骨上；需进行隔声、保温、防火处理的应根据设计要求在一侧板安装好后，进行隔声、保温、防火材料的填充，再封闭另一侧板。

b. 石膏板应采用自攻螺钉固定，从板的中部开始向板的四边固定。钉头略埋入板内，但不得损坏纸面；钉眼应进行防锈处理。

c. 石膏板安装牢固时，隔墙端部的石膏板与周围的墙、柱应留有3mm的槽口，槽口处加注嵌缝膏，使面板与邻近表层接触紧密。石膏板的接缝缝隙宜为3～6mm。

d. 接缝处理：轻质隔墙与顶棚和其他墙体的交接处应采取防开裂措施。隔墙板材所用接缝材料的品种及接缝方法应符合设计要求；设计无要求时，板缝处粘贴50～60mm宽的嵌缝带，阴阳角处粘贴200mm宽的纤维布（每边各100mm宽），并用石膏腻子刮平，总厚度应控制在3mm内。

e. 防腐处理：接触砖、石、混凝土的龙骨、埋置的木楔和金属型材应作防腐处理。

3. 活动隔墙

1）施工技术要求

（1）活动隔墙所用墙板、轨道、配件等材料的品种、规格、性能和人造木板甲醛释放量、燃烧性能应符合设计要求。

（2）活动隔墙轨道应与基体结构连接牢固，并应位置正确。

（3）活动隔墙用于组装、推拉和制动的构配件应安装牢固、位置正确，推拉应安全、平稳、灵活。

（4）活动隔墙的组合方式、安装方法应符合设计要求。

（5）活动隔墙上的孔洞、槽、盒应位置正确、套割吻合、边缘整齐。

（6）活动隔墙推拉应无噪声。

2）工艺流程

墙位放线→预制隔扇（帷幕）→安装轨道→安装隔扇（帷幕）。

3）主要施工工艺

（1）活动隔墙安装按固定方式不同分为悬吊导向式固定、支承导向式固定。

（2）预制隔扇（帷幕）：应根据图纸，结合实际测量出活动隔墙的高、宽净尺寸，并确认轨道的安装方式，然后确定每一块活动隔扇的尺寸。隔扇（帷幕）宜由专业加工厂制作。

（3）安装轨道：

① 当采用悬吊导向式固定时，隔扇荷载主要由天轨承载。天轨安装时，应将天轨平行放置于楼板或顶棚下方，然后固定牢固。

② 当采用支承导向式固定时，隔扇荷载主要由地轨承载。地轨安装时应位置正确，并预留门及转角位置。同时，在楼板或顶棚下方安装导向轨。

（4）安装隔扇（帷幕）：

根据安装方式确定滑轮安装位置，滑轮应安装牢固，逐块将隔扇装入轨道，调整隔扇；当能自由地回转且垂直于地面时，便可进行连接和固定。

3.5.3 吊顶工程施工

1. 吊顶分类

（1）主要分为整体面层吊顶、板块面层吊顶和格栅吊顶。

（2）整体面层吊顶包括以轻钢龙骨、铝合金龙骨和木龙骨等为骨架，以石膏板、水泥纤维板和木板等为整体面层的吊顶。

（3）板块面层吊顶包括以轻钢龙骨、铝合金龙骨和木龙骨等为骨架，以石膏板、金属板、矿棉板、木板、塑料板、玻璃板和复合板等为板块面层的吊顶。

（4）格栅吊顶包括以轻钢龙骨、铝合金龙骨和木龙骨等为骨架，以金属、木材、塑料和复合材料等为格栅面层的吊顶。

2. 吊顶工程施工技术要求

（1）安装龙骨前，应按设计要求对房间净高、洞口标高和吊顶管道、设备及其支架的标高进行交接检验。

（2）吊顶工程的木吊杆、木龙骨和木饰面板必须进行防火处理，并应符合有关设计防火规范的规定。

（3）吊顶工程中的预埋件、钢筋吊杆和型钢吊杆应进行防腐处理。

（4）安装面板前应完成吊顶内管道和设备的调试及验收。

（5）吊杆距主龙骨端部和距墙的距离不应大于300mm。主龙骨上吊杆之间的距离应小于1000mm；主龙骨间距不应大于1200mm。当吊杆长度大于1.5m时，应设置反支撑。当吊杆与设备相遇时，应调整增设吊杆。

（6）当石膏板吊顶面积大于100m^2时，纵横方向每15m距离处宜作伸缩缝处理。

3. 工艺流程

弹吊顶标高水平线→画主龙骨分档线→吊顶内管道、设备的安装、调试及隐蔽验收→吊杆安装→龙骨安装（边龙骨安装、主龙骨安装、次龙骨安装）→填充材料的安装→安装饰面板→安装收口、收边压条。

4. 主要施工工艺

1）吊杆安装

（1）不上人的吊顶，吊杆可以采用ϕ6钢筋等吊杆；上人的吊顶，吊杆可以采用ϕ8

钢筋等吊杆。大于1500mm时，还应设置反向支撑。

（2）吊杆应通直，并有足够的承载能力。

（3）吊顶灯具、风口及检修口等应设附加吊杆。重型灯具、电扇及其他重型设备严禁安装在吊顶工程的龙骨上，必须增设附加吊杆。

2）龙骨安装

（1）安装边龙骨：按设计要求弹线，用膨胀螺栓等固定，间距不宜大于500mm，端头不宜大于50mm。

（2）安装主龙骨：

① 主龙骨应吊挂在吊杆上。主龙骨间距、起拱高度应符合设计要求。主龙骨的接长应采取接长件，相邻龙骨的对接接头要相互错开。主龙骨安装后应及时校正其位置、标高。

② 面积大于300m^{2}的吊顶，在主龙骨上每隔12m加一道横卧主龙骨，并垂直于主龙骨连接牢固。采用焊接方式时，焊点应作防腐处理。

（3）安装次龙骨：次龙骨间距宜为300～600mm，在潮湿地区，当采用纸面石膏板时，间距不宜大于300mm。

（4）安装横撑龙骨：横撑龙骨应用挂插件固定在通长次龙骨上。横撑龙骨间距可为300～600mm。

3）饰面板安装

（1）整体面层吊顶

① 面板安装时，正面朝外，面板长边沿次龙骨垂直方向铺设。穿孔石膏板背面应有背覆材料，需要施工现场贴覆时，应在穿孔板背面施胶，不得在背覆材料上施胶。

② 面板的安装固定应先从板的中间开始，然后向板的两端和周边延伸，不应多点同时施工。相邻的板材应错缝安装。穿孔石膏板的固定应从房间的中心开始，固定穿孔板时应先从板的一角开始，向板的两端和周边延伸，不应多点同时施工。穿孔板的孔洞应对齐，无规则孔洞除外。

③ 面板应在自由状态下用自攻枪及高强自攻螺钉与次龙骨、横撑龙骨固定。

④ 自攻螺钉间距和自攻螺钉与板边距离应符合下列规定：纸面石膏板四周自攻螺钉间距不应大于200mm；板中沿次龙骨或横撑龙骨方向自攻螺钉间距不应大于300mm；螺钉距板面纸包封的板边宜为10～15mm；螺钉距板面切割的板边应为15～20mm。穿孔石膏板、石膏板、硅酸钙板、水泥纤维板自攻螺钉钉距和自攻螺钉到板边距离应按设计要求。

⑤ 自攻螺钉应一次性钉入轻钢龙骨并应与板面垂直，螺钉帽宜沉入板面0.5～1.0mm，但不应使纸面石膏板的纸面破损暴露石膏。弯曲、变形的螺钉应剔除，并在相隔50mm的部位另行安装自攻螺钉。固定穿孔石膏板的自攻螺钉不得打在穿孔的孔洞上。

⑥ 面板的安装不应采用电钻等工具先打孔后安装螺钉的施工方法。当选用穿孔纸面石膏板作为面板时，可先打孔定位，但打孔直径不应大于安装螺钉直径的一半。

⑦ 当设计要求吊顶内添加岩棉或玻璃棉时，应边固定面板，边添加。按照要求码放，与板贴实，不应架空，材料之间的接口应严密。吸声材料应保证干燥。

（2）板块面层吊顶

① 面板的安装应按规格、颜色、花饰、图案等进行分类选配、预先排板，保证花饰、图案的整体性。

② 面板应置放于T形龙骨上并应防止污物污染板面。面板需要切割时应用专用工具切割。

③ 吸声板上不宜放置其他材料。面板与龙骨嵌装时，应防止相互挤压过紧引起变形或脱挂。

④ 设备洞口应根据设计要求开孔。开孔应用开孔器。开洞处背面宜加硬质背衬。

⑤ 当采用纸面石膏板上平贴矿物棉板时应符合下列规定：

a. 石膏板上放线位置应符合选用的矿物棉板的规格、尺寸。

b. 矿物棉板的背面和企口处的涂胶应均匀、饱满。

c. 固定矿物棉板时应按画线位置用气钉枪钉实、贴平，板缝应顺直。

d. 矿物棉板在安装时应保持其背面所示箭头方向一致。

（3）格栅吊顶

① 面板与龙骨嵌装时，应防止相互挤压过紧而引起变形或脱挂。

② 采用挂钩法安装面板时应留有板材安装缝，缝隙宽度应符合设计要求。

③ 当面板安装边为互相咬接的企口或彼此连接时，应按顺序从一侧开始安装。

④ 外挂耳式面板的龙骨应设置于板缝处，面板通过自攻螺钉从板缝处将挂耳与龙骨固定完成面板的安装。面板的龙骨应调平，板缝应根据需要选择密封胶嵌缝。

⑤ 条形格栅面板应在地面上安装加长连接件，面板宜从一侧开始安装。应按保护膜上所示安装方向安装。方格格栅吊顶没有专用的主、次龙骨，安装时应先将方格组条在地上组成方格组块，然后通过专用扣挂件与吊件连接组装后吊装。

⑥ 当面板需留设各种孔洞时，应用专用机具开孔，灯具、风口等设备应与面板同步安装。

3.5.4 地面工程施工

建筑地面包括建筑物底层地面和楼层，也包含室外散水、明沟、台阶、踏步和坡道等。

1. 地面工程施工技术要求

（1）建筑地面下的沟槽、暗管等检验合格并作隐蔽记录，方可进行建筑地面工程施工。

（2）建筑地面工程基层（各构造层）和面层的铺设，均应待其下一层检验合格后方可施工上一层。

（3）建筑地面工程施工时，各构造层施工环境温度应符合下列要求：

① 采用掺有水泥、石灰的拌合料铺设以及用石油沥青胶结料铺贴时，不应低于5℃；

② 采用有机胶粘剂粘贴时，不宜低于10℃；

③ 采用砂、石材料铺设时，不应低于0℃；

④ 采用自流平涂料铺设时，不应低于5℃，也不应高于30℃。

2. 施工工艺流程

1）混凝土、水泥砂浆、水磨石地面

清理基层→找面层标高、弹线→设标志（打灰饼、冲筋）→镶嵌分格条→施工结合层（刷水泥浆或涂刷界面处理剂）→铺水泥类等面层→养护（保护成品）→磨光、打蜡、抛光（适用于水磨石类）。

2）自流平地面

清理基层→抄平设置控制点→设置分段条→涂刷界面剂→滚涂底层→批涂批刮层→研磨清洁批补层→漫涂面层→养护（保护成品）。

3）板、块面层（不包括活动地板面层、地毯面层）

清理基层→找面层标高、弹线→设标志→天然石材“防碱背涂”处理→板、块试拼、编号→分格条镶嵌（设计有时）、板材浸湿、晾干（需要时）→分段铺设结合层、板材→铺设楼梯踏步和台阶板材、安装踢脚线→勾缝、压缝或填缝→养护（保护成品）→竣工清理。

4）木、竹面层

（1）空铺方式施工工艺流程

清理基层→找面层标高、弹线（面层标高线、安装木搁栅位置线）→安装木搁栅（木龙骨）→铺设毛地板→铺设面层板→镶边（需要时）→保护成品。

（2）实铺方式施工工艺流程

清理基层→找面层标高、弹线→安装木搁栅（木龙骨）→可填充轻质材料（单层条式面板含此项，双层条式面板不含此项）→铺设毛地板（双层条式面板含此项，单层条式面板不含此项）→铺设衬垫→铺设面层板→安装踢脚线→保护成品。

（3）粘贴法施工工艺流程

清理基层→找面层标高、弹线→铺设衬垫→满粘或点粘面层板→安装踢脚线→保护成品。

3. 主要施工要求

1）厚度控制

（1）水泥混凝土垫层的厚度不应小于 60mm。

（2）水泥砂浆面层的厚度应符合设计要求，且不应小于 20mm。

（3）水磨石面层厚度除有特殊要求外，宜为 12～18mm，且按石粒粒径确定。

（4）水泥钢（铁）屑面层铺设时的水泥砂浆结合层厚度宜为 20mm。

（5）防油渗面层采用防油渗涂料时，涂层厚度宜为 5～7mm。

2）变形缝设置

（1）建筑地面的沉降缝、伸缩缝和防震缝，应与结构相应缝的位置一致，且应贯通建筑地面的各构造层。

（2）沉降缝和防震缝的宽度应符合设计要求，缝内清理干净，以柔性密封材料填嵌后用板封盖，并应与面层齐平。

（3）室内地面的水泥混凝土垫层，应设置纵向缩缝和横向缩缝；纵向缩缝间距不得大于 6m，横向缩缝不得大于 6m。工业厂房、礼堂、门厅等大面积水泥混凝土垫层应分区段浇筑。

（4）水泥混凝土散水、明沟，应设置伸缩缝，其间距不得大于10m；房屋转角处应做45°缝，其与建筑物连接处应设缝处理，缝宽度为15～20mm，缝内填嵌柔性密封材料。

（5）实木地板面层、竹地板面层木搁栅应垫实钉牢，木搁栅与墙之间留出20mm的缝隙；毛地板木材髓心应向上，其板间缝隙不应大于3mm，与墙之间留出8～12mm的缝隙；实木地板面层、竹地板面层面板与墙之间留出8～12mm缝隙。

3）防水与防碱处理

（1）厕浴间、厨房和有排水（或其他液体）要求的建筑地面面层与相连接各类面层的标高差应符合设计要求。

（2）有防水要求的建筑地面工程，铺设前必须对立管、套管和地漏与楼板节点之间进行密封处理，并进行隐蔽验收；排水坡度应符合设计要求。

（3）厕浴间和有防水要求的建筑地面必须设置防水隔离层。楼层结构必须采用现浇混凝土或整块预制混凝土板，混凝土强度等级不应小于C20；楼板四周除门洞外应做混凝土翻边，高度不应小于200mm，宽同墙厚，混凝土强度等级不应小于C20。施工时结构层标高和预留孔洞位置应准确，严禁乱凿洞。

（4）防水隔离层严禁渗漏，坡向应正确，排水通畅。

（5）在大理石、花岗石面层铺设前，应对石材背面和侧面进行防碱处理。

4）成品保护

（1）整体面层施工后，养护时间不应小于7d；抗压强度应达到5MPa后，方准上人行走；抗压强度应达到设计要求后，方可正常使用。

（2）铺设水泥混凝土板块、水磨石板块、水泥花砖、陶瓷锦砖、陶瓷地砖、缸砖、人造石板块、料石、大理石、花岗石面层等的结合层和填缝材料采用水泥砂浆时，在面层铺设后，表面应覆盖、湿润，养护时间不应少于7d。当板块面层的水泥砂浆结合层的抗压强度达到设计要求后，方可正常使用。

3.5.5 饰面板（砖）工程施工

饰面板安装工程是指内墙饰面板安装工程和高度不大于24m、抗震设防烈度不大于8度的外墙饰面板安装工程。饰面砖工程是指内墙饰面砖粘贴和高度不大于100m、抗震设防烈度不大于8度、采用满粘法施工的外墙饰面砖工程。

1. 饰面板安装工程

1）安装方法

（1）石材饰面板安装：采用湿作业法、粘贴法和干挂法。

（2）金属饰面板安装：采用木衬板粘贴、龙骨固定面板两种方法。

（3）木饰面板安装：采用龙骨钉固法、粘接法。

（4）镜面玻璃饰面板安装：按照固定原理可分为有（木）龙骨安装法、无龙骨安装法。其中，有龙骨安装法有紧固件镶钉法和大力胶粘贴法两种方式。

2）施工工艺流程

（1）薄型小规格板材（厚度10mm以下、边长小于400mm）湿作业法

检查并清理基层→吊垂直、套方、找规矩、贴灰饼、抹底层砂浆→分格弹线→石

材刷防护剂→排板→镶贴石板→表面勾（擦）缝。

（2）普通大规格板材（边长大于 400mm）湿作业法

施工准备（饰面板钻孔、剔槽）→预留孔洞套割→板材浸湿、晾干→穿铜丝与板块固定→固定钢筋网→吊垂直、套方、找规矩、弹线→石材刷防护剂→分层安装板材→分层灌浆→饰面板擦（嵌）缝。

（3）干挂法

结构尺寸检验→清理结构表面→结构上弹线→水平龙骨开孔→固定骨架→检查水平龙骨及开孔→骨架及焊接部位防腐→饰面板开槽、预留孔洞套割→排板、支底层板托架→放置底层板并调节位置、临时固定→水平龙骨上安装连接件→石材与连接件连接→调整前后、左右及垂直→加胶并拧紧螺栓固定。

3）主要施工工艺

（1）钻孔、剔槽。在每块石材饰面板的上下两面打眼，孔径为 5mm、孔深 12mm，在石板背面的同位置横向打 8mm 左右孔；钻孔后用云石机在板的上口轻剔一道槽，深 5mm 左右，连同孔眼形成“象鼻眼”，以备埋卧铜丝之用，也可在同位置钻斜孔，或直接用云石机在同位置的板背面切出宽 30～40mm、深 12mm 左右的八字锯口，然后在板的上口轻剔一道槽，深 5mm 左右，以便绑扎铜丝。

（2）穿铜丝。将备好的铜丝剪成长 200mm 左右，一端用木楔粘环氧树脂，将铜丝放入孔内固定牢固，另一端将铜丝顺孔槽弯曲并卧入槽内，使石板的上下端面没有铜丝突出，以便和相邻石板接缝严密。

（3）绑扎钢筋。先剔出墙面的预埋筋，沿墙面绑扎竖向 $\phi6$（或 $\phi8$）筋，再绑扎水平钢筋。如果没埋筋，也可按纵横向间距 1000mm 左右在混凝土墙面上打金属胀管，将竖向钢筋焊接在金属胀管上。

（4）弹线找方。按设计图纸在墙面上弹出石板的分块线，在地面上弹出石板外皮线，并进行找方调整。弹线时要考虑阴阳角的方正，石板大面的平整、垂直，板材的厚度，灌浆的空隙要求及设计对板缝的要求等。

（5）石材表面处理。在石材表面充分干燥（含水率小于 8%）的情况下用石材防护剂进行防碱背涂处理，石材背面水泥粘结面应进行粘结加强处理。

（6）安装石板。按编号取石板并拉直铜丝，将石板就位，将石板上（下）口预先固定的铜丝不要太紧地绑扎在水平筋上，对石板进行阴阳角的方正、大面平整、垂直度调整、板缝和上口直线度调整后再次拴紧铜丝，检查符合要求后采用木楔垫底和木楔粘石膏浆对石板上、下、左、右缝进行临时固定，再次检查无变形，待石膏浆硬化后可进行灌浆。

（7）灌浆。灌注砂浆前应将石材背面及基层湿润，并应用填缝材料临时封闭石材板缝，避免漏浆。灌注砂浆宜用 1∶2.5 水泥砂浆，灌注时应分层进行，每层灌注高度宜为 150～200mm，且不超过板高的 1/3，插捣应密实，待其初凝后方可灌注上层水泥砂浆。

（8）表面勾（擦）缝。在石板安装完成后清除表面的余浆痕迹，按设计的颜色要求调制色浆进行擦缝，边嵌边擦干净，使缝隙密实、均匀、干净、颜色一致。

2. 饰面砖粘贴工程

1）施工工艺流程

清理基层→抄平放线→设标志（打灰饼）→基层抹灰→面砖检验、排砖、做样板→样板件粘结强度检测→孔洞整砖套割→结合层（刷水泥浆或涂刷界面处理剂）→饰面砖粘贴→养护（保护成品）→饰面砖缝填嵌。

2）主要施工工艺

（1）饰面砖粘贴排列方式主要有“对缝排列”和“错缝排列”两种。

（2）外墙饰面砖粘贴前和施工过程中，均应在相同基层上做样板件，并对样板件的饰面砖粘结强度进行检验。

（3）墙、柱面砖粘贴前应进行挑选，并应浸水 2h 以上（需要时），晾干表面水分。

（4）粘贴前应进行放线定位和排砖，非整砖应排放在次要部位或阴角处。每面墙不宜有两列（行）以上非整砖，非整砖宽度不宜小于整砖的 1/3。

（5）粘贴前应确定水平及竖向标志，垫好底尺，挂线粘贴。墙面砖表面应平整，接缝应平直，缝宽应均匀一致。阴角砖应压向正确，阳角线宜做成 45° 角对接。在墙、柱面突出物处，应整砖套割吻合，不得用非整砖拼凑粘贴。

（6）结合层砂浆宜采用 1：2 水泥砂浆，砂浆厚度宜为 6～10mm。水泥砂浆应满铺在墙面砖背面，一面墙、柱不宜一次粘贴到顶，以防塌落。

3.5.6 门窗工程施工

门窗安装工程是指木门窗安装、金属门窗安装、塑料门窗安装、特种门安装和门窗玻璃安装工程。

1. 木门窗安装

（1）定位放线→安装门、窗框→安装门、窗扇→安装门、窗玻璃→安装门、窗配件→框与墙体之间的缝隙、框与扇之间填嵌、密封→清理→保护成品。

（2）主要施工工艺

① 门窗框安装

a. 结构工程施工时预埋木砖的数量和间距应满足要求，即 2m 高以内的门窗框每边不少于 3 块木砖；2m 高以上的门窗框，每边木砖间距不大于 1m。

b. 复查洞口标高、尺寸及木砖位置。

c. 将门窗框用木楔临时固定在门窗洞口内相应位置。校正门窗框的正、侧面垂直度和冒头的水平度。

d. 用砸扁钉帽的钉子钉牢在木砖上。高档硬木门框应用电钻钻孔，用木螺钉拧固。

e. 木门窗框需镶贴脸时，门窗框应凸出墙面，凸出的厚度应等于抹灰层或装饰面层的厚度。

f. 木门窗与墙体间缝隙的填嵌材料应符合设计要求，填嵌应饱满。寒冷地区门窗框与洞口间的缝隙应填充保温材料。

② 木门窗扇安装

a. 木门窗扇必须安装牢固，并应开关灵活，关闭严密，无倒翘。框扇之间、扇与扇之间、门扇与建筑地面工程的面层标高之间的留缝限值应符合要求。

b. 木门窗五金配件应安装齐全，位置适宜，固定可靠。

2. 铝合金门窗

（1）工艺流程：定位放线→安装门、窗框（包括金属门窗的副框）→校正门、窗框→固定门、窗框（与主体结构连接）→安装门、窗扇→安装门、窗玻璃→安装门、窗配件→框与墙体之间的缝隙填嵌、密封→清理→保护成品。

（2）主要施工工艺

铝合金门窗安装应采用预留洞口的方法施工，不得采用边安装边砌口或先安装后砌口的方法施工。铝合金门窗的固定方法应符合设计要求，在砌体上安装铝合金门窗严禁用射钉固定。

① 铝合金门窗框安装

a. 铝合金门窗安装时，墙体与连接件、连接件与门窗框的固定方式，应按表 3.5-3 选择。

表 3.5-3　铝合金门窗的固定方式

序号	连接方式	适用范围
1	连接件焊接连接	适用于钢结构
2	预埋件连接	适用于钢筋混凝土结构
3	燕尾铁脚连接	适用于砖墙结构
4	金属膨胀螺栓固定	适用于钢筋混凝土结构、砖墙结构
5	射钉固定	适用于钢筋混凝土结构

b. 铝合金门窗框采用固定片连接洞口时，固定片宜用 Q235 钢材，厚度不应小于 1.5mm，宽度不应小于 20mm，表面应做防腐处理。

c. 铝合金门窗框与墙体连接固定点的设置应满足：角部的距离不应大于 150mm，其余部位的固定片中心距不应大于 500mm；固定片与墙体固定点的中心位置至墙体边缘距离不应小于 50mm。

d. 与水泥砂浆接触的铝合金框应进行防腐处理。

② 铝合金门窗扇安装

a. 铝合金门窗开启扇、五金件安装完成后应进行全面调整检查，开启扇应启闭灵活、无卡滞、无噪声，开启量应符合设计要求，启闭力应小于 50N（无启闭装置）。

b. 铝合金门窗框、扇搭接宽度应均匀，密封条、毛条压合均匀。

③ 铝合金门窗的防雷构造措施

a. 门窗框与建筑主体结构防雷装置连接导体宜采用直径不小于 8mm 的圆钢或截面积不小于 48mm^2、厚度不小于 4mm 的扁钢；

b. 门窗框与防雷连接件连接处，宜去除型材表面的非导电防护层，并与防雷连接件连接；

c. 防雷连接导体宜分别与门窗框防雷连接件和建筑主体结构防雷装置焊接连接，焊接长度不小于 100mm，焊接处涂防腐漆。

3. 塑料门窗

（1）工艺流程：洞口找中线→补贴保护膜→框上找中线→安装固定片→框进洞口→

调整定位→门窗框固定→框与洞口之间填缝→装玻璃（或门窗扇）→配件安装→清理→成品保护。

（2）主要施工工艺

① 塑料门窗应采用预留洞口的方法安装，不得边安装边砌口或先安装后砌口施工。

② 安装门窗时，其环境温度不应低于5℃。当存放门窗的环境温度为5℃以下时，安装前应将门窗移至室内，在不低于15℃的环境下放置24h。

③ 门窗框上安装固定片

a. 检查门窗框上下边的位置及其内外朝向，确认无误后，再安装固定片。为了更好地调节门窗胀缩引起的变形和防止渗漏，应使用单向固定片，双向交叉安装。与外保温墙体固定的边框固定片宜朝向室内。固定片与框连接应采用自攻螺钉直接钻入固定，不得锤击钉入。

b. 固定片的位置应距门窗端角、中竖梃、中横梃150～200mm，固定片之间的间距应符合设计要求，并不得大于600mm。不得将固定片直接装在中横梃、中竖梃的端头上。

④ 门窗框安装

当门窗框装入洞口时，其上下框中线应与洞口中线对齐并临时固定，然后再按图纸确定门窗框在洞口墙体厚度方向的安装位置。安装时应采取防止门窗变形的措施。应随时调整门框的水平度、垂直度和直角度，用木楔临时固定。

当门窗与墙体固定时，应先固定上框，后固定边框。固定方法如下：

a. 混凝土墙洞口采用射钉或膨胀螺钉固定；

b. 砖墙洞口应用膨胀螺钉固定，不得固定在砖缝处，并严禁用射钉固定；

c. 轻质砌块或加气混凝土洞口可在预埋混凝土块上用射钉或膨胀螺钉固定；

d. 设有预埋铁件的洞口应采用焊接的方法固定，也可先在预埋件上按紧固件规格打基孔，然后用紧固件固定；

e. 窗下框与墙体也采用固定片固定，但应按照设计要求，处理好室内窗台板与室外窗台的节点处理，防止窗台渗水。

安装组合窗时，应从洞口的一端按顺序安装。拼樘料与混凝土连接可与连接件搭接，也可与预埋件或连接件焊接。

⑤ 门窗扇安装

a. 门窗扇应待水泥砂浆硬化后安装。门窗扇安装后，框扇应无可视变形，关闭应严密，搭接量应均匀，开关应灵活。推拉门窗必须有防脱落装置。

b. 安装门窗五金配件时，应将螺钉固定在内衬增强型钢或局部加强钢板上，或使螺钉至少穿过塑料型材的两层壁厚，紧固件应采用自钻自攻螺钉一次钻入固定，不得采用预先打孔的固定方法。

c. 窗扇与窗框上下搭接量的实测值（导轨顶部装滑轨时，应减去滑轨高度）均不应小于6mm。门扇与门框上下搭接量的实测值（导轨顶部装滑轨时，应减去滑轨高度）均不应小于8mm。

4. 门窗玻璃安装

（1）工艺流程：清理门窗框→量尺寸→下料→裁割→安装。

（2）施工工艺：

① 玻璃应平整、安装牢固，不得有松动现象，内外表面均应洁净，玻璃的层数、品种及规格应符合设计要求。

② 单片镀膜玻璃的镀膜层及磨砂玻璃的磨砂层应朝向室内；镀膜中空玻璃的镀膜层应朝向中空气体层。

③ 安装好的玻璃不得直接接触型材，应在玻璃四边垫上不同作用的垫块，中空玻璃的垫块宽度应与中空玻璃的厚度相匹配。

④ 玻璃采用密封胶条密封时，密封胶条宜使用连续条，接口不应设置在转角处，装配后的胶条应整齐均匀，无凸起。

3.5.7 涂料涂饰、裱糊、软包与细部工程施工

1. 涂饰工程的施工技术要求

涂饰工程包括水性涂料涂饰工程、溶剂型涂料涂饰工程、美术涂饰工程。

1）涂饰施工前的准备工作

（1）涂饰工程应在抹灰、吊顶、细部、地面及电气工程等已完成并验收合格后进行。

（2）基层处理要求：

① 新建筑物的混凝土或抹灰基层在涂饰涂料前应涂刷抗碱封闭底漆。对泛碱、析盐的基层先用 3% 的草酸溶液清洗；然后，用清水冲刷干净或在基层上满刷一遍抗碱封闭底漆，待其干后刮腻子，再涂刷面层涂料。

② 旧墙面在涂饰涂料前应清除疏松的旧装修层，并涂刷界面剂。

③ 基层腻子应平整、坚实、牢固，无粉化、起皮和裂缝；厨房、卫生间墙面必须使用耐水腻子。

④ 混凝土或抹灰基层涂刷溶剂型涂料时，含水率不得大于 8%；涂刷乳液型涂料时，含水率不得大于 10%。木材基层的含水率不得大于 12%。

2）涂饰施工方法

（1）混凝土及抹灰面涂饰一般采用喷涂、滚涂、刷涂、抹涂和弹涂等方法。

（2）木质基层涂刷清漆方法：基层上的节疤、松脂部位应用虫胶漆封闭，钉眼处应用油性腻子嵌补。在刮腻子、上色前，应涂刷一遍封闭底漆；然后，反复对局部进行拼色和修色，每修完一次，刷一遍中层漆，干后打磨，直至色调协调统一，再做饰面漆。

（3）木质基层涂刷色漆方法：先满刷清油一遍，待其干后用油腻子将钉孔、裂缝、残缺处嵌刮平整，干后打磨光滑，再刷中层和面层油漆。

2. 裱糊工程的施工技术要求

1）基层处理要求

（1）新建筑物的混凝土或抹灰基层墙面在刮腻子前应涂刷抗碱封闭底漆。

（2）旧墙面在裱糊前应清除疏松的旧装修层并涂刷界面剂。

（3）混凝土或抹灰基层含水率不得大于 8%；木材基层的含水率不得大于 12%。

（4）基层腻子应平整、坚实、牢固，无粉化、起皮和裂缝。

（5）基层表面平整度、立面垂直度及阴阳角方正应达到高级抹灰的要求。

（6）基层表面颜色应一致。

（7）裱糊前应用封闭底胶涂刷基层。

2）裱糊方法

（1）墙、柱面裱糊常用的方法有搭接法裱糊、拼接法裱糊。顶棚裱糊一般采用推贴法。

（2）裱糊前，应按壁纸、墙布的品种、花色、规格进行选配、拼花、裁切、编号，裱糊时应按编号顺序粘贴。

（3）裱糊使用的胶粘剂应按壁纸或墙布的品种选配，应具备防霉、耐久等性能。如有防火要求，则应有耐高温、不起层性能。

（4）各幅拼接应横平竖直，拼接处花纹、图案应吻合，不离缝，不搭接，不显拼缝。

（5）裱糊时，阳角处应无接缝，应包角压实，阴角处应断开，并应顺光搭接。

（6）壁纸、墙布应粘贴牢固，不得有漏贴、补贴、脱层、空鼓和翘边。

3. 软包工程的施工技术要求

（1）软包工程的面料常见的有皮革、人造革以及锦缎等饰面织物。软包工程根据构造做法，分为带内衬软包和不带内衬软包两种；按制作安装方法不同，分为预制板组装和现场组装。

（2）软包面料、内衬材料及边框的材质、颜色、图案、燃烧性能等级和木材的含水率应符合设计要求及国家现行标准的有关规定。

（3）软包工程的安装位置及构造做法应符合设计要求。

（4）软包工程的龙骨、衬板、边框应安装牢固，无翘曲，拼缝应平直。

（5）单块软包面料不应有接缝，四周应绷压严密。

4. 细部工程的施工技术要求

（1）细部工程包括橱柜制作与安装，窗帘盒、窗台板制作与安装，门窗套制作与安装，护栏和扶手制作与安装，花饰制作与安装五个分项工程。

（2）细部工程应对下列部位进行隐蔽工程验收：

① 预埋件（或后置埋件）。

② 护栏与预埋件的连接节点。

（3）护栏、扶手的技术要求：

① 护栏高度、栏杆间距、安装位置必须符合设计要求。

② 当护栏玻璃最低点离一侧楼地面高度在3m或3m以上、5m或5m以下时应使用公称厚度不小于16.76mm的钢化夹层玻璃。当护栏玻璃最低点离一侧楼地面高度大于5m时，不得使用承受水平荷载的栏板玻璃。

3.5.8　建筑幕墙工程施工

1. 建筑幕墙工程分类

1）按建筑幕墙的面板材料分类

（1）玻璃幕墙。

（2）石材幕墙：包括花岗石幕墙、大理石幕墙、石灰石幕墙、砂岩幕墙。

（3）金属板幕墙：包括铝板幕墙、不锈钢板幕墙、搪瓷钢板幕墙、锌合金板幕墙、钛合金板幕墙等。

（4）金属复合板幕墙：包括铝塑复合板幕墙、铝蜂窝复合板幕墙、钛锌复合板幕墙等。

（5）人造板材幕墙：包括瓷板幕墙、陶板幕墙、微晶玻璃幕墙、石材蜂窝板幕墙、木纤维板幕墙、纤维增强水泥板幕墙和预制混凝土板幕墙等。

2）按幕墙面板支承形式分类

（1）框支承幕墙：分为构件式幕墙、单元式幕墙和半单元式幕墙。

（2）肋支承幕墙：分为玻璃肋支承玻璃幕墙（全玻璃幕墙）、金属肋支承幕墙和木肋支承幕墙。

（3）点支承幕墙：分为穿孔式点支承幕墙、夹板式点支承幕墙、背栓式点支承幕墙和短挂件点支承幕墙。

2. 建筑幕墙的预埋件

（1）常用建筑幕墙预埋件有平板形和槽形两种，其中平板形预埋件应用最为广泛。

（2）预埋件锚板宜采用 Q235、Q345 级钢，锚筋应采用 HPB300、HRB400 级钢筋，严禁使用冷加工钢筋。

（3）直锚筋与锚板应采用 T 形焊。当锚筋直径不大于 20mm 时，宜采用压力埋弧焊；当锚筋直径大于 20mm 时，宜采用穿孔塞焊。不允许把锚筋弯成Π形或 L 形与锚板焊接。

（4）预埋件都应采取有效的防腐处理，当采用热镀锌防腐处理时，锌膜厚度应大于 40μm。

（5）埋设预埋件主体结构混凝土强度等级不应低于 C20。轻质填充墙不应作幕墙支承结构。

3. 构件式玻璃幕墙

1）构件式玻璃幕墙构件的制作

（1）采用硅酮结构密封胶粘结固定隐框玻璃幕墙构件时，应在洁净、通风的室内进行注胶，室内温度不宜低于 15℃，也不宜高于 27℃，相对湿度不宜低于 50%。硅酮结构胶的注胶厚度及宽度应符合设计要求，且宽度不得小于 7mm，厚度不得小于 6mm。

（2）注胶必须密实、均匀、无气泡，胶缝表面应平整、光滑。

2）构件式玻璃幕墙的安装

（1）立柱安装

① 立柱应先与角码连接，角码再与主体结构连接。立柱与主体结构连接必须具有一定的适应位移能力，采用螺栓连接时，应有可靠的防松、防滑措施。每个连接部位的受力螺栓，至少需要布置 2 个，螺栓直径不宜少于 10mm。

② 凡是两种不同金属的接触面之间，除不锈钢外，都应加防腐隔离柔性垫片，以防止产生双金属腐蚀。

（2）横梁安装

① 横梁与立柱之间的连接紧固件采用不锈钢螺栓、螺钉等，应满足设计要求。连接部位应采取措施防止产生摩擦噪声，可设置柔性垫片或预留 1～2mm 的间隙，间隙内填胶。

② 玻璃在横梁上偏置使横梁产生较大的扭矩时，应进行横梁抗扭承载力计算。

③ 当横梁安装完成一层高度时，应及时进行检查、校正，合格后及时固定。

（3）玻璃面板安装

① 玻璃面板安装时，构件框槽底部应设两块橡胶块，放置宽度与槽宽相同、长度不小于100mm，玻璃四周嵌入量及空隙应符合要求，左右空隙宜一致。

② 明框玻璃幕墙橡胶条镶嵌应平整、密实，橡胶条的长度宜比框内槽口长1.5%～2.0%，斜面断开，断口应留在四角；拼角处应采用胶粘剂粘结牢固后嵌入槽内。不得采用自攻螺钉固定承受水平荷载的玻璃压条。

③ 玻璃幕墙开启窗的开启角度不宜大于30°，开启距离不宜大于300mm。开启窗周边缝隙宜采用氯丁橡胶、三元乙丙橡胶或硅橡胶密封条制品密封。

（4）密封胶嵌缝

① 不宜在夜晚、雨天打胶；打胶温度应符合设计要求和产品要求。

② 严禁使用过期的密封胶；硅酮结构密封胶不宜作为硅酮耐候密封胶使用，两者不能互代。同一个工程应使用同一品牌的硅酮结构密封胶和硅酮耐候密封胶。

4. 全玻璃幕墙

全玻璃幕墙安装技术要求：

（1）全玻璃幕墙面板玻璃厚度：单片玻璃厚度不宜小于10mm；夹层玻璃单片厚度不应小于8mm；玻璃肋截面厚度不应小于12mm，截面高度不应小于100mm。

（2）全玻璃幕墙玻璃面板宜采用机械吸盘安装。

（3）玻璃肋处承受剪力或拉、压力的胶缝，必须采用硅酮结构密封胶粘结。当被连结的玻璃不是镀膜玻璃或夹层玻璃时，可以采用酸性硅酮结构胶，否则，应采用中性硅酮结构胶。全玻璃幕墙允许在现场打注硅酮结构密封胶。

（4）全玻璃幕墙的周边收口槽壁与玻璃面板或玻璃肋的空隙均不宜小于8mm；玻璃与下槽底应采用弹性垫块支承或填塞，垫块长度不宜小于100mm，厚度不宜小于10mm；槽壁与玻璃间应采用硅酮建筑密封胶密封。

（5）当全玻璃幕墙高度超过4m（玻璃厚度为10mm、12mm）、5m（玻璃厚度为15mm）、6m（玻璃厚度为19mm）时，全玻璃幕墙应悬挂在主体结构上。

（6）吊挂式全玻璃幕墙的吊夹与主体结构之间应设置刚性水平传力结构。

（7）吊挂玻璃的夹具不得与玻璃直接接触。夹具衬垫材料与玻璃应平整结合、紧密牢固。

5. 点支承玻璃幕墙

1）点支承玻璃幕墙的支承形式

（1）玻璃肋支承的点支承玻璃幕墙；

（2）单根型钢或钢管支承的点支承玻璃幕墙；

（3）钢桁架支承的点支承玻璃幕墙；

（4）拉索式支承的点支承玻璃幕墙。

2）点支承玻璃幕墙安装技术要求

（1）点支承玻璃幕墙玻璃面板的厚度：采用浮头式连接件的幕墙玻璃厚度不应小于6mm；采用沉头式连接件的幕墙玻璃厚度不应小于8mm。

（2）点支承玻璃幕墙的面板应采用钢化玻璃；采用玻璃肋支承的点支承玻璃幕墙，

其玻璃肋必须采用钢化夹层玻璃。

（3）玻璃面板支承孔边缘与板边的距离不宜小于 70mm。孔洞边缘应倒棱和磨边，磨边宜细磨。

（4）矩形玻璃面板一般采用四点支承玻璃，但当设计需要加大面板尺寸而导致玻璃跨中挠度过大时，可采用六点支承。

6. 人造板材幕墙工程安装

1）人造板材幕墙面板的连接方式

（1）瓷板、微晶玻璃板宜采用短挂件连接、通长挂件连接和背栓连接；

（2）陶板宜采用短挂件连接，也可采用通长挂件连接；

（3）纤维水泥板宜采用穿透支承连接或背栓支承连接，也可采用通长挂件连接；

（4）石材蜂窝板宜通过板材背面预置螺母连接；

（5）木纤维板宜采用末端形式为刮削式（SC）的螺钉连接或背栓连接，也可采用穿透连接。

2）人造板材幕墙面板安装要求

（1）安装面板前，应按规范进行面板弯曲强度试验。用于寒冷地区的幕墙面板，还应进行抗冻性试验。

（2）幕墙面板开缝安装时，应对主体结构采取可靠的防水措施。

（3）板缝密封施工，不得在雨天打胶，也不宜在夜晚进行。打胶温度应符合设计要求和产品要求，打胶前应使打胶面清洁、干燥。较深的密封槽口底部应采用聚乙烯发泡材料填塞。

7. 金属与石材幕墙工程

1）金属与石材幕墙工程框架安装技术

（1）金属与石材幕墙的框架最常用的是钢管或钢型材框架，较少采用铝合金型材。

（2）幕墙立柱应采用螺栓与角码连接，并再通过角码与预埋件或钢构件连接。螺栓直径不应小于 10mm。立柱与角码采用不同金属材料时应采用绝缘垫片分隔。

（3）幕墙横梁应通过角码、螺钉或螺栓与立柱连接。螺钉直径不得小于 4mm，每处连接螺钉不应少于 3 个，如用螺栓不应少于 2 个。横梁与立柱之间应有一定的相对位移能力。

2）金属与石材幕墙面板制作

（1）幕墙用单层铝板厚度不应小于 2.5mm；石材幕墙的石板厚度不应小于 25mm，火烧石板的厚度应比抛光石板厚 3mm。

（2）单层铝板、蜂窝铝板、铝塑复合板和不锈钢板在制作构件时，应四周折边；蜂窝铝板、铝塑复合板应采用机械刻槽折边。

（3）金属板应按需要设置边肋和中肋等加劲肋，铝塑复合板折边处应设边肋，加劲肋可采用金属方管、槽形或角形型材。

（4）单层铝板折弯加工时，折弯外圆弧半径不应小于板厚的 1.5 倍；板块四周应采用铆接、螺栓或胶粘与机械连接相结合的形式固定。

（5）石板经切割或开槽等工序后均应将石屑用水冲干净，石板与不锈钢挂件间应采用环氧树脂型石材专用结构胶粘结。

3）金属与石材幕墙面板安装要求

（1）金属面板嵌缝前，先把胶缝处的保护膜撕开，清洁胶缝后打胶；大面上的保护膜待工程验收前方可撕去。

（2）石材幕墙面板与骨架常用的连接方式有短槽式、背栓式、背挂式等。

（3）短槽式石材幕墙安装，先按幕墙面基准线安装好第一层石材，然后依次向上逐层安装，槽内注胶，以保证石板与挂件的可靠连接。

（4）石材幕墙面板宜采用便于各板块独立安装和拆卸的支承固定系统。

（5）金属板、石板空缝安装时，必须有防水措施，并应有排水出口。

（6）金属与石材幕墙板面嵌缝应采用中性硅酮耐候密封胶。嵌缝前应将槽口清洗干净，完全干燥后方可注胶。

8. 建筑幕墙防火构造要求

（1）设置幕墙的建筑，其上下层外墙上开口之间应设置高度不小于1.2m的实体墙或挑出宽度不小于1.0m、长度不小于开口宽度的防火挑檐；当室内设置自动喷水灭火系统时，上、下层开口之间的实体墙高度不应小于0.8m。当上、下层开口之间设置实体墙确有困难时，可设置防火玻璃墙，但高层建筑的防火玻璃墙的耐火完整性不应低于1.00h，多层建筑的防火玻璃墙的耐火完整性不应低于0.50h。

（2）幕墙与每层楼板、隔墙处的缝隙应采用防火封堵材料封堵，填充材料可采用岩棉或矿棉。外墙上下开口处应各设置一道防火封堵，其厚度不应小于200mm，并应满足设计的耐火极限要求。两道防火封堵与实体墙形成的高度应满足外墙上下开口间实体墙高度要求。楼层间水平防烟带的岩棉或矿棉宜采用厚度不小于1.5mm的镀锌钢板承托。承托板与主体结构、幕墙结构及承托板之间的缝隙宜填充防火密封材料。

（3）同一幕墙玻璃单元不宜跨越建筑物的两个防火分区。

9. 建筑幕墙防雷构造要求

（1）幕墙的金属框架应与主体结构的防雷体系可靠连接，连接部位清除非导电保护层。

（2）幕墙的铝合金立柱，在不大于10m范围内宜有一根立柱采用柔性导线，把每个上柱与下柱的连接处连通。导线截面积铜质不宜小于$25mm^2$，铝质不宜小于$30mm^2$。

（3）防雷连接的镀膜层构件应除去其镀膜层，钢构件应进行防锈油漆处理。

3.6　季节性施工技术

3.6.1　冬期施工技术

冬期施工期限划分原则是：根据当地多年气象资料统计，当室外日平均气温连续5d稳定低于5℃即进入冬期施工，当室外日平均气温连续5d高于5℃即解除冬期施工。

1. 地基基础工程

（1）土方回填时，每层铺土厚度应比常温施工时减少20%～25%，预留沉陷量应比常温施工时增加。对于大面积回填土和有路面的路基及其人行道范围内的平整场地填方，可采用含有冻土块的土回填，但冻土块的粒径不得大于150mm，其含量不得超过

30%。铺填时冻土块应分散开，并应逐层夯实。室外的基槽（坑）或管沟可采用含有冻土块的土回填，冻土块粒径不得大于 150mm，含量不得超过 15%。

（2）填方上层部位应采用未冻的或透水性好的土方回填。填方边坡的表层 1m 以内，不得采用含有冻土块的土填筑。管沟底以上 500mm 范围内不得用含有冻土块的土回填。

（3）室内的基槽（坑）或管沟不得采用含有冻土块的土回填。

（4）桩基施工时，当冻土层厚度超过 500mm，冻土层宜采用钻孔机引孔，引孔直径不宜大于桩径 20mm。振动沉管成孔施工有间歇时，宜将桩管埋入桩孔中进行保温。

（5）预制桩沉桩应连续进行，施工完成后应采用保温材料覆盖在桩头上进行保温。

2. 砌体工程

（1）冬期施工所用材料应符合下列规定：

① 不得使用遭水浸和受冻后表面结冰、污染的砖或砌块；

② 砌筑砂浆宜采用普通硅酸盐水泥配制，不得使用无水泥拌制的砂浆；

③ 现场拌制砂浆所用砂中不得含有直径大于 10mm 的冻结块或冰块；

④ 石灰膏、电石渣膏等材料应有保温措施，遭冻结时应经融化后方可使用；

⑤ 砂浆拌合水温不得超过 80℃，砂加热温度不得超过 40℃，且水泥不得与 80℃以上热水直接接触；砂浆稠度宜较常温适当增大，且不得二次加水调整砂浆和易性。

（2）砌筑施工时，砂浆温度不应低于 5℃。当设计无要求，且最低气温等于或低于 −15℃时，砌体砂浆强度等级应较常温施工提高一级。

（3）砌体采用氯盐砂浆施工，每日砌筑高度不宜超过 1.2m，墙体留置的洞口，距交接墙处不应小于 500mm。

（4）下列情况不得采用掺氯盐的砂浆砌筑砌体：

① 对装饰工程有特殊要求的建筑物；

② 配筋、钢埋件无可靠防腐处理措施的砌体；

③ 接近高压电线的建筑物（如变电所、发电站等）；

④ 经常处于地下水位变化范围内，以及在地下未设防水层的结构。

（5）暖棚法施工时，暖棚内的最低温度不应低于 5℃。砌体在暖棚内的养护时间应根据暖棚内的温度确定，并应符合表 3.6–1 的规定。

表 3.6–1　暖棚法施工时的砌体养护时间表

暖棚内温度（℃）	5	10	15	20
养护时间（d）	≥6	≥5	≥4	≥3

（6）砂浆试块的留置，除应按常温规定的要求外，尚应增加一组与砌体同条件养护的试块，用于检验转入常温 28d 的强度。

3. 钢筋工程

（1）钢筋调直冷拉温度不宜低于 −20℃。预应力钢筋张拉温度不宜低于 −15℃。当环境温度低于 −20℃时，不宜施焊，且不得对 HRB400、HRB500 级钢筋进行冷弯加工。

（2）雪天或施焊现场风速超过三级时，焊接应采取遮蔽措施，焊接后未冷却的接头应避免碰到冰雪。

（3）钢筋负温闪光对焊工艺应控制热影响区长度；钢筋负温电弧焊宜采取分层控温施焊；帮条接头或搭接接头的焊缝厚度不应小于钢筋直径的30%，焊缝宽度不应小于钢筋直径的70%。

4. 混凝土工程

（1）冬期施工配制混凝土宜选用硅酸盐水泥或普通硅酸盐水泥。采用蒸汽养护时，宜选用矿渣硅酸盐水泥。

（2）冬期施工混凝土配合比应根据施工期间环境气温、原材料、养护方法、混凝土性能要求等经试验确定，并宜选择较小的水胶比和坍落度。

（3）冬期施工混凝土搅拌前，原材料的预热应符合下列规定：

① 宜加热拌合水。当仅加热拌合水不能满足热工计算要求时，可加热骨料。拌合水与骨料的加热温度可通过热工计算确定，加热温度不应超过表3.6–2的规定；当水和骨料的温度仍不能满足热工计算要求时，可提高水温至100℃，但水泥不能与80℃以上的水直接接触。

表3.6–2　拌合水与骨料最高加热温度表（℃）

水泥强度等级	拌合水	骨料
42.5以下	80	60
42.5、42.5R及以上	60	40

② 水泥、外加剂、矿物掺合料不得直接加热，应事先贮于暖棚内预热。

（4）混凝土拌合物的出机温度不宜低于10℃，入模温度不应低于5℃；对预拌混凝土或需远距离输送的混凝土，混凝土拌合物的出机温度可根据运输条件和输送距离经热工计算确定，但不宜低于15℃。大体积混凝土的入模温度可根据实际情况适当降低。

（5）混凝土浇筑后，对裸露表面应采取防风、保湿、保温措施，对边、棱角及易受冻部位应加强保温。在混凝土养护和越冬期间，不得直接对负温混凝土表面浇水养护。

（6）施工期间的测温项目与频次应符合表3.6–3的规定。

表3.6–3　施工期间的测温项目与频次表

测温项目	频次
室外气温	测量最高、最低气温
环境温度	每昼夜不少于4次
搅拌机棚温度	每一工作班不少于4次
水、水泥、矿物掺合料、砂、石及外加剂溶液温度	每一工作班不少于4次
混凝土出机、浇筑、入模温度	每一工作班不少于4次

（7）混凝土养护期间的温度测量应符合下列规定：

① 采用蓄热法或综合蓄热法时，在达到受冻临界强度之前应每隔4～6h测量一次；

② 采用负温养护法时，在达到受冻临界强度之前应每隔2h测量一次；

③ 采用加热法时，升温和降温阶段应每隔1h测量一次，恒温阶段每隔2h测量一次；

④ 混凝土在达到受冻临界强度后，可停止测温。

（8）拆模时混凝土表面与环境温差大于20℃时，混凝土表面应及时覆盖，缓慢冷却。

（9）冬期施工混凝土强度试件的留置应增设与结构同条件养护试件，养护试件不应少于2组。同条件养护试件应在解冻后进行试验。

（10）冬施浇筑的混凝土，其临界强度应符合下列规定：

① 采用蓄热、暖棚法、加热法等施工的普通混凝土，采用硅酸盐水泥、普通硅酸盐水泥配制时，其受冻临界强度不应小于设计混凝土强度等级值的30%；采用矿渣硅酸盐水泥、粉煤灰硅酸盐水泥、火山灰质硅酸盐水泥、复合硅酸盐水泥时，不应小于设计混凝土强度等级值的40%。

② 当室外最低气温不低于−15℃时，采用综合蓄热法、负温养护法施工的混凝土受冻临界强度不应小于4.0MPa；当室外最低气温不低于−30℃时，采用负温养护法施工的混凝土受冻临界强度不应小于5.0MPa。

③ 对强度等级等于或高于C50的混凝土，不宜小于设计混凝土强度等级值的30%。

④ 对有抗渗要求的混凝土，不宜小于设计混凝土强度等级值的50%。

⑤ 当施工需要提高混凝土强度等级时，应按提高后的强度等级确定受冻临界强度。

5. 钢结构工程

（1）冬期施工宜采用Q345钢、Q390钢、Q420钢，负温下施工用钢材，应进行负温冲击韧性试验，合格后方可使用。

（2）钢结构在负温下放样时，切割、铣刨的尺寸，应考虑负温对钢材收缩的影响。

（3）普通碳素结构钢工作地点温度低于−20℃、低合金钢工作地点温度低于−15℃时不得剪切、冲孔，普通碳素结构钢工作地点温度低于−16℃、低合金结构钢工作地点温度低于−12℃时不得进行冷矫正和冷弯曲。当工作地点温度低于−30℃时，不宜进行现场火焰切割作业。

（4）焊接作业区环境温度低于0℃时，应将构件焊接区各方向大于或等于2倍钢板厚度且不小于100mm范围内的母材，加热到20℃以上时方可施焊，且在焊接过程中均不得低于20℃。

（5）低于0℃的钢构件上涂刷防腐或防火涂层前，应进行涂刷工艺试验。可用热风或红外线照射干燥，干燥温度和时间应由试验确定。雨雪天气或构件上有薄冰时不得进行涂刷工作。

（6）栓钉施焊环境温度低于0℃时，打弯试验的数量应增加1%。

6. 防水工程

（1）防水混凝土的冬期施工，应符合下列规定：

① 混凝土入模温度不应低于5℃。

② 混凝土养护宜采用蓄热法、综合蓄热法、暖棚法、掺化学外加剂法等。

③ 应采取保湿保温措施。大体积防水混凝土的中心温度与表面温度的差值不应大

于25℃，表面温度与大气温度的差值不应大于20℃，温降梯度不得大于3℃/d，养护时间不应少于14d。

（2）水泥砂浆防水层施工气温不应低于5℃，养护温度不宜低于5℃，并应保持砂浆表面湿润，养护时间不得少于14d。

（3）防水工程应依据材料性能确定施工气温界限，最低施工环境气温宜符合表3.6-4的规定。

表3.6-4　防水工程冬期施工环境气温要求

防水材料	施工环境气温
现喷硬泡聚氨酯	不低于15℃
高聚物改性沥青防水卷材	热熔型不低于-10℃
合成高分子防水卷材	冷粘法不低于5℃；焊接法不低于-10℃
高聚物改性沥青防水涂料	溶剂型不低于5℃；热熔型不低于-10℃
合成高分子防水涂料	溶剂型不低于-5℃
改性石油沥青密封材料	不低于0℃
合成高分子密封材料	溶剂型不低于0℃

（4）屋面隔气层可采用气密性好的单层卷材或防水涂料。冬期施工采用卷材时，可采用花铺法施工，卷材搭接宽度不应小于80mm；采用防水涂料时，宜选用溶剂型涂料。

（5）单层卷材防水严禁在雪天和5级及以上大风天气时施工。

7. 保温工程

1）外墙外保温工程施工

（1）建筑外墙外保温工程冬期施工最低温度不应低于-5℃。外墙外保温工程施工期间以及完工后24h内，基层及环境空气温度不应低于5℃。

（2）胶粘剂和聚合物抹面胶浆拌合温度均应高于5℃，聚合物抹面胶浆拌合水温度不宜大于80℃，且不宜低于40℃；拌合完毕的EPS板胶粘剂和聚合物抹面胶浆每隔15min搅拌一次，1h内使用完毕；EPS板粘贴应保证有效粘贴面积大于50%。

2）屋面保温工程施工

干铺的保温层可在负温下施工；采用沥青胶结的保温层应在气温不低于-10℃时施工；采用水泥、石灰或其他胶结料胶结的保温层应在气温不低于5℃时施工。当气温低于上述要求时，应采取保温、防冻措施。

8. 装饰装修工程

（1）室内抹灰，块料装饰工程施工与养护期间的温度不应低于5℃。

（2）油漆、刷浆、裱糊、玻璃工程应在采暖条件下进行施工。当需要在室外施工时，其最低环境温度不应低于5℃。

（3）室外喷、涂、刷油漆和高级涂料时应保持施工均衡。粉浆类料浆宜采用热水配制，随用随配并应将料浆保温，料浆使用温度宜保持15℃左右。

（4）当存放塑料门窗的环境温度为5℃以下时，安装前应在室温不低于15℃的环境下放置24h。

3.6.2 雨期施工技术

1. 雨期施工准备

（1）现场道路路基碾压密实，路面硬化处理。道路要起拱，两旁设排水沟，不滑、不陷、不积水。

（2）大型高耸物件有防风加固措施，外用电梯要做好附墙。

（3）在相邻建筑物、构筑物防雷装置保护范围外的高大脚手架、井架等，安装防雷装置。

（4）施工现场的木料与钢筋加工机械、混凝土搅拌设备、空气压缩机等设有防砸、防雨的操作棚和相应的保护措施。

（5）袋装水泥应存入仓库。仓库要求不漏、不潮，水泥底层架空通风，四周有排水沟。

（6）楼层露天的预留洞口均作防漏水处理；地下室人防出入口、管沟口等加以封闭并设防水门槛；室外露天采光井全部用盖板盖严并固定，同时铺上塑料薄膜。

（7）雨期所需材料要提前准备，对降水偏高，可能出现大洪、大汛的时期，储备数量要酌情增加。

2. 地基基础工程

（1）基坑坡顶做 1.5m 宽散水、挡水墙，四周做混凝土路面。基坑内，沿四周挖、砌排水沟，设集水井，用排水泵抽至市政排水系统。

（2）土方开挖施工中，基坑内临时道路上铺渣土或级配砂石，保证雨后通行不陷。自然坡面防止雨水直接冲刷，遇大雨时覆盖塑料布。

（3）土方回填应避免在雨天进行。

（4）锚杆施工时，如遇地下水造成孔壁坍塌，可采用注浆护壁工艺成孔。

（5）CFG 桩施工，槽底预留的保护土层厚度不小于 0.5m。

3. 砌体工程

（1）雨天不应在露天砌筑墙体，对下雨当日砌筑的墙体应进行遮盖。继续施工时，应复核墙体的垂直度，如果垂直度超过允许偏差，应拆除重新砌筑。

（2）砌体结构工程使用的湿拌砂浆，除直接使用外必须储存在不吸水的专用容器内，并根据气候条件采取遮阳、保温、防雨等措施，砂浆在使用过程中严禁随意加水。

（3）对砖堆加以保护，确保块体湿润度不超过规定，淋雨过湿的砖不得使用，雨天及小砌块表面有浮水时，不得施工。块体湿润程度宜符合下列规定：

① 烧结类块体的相对含水率 60%～70%；

② 吸水率较大的轻骨料混凝土小型空心砌块、蒸压加气混凝土砌块的相对含水率 40%～50%。

（4）每天砌筑高度不得超过 1.2m。

（5）砌筑砂浆应通过适配确定配合比，要根据砂的含水量变化随时调整水胶比。

4. 钢筋工程

（1）雨天施焊应采取遮蔽措施，焊接后未冷却的接头应避免遇雨急速降温。

（2）为保护后浇带处的钢筋，基础后浇带可两边各砌一道 120mm 宽、200mm 高的砖墙，上用硬质材料或预制板封口（板缝应密封处理）。雨后要检查基础底板后浇带，对于后浇带内的积水必须及时清理干净，避免钢筋锈蚀。楼层后浇带可以用硬质材料封盖，临时固定保护。

（3）钢筋机械必须设置在平整、坚实的场地上，设置机棚和排水沟。

5. 混凝土工程

（1）雨期施工期间，对水泥和掺合料应采取防水和防潮措施，并应对粗、细骨料含水率实时监测，及时调整混凝土配合比。

（2）应选用具有防雨水冲刷性能的模板隔离剂。

（3）雨期施工期间，对混凝土搅拌、运输设备和浇筑作业面应采取防雨措施，并应加强施工机械检查维修及接地接零检测工作。

（4）除采用防护措施外，小雨、中雨天气不宜进行混凝土露天浇筑，且不应开始大面积作业面的混凝土露天浇筑；大雨、暴雨天气不应进行混凝土露天浇筑。

（5）雨后应检查地基面的沉降，并应对模板及支架进行检查。

（6）应采取防止基槽或模板内积水的措施。基槽或模板内和混凝土浇筑分层面出现积水时，应在排水后再浇筑混凝土。

（7）混凝土浇筑过程中，对因雨水冲刷致使水泥浆流失严重的部位，应采取补救措施后再继续施工。

（8）浇筑板、墙、柱混凝土时，可适当减小坍落度。梁板同时浇筑时应沿次梁方向浇筑，此时如遇雨而停止施工，可将施工缝留在弯矩剪力较小处的次梁和板上，从而保证主梁的整体性。

（9）混凝土浇筑完毕后，应及时采取覆盖塑料薄膜等防雨措施。

6. 钢结构工程

（1）现场应设置专门的构件堆场，场地平整；满足运输车辆通行要求；露天设置的堆场应对构件采取适当的覆盖措施。

（2）雨期由于空气比较潮湿，焊条储存应防潮，使用时进行烘烤，同一焊条重复烘烤次数不宜超过两次，并由管理人员及时做好烘烤记录。

（3）焊接作业区的相对湿度不大于90%；如焊缝部位比较潮湿，必须用干布擦净并在焊接前用氧炔焰烤干，保持接缝干燥，没有残留水分。

（4）雨天构件不能进行涂刷工作，涂装后4h内不得淋雨；风力超过5级时，室外不宜进行喷涂作业。

（5）雨天及五级（含）以上大风天气不能进行屋面保温的施工。

（6）吊装时，构件上如有积水，安装前应清除干净，但不得损伤涂层。高强度螺栓接头安装时，构件摩擦面应干净，不能有水珠，更不能雨淋和接触泥土及油污等脏物。

（7）如遇上大风天气，柱、主梁、支撑等大构件应立即进行校正，位置校正后，立即进行永久固定，以防止发生单侧失稳。当天安装的构件，应形成空间稳定体系。

7. 防水工程

（1）防水工程严禁在雨天施工，五级及以上大风天气时不得施工防水层。

（2）防水材料进场后应存放在干燥通风处，严防雨水浸入受潮，露天保存时应用防水布覆盖。

（3）基础底板的大体积混凝土浇筑应避免在雨天进行。如突然遇到大雨或暴雨，不能浇筑混凝土时，应将施工缝设置在合理位置并采取适当的措施。

（4）热熔法施工防水卷材时，施工中途下雨，应做好已铺卷材的封闭和防护工作。

（5）涂料防水层涂膜固化前如有降雨可能时，应提前做好已完涂层的保护工作。

8. 保温工程

（1）应采取有效措施，避免保温材料受潮，保持保温材料处于干燥状态。

（2）EPS 板粘贴应保证有效粘贴面积大于 50%。

（3）在雨天不得进行保温层施工，已施工的保温层应采取遮盖措施，防止雨淋。

9. 装饰装修工程

（1）中雨、大雨或五级（含）以上大风天气，不得进行室外装饰装修工程的施工。

（2）高层建筑幕墙施工必须设置好防雷保护装置。

（3）抹灰、粘贴饰面砖、打密封胶等粘结工艺施工，尤其应保证基底或基层的含水率符合施工要求。

（4）混凝土或抹灰基层涂刷溶剂型涂料时，含水率不得大于 8%；涂刷水性涂料时，含水率不得大于 10%；木质基层含水率不得大于 12%。

（5）裱糊工程不宜在相对湿度过高时施工。

3.6.3　高温天气施工技术

1. 砌体工程

（1）现场拌制的砂浆应随拌随用，当施工期间最高气温超过 30℃时，应在 2h 内使用完毕。预拌砂浆及蒸压加气混凝土砌块专用砂浆的使用时间应按照厂方提供的说明书确定。

（2）采用铺浆法砌筑砌体，施工期间气温超过 30℃时，铺浆长度不得超过 500mm。

（3）砌筑普通混凝土小型空心砌块砌体，遇天气干燥炎热时，宜在砌筑前对其喷水湿润。

2. 钢筋工程

（1）钢筋冷拉设备仪表和液压工作系统油液应根据环境温度选用。

（2）存放焊条的库房温度不高于 50℃，室内保持干燥。

3. 混凝土工程

当日平均气温达到 30℃及以上时，应按高温施工要求采取措施。

（1）高温施工时，对露天堆放的粗、细骨料应采取遮阳防晒等措施。必要时，可对粗骨料进行喷雾降温。

（2）高温施工混凝土配合比设计除应符合规范规定外，尚应符合下列规定：

① 应考虑原材料温度、环境温度、混凝土运输方式与时间对混凝土初凝时间、坍落度损失等性能指标的影响，根据环境温度、湿度、风力和采取温控措施的实际情况，对混凝土配合比进行调整。

② 宜在近似现场运输条件、时间和预计混凝土浇筑作业最高气温的天气条件下，通过混凝土试拌合与试运输的工况试验后，调整并确定适合高温天气条件下施工的混凝土配合比。

③ 宜采用低水泥用量的原则，并可采用粉煤灰取代部分水泥。宜选用水化热较低的水泥。

④ 混凝土坍落度不宜小于 70mm。

（3）混凝土的搅拌应符合下列规定：

① 应对搅拌站料斗、储水器、皮带运输机、搅拌楼采取遮阳防晒措施。

② 对原材料进行直接降温时，宜采用对水、粗骨料进行降温的方法。当对水直接降温时，可采用冷却装置冷却拌合用水并应对水管及水箱加设遮阳和隔热设施，也可在水中加碎冰作为拌合用水的一部分。混凝土拌合时掺加的固体冰应确保在搅拌结束前融化，且在拌合用水中应扣除其重量。

③ 原材料入机温度不宜超过表 3.6-5 的规定。

表 3.6-5　原材料最高入机温度（℃）

原材料	入机温度	原材料	入机温度
水泥	60	水	25
骨料	30	粉煤灰等掺合料	60

④ 混凝土拌合物出机温度不宜大于 30℃。必要时，可采取掺加干冰等附加控温措施。

（4）混凝土宜采用白色涂装的混凝土搅拌运输车运输；对混凝土输送管应进行遮阳覆盖，并应洒水降温。

（5）混凝土浇筑入模温度不应高于 35℃。

（6）混凝土浇筑宜在早间或晚间进行，宜连续浇筑。当水分蒸发速率大于 1kg/（m^2·h）时，应在施工作业面采取挡风、遮阳、喷雾等措施。

（7）混凝土浇筑前，施工作业面宜采取遮阳措施，并应对模板、钢筋和施工机具采用洒水等降温措施，但浇筑时模板内不得有积水。

（8）混凝土浇筑完成后，应及时进行保湿养护。侧模拆除前宜采用带模湿润养护。

4. 钢结构工程

（1）钢构件预拼装宜按照钢结构安装状态进行定位，并应考虑预拼装与安装时的温差变形。

（2）钢结构安装校正时应考虑温度、日照等因素对结构变形的影响。施工单位和监理单位宜在大致相同的天气条件和时间段进行测量验收。

（3）大跨度空间钢结构施工应考虑环境温度变化对结构的影响。

（4）高耸钢结构安装的标高和轴线基准点向上转移传递时应考虑环境温度和日照对结构变形的影响，并适时进行修正。

（5）涂装的环境温度和相对湿度应符合涂料产品说明书的要求，产品说明书无要求时，环境温度不宜高于 38℃，相对湿度不应大于 85%。

5. 防水工程

（1）防水材料贮运应避免日晒，并远离火源，仓库内应有消防设施。贮存环境最高温度限制及要求见表 3.6-6。

（2）大体积防水混凝土炎热季节施工时，应采取降低原材料温度、减少混凝土运输时吸收外界热量等降温措施，入模温度不应大于 30℃。

表 3.6-6　防水材料贮存环境最高温度及要求

防水材料	贮存环境最高温度	贮存要求
高聚物改性沥青防水卷材	45℃	—
自粘型卷材	35℃	叠放层数不应超过 5 层
油毡瓦	35℃	—
溶剂型涂料	40℃	—
水乳型涂料	60℃	—
密封材料	50℃	分类贮放

（3）防水工程不宜在高于防水材料的最高施工环境温度下施工，并应避免在烈日暴晒下施工。防水材料施工环境最高温度控制见表 3.6-7。

表 3.6-7　防水材料施工环境最高温度控制表

防水材料	施工环境最高温度	防水材料	施工环境最高温度
现喷硬泡聚氨酯	30℃	油毡瓦	35℃
溶剂型涂料	35℃	改性石油沥青密封材料	35℃
水乳型涂料	35℃	水泥砂浆防水层	30℃

（4）夏季施工，屋面如有露水潮湿，应待其干燥后方可进行防水施工。

（5）防水材料应随用随配，配制好的混合料宜在 2h 内用完。

6. 装饰装修工程

（1）装修材料的储存保管应避免受潮、雨淋和暴晒。

（2）烈日或高温天气应做好抹灰等装修面的洒水养护工作，防止出现裂缝和空鼓。

（3）涂饰工程施工现场环境温度不宜高于 35℃。室内施工应注意通风换气和防尘，水溶性涂料应避免在烈日暴晒下施工。

（4）塑料门窗储存的环境温度应低于 50℃。

（5）抹灰、粘贴饰面砖、打密封胶等粘结工艺施工，环境温度不宜高于 35℃，并避免烈日暴晒。

第2篇　建筑工程相关法规与标准

第4章　相关法规

4.1　建筑工程施工相关法规

第4章
看本章精讲课
配套章节自测

4.1.1　建筑工程生产安全重大事故隐患判定标准有关规定

1. 重大事故隐患

重大事故隐患是指在房屋市政工程施工过程中，存在的危害程度较大、可能导致群死群伤或造成重大经济损失的安全事故隐患。

2. 重大事故隐患判定条件

（1）施工安全管理有下列情形之一的，应判定为重大事故隐患：

① 建筑施工企业未取得安全生产许可证而擅自从事建筑施工活动；

② 施工单位的主要负责人、项目负责人、专职安全生产管理人员未取得安全生产考核合格证书而从事相关工作；

③ 建筑施工特种作业人员未取得特种作业人员操作资格证书而上岗作业；

④ 危险性较大的分部分项工程未编制、未审核专项施工方案，或未按规定组织专家对“超过一定规模的危险性较大的分部分项工程”的专项施工方案进行论证。

（2）基坑工程有下列情形之一的，应判定为重大事故隐患：

① 对因基坑工程施工可能造成损害的毗邻重要建筑物、构筑物和地下管线等，未采取专项防护措施；

② 基坑土方超挖且未采取有效措施；

③ 深基坑施工未进行第三方监测；

④ 有下列基坑坍塌风险预兆之一，且未及时处理：

a. 支护结构或周边建筑物变形值超过设计变形控制值；

b. 基坑侧壁出现大量漏水、流土；

c. 基坑底部出现管涌；

d. 桩间土流失，孔洞深度超过桩径。

（3）模板工程有下列情形之一的，应判定为重大事故隐患：

① 模板工程的地基基础承载力和变形不满足设计要求；

② 模板支架承受的施工荷载超过设计值；

③ 模板支架拆除及滑模、爬模爬升时，混凝土强度未达到设计或规范要求。

（4）脚手架工程有下列情形之一的，应判定为重大事故隐患：

① 脚手架工程的地基基础承载力和变形不满足设计要求；

② 未设置连墙件或连墙件整层缺失；

③ 附着式升降脚手架未经验收合格即投入使用；

④ 附着式升降脚手架的防倾覆、防坠落或同步升降控制装置不符合设计要求、失效、被人为拆除破坏；

⑤ 附着式升降脚手架使用过程中架体悬臂高度大于架体高度的2/5或大于6m。

（5）起重机械及吊装工程有下列情形之一的，应判定为重大事故隐患：

① 塔式起重机、施工升降机、物料提升机等起重机械设备未经验收合格即投入使用，或未按规定办理使用登记；

② 塔式起重机独立起升高度、附着间距和最高附着以上的最大悬高及垂直度不符合规范要求；

③ 施工升降机附着间距和最高附着以上的最大悬高及垂直度不符合规范要求；

④ 起重机械安装、拆卸、顶升加节以及附着前未对结构件、顶升机构和附着装置以及高强度螺栓、销轴、定位板等连接件及安全装置进行检查；

⑤ 建筑起重机械的地基基础承载力和变形不满足设计要求。

（6）高处作业有下列情形之一的，应判定为重大事故隐患：

① 钢结构、网架安装用支撑结构地基基础承载力和变形不满足设计要求，钢结构、网架安装用支撑结构未按设计要求设置防倾覆装置；

② 单榀钢桁架（屋架）安装时未采取防失稳措施；

③ 悬挑式操作平台的搁置点、拉结点、支撑点未设置在稳定的主体结构上，且未做可靠连接。

4.1.2 危险性较大的分部分项工程专项施工方案编制指南有关规定

《危险性较大的分部分项工程专项施工方案编制指南》（建办质〔2021〕48号）有关规定：

1. 基坑工程专项施工方案编制要求

1）施工工艺技术

（1）技术参数：支护结构施工、降水、帷幕、关键设备等工艺技术参数。

（2）工艺流程：基坑工程总的施工工艺流程和分项工程工艺流程。

（3）施工方法及操作要求：基坑工程施工前准备，地下水控制、支护施工、土方开挖等工艺流程、要点，常见问题及预防、处理措施。

（4）检查要求：基坑工程所用的材料进场质量检查、抽检，基坑施工过程中各工序检验内容及检验标准。

2）施工保证措施

（1）组织保障措施：安全组织机构、安全保证体系及相应人员安全职责等。

（2）技术措施：安全保证措施、质量技术保证措施、文明施工保证措施、环境保护措施、季节性施工保证措施等。

（3）监测监控措施：监测组织机构、监测范围、监测项目、监测方法、监测频率、预警值及控制值、巡视检查、信息反馈、监测点布置图等。

3）验收要求

（1）验收标准：根据施工工艺明确相关验收标准及验收条件。

（2）验收程序及人员：具体验收程序，确定验收人员组成（建设、勘察、设计、施工、监理、监测等单位相关负责人）。

（3）验收内容：基坑开挖至基底且变形相对稳定后支护结构顶部水平位移及沉降、建（构）筑物沉降、周边道路及管线沉降、锚杆（支撑）轴力控制值，坡顶（底）排水措施和基坑侧壁完整性。

4）应急处置措施

（1）应急处置领导小组组成与职责、应急救援小组组成与职责，包括抢险、安保、后勤、医救、善后、应急救援工作流程、联系方式等。

（2）应急事件（重大隐患和事故）及其应急措施。

（3）周边建（构）筑物、道路、地下管线等产权单位各方联系方式、救援医院信息（名称、电话、救援线路）。

（4）应急物资准备。

5）计算书及相关施工图纸

（1）施工设计计算书（如基坑为专业资质单位正式施工图设计，此附件可略）。

（2）相关施工图纸：施工总平面布置图、基坑周边环境平面图、监测点平面图、基坑土方开挖示意图、基坑施工顺序示意图、基坑马道收尾示意图等。

2. 模板支撑体系工程专项施工方案编制要求

1）施工工艺技术

（1）技术参数：模板支撑体系的所用材料选型、规格及品质要求，模架体系设计、构造措施等技术参数。

（2）工艺流程：支撑体系搭设、使用及拆除。

（3）施工方法及操作要求：模板支撑体系搭设前施工准备、基础处理、模板支撑体系搭设方法、构造措施（剪刀撑、周边拉结、后浇带支撑设计等）、模板支撑体系拆除方法等。

（4）支撑架使用要求：混凝土浇筑方式、顺序、模架使用安全要求等。

（5）检查要求：模板支撑体系主要材料进场质量检查，模板支撑体系施工过程中对照专项施工方案有关检查内容等。

2）计算书及相关图纸

（1）计算书：支撑架构配件的力学特性及几何参数，荷载组合（包括永久荷载、施工荷载、风荷载），模板支撑体系的强度、刚度及稳定性的计算，支撑体系基础承载力、变形的计算等。

（2）相关图纸：支撑体系平面布置、立（剖）面图（含剪刀撑布置），梁模板支撑节点详图与结构拉结节点图，支撑体系监测平面布置图等。

3. 脚手架工程专项施工方案编制要求

1）施工工艺技术

（1）技术参数：脚手架类型、搭设参数的选择，脚手架基础、架体、附墙支座及连墙件设计等技术参数，动力设备的选择与设计参数，稳定承载计算等技术参数。

（2）工艺流程：脚手架搭设和安装、使用、升降及拆除工艺流程。

（3）施工方法及操作要求：脚手架的搭设、构造措施（剪刀撑、周边拉结、基础设置及排水措施等），附着式升降脚手架的安全装置（如防倾覆、防坠落、安全锁等）设置，安全防护设置，脚手架安装、使用、升降及拆除等。

（4）检查要求：脚手架主要材料进场质量检查，阶段检查项目及内容。

2）计算书及相关施工图纸

脚手架计算书：

（1）落地脚手架计算书：受弯构件的强度和连接扣件的抗滑移、立杆稳定性，连墙件的强度、稳定性和连接强度；悬挑架钢梁挠度；

（2）附着式脚手架计算书：架体结构的稳定计算（厂家提供）、支撑结构穿墙螺栓及螺栓孔混凝土局部承压计算、连接节点计算；

（3）吊篮计算：吊篮基础支撑结构承载力核算、抗倾覆验算、加高支架稳定性验算。

相关设计图纸：

① 脚手架平面布置、立（剖）面图（含剪刀撑布置），脚手架基础节点图，连墙件布置图及节点详图，塔式起重机、施工升降机及其他特殊部位布置及构造图等。

② 吊篮平面布置、全剖面图，非标吊篮节点图（包括非标支腿、支腿固定稳定措施、钢丝绳非正常固定措施），施工升降机及其他特殊部位（电梯间、高低跨、流水段）布置及构造图等。

4. 起重吊装及安装拆卸工程专项施工方案编制要求

1）施工工艺技术

（1）技术参数：工程所用的材料、规格、支撑形式等技术参数，起重吊装及安装、拆卸设备设施的名称、型号、出厂时间、性能、自重等，被吊物数量、起重量、起升高度、组件的吊点、体积、结构形式、重心、通透率、风载荷系数、尺寸、就位位置等性能参数。

（2）工艺流程：起重吊装及安装拆卸工程施工工艺流程图，吊装或拆卸程序与步骤，二次运输路径图，批量设备运输顺序排布。

（3）施工方法：多机种联合起重作业（垂直、水平、翻转、递吊）及群塔作业的吊装及安装拆卸，机械设备、材料的使用，吊装过程中的操作方法，吊装作业后机械设备和材料的拆除方法等。

（4）操作要求：吊装与拆卸过程中的临时稳固、稳定措施，涉及临时支撑的，应有相应的施工工艺，吊装、拆卸的有关具体操作要求，运输、摆放、拼装、吊运、安装、拆卸的工艺要求。

（5）安全检查要求：吊装与拆卸过程中主要材料、机械设备进场的质量检查、抽检，试吊作业方案及试吊前对照专项施工方案的有关工序、工艺、工法安全质量检查内容等。

2）验收要求

（1）验收标准：起重吊装及起重机械设备、设施安装，过程中各工序、节点的验收标准和验收条件。

（2）验收程序及人员：作业中起吊、运行、安装的设备与被吊物前期验收，过程监控（测）措施验收等流程（可用图、表表示）；确定验收人员组成（建设、设计、施工、监理、监测等单位相关负责人）。

（3）验收内容：进场材料、机械设备、设施验收标准及验收表，吊装与拆卸作业全过程安全技术控制的关键环节，基础承载力满足要求，起重性能符合要求，吊、索、卡具完好，被吊物重心确认，焊缝强度满足设计要求，吊运轨迹正确，信号指挥方式确定。

3）计算书及相关施工图纸

（1）计算书

① 支承面承载能力的验算

移动式起重机（包括汽车起重机、折臂式起重机等未列入《特种设备目录》中的移动式起重设备和流动式起重机）要求进行地基承载力的验算；吊装高度较高且地基较软弱时，宜进行地基变形验算。

设备位于边坡附近时，应进行边坡稳定性验算。

② 辅助起重设备起重能力的验算

垂直起重工程，应根据辅助起重设备站位图、吊装构件重量和几何尺寸，以及起吊幅度、就位幅度、起升高度，校核起升高度、起重能力，以及被吊物是否与起重臂自身干涉，还有起重全过程中与既有建构筑物的安全距离。

水平起重工程，应根据坡度和支承面的实际情况，校核动力设备的牵引力、提供水平支撑反力的结构承载能力。

联合起重工程，应充分考虑起重不同步造成的影响，应适当在额定起重性能的基础上进行折减。

室外起重作业，起升高度很高，且被吊物尺寸较大时，应考虑风荷载的影响。

自制起重设备、设施，应具备完整的计算书，各项荷载的分项系数应符合现行《起重机设计规范》GB 3811 的规定。

（2）其他验算

① 塔式起重机附着，应对整个附着受力体系进行验算，包括附着点强度、附墙耳板各部位的强度、穿墙螺栓、附着杆强度和稳定性、销轴和调节螺栓等。

② 缆索式起重机、悬臂式起重机、桥式起重机、门式起重机、塔式起重机、施工升降机等起重机械安装工程，应附完整的基础设计。

（3）相关施工图纸

施工总平面布置及说明，平面图、立面图应标注起重吊装及安装设备设施或被吊物与邻近建（构）筑物、道路及地下管线、基坑、高压线路之间的平、立面关系及相关形、位尺寸（条件复杂时，应附剖面图）。

4.1.3 施工现场建筑垃圾减量化有关规定

《施工现场建筑垃圾减量化技术标准》JGJ/T 498—2024 有关规定：

1. 基本规定

（1）施工现场建筑垃圾的减量化工作应遵循“估算先行、源头减量、分类管理、就地处理、排放控制”的总体原则。

（2）施工现场建筑垃圾收集、存放全过程中应与生活垃圾、污泥和其他危险废物等分开。

2. 估算

（1）减排目标及源头减量化措施的制定均应根据施工现场建筑垃圾估算量确定。

（2）工程弃料宜按类别或施工阶段进行估算。施工阶段的估算应按下列阶段进行：

① 地下结构阶段：正负零及以下结构工程及地基基础工程；

② 地上结构阶段：正负零以上结构工程；

③ 装修及机电安装阶段：屋面工程、装饰装修工程、机电安装工程。

3. 源头减量

1）深化设计

（1）基础砖胎膜、地下室侧壁外防水层的保护层以及雨污排水系统的检查井、管沟等，宜采用建筑垃圾再生利用产品砌筑。

（2）宜根据现场环境条件采用可拆卸式锚杆、金属内支撑、型钢水泥土搅拌墙、钢板桩、装配式坡面支护材料等可重复利用材料。

（3）内外墙宜采用清水混凝土、高精度砌体施工技术。

（4）楼板宜采用免临时支撑的结构体系。

（5）主体结构应采用预拌砂浆、高强钢筋、高强钢材及高强混凝土。

（6）室内装修应采用简约化、功能化、轻量化的装修设计方案。

（7）装饰装修应采用支持干式作业的材料。

（8）在满足装饰性能条件下，应采用规格尺寸小的装饰材料。

2）工艺要求

（1）临时设施宜采用以建筑垃圾为原料的再生利用产品。

（2）在灌注桩施工时，应采用智能化灌注标高控制方法。

（3）基坑和垫层宜采用工程渣土或再生骨料回填。

（4）地下室底板的排水沟宜采用建筑垃圾再生产品砌筑。

（5）钢筋智能化加工应采用数字化工具翻样。

（6）成型钢筋宜采用场外钢筋集中加工场生产的钢筋。

（7）地面混凝土浇筑应采用原浆一次找平，实现一次成型。

（8）采用临时支撑体系时，应采用自动爬升（顶升）模架支撑体系、管件合一的脚手架、金属合金等非易损材质模板，并应采用可调墙柱金属龙骨、早拆模板体系等可重复利用、高周转、低损耗的模架支撑体系。

（9）脚手架外防护应采用可周转使用的金属防护网。

（10）装饰装修工程施工应采用模板与支护少的装饰工艺及构件。

3）现场管理

（1）施工现场临时设施建设，宜采用“永临结合”方式。

（2）办公用房、宿舍、停车场地、工地围挡、大门、工具棚、安全防护栏杆等，宜采用重复利用率高的标准化临时设施。

（3）施工现场宜采用智慧工地管理平台，结合建筑信息模型技术、物联网等信息化技术，实时统计并监控建筑垃圾的产生量。

4. 收集与存放

（1）施工现场建筑垃圾应分类收集、存放。应设置建筑垃圾存放点。

（2）施工现场建筑垃圾的堆放应满足地基承载力要求，且不宜高于3m；当超过3m时，应进行堆体和地基的稳定性验算。

（3）工程泥浆应通过工程现场设置的泥浆池或封闭容器收集、存放，未经处理的泥浆不应就地或随意排放。

（4）施工现场粉末状建筑垃圾应采用封闭容器收集、存放，并应采取防潮措施。

5. 再利用及再生利用

（1）施工现场建筑垃圾的就地处理应因地制宜、分类利用。现场无法处理的建筑垃圾，宜在指定的场外场所处理后，回用于本工程。

（2）金属类工程弃料宜进行再利用。无机非金属类工程弃料宜进行再生利用。

（3）再利用

① 可再利用的块状、管状、条状等黑色金属类工程弃料，宜通过切割、焊接等手段加以利用。

② 有色金属类工程弃料不宜与黑色金属类工程弃料混合处理。

③ 现场短木方可用于小开间模板支设、洞口防护等，或采用接长方式，周转使用。

④ 废旧模板可用于制作覆膜、消防柜、楼梯踏步板、花坛、雨水箅子等，其余料可加工成管道穿楼板预留洞模具。

（4）再生利用

① 用于普通混凝土结构工程的再生骨料混凝土，应满足强度、耐久性及和易性等工作性能要求，并应符合相关标准规定。

② 再生骨料砌块和砖的尺寸偏差、抗压强度、外观质量、收缩率等性能应符合相关标准规定，并应进行型式检验。

③ 工程渣土可通过清理、筛分、翻晒、拌合石灰或水泥等措施进行土质改良，符合回填土质要求的可用作回填土方。

④ 工程泥浆应经过沉淀、干化处理，符合要求的沉渣可用于工程回填。

6. 计量与排放

（1）经场内处理的再生产品不应计入建筑垃圾出场统计范围。

（2）施工现场建筑垃圾宜按月计量，应根据各类施工现场建筑垃圾综合处置实际情况，填写施工现场建筑垃圾出场统计表。

（3）施工单位应对施工现场建筑垃圾进行分类计量并建立台账，未分类的施工现场建筑垃圾不得运输出场。计量应符合下列规定：

① 工程弃土、工程泥浆应按体积计量；

② 工程弃料应按金属类、无机非金属类、有机非金属类与混合类分别按重量计量。

4.1.4 国家主管部门近年来安全生产及施工现场管理有关规定

1.《建设工程质量检测管理办法》的规定

（1）检测机构与所检测建设工程相关的建设、施工、监理单位，以及建筑材料、建筑构配件和设备供应单位不得有隶属关系或者其他利害关系。

（2）检测机构及其工作人员不得推荐或者监制建筑材料、建筑构配件和设备。

（3）建设单位委托检测机构开展建设工程质量检测活动的，建设单位或者监理单位应当对建设工程质量检测活动实施见证。见证人员应当制作见证记录，记录取样、制样、标识、封志、送检以及现场检测等情况，并签字确认。

（4）提供检测试样的单位和个人，应当对检测试样的符合性、真实性及代表性负责。检测试样应当具有清晰的、不易脱落的唯一性标识、封志。

（5）现场检测或者检测试样送检时，应当由检测内容提供单位、送检单位等填写委托单。委托单应当由送检人员、见证人员等签字确认。

（6）检测报告经检测人员、审核人员、检测机构法定代表人或者其授权的签字人等签署，并加盖检测专用章后方可生效。

（7）检测报告中应当包括检测项目代表数量（批次）、检测依据、检测场所地址、检测数据、检测结果、见证人员单位及姓名等相关信息。

（8）非建设单位委托的检测机构出具的检测报告不得作为工程质量验收资料。

2.《企业安全生产费用提取和使用管理办法》的规定

（1）企业安全生产费用管理原则：筹措有章、支出有据、管理有序、监督有效。

（2）建设工程施工企业以建筑安装工程造价为依据，于月末按工程进度计算提取企业安全生产费用。房屋建筑工程提取标准为3%。

（3）建设工程施工企业编制投标报价应当包含并单列企业安全生产费用，竞标时不得删减。

（4）建设单位应当在合同中单独约定并于工程开工后一个月内向承包单位支付至少50%的企业安全生产费用。

（5）总包单位应当在合同中单独约定并于分包工程开工后一个月内将至少50%的企业安全生产费用直接支付给分包单位并监督使用，分包单位不再重复提取。

（6）工程竣工决算后结余的企业安全生产费用，应当退回建设单位。

（7）建设工程施工企业安全生产费用应当用于以下支出：

① 完善、改造和维护安全防护设施设备支出，包括施工现场临时用电系统、洞口或临边防护、高处作业或交叉作业防护、临时安全防护、支护及防治边坡滑坡、工程有害气体监测和通风、保障安全的机械设备、防火、防爆、防触电、防尘、防毒、防雷、防台风、防地质灾害等设施设备支出；

② 应急救援技术装备、设施配置及维护保养支出，应急救援队伍建设、应急预案制订修订与应急演练支出；

③ 工程项目安全生产信息化建设、运维和网络安全支出；

④ 安全生产检查、评估评价、咨询和标准化建设支出；

⑤ 配备和更新现场作业人员安全防护用品支出；

⑥ 安全生产宣传、教育、培训和从业人员发现并报告事故隐患的奖励支出等。

（8）本企业职工薪酬、福利不得从企业安全生产费用中支出。

3. 国务院关于调整完善工业产品生产许可证管理目录的决定

根据《国务院关于调整完善工业产品生产许可证管理目录的决定》（国发〔2024〕11号），对冷轧带肋钢筋、钢丝绳、胶合板、细木工板、安全帽等产品实施工业产品生产许可证管理，由省级工业产品生产许可证主管部门负责实施。实施工业产品生产许可证管理的部分产品目录见表4.1–1。

表 4.1-1　实施工业产品生产许可证管理的部分产品目录

序号	产品类别	产品品种	实施机关
1	建筑用钢筋	钢筋混凝土用热轧钢筋	省级工业产品生产许可证主管部门
		冷轧带肋钢筋	
2	水泥	水泥	
3	钢丝绳	钢丝绳	
4	人造板	胶合板	
		细木工板	
5	特种劳动防护用品	安全帽	

4. 关于淘汰危及生产安全施工工艺、设备和材料的规定

根据《房屋建筑和市政基础设施工程危及生产安全施工工艺、设备和材料淘汰目录（第一批）》的有关规定：

1）禁止使用的施工工艺

（1）禁止使用现场简易制作钢筋保护层垫块工艺，可使用专业化压制设备和标准模具生产垫块工艺等替代。

（2）禁止使用卷扬机钢筋调直工艺，可使用普通钢筋调直机、数控钢筋调直切断机的钢筋调直工艺等替代。

（3）禁止使用饰面砖水泥砂浆粘贴工艺，可使用水泥基粘接材料粘贴工艺等替代。

2）限制使用的施工工艺

（1）限制使用钢筋闪光对焊工艺。在非固定的专业预制厂（场）或钢筋加工厂（场）内，对直径大于或等于 22mm 的钢筋进行连接作业时，不得使用钢筋闪光对焊工艺。可使用套筒冷挤压连接、滚压直螺纹套筒连接等机械连接工艺替代。

（2）限制使用基桩人工挖孔工艺，存在下列条件之一的区域不得使用。可使用冲击钻、回转钻、旋挖钻等机械成孔工艺替代。

① 地下水丰富、软弱土层、流沙等不良地质条件的区域；

② 孔内空气污染物超标准；

③ 机械成孔设备可以到达的区域。

3）禁止使用的施工设备

禁止使用竹（木）脚手架。可使用承插型盘扣式钢管脚手架、扣件式非悬挑钢管脚手架等替代。

4）限制使用的施工设备

（1）限制使用门式钢管支撑架，其不得用于搭设满堂承重支撑架体系。可使用承插型盘扣式钢管支撑架、钢管柱梁式支架、移动模架等替代。

（2）限制使用白炽灯、碘钨灯、卤素灯，其不得用于建设工地的生产、办公、生活等区域的照明。可使用 LED 灯、节能灯等替代。

（3）限制使用龙门架、井架物料提升机，其不得用于 25m 及以上的建设工程。可使用人货两用施工升降机等替代。

4.2 建筑工程通用规范

4.2.1 《施工脚手架通用规范》有关规定

现行《施工脚手架通用规范》GB 55023 的有关规定：

1. 基本规定

（1）脚手架搭设和拆除作业以前，应根据工程特点编制脚手架专项施工方案，并应经审批后实施。

（2）脚手架搭设和拆除作业前，应将脚手架专项施工方案向施工现场管理人员及作业人员进行安全技术交底。

（3）脚手架使用过程中，不应改变其结构体系。当脚手架专项施工方案需要修改时，修改后的方案应经审批后实施。

2. 脚手架材料与构配件

（1）脚手架材料与构配件应有产品质量合格证明文件。

（2）脚手架所用杆件和构配件应配套使用，并应满足组架方式及构造要求。

（3）脚手架材料与构配件在使用周期内，应及时检查、分类、维护、保养，对不合格品应及时报废，并应形成文件记录。

3. 脚手架构造要求

（1）脚手架立杆间距、步距应通过设计确定。

（2）脚手架作业层应采取安全防护措施，并应符合下列规定：

① 作业脚手架、满堂支撑脚手架、附着式升降脚手架作业层应满铺脚手板，并应满足稳固可靠的要求。当作业层边缘与结构外表面的距离大于 150mm 时，应采取防护措施。

② 采用挂钩连接的钢脚手板，应带有自锁装置且与作业层水平杆锁紧。

③ 木脚手板、竹串片脚手板、竹笆脚手板应有可靠的水平杆支承，并应绑扎稳固。

④ 脚手架作业层外边缘应设置防护栏杆和挡脚板。

⑤ 作业脚手架底层脚手板应采取封闭措施。

⑥ 沿所施工建筑物每 3 层或高度不大于 10m 处应设置一层水平防护。

⑦ 作业层外侧应采用安全网封闭。当采用密目安全网封闭时，密目安全网应满足阻燃要求。

⑧ 脚手板伸出横向水平杆以外的部分不应大于 200mm。

（3）应对下列部位的作业脚手架采取可靠的构造加强措施：

① 附着、支承于工程结构的连接处；

② 平面布置的转角处；

③ 塔式起重机、施工升降机、物料平台等设施断开或开洞处；

④ 楼面高度大于连墙件竖向设置高度的部位；

⑤ 工程结构突出物影响架体正常布置处。

4. 脚手架的搭设、使用与拆除

（1）搭设和拆除脚手架作业应有相应的安全措施，操作人员应佩戴个人防护用品，应穿防滑鞋。

（2）在搭设和拆除脚手架作业时，应设置安全警戒线、警戒标志，并应由专人监护，严禁非作业人员入内。

（3）当在脚手架上架设临时施工用电线路时，应有绝缘措施，操作人员应穿绝缘防滑鞋；脚手架与架空输电线路之间应设有安全距离，并应设置接地、防雷设施。

（4）当在狭小空间或空气不流通空间进行搭设、使用和拆除脚手架作业时，应采取保证足够的氧气供应措施，并应防止有毒有害、易燃易爆物质积聚。

（5）落地作业脚手架、悬挑脚手架的搭设应与主体结构工程施工同步，一次搭设高度不应超过最上层连墙件2步，且自由高度不应大于4m；剪刀撑、斜撑杆等加固杆件以及连墙件应随架体同步搭设；脚手架安全防护网和防护栏杆等防护设施应随架体搭设同步安装到位。

（6）雷雨天气、6级及以上大风天气应停止架上作业；雨、雪、雾天气应停止脚手架的搭设和拆除作业，雨、雪、霜后上架作业应采取有效的防滑措施，雪天应清除积雪。

（7）严禁将支撑脚手架、缆风绳、混凝土输送泵管、卸料平台及大型设备的支承件等固定在作业脚手架上。严禁在作业脚手架上悬挂起重设备。

（8）支撑脚手架在浇筑混凝土、工程结构件安装等施加荷载的过程中，架体下严禁有人。

（9）在脚手架内进行电焊、气焊和其他动火作业时，应在动火申请批准后进行作业，并应采取设置接火斗、配置灭火器、移开易燃物等防火措施，同时应设专人监护。

（10）脚手架使用期间，严禁在脚手架立杆基础下方及附近实施挖掘作业。

（11）附着式升降脚手架在使用过程中不得拆除防倾、防坠、停层、荷载、同步升降控制装置。

（12）当附着式升降脚手架在升降作业时或外挂防护架在提升作业时，架体上严禁有人，架体下方不得进行交叉作业。

（13）架体拆除作业应统一组织，并应设专人指挥，不得交叉作业。

（14）严禁高空抛掷拆除后的脚手架材料与构配件。

5. 脚手架验收

（1）对搭设脚手架的材料、构配件质量，应按进场批次分品种、规格进行检验，检验合格后方可使用。

（2）脚手架材料、构配件质量现场检验应采用随机抽样的方法进行外观质量、实测实量检验。

（3）附着式升降脚手架支座及防倾、防坠、荷载控制装置、悬挑脚手架悬挑结构件等涉及架体使用安全的构配件应全数检验。

（4）脚手架搭设达到设计高度或安装就位后，应进行验收，验收不合格的，不得使用。

4.2.2 《建筑与市政工程施工质量控制通用规范》有关规定

现行《建筑与市政工程施工质量控制通用规范》GB 55032的有关规定：

1. 基本规定

（1）工程项目各方不得擅自修改工程设计，确需修改的应报建设单位同意，由设计单位出具设计变更文件，并应按原审批程序办理变更手续。

（2）工程质量控制资料应准确齐全、真实有效，且具有可追溯性。当部分资料缺失时，应委托有资质的检验检测机构进行相应的实体检验或抽样试验，并应出具检测报告，作为工程质量验收资料的一部分。

（3）施工现场应根据项目特点和合同约定，制订技能工人配备方案，其中中级工及以上占比应符合项目所在地区施工现场建筑工人配备标准。施工现场技能工人配备方案应报监理单位审查后实施。

2. 施工过程质量控制

（1）施工前应对施工管理人员和作业人员进行技术交底，交底的内容应包括施工作业条件、施工方法、技术措施、质量标准以及安全与环保措施等，并应保留相关记录。

（2）工程采用的主要材料、半成品、成品、构配件、器具和设备应进行进场检验。涉及安全、节能、环境保护和主要使用功能的重要材料、产品应按各专业相关规定进行复验，并应经监理工程师检查认可。

（3）对涉及结构安全、节能、环境保护和主要使用功能的试块、试件及材料，应按规定进行见证检验。见证检验应在建设单位或者监理单位的监督下现场取样、送检，检测试样应具有真实性和代表性。

（4）施工工序间的衔接，应符合下列规定：

① 每道施工工序完成后，施工单位应进行自检，并应保留检查记录；

② 各专业工种之间的相关工序应进行交接检验，并应保留检查记录；

③ 对监理规划或监理实施细则中提出检查要求的重要工序，应经专业监理工程师检查合格并签字确认后，进行下道工序施工；

④ 隐蔽工程在隐蔽前应由施工单位通知监理单位进行验收，并应留存现场影像资料，形成验收文件，经验收合格后方可继续施工。

（5）主体结构为装配式混凝土结构体系时，套筒灌浆连接应采用由接头型式检验确定的相匹配的灌浆套筒、灌浆料，灌浆应密实饱满。

（6）装饰装修工程施工应符合下列规定：

① 当既有建筑装饰装修工程设计涉及主体结构和承重结构变动时，应在施工前委托原结构设计单位或具有相应资质等级的设计单位提出设计方案，或由鉴定单位对建筑结构的安全性进行鉴定，依据鉴定结果确定设计方案；

② 建筑外墙外保温系统与外墙的连接应牢固，保温系统各层之间的连接应牢固；

③ 建筑外门窗应安装牢固，推拉门窗扇应配备防脱落装置；

④ 临空处设置的用于防护的栏杆以及无障碍设施的安全抓杆应与主体结构连接牢固；

⑤ 重量较大的灯具，以及电风扇、投影仪、音响等有振动荷载的设备仪器，不应安装在吊顶工程的龙骨上。

（7）屋面工程施工应符合下列规定：

① 每道工序完成后应及时采取保护措施；

② 伸出屋面的管道、设备或预埋件等，应在保温层和防水层施工前安设完毕；

③ 屋面保温层和防水层完工后，不得进行凿孔、打洞或重物冲击等有损屋面的作业；

④ 屋面瓦材必须铺置牢固，在大风及地震设防地区或屋面坡度大于 100% 时，应采取固定加强措施。

3. 施工质量验收

（1）施工前，应由施工单位制订单位工程、分部工程、分项工程和检验批的划分方案，并应由监理单位审核通过后实施。

（2）施工质量验收应包括单位工程、分部工程、分项工程和检验批施工质量验收，并应符合下列规定：

① 检验批应根据施工组织、质量控制和专业验收需要，按工程量、楼层、施工段划分。

② 分项工程应根据工种、材料、施工工艺、设备类别划分。

③ 分部工程应根据专业性质、工程部位划分。

④ 单位工程应为具备独立使用功能的建筑物或构筑物。

（3）单位工程完工后，各相关单位应按下列要求进行工程竣工验收：

① 勘察单位应编制勘察工程质量检查报告，按规定程序审批后向建设单位提交；

② 设计单位应对设计文件及施工过程的设计变更进行检查，并应编制设计工程质量检查报告，按规定程序审批后向建设单位提交；

③ 施工单位应自检合格，并应编制工程竣工报告，按规定程序审批后向建设单位提交；

④ 监理单位应在自检合格后组织工程竣工预验收，预验收合格后应编制工程质量评估报告，按规定程序审批后向建设单位提交；

⑤ 建设单位应在竣工预验收合格后组织监理、施工、设计、勘察单位等相关单位项目负责人进行工程竣工验收。

4.2.3 《建筑与市政地基基础通用规范》有关规定

现行《建筑与市政地基基础通用规范》GB 55003 的有关规定：

1. 基本规定

（1）地基基础的设计工作年限，应符合下列规定：

① 地基基础的设计工作年限不应小于工程结构的设计工作年限；

② 基坑工程设计应规定其设计工作年限，且设计工作年限不应小于一年。

（2）基坑工程、边坡工程设计时，应根据支护（挡）结构破坏可能产生的后果（危及人的生命、造成经济损失、对社会或环境产生影响等）的严重性，采用不同的安全等级。支护（挡）结构安全等级的划分应符合表 4.2-1 的规定。

表 4.2-1　支护（挡）结构的安全等级

安全等级	破坏后果
一级	很严重

续表

安全等级	破坏后果
二级	严重
三级	不严重

2. 地基

（1）天然地基承载力特征值应通过载荷试验或其他原位测试、经验公式计算等方法综合确定。

（2）复合地基承载力特征值应通过现场复合地基静载荷试验确定。复合地基载荷试验的加载方式应采用慢速维持荷载法。

（3）下列建筑物应在施工期间及使用期间进行沉降变形观测，直至沉降达到稳定标准为止：

① 地基基础设计等级为甲级建筑物；

② 软弱地基上的地基基础设计等级为乙级建筑物；

③ 处理地基上的建筑物；

④ 采用新型基础或新型结构的建（构）筑物。

3. 桩基

（1）工程桩应进行承载力与桩身质量检验。

（2）桩基工程施工验收检验，应符合下列规定：

① 施工完成后的工程桩应进行竖向承载力检验，承受水平力较大的桩应进行水平承载力检验，抗拔桩应进行抗拔承载力检验；

② 灌注桩应对桩长、桩径和桩位偏差进行检验；嵌岩桩应对桩端的岩性进行检验；灌注桩混凝土强度检验的试件应在施工现场随机留取；

③ 混凝土预制桩应对桩位偏差、桩身完整性进行检验；

④ 钢桩应对桩位偏差、断面尺寸、桩长和矢高进行检验；

⑤ 人工挖孔桩终孔时，应进行桩端持力层检验。

4. 基础

（1）扩展基础的混凝土强度等级不应低于C25，筏形基础、桩筏基础的混凝土强度等级不应低于C30；

（2）钢筋混凝土基础设置垫层时，其纵向受力钢筋的混凝土保护层厚度不应小于40mm；当未设置垫层时，扩展基础、筏形基础、桩筏基础中受力钢筋的混凝土保护层厚度不应小于70mm；

（3）筏形基础、桩筏基础防水混凝土抗渗等级应满足设计要求。

5. 基坑工程

（1）安全等级为一级、二级的支护结构，在基坑开挖过程与支护结构使用期内，必须进行支护结构的水平位移监测和基坑开挖影响范围内建（构）筑物、地面的沉降监测。

（2）混凝土内支撑结构的混凝土强度等级不应低于C25；排桩支护结构的桩身混凝土强度等级不应低于C25，排桩顶部应设钢筋混凝土冠梁连接，冠梁宽度不应小于排桩桩径。

（3）当降水会对基坑周边建筑物、地下管线、道路等市政设施造成危害或对环境造成长期不利影响时，应采用截水方法控制地下水。

（4）基坑土方开挖和回填施工，应符合下列规定：

① 基坑土方开挖的顺序应与设计工况相一致，严禁超挖；软土基坑土方开挖应分层均衡进行，对流塑状软土的基坑开挖，高差不应超过1m；土方开挖不得损坏支护结构、降水设施和工程桩等；

② 基坑周边施工材料、设施或车辆荷载严禁超过设计要求的地面荷载限值；

③ 土方开挖至坑底标高时，应及时进行坑底封闭，并采取防止水浸、暴露和扰动基底原状土的措施；

④ 土方回填应按设计要求选料，分层夯实，对称进行，且应在下层的压实系数经试验合格后，才能进行上层施工。

4.2.4 《混凝土结构通用规范》有关规定

现行《混凝土结构通用规范》GB 55008的有关规定：

1. 混凝土结构工程施工及验收

1）一般规定

（1）混凝土结构工程施工应确保实现设计要求，并应符合下列规定：

① 应编制施工组织设计、施工方案并实施；

② 应制订资源节约和环境保护措施并实施；

③ 应对已完成的实体进行保护，且作用在已完成实体上的荷载不应超过规定值。

（2）模板拆除、预制构件起吊、预应力筋张拉和放张时，同条件养护的混凝土试件应达到规定强度。

（3）应对涉及混凝土结构安全的代表性部位进行实体质量检验。

2）模板工程

（1）模板及支架应根据施工过程中的各种控制工况进行设计，并应满足承载力、刚度和整体稳固性要求。

（2）模板及支架应保证混凝土结构和构件各部分形状、尺寸和位置准确。

3）钢筋及预应力工程

（1）钢筋机械连接或焊接连接接头试件应从完成的实体中截取，并应按规定进行性能检验。

（2）锚具或连接器进场时，应检验其静载锚固性能。由锚具或连接器、锚垫板和局部加强钢筋组成的锚固系统，在规定的结构实体中，应能可靠传递预加力。

（3）预应力筋张拉后应可靠锚固，且不应有断丝或滑丝。

（4）后张预应力孔道灌浆应密实饱满，并应具有规定的强度。

4）混凝土工程

（1）混凝土运输、输送、浇筑过程中严禁加水；运输、输送、浇筑过程中散落的混凝土严禁用于结构浇筑。

（2）应对结构混凝土强度等级进行检验评定，试件应在浇筑地点随机抽取。

（3）大体积混凝土施工应采取混凝土内外温差控制措施。

5）装配式结构工程

（1）预制构件连接应符合设计要求，并应符合下列规定：

① 套筒灌浆连接接头应进行工艺检验和现场平行加工试件性能检验；灌浆应饱满、密实。

② 浆锚搭接连接的钢筋搭接长度应符合设计要求，灌浆应饱满、密实。

③ 螺栓连接应进行工艺检验和安装质量检验。

④ 钢筋机械连接应制作平行加工试件，并进行性能检验。

（2）预制叠合构件的接合面、预制构件连接节点的接合面，应按设计要求做好界面处理并清理干净，后浇混凝土应饱满、密实。

2. 混凝土结构维护与拆除

（1）混凝土结构工程拆除应进行方案设计，并应采取保证拆除过程安全的措施；预应力混凝土结构拆除尚应分析预加力解除程序。

（2）混凝土结构拆除应遵循减量化、资源化和再生利用的原则，并应制订废弃物处置方案。

（3）应对下列混凝土结构的结构性态与安全进行监测：

① 高度 350m 及以上的高层与高耸结构；

② 施工过程导致结构最终位形与设计目标位形存在较大差异的高层与高耸结构；

③ 带有隔震体系的高层与高耸或复杂结构；

④ 跨度大于 50m 的钢筋混凝土薄壳结构。

（4）拆除作业应符合下列规定：

① 应对周边建筑物、构筑物及地下设施采取保护、防护措施；

② 对危险物质、有害物质应有处置方案和应急措施；

③ 拆除过程严禁立体交叉作业。

（5）拆除作业应采取减少噪声、粉尘、污水、振动、冲击和环境污染的措施。

（6）拆除机械在楼盖上作业时，应由专业技术人员进行复核分析，并采取保证拆除作业安全的措施。混凝土结构工程采用逆向拆除技术时，应对拆除方案进行专门论证。

4.2.5 《砌体结构通用规范》有关规定

现行《砌体结构通用规范》GB 55007 的有关规定：

1. 施工的规定

（1）非烧结块材砌筑时，应满足块材砌筑上墙后的收缩性控制要求。

（2）砌筑前需要湿润的块材应对其进行适当浇（喷）水，不得采用干砖或吸水饱和状态的砖砌筑。

（3）砌体砌筑时，墙体转角处和纵横交接处应同时咬槎砌筑；砖柱不得采用包心砌法；带壁柱墙的壁柱应与墙身同时咬槎砌筑；临时间断处应留槎砌筑；块材应内外搭砌、上下错缝砌筑。

（4）砌体中的洞口、沟槽和管道等应按照设计要求留出和预埋。

（5）砌筑砂浆应进行配合比设计和试配。当砌筑砂浆的组成材料有变更时，其配合比应重新确定。

（6）砌筑砂浆用水泥、预拌砂浆及其他专用砂浆，应考虑其储存期限对材料强度的影响。

（7）现场拌制砂浆时，各组分材料应采用质量计量。砌筑砂浆拌制后在使用中不得随意掺入其他胶粘剂、骨料、混合物。

（8）冬期施工所用的石灰膏、电石膏、砂、砂浆、块材等应防止冻结。

（9）砌体与构造柱的连接处以及砌体抗震墙与框架柱的连接处均应采用先砌墙后浇柱的施工顺序，并应按要求设置拉结钢筋；砖砌体与构造柱的连接处应砌成马牙槎。

（10）承重墙体使用的小砌块应完整、无破损、无裂缝。

（11）采用小砌块砌筑时，应将小砌块生产时的底面朝上反砌于墙上。施工洞口预留直槎时，应对直槎上下搭砌的小砌块孔洞采用混凝土灌实。

（12）砌体结构的芯柱混凝土应分段浇筑并振捣密实。并应对芯柱混凝土浇灌的密实程度进行检测，检测结果应满足设计要求。

2. 砌体结构检测

（1）对新建砌体结构，当遇到下列情况之一时，应检测砌筑砂浆强度、块材强度或砌体的抗压、抗剪强度：

① 砂浆试块缺乏代表性或数量不足；

② 砂浆试块强度的检验结果不满足设计要求；

③ 对块材或砂浆试块的检验结果有怀疑或争议；

④ 对施工质量有怀疑或争议；

⑤ 发生工程事故，需进一步分析事故原因。

（2）砌体结构检测应根据检测项目的特点、检测目的确定检测对象和检测数量，抽样部位应具有代表性。

3. 质量验收

（1）单位工程的砌体结构质量验收资料应满足工程整体验收的要求。当单位工程的砌体结构质量验收部分资料缺失时，应进行相应的实体检验或抽样试验。

（2）砌体结构工程施工质量应满足设计要求，施工质量验收尚应包括以下内容：

① 水泥的强度及安定性评定；

② 块材、砂浆、混凝土的强度评定；

③ 钢筋的品种、规格、数量和设置部位；

④ 砌体水平灰缝和竖向灰缝的砂浆饱满度；

⑤ 砌体的转角处、交接处、构造柱马牙槎砌筑质量；

⑥ 挡土墙泄水孔质量；

⑦ 与主体结构连接的后植钢筋轴向受拉承载力。

（3）对有可能影响结构安全性的砌体裂缝，应进行检测鉴定，需返修或加固处理的，待返修或加固处理满足使用要求后进行二次验收。

4.2.6　《钢结构通用规范》有关规定

现行《钢结构通用规范》GB 55006的有关规定：

1. 钢结构制作与安装

（1）构件工厂加工制作应采用机械化与自动化等工业化方式，并应采用信息化管理。

（2）高强度大六角头螺栓连接副和扭剪型高强度螺栓连接副出厂时应分别随箱带有扭矩系数和紧固轴力（预拉力）的检验报告，并应附有出厂质量保证书。高强度螺栓连接副应按批配套进场并在同批内配套使用。

（3）高强度螺栓连接处的钢板表面处理方法与除锈等级应符合设计文件要求。摩擦型高强度螺栓连接摩擦面处理后应分别进行抗滑移系数试验和复验，其结果应达到设计文件中关于抗滑移系数的指标要求。

（4）钢结构安装方法和顺序应根据结构特点、施工现场情况等确定，安装时应形成稳固的空间刚度单元。测量、校正时应考虑温度、日照和焊接变形等对结构变形的影响。

（5）钢结构吊装作业必须在起重设备的额定起重量范围内进行。用于吊装的钢丝绳、吊装带、卸扣、吊钩等吊具应经检验合格，并应在其额定许用荷载范围内使用。

（6）对于大型复杂钢结构，应进行施工成形过程计算，并应进行施工过程监测；索膜结构或预应力钢结构施工张拉时应遵循分级、对称、匀速、同步的原则。

（7）钢结构施工方案应包含专门的防护施工内容，或编制防护施工专项方案，应明确现场防护施工的操作方法和环境保护措施。

2. 焊接

（1）全部焊缝应进行外观检查。要求全焊透的一级、二级焊缝应进行内部缺陷无损检测，一级焊缝探伤比例应为100%，二级焊缝探伤比例应不低于20%。

（2）焊接质量抽样检验结果判定应符合以下规定：

① 除裂纹缺陷外，抽样检验的焊缝数不合格率小于2%时，该批验收合格；抽样检验的焊缝数不合格率大于5%时，该批验收不合格；抽样检验的焊缝数不合格率为2%～5%时，应按不少于2%探伤比例对其他未检焊缝进行抽检，且必须在原不合格部位两侧的焊缝延长线各增加一处，在所有抽检焊缝中不合格率不大于3%时，该批验收合格，大于3%时，该批验收不合格。

② 当检验有1处裂纹缺陷时，应加倍抽查，在加倍抽检焊缝中未再检查出裂纹缺陷时，该批验收合格；检验发现多处裂纹缺陷或加倍抽查又发现裂纹缺陷时，该批验收不合格，应对该批余下焊缝的全数进行检验。

③ 批量验收不合格时，应对该批余下的全部焊缝进行检验。

3. 维护与拆除

（1）钢结构维护应遵守预防为主、防治结合的原则，应进行日常维护、定期检测与鉴定。

（2）钢结构工程出现下列情况之一时，应进行检测、鉴定：

① 进行改造，改变使用功能、使用条件或使用环境；

② 达到设计使用年限拟继续使用；

③ 因遭受灾害、事故而造成损伤或损坏；

④ 存在严重的质量缺陷或出现严重的腐蚀、损伤、变形。

（3）拆除施工应符合下列规定：

① 拆除施工不应立体交叉作业；

② 采用机械或人工方法拆除时，应从上往下逐层分区域拆除；

③ 应在切断电源、水源和气源后，再进行拆除工作；

④ 对在有限空间内拆除施工，应先采取通风措施，经检测合格后再进行作业；

⑤ 施工过程中发现不明物体应立即停止施工，并应采取措施保护好现场，同时立即报告相关部门进行处理；

⑥ 钢结构拆除时应搭设必要的操作架和承重架，拆除大型、复杂钢结构时，应进行拆除施工仿真分析。

（4）拆除工程施工中，应保证剩余结构的稳定性，同时应对拆除物的状态进行监测；当发现安全隐患时，必须立即停止作业；当局部构件拆除影响结构安全时，应先加固再拆除。

4.2.7 《建筑节能与可再生能源利用通用规范》有关规定

现行《建筑节能与可再生能源利用通用规范》GB 55015 的有关规定：

1. 基本规定

（1）新建居住建筑和公共建筑平均设计能耗水平应在 2016 年执行的节能设计标准的基础上分别降低 30% 和 20%。不同气候区平均节能率应符合下列规定：

① 严寒和寒冷地区居住建筑平均节能率应为 75%；

② 除严寒和寒冷地区外，其他气候区居住建筑平均节能率应为 65%；

③ 公共建筑平均节能率应为 72%。

（2）新建的居住和公共建筑碳排放强度应分别在 2016 年执行的节能设计标准的基础上平均降低 40%，碳排放强度平均降低 $7kgCO_2/(m^2 \cdot a)$ 以上。

2. 施工和验收的相关规定

（1）建筑节能工程采用的材料、构件和设备，应在施工进场进行随机抽样复验，复验应为见证取样检验。当复验结果不合格时，工程施工中不得使用。

（2）建筑节能验收时应对下列资料进行核查：

① 设计文件、图纸会审记录、设计变更和洽商；

② 主要材料、设备、构件的质量证明文件、进场检验记录、进场复验报告、见证试验报告；

③ 隐蔽工程验收记录和相关图像资料；

④ 分项工程质量验收记录；

⑤ 建筑外墙节能构造现场实体检验报告或外墙传热系数检验报告；

⑥ 外窗气密性能现场检验记录；

⑦ 风管系统严密性检验记录；

⑧ 设备单机试运转调试记录；

⑨ 设备系统联合试运转及调试记录；

⑩ 分部（子分部）工程质量验收记录；

⑪ 设备系统节能性和太阳能系统性能检测报告。

3. 围护结构

（1）墙体、屋面和地面节能工程采用的材料、构件和设备施工进场复验应包括下列内容：

① 保温隔热材料的导热系数或热阻、密度、压缩强度或抗压强度、吸水率、燃烧性能（不燃材料除外）及垂直于板面方向的抗拉强度（仅限墙体）；

② 复合保温板等墙体节能定型产品的传热系数或热阻、单位面积质量、拉伸粘结强度及燃烧性能（不燃材料除外）；

③ 保温砌块等墙体节能定型产品的传热系数或热阻、抗压强度及吸水率；

④ 墙体及屋面反射隔热材料的太阳光反射比及半球发射率；

⑤ 墙体粘结材料的拉伸粘结强度；

⑥ 墙体抹面材料的拉伸粘结强度及压折比；

⑦ 墙体增强网的力学性能及抗腐蚀性能。

（2）门窗（包括天窗）节能工程施工采用的材料、构件和设备进场时，除核查质量证明文件、节能性能标识证书、门窗节能性能计算书及复验报告外，还应对下列内容进行复验：

① 严寒、寒冷地区门窗的传热系数及气密性能；

② 夏热冬冷地区门窗的传热系数、气密性能，玻璃的太阳得热系数及可见光透射比；

③ 夏热冬暖地区门窗的气密性能，玻璃的太阳得热系数及可见光透射比；

④ 严寒、寒冷、夏热冬冷和夏热冬暖地区透光、部分透光遮阳材料的太阳光透射比、太阳光反射比及中空玻璃的密封性能。

（3）墙体、屋面和地面节能工程的施工质量，应符合下列规定：

① 保温隔热材料的厚度不得低于设计要求；

② 墙体保温板材与基层之间及各构造层之间的粘结或连接必须牢固；保温板材与基层的连接方式、拉伸粘结强度和粘结面积比应符合设计要求；保温板材与基层之间的拉伸粘结强度应进行现场拉拔试验，且不得在界面破坏；粘结面积比应进行剥离检验；

③ 当墙体采用保温浆料做外保温时，厚度大于 20mm 的保温浆料应分层施工；保温浆料与基层之间及各层之间的粘结必须牢固，不应脱层、空鼓和开裂；

④ 当保温层采用锚固件固定时，锚固件数量、位置、锚固深度、胶结材料性能和锚固力应符合设计和施工方案的要求；

⑤ 保温装饰板的装饰面板应使用锚固件可靠固定，锚固力应做现场拉拔试验；保温装饰板板缝不得渗漏。

（4）外墙外保温系统经耐候性试验后，不得出现空鼓、剥落或脱落、开裂等破坏，不得产生裂缝出现渗水；外墙外保温系统拉伸粘结强度试验破坏部位应位于保温层内。

（5）建筑门窗、幕墙节能工程应符合下列规定：

① 外门窗框或附框与洞口之间、窗框与附框之间的缝隙应有效密封；

② 门窗关闭时，密封条应接触严密；

③ 建筑幕墙与周边墙体、屋面间的接缝处应采用保温措施，并应采用耐候密封胶等密封。

（6）建筑围护结构节能工程施工完成后，应进行现场实体检验，并符合下列规定：

① 应对建筑外墙节能构造包括墙体保温材料的种类、保温层厚度和保温构造做法进行现场实体检验。

② 下列建筑的外窗应进行气密性能实体检验：

a. 严寒、寒冷地区建筑；

b. 夏热冬冷地区高度大于或等于 24m 的建筑和有集中供暖或供冷的建筑；

c. 其他地区有集中供冷或供暖的建筑。

第5章 相关标准

5.1 地基基础工程施工相关标准

第5章
看本章精讲课
配套章节自测

5.1.1 建筑地基基础工程施工质量验收有关规定

现行《建筑地基基础工程施工质量验收标准》GB 50202的有关规定：

1. 基本规定

（1）地基基础工程验收时应提交下列资料：

① 岩土工程勘察报告；

② 设计文件、图纸会审记录和技术交底资料；

③ 工程测量、定位放线记录；

④ 施工组织设计及专项施工方案；

⑤ 施工记录及施工单位自查评定报告；

⑥ 监测资料；

⑦ 隐蔽工程验收资料；

⑧ 检测与检验报告；

⑨ 竣工图。

（2）地基基础工程必须进行验槽。

2. 地基工程

（1）地基承载力检验时，静载试验最大加载量不应小于设计要求的承载力特征值的2倍。

（2）素土、灰土地基。施工前应检查素土、灰土土料、石灰或水泥等配合比及灰土拌合均匀性。施工中应检查分层铺设厚度、夯实时的加水量、夯压遍数及压实系数。施工结束后，应进行地基承载力检验。

（3）砂和砂石地基。施工前应检查砂、石等原材料质量和配合比及砂、石拌合的均匀性。施工中应检查分层厚度、分段施工时搭接部分的压实情况、加水量、压实遍数、压实系数。施工结束后，应进行地基承载力检验。

（4）土工合成材料地基。施工前应检查土工合成材料的单位面积质量、厚度、强度、延伸率以及土、砂石料质量等。施工中应检查基槽清底状况、回填料铺设厚度及平整度、土工合成材料的铺设方向、接缝搭接长度或接缝状况、土工合成材料与结构的连接状况等。施工结束后，应进行地基承载力检验。

（5）粉煤灰地基。施工前应检查粉煤灰材料质量。施工中应检查分层厚度、碾压遍数、施工含水量控制、搭接区碾压程度、压实系数等。施工结束后，应进行地基承载力检验。

（6）强夯地基。施工前应检查夯锤质量和尺寸、落距控制方法、排水设施及被夯地基的土质。施工中应检查夯锤落距、夯点位置、夯击范围、夯击击数、夯击遍数、每击夯沉量、最后两击的平均夯沉量、总夯沉量和夯点施工起止时间等。施工结束后，应进行地基承载力、地基土的强度、变形指标及其他设计要求指标检验。

（7）砂石桩复合地基。施工前应检查砂石料的含泥量及有机质含量等。振冲法施工前应检查振冲器的性能，应对电流表、电压表进行检定或校准。施工中应检查每根砂石桩的桩位、填料量、标高、垂直度等。振冲法施工中尚应检查密实电流、供水压力、供水量、填料量、留振时间、振冲点位置、振冲器施工参数等。施工结束后，应进行复合地基承载力、桩体密实度等检验。

（8）水泥土搅拌桩复合地基。施工前应检查水泥及外掺剂的质量、桩位、搅拌机工作性能，并应对各种计量设备进行检定或校准。施工中应检查机头提升速度、水泥浆或水泥注入量、搅拌桩的标高。施工结束后，应检验桩体的强度和直径，以及单桩与复合地基的承载力。

（9）土和灰土挤密桩复合地基。施工前应对石灰及土的质量、桩位等进行检查。施工中应对桩孔直径、桩孔深度、夯击次数、填料的含水量及压实系数等进行检查。施工结束后，应检验成桩的质量及复合地基承载力。

（10）水泥粉煤灰碎石桩复合地基。施工前应对入场的水泥、粉煤灰、砂及碎石等原材料进行检验。施工中应检查桩身混合料的配合比、坍落度和成孔深度、混合料充盈系数等。施工结束后，应对桩体质量、单桩及复合地基承载力进行检验。

3. 基础工程

（1）灌注桩混凝土强度检验的试件应在施工现场随机抽取。来自同一搅拌站的混凝土，每浇筑 $50m^3$ 必须至少留置 1 组试件；当混凝土浇筑量不足 $50m^3$ 时，每连续浇筑 12h 必须至少留置 1 组试件。对单柱单桩，每根桩应至少留置 1 组试件。

（2）工程桩应进行承载力和桩身完整性检验。

（3）设计等级为甲级或地质条件复杂时，应采用静载试验的方法对桩基承载力进行检验，检验桩数不应少于总桩数的 1%，且不应少于 3 根，当总桩数少于 50 根时，不应少于 2 根。在有经验和对比资料的地区，设计等级为乙级、丙级的桩基可采用高应变法对桩基进行竖向抗压承载力检测，检测数量不应少于总桩数的 5%，且不应少于 10 根。

（4）工程桩的桩身完整性的抽检数量不应少于总桩数的 20%，且不应少于 10 根。每根柱子承台下的桩抽检数量不应少于 1 根。

（5）钢筋混凝土扩展基础。施工前应对放线尺寸进行检验。施工中应对钢筋、模板、混凝土、轴线等进行检验。施工结束后，应对混凝土强度、轴线位置、基础顶面标高进行检验。

（6）筏形与箱形基础。施工前应对放线尺寸进行检验。施工中应对轴线、预埋件、预留洞中心线位置、钢筋位置及钢筋保护层厚度进行检验。施工结束后，应对筏形和箱形基础的混凝土强度、轴线位置、基础顶面标高及平整度进行验收。

大体积混凝土施工过程中应检查混凝土的坍落度、配合比、浇筑的分层厚度、坡度以及测温点的设置，上下两层的浇筑搭接时间不应超过混凝土的初凝时间。

（7）钢筋混凝土预制桩。施工前应检验成品桩构造尺寸及外观质量。施工中应检验接桩质量、锤击及静压的技术指标、垂直度以及桩顶标高等。施工结束后应对承载力及桩身完整性等进行检验。

（8）泥浆护壁成孔灌注桩。施工前应检验灌注桩的原材料及桩位处的地下障碍物处理资料。施工中应对成孔、钢筋笼制作与安装、水下混凝土灌注等各项质量指标进行检查验收；嵌岩桩应对桩端的岩性和入岩深度进行检验。施工后应对桩身完整性、混凝土强度及承载力进行检验。

（9）干作业成孔灌注桩。施工前应对原材料、施工组织设计中制订的施工顺序、主要成孔设备性能指标、监测仪器、监测方法、保证人员安全的措施或安全专项施工方案等进行检查验收。施工中应检验钢筋笼质量、混凝土坍落度、桩位、孔深、桩顶标高等。施工结束后应检验桩的承载力、桩身完整性及混凝土的强度。人工挖孔桩应复验孔底持力层岩性，嵌岩桩应有桩端持力层的岩性报告。

（10）长螺旋钻孔压灌桩。施工前应对放线后的桩位进行检查。施工中应对桩位、桩长、垂直度、钢筋笼笼顶标高等进行检查。施工结束后应对混凝土强度、桩身完整性及承载力进行检验。

（11）沉管灌注桩。施工前应对放线后的桩位进行检查。施工中应对桩位、桩长、垂直度、钢筋笼笼顶标高、拔管速度等进行检查。施工结束后应对混凝土强度、桩身完整性及承载力进行检验。

（12）钢桩。施工前应对桩位、成品桩的外观质量进行检验。施工中应进行下列检验：

① 打入（静压）深度、收锤标准、终压标准及桩身（架）垂直度检查；

② 接桩质量、接桩间歇时间及桩顶完整状况；电焊质量除应进行常规检查外，尚应做 10% 的焊缝探伤检查；

③ 每层土每米进尺锤击数、最后 1.0m 进尺锤击数、总锤击数、最后三阵贯入度、桩顶标高、桩尖标高等。施工结束后应进行承载力检验。

4. 基坑支护工程

（1）围护结构施工完成后的质量验收应在基坑开挖前进行，支锚结构的质量验收应在对应的分层土方开挖前进行，验收内容应包括质量和强度检验、构件的几何尺寸、位置偏差及平整度等。

（2）基坑开挖过程中，应根据分区分层开挖情况及时对基坑开挖面的围护墙表观质量、支护结构的变形、渗漏水情况以及支撑竖向支承构件的垂直度偏差等项目进行检查。

（3）基坑支护工程验收应以保证支护结构安全和周围环境安全为前提。

（4）排桩。灌注桩施工前应进行试成孔，试成孔数量应根据工程规模和场地地层特点确定，且不宜少于 2 个。灌注桩排桩应采用低应变法检测桩身完整性，检测桩数不宜少于总桩数的 20%，且不得少于 5 根。

基坑开挖前截水帷幕的强度指标应满足设计要求，强度检测宜采用钻芯法。截水帷幕采用单轴水泥土搅拌桩、双轴水泥土搅拌桩、三轴水泥土搅拌桩、高压喷射注浆时，取芯数量不宜少于总桩数的 1%，且不应少于 3 根。

（5）咬合桩围护墙。施工前，应对导墙的质量和钢套管顺直度进行检查。

（6）土钉墙。支护工程施工前应对钢筋、水泥、砂石、机械设备性能等进行检验。施工过程中，应对放坡系数、土钉位置、土钉孔直径、深度及角度、土钉杆体长度、注浆配比、注浆压力及注浆量、喷射混凝土面层厚度、强度等进行检验。

土钉应进行抗拔承载力检验，检验数量不宜少于土钉总数的 1%，且同一土层中的土钉检验数量不应少于 3 根。

（7）地下连续墙。施工前应对导墙的质量进行检查。施工中应定期对泥浆指标、钢筋笼的制作与安装、混凝土的坍落度、预制地下连续墙墙段安放质量、预制接头、墙底注浆、地下连续墙成槽及墙体质量等进行检验。

（8）土体加固。采用水泥土搅拌桩、高压喷射注浆等土体加固的桩身强度检测宜采用钻芯法，取芯数量不宜少于总桩数的 0.5%，且不得少于 3 根。注浆法加固结束 28d 后，宜采用静力触探、动力触探、标准贯入等原位测试方法对加固土层进行检验。

（9）内支撑。施工结束后，对应的下层土方开挖前，应对水平支撑的尺寸、位置、标高、支撑与围护结构的连接节点、钢支撑的连接节点和钢立柱的施工质量进行检验。

（10）锚杆。施工前应对钢绞线、锚具、水泥、机械设备等进行检验。施工中，应对锚杆位置、钻孔直径、长度及角度、锚杆杆体长度、注浆配比、注浆压力及注浆量等进行检验。锚杆应进行抗拔承载力检验，检验数量不宜少于锚杆总数的 5%，且同一土层中的锚杆检验数量不应少于 3 根。

5. 地下水控制

（1）降排水运行前，应检验工程场区的排水系统。排水系统最大排水能力不应小于工程所需最大排量的 1.2 倍。

（2）基坑工程开挖前应验收预降排水时间。预降排水时间应根据基坑面积、开挖深度、工程地质与水文地质条件以及降排水工艺综合确定。减压预降水时间应根据设计要求或减压降水验证试验结果确定。

（3）降排水运行中，应检验基坑降排水效果是否满足设计要求。分层、分块开挖的地质基坑，开挖前潜水水位应控制在土层开挖面以下 0.5～1.0m；承压含水层水位应控制在安全水位埋深以下。岩质基坑开挖施工前，地下水位应控制在边坡坡脚或坑中的软弱结构面以下。

（4）回灌管井正式施工时应进行试成孔，试成孔数量不应少于 2 个。回灌管井施工完成后的休止期不应少于 14d，休止期结束后应进行试回灌，检验成井质量和回灌效果。

6. 土石方工程

（1）在土石方工程开挖施工前，应完成支护结构、地面排水、地下水控制、基坑及周边环境监测、施工条件和应急预案准备等工作的验收，合格后方可进行土石方开挖。

（2）在土石方工程开挖施工中，应定期测量和校核设计平面位置、边坡坡率和水平标高。平面控制桩和水准控制点应采取可靠措施加以保护，并应定期检查和复测。土石方不应堆在基坑影响范围内。

（3）土石方的开挖顺序、方法必须与设计工况和施工方案相一致，并应遵循“开槽支撑，先撑后挖，分层开挖，严禁超挖”的原则。

（4）土石方回填施工。施工前应确定回填料含水量控制范围、铺土厚度、压实遍数等施工参数。施工中应检查排水系统，每层填筑厚度、辗迹重叠程度、含水量控制、回填土有机质含量、压实系数等；当采用分层回填时，应在下层的压实系数经试验合格后进行上层施工。施工结束后，应进行标高及压实系数检验。

5.1.2　地基处理施工有关技术标准

现行《建筑地基处理技术规范》JGJ 79 有关规定：

1. 换填垫层法

（1）换填垫层法适用于浅层软弱地基及不均匀地基的处理。

（2）垫层材料的选择：

① 砂石：宜选用碎石、卵石、角砾、圆砾、砾砂、粗砂、中砂或石屑。对湿陷性黄土或膨胀土地基，不得选用砂石等透水材料。

② 粉质黏土：土料中有机质含量不得超过5%，亦不得含有冻土或膨胀土。

③ 灰土：体积配合比宜为2∶8或3∶7。土料宜用粉质黏土，不宜使用块状黏土。

④ 土工合成材料：应采用抗拉强度较高、耐久性好、抗腐蚀的土工带、土工格栅、土工格室、土工垫或土工织物等土工合成材料。

2. 强夯法和强夯置换法

（1）强夯法适用于处理碎石土、砂土、低饱和度的粉土与黏性土、湿陷性黄土、素填土和杂填土等地基。强夯置换法适用于高饱和度的粉土与软塑～流塑的黏性土等地基上对变形控制要求不严的工程。

（2）当强夯施工所产生的振动对邻近建筑物或设备会产生有害的影响时，应设置监测点，并采取挖同振沟等隔振或防振措施。

（3）强夯处理范围应大于建筑物基础范围，每边超出基础外缘的宽度宜为基底下设计处理深度的1/2～2/3，并不应小于3m。

3. 砂石桩法

（1）砂石桩法适用于挤密松散砂土、粉土、黏性土、素填土、杂填土等地基。饱和黏土地基上对变形控制要求不严的工程也可采用砂石桩置换处理。砂石桩法也可用于处理可液化地基。

（2）砂石桩施工可采用振动沉管、锤击沉管或冲击成孔等成桩法。当用于消除粉细砂及粉土液化时，宜用振动沉管成桩法。

（3）砂石桩的施工顺序，对砂土地基宜从外围或两侧向中间进行，对黏性土地基宜从中间向外围或隔排施工；在既有建（构）筑物邻近施工时，应背离建（构）筑物方向进行。

4. 水泥粉煤灰碎石桩（CFG桩）法

（1）水泥粉煤灰碎石桩（CFG桩）法适用于处理黏性土、粉土、砂土和已自重固结的素填土等地基，桩顶和基础之间应设置褥垫层，材料宜选用中砂、粗砂、级配砂石或碎石等。

（2）根据现场条件选用下列施工工艺：

① 长螺旋钻孔灌注成桩，适用于在地下水位以上的黏性土、粉土、素填土、中等密实以上的砂土地基；

② 长螺旋钻孔、管内泵压混合料灌注成桩，适用于黏性土、粉土、砂土、素填土地基以及对噪声或泥浆污染要求严格的场地；

③ 振动沉管灌注成桩，适用于粉土、黏性土及素填土地基。

5. 水泥土搅拌法

（1）水泥土搅拌法分为浆液搅拌法（简称“湿法”）和粉体搅拌法（简称“干法”）。水泥土搅拌法适用于处理正常固结的淤泥与淤泥质土、粉土、饱和黄土、素填土、黏性土以及无流动地下水的饱和松散砂土等地基。必要时，通过现场试验确定其适用性。

（2）搅拌桩施工时，停浆（灰）面应高于桩顶设计标高500mm。在开挖基坑时，应将搅拌桩顶端施工质量较差的桩段用人工挖除。

6. 高压喷射注浆法

（1）高压喷射注浆法适用于处理淤泥，淤泥质土，流塑、软塑、可塑黏性土，粉土，砂土，黄土，素填土和碎石土等地基。必要时，应根据现场试验结果确定其适用性。

（2）高压喷射注浆法分旋喷、定喷和摆喷三种类别。根据工程需要和土质条件，可分别采用单管法、双管法和三管法。加固形状可分为柱状、壁状、条状和块状。

（3）竖向承载旋喷桩复合地基宜在基础和桩顶之间设置褥垫层。褥垫层厚度宜为150～300mm，其材料可选用中砂、粗砂、级配砂石等。

7. 灰土挤密桩法和土挤密桩法

（1）灰土挤密桩法和土挤密桩法适用于处理地下水位以上的粉土、黏性土、湿陷性黄土、素填土和杂填土等地基，可处理地基的深度为3～15m。当以消除地基土的湿陷性为主要目的时，宜选用土挤密桩法。当以提高地基土的承载力或增强其水稳性为主要目的时，宜选用灰土挤密桩法。必要时，应通过试验确定其适用性。

（2）桩顶标高以上应设置300～600mm厚褥垫层。垫层材料可根据工程要求采用2∶8或3∶7灰土、水泥土等，其压实系数不应低于0.95。

5.2 主体结构工程施工相关标准

5.2.1 混凝土结构工程施工质量验收有关规定

现行《混凝土结构工程施工质量验收规范》GB 50204的有关规定：

1. 模板分项工程

（1）模板工程应编制施工方案。爬升式模板工程、工具式模板工程及高大模板支架工程的施工方案，应按有关规定进行技术论证。

（2）后浇带处的模板及支架应独立设置。

（3）支架竖杆和竖向模板安装在土层上时，土层应坚实、平整，承载力或密实度应符合施工方案的要求；应有防水、排水措施；对冻胀性土，应有预防冻融措施；支架竖杆下应有底座或垫板。

（4）模板安装时接缝应严密；模板内不应有杂物、积水或冰雪等；模板与混凝土的接触面应平整、清洁；用作模板的地坪、胎模等应平整、清洁，不应有影响构件质量的下沉、裂缝、起砂或起鼓；对清水混凝土及装饰混凝土构件，应使用能达到设计效果的模板。

2. 钢筋分项工程

1）一般规定

在浇筑混凝土之前，应进行钢筋隐蔽工程验收，其内容包括：

（1）纵向受力钢筋的牌号、规格、数量、位置；

（2）钢筋的连接方式、接头位置、接头质量、接头面积百分率、搭接长度、锚固方式及锚固长度；

（3）箍筋、横向钢筋的牌号、规格、数量、间距、位置，箍筋弯钩的弯折角度及平直段长度；

（4）预埋件的规格、数量和位置。

2）钢筋连接

（1）钢筋采用机械连接或焊接连接时，钢筋机械连接接头、焊接接头的力学性能、弯曲性能应符合标准规定。接头试件应从工程实体中截取。

（2）螺纹接头应检验拧紧扭矩值，挤压接头应测量压痕直径，结果应符合标准规定。

3）钢筋安装

钢筋安装时，受力钢筋的品种、级别、规格和数量必须符合设计要求。

检查数量：全数检查。

3. 混凝土分项工程

1）一般规定

（1）混凝土强度分批检验评定时，划入同一检验批的混凝土，其施工持续时间不宜超过3个月。

（2）检验评定混凝土强度用的混凝土试件尺寸及强度的尺寸换算系数应按表5.2-1取用。

表5.2-1 混凝土试件尺寸及强度的尺寸换算系数

骨料最大粒径（mm）	试件尺寸（mm）	强度的尺寸换算系数
≤31.5	100×100×100	0.95
≤40	150×150×150	1.00
≤63	200×200×200	1.05

注：对强度等级为C60及以上的混凝土试件，其强度的尺寸换算系数可通过试验确定。

2）混凝土施工

（1）结构混凝土的强度等级必须符合设计要求。用于检查结构构件混凝土强度的试件，应在混凝土的浇筑地点随机抽取。对于同一配合比的混凝土，取样与试件留置应符合下列规定：

① 每拌制100盘且不超过100m^3同配合比的混凝土，取样不得少于一次；

② 每工作班拌制不足100盘时，取样不得少于一次；

③ 每次连续浇筑超过1000m^3时，每200m^3取样不得少于一次；

④ 每一楼层取样不得少于一次；

⑤ 每次取样至少留置一组标准养护试件，同条件养护试件留置组数根据实际需要确定。

（2）对有抗渗要求的混凝土结构，其混凝土试件应在浇筑地点随机取样。同一工程、同一配合比的混凝土，取样不应少于一次，留置组数应根据实际需要确定。

4. 现浇结构分项工程

（1）现浇结构拆模后，应由监理（建设）单位、施工单位对外观质量缺陷进行检查，作出记录。

（2）对已经出现的现浇结构外观质量严重缺陷，由施工单位提出技术处理方案，经监理（建设）单位认可后进行处理。对裂缝、连接部位出现的严重缺陷及其他影响结构安全的严重缺陷，技术处理方案尚应经设计单位认可。对经处理的部位应重新验收。

（3）对超过尺寸允许偏差且影响结构性能和安装、使用功能的部位，由施工单位提出技术处理方案，经监理（建设）、设计单位认可后进行处理。对经处理的部位应重新验收。

5. 混凝土结构子分部工程

（1）对涉及混凝土结构安全的有代表性的部位应进行结构实体检验，结构实体检验包括：混凝土强度、钢筋保护层厚度、结构位置与尺寸偏差以及合同约定的项目；必要时可检验其他项目。

结构实体检验应在监理工程师（建设单位项目专业技术负责人）见证下，由施工项目技术负责人组织实施。承担结构实体检验的试验室应具有相应的资质。

（2）混凝土结构子分部工程施工质量验收时，应提供下列文件和记录：

设计变更文件；原材料质量证明文件和抽样检验报告；预拌混凝土的质量证明文件；混凝土、灌浆料试件的性能检验报告；钢筋接头的试验报告；预制构件的质量证明文件和安装验收记录；预应力筋用锚具、连接器的质量证明文件和抽样检验报告；预应力筋安装、张拉的检验记录；钢筋套筒灌浆连接及预应力孔道灌浆记录；隐蔽工程验收记录；混凝土工程施工记录；混凝土试件的试验报告；分项工程验收记录；结构实体检验记录；工程的重大质量问题的处理方案和验收记录；其他必要的文件和记录。

（3）混凝土结构子分部工程施工质量验收合格应符合下列规定：

所含分项工程质量验收应合格；应有完整的质量控制资料；观感质量符合要求；结构实体检验结果满足规范要求。

（4）当混凝土结构施工质量不符合要求时，应按下列规定进行处理：

① 经返工、返修或更换构件、部件的，应重新进行验收；

② 经有资质的检测机构检测鉴定达到设计要求的，应予以验收；

③ 经有资质的检测机构检测鉴定达不到设计要求，但经原设计单位核算并确认仍可满足结构安全和使用功能的，可予以验收；

④ 经返修或加固处理能够满足结构可靠性要求的，可根据技术处理方案和协商文件进行验收。

5.2.2 砌体结构工程施工质量验收有关规定

《砌体结构工程施工质量验收规范》GB 50203 的有关规定：

1. 基本规定

（1）砌筑顺序应符合下列规定：

① 基底标高不同时，应从低处砌起，并应由高处向低处搭砌。当设计无要求时，搭接长度不应小于基础底的高差。

② 砌体的转角处和交接处应同时砌筑，当不能同时砌筑时，应按规定留槎、接槎。

（2）在墙上留置临时施工洞口，其侧边离交接处墙面不应小于500mm，洞口净宽度不应超过1m。抗震设防烈度为9度的地区建筑物的临时施工洞口位置，应会同设计单位确定。临时施工洞口应做好补砌。

（3）施工脚手眼补砌时，灰缝应填满砂浆，不得用干砖填塞。

（4）设计要求的洞口、沟槽、管道应于砌筑时正确留出或预埋，未经设计同意，不得打凿墙体和在墙体上开凿水平沟槽。宽度超过 300mm 的洞口上部，应设置钢筋混凝土过梁。

（5）砌筑完基础或每一楼层后，应校核砌体的轴线和标高。

（6）砌体施工质量控制等级分为 A、B、C 三级，配筋砌体不得为 C 级。

（7）砌体结构工程检验批的划分应同时符合下列规定：

① 所用材料类型及同类型材料的强度等级相同；

② 不超过 250m^3 砌体；

③ 主体结构砌体一个楼层（基础砌体可按一个楼层计），填充墙砌体量少时可多个楼层合并。

（8）砌体结构工程检验批验收时，其主控项目应全部符合规范的规定，一般项目应有 80% 及以上的抽检处符合规范的规定。有允许偏差的项目，最大超差值为允许偏差值的 1.5 倍。

2. 砌筑砂浆

（1）水泥进场使用前，应分批对其强度、安定性进行复验，检验批应以同一生产厂家、同一编号为一批。当在使用中对水泥质量有怀疑或水泥出厂超过三个月（快硬硅酸盐水泥超过一个月）时，应复查试验，并按其结果使用。不同品种的水泥，不得混合使用。

（2）严禁采用脱水硬化的石灰膏；建筑生石灰粉、消石灰粉不得替代石灰膏配制水泥石灰砂浆。

（3）施工中不应采用强度等级小于 M5 的水泥砂浆替代同强度等级水泥混合砂浆，如需替代，应将水泥砂浆提高一个强度等级。

（4）砌筑砂浆试块强度验收时，同一验收批砂浆试块抗压强度平均值应大于或等于设计强度等级值的 1.10 倍，同一验收批砂浆试块抗压强度的最小一组平均值应大于或等于设计强度等级值的 85%，其强度才能判定为合格。

3. 砖砌体工程

1）一般规定

（1）砌体砌筑时，混凝土多孔砖、混凝土实心砖、蒸压灰砂砖、蒸压粉煤灰砖等块体的产品龄期不应小于 28d。不同品种的砖不得在同一楼层混砌。

（2）有冻胀环境和条件的地区，地面以下或防潮层以下的砌体，不应采用多孔砖。

（3）240mm 厚承重墙的每层墙最上一皮砖、砖砌体的台阶水平面上及挑出层的外皮砖，应整砖丁砌。

2）主控项目

（1）砖和砂浆的强度等级必须符合设计要求。

抽检数量：每一生产厂家，烧结普通砖、混凝土实心砖每 15 万块，烧结多孔砖、混凝土多孔砖、蒸压灰砂砖及蒸压粉煤灰砖每 10 万块各为一个验收批，抽检数量为 1 组。

（2）砖砌体的转角处和交接处应同时砌筑，严禁无可靠措施的内外墙分砌施工。抽检数量：每检验批抽查不应少于5处。

（3）非抗震设防及抗震设防烈度为6度、7度地区的临时间断处，当不能留斜槎时，除转角处外，可留直槎，但直槎必须做成凸槎，且应加设拉结钢筋。

抽检数量：每检验批抽查不应少于5处。

4. 混凝土小型空心砌块砌体工程

1）一般规定

（1）底层室内地面以下或防潮层以下的砌体，应采用强度等级不低于C20（或Cb20）的混凝土灌实小砌块的孔洞。

（2）小砌块应将生产时的底面朝上反砌于墙上。

2）主控项目

（1）小砌块和芯柱混凝土、砌筑砂浆的强度等级必须符合设计要求。

抽检数量：每一生产厂家，每1万块小砌块为一验收批，不足1万块按一批计，抽检数量为1组。用于多层以上建筑的基础和底层的小砌块抽检数量不应少于2组。

（2）墙体转角处和纵横墙交接处应同时砌筑。抽检数量：每检验批抽查不应少于5处。

5. 填充墙砌体工程

1）一般规定

烧结空心砖、蒸压加气混凝土砌块、轻骨料混凝土小型空心砌块等的运输、装卸过程中，严禁抛掷和倾倒。进场后应按品种、规格分别堆放整齐，堆置高度不宜超过2m。蒸压加气混凝土砌块在运输及堆放过程中应防止雨淋。

2）主控项目

（1）烧结空心砖、小砌块和砌筑砂浆的强度等级应符合设计要求。

抽检数量：烧结空心砖每10万块为一验收批，小砌块每1万块为一验收批，不足上述数量时按一批计，抽检数量为1组。

检验方法：查砖、小砌块进场复验报告和砂浆试块试验报告。

（2）填充墙砌体应与主体结构可靠连接，其连接构造应符合设计要求，未经设计同意，不得随意改变连接构造方法。

（3）当填充墙与承重墙、柱、梁的连接钢筋采用化学植筋时，应进行实体检测。检验方法：原位试验检查。

3）一般项目

（1）填充墙留置的拉结钢筋或网片的位置应与块体皮数相符合。

（2）砌筑填充墙时应错缝搭砌，蒸压加气混凝土砌块搭砌长度不应小于砌块长度的1/3；轻骨料混凝土小型空心砌块搭砌长度不应小于90mm；竖向通缝不应大于2皮。

（3）填充墙砌体的灰缝厚度和宽度应正确。烧结空心砖、轻骨料混凝土小型空心砌块砌体的灰缝应为8～12mm。蒸压加气混凝土砌块砌体采用水泥砂浆、水泥混合砂浆或蒸压加气混凝土砌块砌筑砂浆时，水平灰缝厚度和竖向灰缝宽度不应超过15mm；当采用蒸压加气混凝土砌块粘结砂浆时，水平灰缝厚度和竖向灰缝宽度宜为3～4mm。

检验方法：水平灰缝厚度用尺量5皮小砌块的高度折算，竖向灰缝宽度用尺量2m砌体长度折算。

5.2.3 钢结构工程施工质量验收有关规定

《钢结构工程施工质量验收标准》GB 50205 的有关规定：

1. 焊接工程

1）一般规定

焊缝应冷却到环境温度后方可进行外观检测，无损检测应在外观检测合格后进行。焊缝施焊后应按焊接工艺规定在相应焊缝及部位作标志。

2）主控项目

（1）焊工必须经考试合格并取得合格证书。持证焊工必须在其焊工合格证书规定的认可范围内施焊。严禁无证焊工施焊，应全数检查所有焊工的合格证及其认可范围、有效期。

（2）设计要求的一、二级焊缝应进行内部缺陷的无损检测，一、二级焊缝的质量等级和检测要求详见《钢结构工程施工质量验收标准》GB 50205—2020 的规定。检验方法：超声或射线探伤记录。

（3）对于需要进行预热或后热的焊缝，其预热温度或后热温度应符合国家现行标准的规定或通过焊接工艺评定确定。应全数检查预热或后热施工记录和焊接工艺评定报告。

（4）栓钉焊瓷环保存时应有防潮措施，受潮的焊接瓷环使用前应在 120～150℃范围内烘焙 1～2h。

2. 紧固件连接工程

（1）普通螺栓作为永久性连接螺栓，当设计有要求或对其质量有疑义时，应进行螺栓实物最小拉力载荷复验。每一规格螺栓应抽查 8 个，检查螺栓实物复验报告。

（2）永久普通螺栓紧固应牢固、可靠，外露丝扣不应少于 2 扣。

（3）钢结构制作和安装单位应分别进行高强度螺栓连接摩擦面（含涂层摩擦面）的抗滑移系数试验和复验，现场处理的构件摩擦面应单独进行摩擦面抗滑移系数试验。

（4）对于扭剪型高强度螺栓连接副，除因构造原因无法使用专用扳手拧掉梅花头者外，螺栓尾部梅花头拧断为终拧结束。未在终拧中拧掉梅花头的螺栓数不应大于该节点螺栓数的 5%，对所有梅花头未拧掉的扭剪型高强度螺栓连接副应采用扭矩法或转角法进行终拧并作标记。

3. 钢零件及钢部件加工

（1）碳素结构钢在环境温度低于 −16℃，低合金结构钢在环境温度低于 −12℃时，不应进行剪切、冲孔，也不应进行冷矫正和冷弯曲。

（2）焊接球的半球由钢板压制而成，钢板压成半球后，表面不应有裂缝、褶皱，焊接球的两半球对接处坡口宜采用机械加工，对接焊缝表面应打磨平整。

（3）铸钢件可用机械、加热的方法进行矫正，矫正后的表面不得有明显的凹痕或其他损伤。

4. 钢构件组装工程

（1）钢材、钢部件拼接或对接时所采用的焊缝质量等级应满足设计要求。当设计无要求时，应采用质量等级不低于二级的熔透焊缝，对直接承受拉力的焊缝，应采用一级熔透焊缝。

（2）钢吊车梁的下翼缘不得焊接工装夹具、定位板、连接板等临时工件。钢吊车梁和吊车桁架组装、焊接完成后在自重荷载下不允许有下挠。

5. 单层、多高层钢结构安装工程

（1）结构安装测量校正、高强度螺栓连接副及摩擦面抗滑移系数、冬雨期施工及焊接等，应在实施前制订相应的施工工艺或方案。

（2）安装偏差的检测，应在结构形成空间稳定单元并连接固定且临时支承结构拆除前进行。

（3）在形成空间稳定单元后，应立即对柱底板和基础顶面的空隙进行二次浇灌。

（4）多节柱安装时，每节柱的定位轴线应从基准面控制轴线直接引上，不得从下层柱的轴线引上。

6. 空间结构安装工程

（1）钢网架、网壳结构总拼完成后及屋面工程完成后应分别测量其挠度值，且所测的挠度值不应超过相应荷载条件下挠度计算值的 1.15 倍。

（2）钢管（闭口截面）构件应有预防管内进水、存水的构造措施，严禁钢管内存水。

7. 涂装工程

（1）采用涂料防腐时，表面除锈处理后宜在 4h 内进行涂装，采用金属热喷涂防腐时，钢结构表面处理与热喷涂施工的间隔时间，晴天或湿度不大的气候条件下不应超过 12h，雨天、潮湿、有盐雾的气候条件下不应超过 2h。

（2）采用防火防腐一体化体系（含防火防腐双功能涂料）时，防腐涂装和防火涂装可以合并验收。

（3）防腐涂料、涂装遍数、涂层厚度均应满足设计文件、涂料产品标准的要求。当设计对涂层厚度无要求时，涂层干漆膜总厚度：室外不应小于 150μm，室内不应小于 125μm。

5.2.4 装配式混凝土结构施工质量验收有关规定

《装配式混凝土建筑技术标准》GB/T 51231 的有关规定：

1. 一般规定

（1）当国家现行标准对工程中的验收项目未作具体规定时，应由建设单位组织设计、施工、监理等相关单位制订验收要求。

（2）同一厂家生产的同批材料、部品，用于同期施工且属于同一工程项目的多个单位工程时，可合并进行进场验收。

（3）装配式混凝土结构连接节点及叠合构件浇筑混凝土前，应进行隐蔽工程验收，包括下列主要内容：

① 混凝土粗糙面的质量，键槽的尺寸、数量、位置；

② 钢筋的牌号、规格、数量、位置、间距、箍筋弯钩的弯折角度及平直段长度；

③ 钢筋的连接方式、接头位置、接头数量、接头面积百分率、搭接长度、锚固方式及锚固长度；

④ 预埋件、预留管线的规格、数量、位置；

⑤ 预制混凝土构件接缝处防水、防火等构造做法；

⑥ 保温及其节点施工。

2. 混凝土预制构件的主控项目要求

（1）专业企业生产的预制构件进场时，预制构件结构性能检验应符合下列规定：

① 梁板类简支受弯预制构件进场时应进行结构性能检验。

② 对于不可单独使用的叠合板预制底板，可不进行结构性能检验。对叠合梁构件是否进行结构性能检验、结构性能检验的方式应根据设计要求确定。

③ 对第①、②条以外的其他预制构件，除设计有专门要求外，进场时可不做结构性能检验。

（2）对以上规定中不做结构性能检验的预制构件，应采取下列措施：

① 施工单位或监理单位代表应驻厂监督生产过程。

② 当无驻厂监督时，预制构件进场时应对其主要受力钢筋数量、规格、间距、保护层厚度及混凝土强度等进行实体检验。

3. 混凝土预制构件安装与连接的主控项目

（1）钢筋采用套筒灌浆连接、浆锚搭接连接时，灌浆应饱满、密实，所有出口均应出浆。

（2）钢筋套筒灌浆连接及浆锚搭接连接的灌浆料强度应符合标准的规定和设计要求。每工作班应制作 1 组且每层不应少于 3 组 40mm×40mm×160mm 的长方体试件，标养 28d 后进行抗压强度试验。

（3）预制构件底部接缝坐浆强度应满足设计要求。每工作班同一配合比应制作 1 组且每层不应少于 3 组边长为 70.7mm 的立方体试件，标养 28d 后进行抗压强度试验。

（4）外墙板接缝的防水性能应符合设计要求。每 $1000m^2$ 外墙（含窗）面积应划分为一个检验批，不足 $1000m^2$ 时也应划分为一个检验批；每个检验批应至少抽查一处，抽查部位应为相邻两层四块墙板形成的水平和竖向十字接缝区域，面积不得少于 $10m^2$，进行现场淋水试验。

4. 外围护系统质量检查与验收

（1）外围护部品应完成下列隐蔽项目的现场验收：

① 预埋件。

② 与主体结构的连接节点。

③ 与主体结构之间的封堵构造节点。

④ 变形缝及墙面转角处的构造节点。

⑤ 防雷装置。

⑥ 防火构造。

（2）外围护系统应根据工程实际情况进行下列现场试验和测试：

① 饰面砖（板）的粘结强度测试。

② 墙板接缝及外门窗安装部位的现场淋水试验。

③ 现场隔声测试。

④ 现场传热系数测试。

（3）外围护系统应在验收前完成下列性能的试验和测试：

① 抗压性能、层间变形性能、耐撞击性能、耐火极限等试验室检测。

② 连接件材性、锚栓拉拔强度等检测。

5. 成品保护

（1）交叉作业时，应做好工序交接，不得对已完成工序的成品、半成品造成破坏。

（2）在装配式混凝土建筑施工全过程中，应采取防止预制构件、部品及预制构件上的建筑附件、预埋件、预埋吊件等损伤或污染的保护措施。

（3）预制构件饰面砖、石材、涂刷、门窗等处宜采用贴膜保护或其他专业材料保护。安装完成后，门窗框应采用槽形木框保护。

（4）连接止水条、高低口、墙体转角等薄弱部位，应采用定型保护垫块或专用套件作加强保护。

（5）预制楼梯饰面应采用铺设木板或其他覆盖形式的成品保护措施。楼梯安装后，踏步口宜铺设木条或采用其他覆盖形式保护。

（6）遇有大风、大雨、大雪等恶劣天气时，应采取有效措施对存放预制构件成品进行保护。

（7）施工梯架、工程用的物料等不得支撑、顶压或斜靠在部品上。

（8）当进行混凝土地面等施工时，应防止物料污染、损坏预制构件和部品表面。

5.3　装饰装修与屋面工程相关标准

5.3.1　建筑地面工程施工质量验收有关规定

《建筑地面工程施工质量验收规范》GB 50209 的有关规定：

1. 基本规定

（1）建筑地面的变形缝应按设计要求设置，并应符合下列规定：

① 建筑地面的沉降缝、伸缝、缩缝和防震缝，应与结构相应缝的位置一致，且应贯通建筑地面的各构造层；

② 沉降缝和防震缝的宽度应符合设计要求，缝内清理干净，以柔性密封材料填嵌后用板盖封，并应与面层齐平。

（2）建筑地面工程施工质量的检验，应符合下列规定：

① 基层（各构造层）和各类面层的分项工程施工质量验收应按每一层次或每层施工段（或变形缝）划分检验批，高层建筑的标准层可按每三层（不足三层按三层计）划分检验批；

② 每检验批应以各子分部工程的基层（各构造层）和各类面层所划分的分项工程按自然间（或标准间）检验，抽查数量应随机检验且不应少于3间；不足3间，应全数检查；其中走廊（过道）应以10延长米为1间，工业厂房（按单跨计）、礼堂、门厅应以两个轴线为1间计算；

③ 有防水要求的建筑地面子分部工程的分项工程施工质量每检验批抽查数量应按其房间总数随机检验且不少于4间，不足4间，应全数检查。

（3）建筑地面工程的分项工程施工质量检验的主控项目，应达到合格；一般项目80%以上的检查点（处）符合规范规定的质量要求，其他检查点（处）不得明显影响使用，且最大偏差值不超过允许偏差值的50%为合格。凡达不到质量标准时，应按标准规定处理。

2. 分部（子分部）工程验收

（1）建筑地面工程的施工质量验收应在建筑施工企业自检合格的基础上，由监理单位或建设单位组织有关单位对分项工程、子分部工程进行检验。

（2）建筑地面工程子分部工程质量验收应检查下列工程质量文件和记录：

① 建筑地面工程设计图纸和变更文件等；

② 原材料的质量合格证明文件、重要材料或产品的进场抽样复验报告；

③ 各层的强度等级、密实度等的试验报告和测定记录；

④ 各类建筑地面工程施工质量控制文件；

⑤ 各构造层的隐蔽验收及其他有关验收文件。

（3）建筑地面工程子分部工程质量验收应检查下列安全和功能项目：

① 有防水要求的建筑地面子分部工程的分项工程施工质量的蓄水检验记录，并抽查复验；

② 建筑地面板块面层铺设子分部工程和木、竹面层铺设子分部工程采用的砖、天然石材、预制板块、地毯、人造板材以及胶粘剂、胶结料、涂料等材料证明及环保资料。

（4）建筑地面工程子分部工程观感质量综合评价应检查下列项目：

① 变形缝、面层分格缝的位置和宽度以及填缝质量应符合规定；

② 室内建筑地面工程按各子分部工程经抽查分别作出评价；

③ 楼梯、踏步等工程项目经抽查分别作出评价。

5.3.2 住宅装饰装修工程施工有关规定

《住宅装饰装修工程施工规范》GB 50327 的有关规定：

1. 施工基本要求

（1）各工序，各分项工程应自检、互检及交接检。

（2）施工中，严禁损坏房屋原有绝热设施；严禁损坏受力钢筋；严禁超荷载集中堆放物品；严禁在预制混凝土空心楼板上打孔安装埋件。

（3）施工中，严禁擅自改动建筑主体、承重结构或改变房间主要使用功能；严禁擅自拆改燃气、暖气、通信等配套设施。

（4）管道、设备工程的安装及调试应在装饰装修工程施工前完成，必须同步进行的应在饰面层施工前完成。

2. 成品保护

（1）材料运输使用电梯时，应对电梯采取保护措施。

（2）材料搬运时要避免损坏楼道内顶、墙、扶手、楼道窗户及楼道门。

（3）各工种在施工中不得污染、损坏其他工种的半成品、成品。

（4）材料表面保护膜应在工程竣工时撤除。

3. 施工防火安全

（1）易燃物品应相对集中放置在安全区域并应有明显标识。施工现场不得大量积存可燃材料。

（2）易燃易爆材料的施工，应避免敲打、碰撞、摩擦等可能出现火花的操作。配套使用的照明灯、电动机、电气开关应有安全防爆装置。

（3）使用油漆等挥发性材料时，应随时封闭其容器。擦拭后的棉纱等物品应集中存放且远离热源。

（4）施工现场动用电气焊等明火时，必须清除周围及焊渣滴落区的可燃物质，并设专人监督。

（5）施工现场必须配备灭火器、砂箱或其他灭火工具。严禁在施工现场吸烟。

（6）严禁在运行中的管道、装有易燃易爆物品的容器和受力构件上进行焊接和切割。

4. 施工工艺要求

（1）施工的环境条件

应满足工艺要求，施工环境温度不应低于 5℃。低于 5℃施工时，应采取有效措施保证工程质量。

（2）材料

① 所使用的材料应按设计要求进行防火、防腐和防虫处理。

② 材料性能指标应进行复验：

a. 木材的含水率、人造木板的甲醛含量；

b. 砂浆的拉伸粘结强度、聚合物砂浆的保水率；

c. 水泥基粘结料的粘结强度；

d. 外墙陶瓷砖的吸水率、严寒及寒冷地区外墙陶瓷面砖的抗冻性；

e. 室内用花岗石和瓷质饰面砖的放射性。

（3）抹灰工程

① 抹灰用的水泥宜为硅酸盐水泥、普通硅酸盐水泥，其强度等级不应小于 32.5。不同品种、不同强度等级的水泥不得混合使用。抹灰用石灰膏的熟化期不应少于 15d。罩面用磨细石灰粉的熟化期不应少于 3d。

② 抹灰应分层进行，每遍厚度宜为 5～7mm。抹石灰砂浆和水泥混合砂浆每遍厚度宜为 7～9mm。当抹灰总厚度超出 35mm 时，应采取加强措施。底层的抹灰层强度不得低于面层的抹灰层强度。

（4）吊顶工程

① 重型灯具、电扇及其他重型设备严禁安装在吊顶龙骨上。

② 龙骨安装：龙骨吊点间距、起拱高度应符合设计及有关要求。

（5）墙面饰面工程的防震缝、伸缩缝、沉降缝等部位的处理应保证缝的使用功能和饰面完整性。

（6）管道安装工程

嵌入墙体、地面的管道应进行防腐处理并用水泥砂浆保护，其厚度应符合下列要求：墙内冷水管不小于 10mm，热水管不小于 15mm，嵌入地面的管道不小于 10mm。嵌入墙体、地面或暗敷的管道应作隐蔽工程验收。

（7）电气安装工程

① 电气安装工程配线时，相线与零线的颜色应不同；同一住宅相线（L）颜色应统一，零线（N）宜用蓝色，保护线（PE）必须用黄绿双色线。

② 同一回路电线应穿入同一根管内，但管内总根数不应超过 8 根，电线总截面积

（包括绝缘外皮）不应超过管内截面积的40%。电源线与通信线不得穿入同一根管内。

③ 电源线及插座与电视线及插座的水平间距不应小于500mm。电线与暖气、热水、煤气管之间的平行距离不应小于300mm，交叉距离不应小于100mm。同一室内的电源、电话、电视等插座面板应在同一水平标高上，高差应小于5mm。电源插座底边距地宜为300mm，平开关板底边距地宜为1400mm。

5.3.3 建筑内部装修设计防火有关规定

《建筑内部装修设计防火规范》GB 50222的有关规定：

1. 装修材料分类和分级

（1）装修材料按其使用部位和功能，可划分为顶棚装修材料、墙面装修材料、地面装修材料、隔断装修材料、固定家具、装饰织物、其他装修装饰材料七类。其他装修装饰材料系指楼梯扶手、挂镜线、踢脚板、窗帘盒、暖气罩等。

（2）装修材料按其燃烧性能应划分为四级：

A级：不燃性；B_1级：难燃性；B_2级：可燃性；B_3级：易燃性。

（3）安装在金属龙骨上燃烧性能达到B_1级的纸面石膏板、矿棉吸声板，可作为A级装修材料使用。

2. 特别场所

（1）建筑内部装修不应擅自减少、改动、拆除、遮挡消防设施、疏散指示标志、安全出口、疏散出口、疏散走道和防火分区、防烟分区等。

（2）建筑内部消火栓箱门不应被装饰物遮掩，消火栓箱门四周的装修材料颜色应与消火栓箱门的颜色有明显区别或在消火栓箱门表面设置发光标志。

（3）疏散走道和安全出口的顶棚、墙面不应采用影响人员安全疏散的镜面反光材料。

（4）地上建筑的水平疏散走道和安全出口的门厅，其顶棚应采用A级装修材料，其他部位应采用不低于B_1级装修材料；地下民用建筑的疏散走道和安全出口门厅，其顶棚、墙面和地面均应采用A级装修材料。

（5）疏散楼梯间和前室的顶棚、墙面和地面均应采用A级装修材料。

（6）建筑物内设有上下层相连通的中庭、走马廊、开敞楼梯、自动扶梯时，其连通部位的顶棚、墙面应采用A级装修材料，其他部位应采用不低于B_1级的装修材料。

（7）无窗房间内部装修材料的燃烧性能等级除A级外，应在常规要求的基础上提高一级。

（8）消防水泵房、机械加压送风排烟机房、配电室、变压器室、发电机房、储油间、通风和空调机房等，其内部所有装修均应采用A级装修材料。

（9）消防控制室等重要房间，其顶棚和墙面应采用A级装修材料，地面及其他部位装修应采用不低于B_1级的装修材料。

（10）建筑物内的厨房，其顶棚、墙面、地面均应采用A级装修材料。

（11）经常使用明火器具的餐厅、科研试验室，其装修材料的燃烧性能等级除A级外，应在常规要求的基础上提高一级。

（12）民用建筑内的库房或贮藏间，其内部所有装修除应符合相应场所规定外，应采用不低于B_1级的装修材料。

（13）展览性场所装修设计：展台应采用不低于 B_1 级的装修材料；展厅设置电加热设备的餐饮操作区内，与电加热设备贴邻的墙面、操作台均应采用 A 级装修材料；展台与卤钨灯等高温照明灯具贴邻部位应采用 A 级装修材料。

（14）住宅建筑装修设计：不应改动住宅内部烟道、风道；厨房内的固定橱柜宜采用不低于 B_1 级的装修材料；卫生间顶棚宜采用 A 级装修材料；阳台装修宜采用不低于 B_1 级的装修材料。

（15）照明灯具及电气设备、线路的高温部位，当靠近非 A 级装修材料或构件时，应采取隔热、散热等防火保护措施，与窗帘、帷幕、幕布、软包等装修材料的距离不应小于 500mm；灯饰应采用不低于 B_1 级的材料。

5.3.4 建筑内部装修防火施工及验收有关规定

《建筑内部装修防火施工及验收规范》GB 50354 的有关规定：

1. 基本规定

（1）建筑内部装修工程的防火施工与验收，应按装修材料种类划分为纺织织物子分部装修工程、木质材料子分部装修工程、高分子合成材料子分部装修工程、复合材料子分部装修工程及其他材料子分部装修工程。

（2）装修施工应按设计要求编写施工方案。施工现场管理应具备相应的施工技术标准、健全的施工质量管理体系和工程质量检验制度，并应按要求填写有关记录。

（3）进入施工现场的装修材料应完好，并应核查其燃烧性能或耐火极限、防火性能型式检验报告、合格证书等技术文件是否符合防火设计要求。核查、检验时，要求填写进场验收记录。

（4）建筑工程内部装修不得影响消防设施的使用功能。装修施工过程中，当确需变更防火设计时，应经原设计单位或具有相应资质的设计单位按有关规定进行。

（5）装修施工过程中，应分阶段对所选用的防火装修材料按规范的规定进行抽样检验。对隐蔽工程的施工，应在施工过程中及完工后进行抽样检验。现场进行阻燃处理、喷涂、安装作业的施工，应在相应的施工作业完成后进行抽样检验。

2. 下列材料进行见证取样检验

（1）B_1、B_2 级纺织织物及现场对纺织织物进行阻燃处理所使用的阻燃剂；

（2）B_1 级木质材料及现场进行阻燃处理所使用的阻燃剂及防火涂料；

（3）B_1、B_2 级高分子合成材料及现场进行阻燃处理所使用的阻燃剂及防火涂料；

（4）B_1、B_2 级复合材料及现场进行阻燃处理所使用的阻燃剂及防火涂料；

（5）B_1、B_2 级其他材料及现场进行阻燃处理所使用的阻燃剂及防火涂料。

3. 下列材料进行抽样检验

（1）现场阻燃处理后的纺织织物，每种取 $2m^2$ 检验燃烧性能；

（2）施工过程中受浸湿、燃烧性能可能受影响的纺织织物，每种取 $2m^2$ 检验燃烧性能；

（3）现场阻燃处理后的木质材料，每种取 $4m^2$ 检验燃烧性能；

（4）表面进行加工后的 B_1 级木质材料，每种取 $4m^2$ 检验燃烧性能；

（5）现场阻燃处理后的泡沫塑料每种取 $0.1m^3$ 检验燃烧性能；

（6）现场阻燃处理后的复合材料每种取 $4m^2$ 检验燃烧性能；

（7）现场阻燃处理后的其他材料应进行抽样检验燃烧性能。

4. 主控项目规定

（1）材料燃烧性能等级应符合设计要求。

（2）现场进行阻燃施工时，应检查阻燃剂的用量、适用范围、操作方法。

（3）木质材料表面进行防火涂料处理时，应对木质材料的所有表面进行均匀涂刷，且不应少于 2 次，第二次涂刷应在第一次涂层表面干后进行；涂刷防火涂料用量不应少于 $500g/m^2$。

（4）顶棚内采用泡沫塑料时，应涂刷防火涂料。防火涂料宜选用耐火极限大于 30min 的超薄型钢结构防火涂料或一级饰面型防火涂料，湿涂覆比值应大于 $500g/m^2$。涂刷应均匀，且涂刷不应少于 2 次。

（5）建筑隔墙或隔板、楼板的孔洞需要封堵时，应采用防火堵料严密封堵。采用防火堵料封堵孔洞、缝隙及管道井和电缆竖井时，应根据孔洞、缝隙及管道井和电缆竖井所在位置的墙板或楼板的耐火极限要求选用防火堵料。

（6）安装在 B_1 级以下（含 B_1 级）装修材料内的配件，如插座、开关等，必须采用防火封堵密封件或具有良好隔热性能的 A 级材料隔绝。

（7）灯具直接安装在 B_1 级以下（含 B_1 级）的材料上时，应采取隔热、散热等措施。

（8）灯具的发热表面不得靠近 B_1 级以下（含 B_1 级）的材料。

5. 工程质量验收

（1）工程质量验收应符合下列要求：

① 技术资料应完整；

② 所用装修材料或产品的见证取样检验结果应满足设计要求；

③ 装修施工过程中的抽样检验结果，包括隐蔽工程的施工过程中及完工后的抽样检验结果应符合设计要求；

④ 现场进行阻燃处理、喷涂、安装作业的抽样检验结果应符合设计要求；

⑤ 施工过程中的主控项目检验结果应全部合格；

⑥ 施工过程中的一般项目检验结果合格率应达到 80%。

（2）工程质量验收应由建设单位项目负责人组织施工单位项目负责人、监理工程师和设计单位项目负责人等进行。

（3）工程质量验收时可对主控项目进行抽查。当有不合格项时，应对不合格项进行整改。

（4）当装修施工的有关资料经审查全部合格、施工过程全部符合要求、现场检查或抽样检测结果全部合格时，工程验收应为合格。

5.3.5 建筑装饰装修工程质量验收有关规定

《建筑装饰装修工程质量验收标准》GB 50210 的有关规定：

1. 基本规定

（1）建筑装饰装修工程应进行设计，并应出具完整的施工图设计文件。由施工单位完成的深化设计应经建筑装饰装修设计单位确认。

（2）建筑装饰装修设计应符合城市规划、防火、环保、节能、减排等有关规定。建筑装饰装修耐久性应满足使用要求。

（3）建筑装饰装修工程采用的材料、构配件应按进场批次进行检验。属于同一工程项目且同期施工的多个单位工程，对同一厂家生产的同批材料、构配件、器具及半成品，可统一划分检验批，对品种、规格、外观和尺寸等进行验收。

（4）同一厂家生产的同一品种、同一类型的进场材料应至少抽取一组样品进行复验，当合同另有更高要求时应按合同执行。获得认证的产品或来源稳定且连续三批均一次检验合格的产品，进场验收时检验批的容量可扩大一倍，且仅可扩大一次。扩大检验批后的检验中，出现不合格情况时，应按扩大前的检验批容量重新验收，且该产品不得再次扩大检验批容量。

（5）建筑装饰装修工程施工中，不得违反设计文件擅自改动建筑主体、承重结构或主要使用功能。

（6）未经设计确认和有关部门批准，不得擅自拆改主体结构和水、暖、电、燃气、通信等配套设施。

（7）施工单位应采取有效措施控制施工现场的各种粉尘、废气、废弃物、噪声、振动等对周围环境造成的污染和危害。

（8）建筑装饰装修工程施工前应有主要材料的样板或做样板间（件），并应经有关各方确认。

2. 质量验收

（1）建筑装饰装修工程的子分部工程及其分项工程应按表5.3–1划分。

表5.3–1 建筑装饰装修工程的子分部工程及其分项工程的划分

项次	子分部工程	分项工程
1	建筑地面	基层铺设，整体面层铺设，板块面层铺设，木、竹面层铺设
2	抹灰	一般抹灰，保温层薄抹灰，装饰抹灰，清水砌体勾缝
3	外墙防水	外墙砂浆防水，涂膜防水，透气膜防水
4	门窗	木门窗安装，金属门窗安装，塑料门窗安装，特种门安装，门窗玻璃安装
5	吊顶	整体面层吊顶，板块面层吊顶，格栅吊顶
6	轻质隔墙	板材隔墙，骨架隔墙，活动隔墙，玻璃隔墙
7	饰面板	石板安装，陶瓷板安装，木板安装，金属板安装，塑料板安装
8	饰面砖	外墙饰面砖粘贴，内墙饰面砖粘贴
9	幕墙	玻璃幕墙安装，金属幕墙安装，石材幕墙安装，人造板材幕墙安装
10	涂饰	水性涂料涂饰，溶剂型涂料涂饰，美术涂饰
11	裱糊与软包	裱糊、软包
12	细部	橱柜制作与安装，窗帘盒和窗台板制作与安装，门窗套制作与安装，护栏和扶手制作与安装，花饰制作与安装

（2）检验批的合格判定应符合下列规定：

① 抽查样本均应符合《建筑装饰装修工程质量验收标准》GB 50210—2018（以下简称《标准》）主控项目的规定。

② 抽查样本的 80% 以上应符合本《标准》一般项目的规定，其余样本不得有影响使用功能或明显影响装饰效果的缺陷，其中有允许偏差的检验项目，其最大偏差不得超过本《标准》规定允许偏差的 1.5 倍。

（3）分项工程中各检验批的质量均应达到本《标准》的规定。

（4）子分部工程中各分项工程的质量均应验收合格，并应符合下列规定：

① 应具备本《标准》各子分部工程规定检查的文件和记录。

② 应具备表 5.3–2 所规定的有关安全和功能的检测项目的合格报告。

表 5.3–2　有关安全和功能的检测项目表

项次	子分部工程	检测项目
1	门窗工程	建筑外窗的气密性能、水密性能和抗风压性能
2	饰面板工程	饰面板后置埋件的现场拉拔力
3	饰面砖工程	外墙饰面砖样板及工程的饰面砖粘结强度
4	幕墙工程	（1）硅酮结构胶的相容性和剥离粘结性； （2）幕墙后置埋件和槽式预埋件的现场拉拔力； （3）幕墙的气密性、水密性、抗风压性能及层间变形性能

③ 观感质量应符合本《标准》各分项工程中一般项目的要求。

（5）分部工程中各子分部工程的质量均应验收合格，并应按本《标准》的规定进行核查。当建筑工程只有装饰装修分部工程时，该工程应作为单位工程验收。

（6）未经竣工验收合格的建筑装饰装修工程不得投入使用。

5.3.6　屋面工程质量验收有关规定

《屋面工程质量验收规范》GB 50207 的有关规定：

1. 基本规定

（1）屋面防水工程完工后，应进行观感质量检查和雨后观察或淋水、蓄水试验，不得有渗漏和积水现象。

（2）屋面工程各分项工程（表 5.3–3）宜按屋面面积每 500～1000m^2 划分为一个检验批，不足 500m^2 为一个检验批，每个检验批的抽检数量应按相关规范规定执行。

表 5.3–3　屋面工程各子分部工程和分项工程的划分

分部工程	子分部工程	分项工程
屋面工程	基层与保护	找坡层，找平层，隔汽层，隔离层，保护层
	保温与隔热	板状材料保温层，纤维材料保温层，喷涂硬泡聚氨酯保温层，现浇泡沫混凝土保温层，种植隔热层，架空隔热层，蓄水隔热层
	防水与密封	卷材防水层，涂膜防水层，复合防水层，接缝密封防水
	瓦面与板面	烧结瓦和混凝土瓦铺装，沥青瓦铺装，金属板铺装，玻璃采光顶铺装
	细部构造	檐口，檐沟和天沟，女儿墙和山墙，水落口，变形缝，伸出屋面管道，屋面出入口，反梁过水孔，设施基座，屋脊，屋顶窗

2. 基层与保护工程

（1）屋面找坡应满足设计排水坡度要求，结构找坡不应小于 3%，材料找坡宜为 2%；檐沟、天沟纵向找坡不应小于 1%，沟底水落差不得超过 200mm。

（2）基层与保护工程各分项工程每个检验批的抽检数量，应按屋面面积每 $100m^2$ 抽查 1 处，每处应为 $10m^2$，且不得少于 3 处。

（3）质量验收主控项目

① 找平层主控项目：找坡层和找平层所用材料的质量及配合比；找坡层和找平层的排水坡度。

② 隔汽层主控项目：隔汽层所用材料的质量；隔汽层不得有破损现象。

③ 隔离层主控项目：隔离层所用材料的质量及配合比；隔离层不得有破损和漏铺现象。

④ 保护层主控项目：保护层所用材料的质量及配合比；块体材料、水泥砂浆或细石混凝土保护层的强度等级；保护层的排水坡度。

3. 保温与隔热工程

（1）保温材料的导热系数、表观密度或干密度、抗压强度或压缩强度、燃烧性能，必须符合设计要求。

（2）保温与隔热工程各分项工程每个检验批的抽检数量，应按屋面面积每 $100m^2$ 抽查 1 处，每处应为 $10m^2$，且不得少于 3 处。

（3）质量验收主控项目

① 板状材料、纤维材料保温隔热层主控项目：板状、纤维保温材料的质量；保温层的厚度；屋面热桥部位处理。

② 喷涂硬泡聚氨酯、现浇泡沫混凝土保温层主控项目：所用原材料的质量及配合比；保温层的厚度；屋面热桥部位处理。

③ 种植隔热层主控项目：所用材料的质量；排水层应与排水系统连通；挡墙或挡板泄水孔的留设。

④ 架空隔热层主控项目：架空隔热制品的质量；架空隔热制品的铺设。

⑤ 蓄水隔热层主控项目：防水混凝土所用材料的质量及配合比；防水混凝土的抗压强度和抗渗性能；蓄水池不得有渗漏现象。

4. 防水与密封工程

（1）卷材防水层主控项目：防水卷材及其配套材料的质量；卷材防水层不得有渗漏和积水现象；卷材防水层在檐口、檐沟、天沟、水落口、泛水、变形缝和伸出屋面管道的防水构造。

（2）涂膜防水层主控项目：防水涂料和胎体增强材料的质量；涂膜防水层不得有渗漏和积水现象；涂膜防水层在檐口、檐沟、天沟、水落口、泛水、变形缝和伸出屋面管道的防水构造；涂膜防水层的平均厚度。

（3）复合防水层主控项目：防水涂料及其配套材料的质量；复合防水层不得有渗漏和积水现象；复合防水层在檐口、檐沟、天沟等处的防水构造。

（4）接缝密封防水质量

① 密封防水部位的基层应清洁、干燥，并应无油污、无灰尘。基层应牢固，表面

应平整、密实，不得有裂缝、蜂窝、麻面、起皮和起砂现象；嵌入的背衬材料与接缝壁间不得留有空隙。

② 密封材料嵌填应密实、连续、饱满，粘结牢固，不得有气泡、开裂、脱落等缺陷。

③ 密封材料嵌填完成后，在固化前应避免灰尘、破损及污染，且不得踩踏。

5. 细部构造工程

（1）檐沟和天沟的排水坡度应符合设计要求，沟内不得有渗漏和积水现象。檐沟外侧顶部及侧面均应抹聚合物水泥砂浆，其下端应做成鹰嘴或滴水槽。

（2）女儿墙和山墙的压顶向内排水坡度不应小于5%，压顶内侧下端应做成鹰嘴或滴水槽。女儿墙和山墙的卷材应满粘，卷材收头应用金属压条钉压固定，并应用密封材料封严。女儿墙和山墙的涂膜应直接涂刷至压顶下，涂膜收头应用防水涂料多遍涂刷。

（3）水落口杯上口应设在沟底的最低处，水落口处不得有渗漏和积水现象。

（4）变形缝处防水层应铺贴或涂刷至泛水墙的顶部。等高变形缝顶部宜加扣混凝土或金属盖板；高低跨变形缝在高跨墙面上的防水卷材封盖和金属盖板，应用金属压条钉压固定，并应用密封材料封严。

5.4 绿色建造与建筑节能相关标准

5.4.1 节能建筑评价有关规定

现行《节能建筑评价标准》GB/T 50668 的有关规定：

1. 基本规定

（1）节能建筑评价应包括节能建筑设计评价和节能建筑工程评价两个阶段。

（2）节能建筑工程评价指标体系应由建筑规划、建筑围护结构、采暖通风与空气调节、给水排水、电气与照明、室内环境和运营管理七类指标组成。

2. 居住建筑

1）围护结构

（1）严寒、寒冷地区外墙与屋面的热桥部位，外窗（门）洞口室外部分的侧墙面应进行保温处理，保证热桥部位的内表面湿度不低于设计状态下的室内空气露点温度，并减小附加热损失。

（2）夏热冬冷、夏热冬暖地区能保证围护结构热桥部位的内表面温度不低于设计状态下的室内空气露点温度。

（3）围护结构施工中使用的保温隔热材料的性能指标应符合表5.4–1的规定。

建筑材料和产品进行的复验项目应符合表5.4–2的规定。

表5.4–1 围护结构施工使用的保温隔热材料的性能指标

序号	分项工程	性能指标
1	墙体节能工程	厚度、导热系数、密度、抗压强度或压缩强度、燃烧性能
2	门窗节能工程	保温性能、中空玻璃露点、玻璃遮阳系数、可见光透射比
3	屋面节能工程	厚度、导热系数、密度、抗压强度或压缩强度、燃烧性能

续表

序号	分项工程	性能指标
4	地面节能工程	厚度、导热系数、密度、抗压强度或压缩强度、燃烧性能
5	严寒地区墙体保温工程粘结材料	冻融循环

表5.4-2 建筑材料和产品进行复验项目

序号	分项工程	性能指标
1	墙体节能工程	保温材料的导热系数、密度、抗压强度或压缩强度；粘结材料的粘结性能；增强网的力学性能、抗腐蚀性能
2	门窗节能工程	严寒、寒冷地区气密性、传热系数和中空玻璃露点；夏热冬冷地区遮阳系数
3	屋面节能工程	保温隔热材料的导热系数、密度、抗压强度或压缩强度
4	地面节能工程	保温隔热材料的导热系数、密度、抗压强度或压缩强度
5	严寒地区墙体保温工程粘结材料	冻融循环

（4）严寒、寒冷地区单元入口门设有门斗或其他避风防渗透措施。

（5）夏热冬冷、夏热冬暖地区建筑屋面，外墙具有良好的隔热措施，屋面、外墙外表面材料太阳辐射吸收系数小于0.6。

（6）夏热冬冷、夏热冬暖地区分户墙、分户楼板采取保温措施，传热系数满足国家现行相关节能标准规定。

2）室内环境

（1）厨房和无外窗的卫生间应设有通风措施，或预留安装排风机的位置和条件。

（2）相对湿度较大的地区围护结构应具有防潮措施。

3. 公共建筑

1）围护结构

（1）围护结构施工中使用的保温隔热材料的性能指标应符合表5.4-1的规定，透明幕墙节能材料要求同门窗节能工程。建筑材料和产品进行的复检项目应符合表5.4-2的规定，透明幕墙材料要求复试中空玻璃露点、玻璃遮阳系数、可见光透射比。

（2）采暖空调建筑入口处设置门斗、旋转门、空气幕等避风、防空气渗透、保温隔热措施。

（3）寒冷地区、夏热冬冷和夏热冬暖地区，南向、西向、东向的外窗和透明幕墙设有活动的外遮阳装置。活动的外遮阳装置能方便地控制与维护。

2）室内环境

（1）建筑围护结构内部和表面应无结露、发霉现象。

（2）建筑中每个房间的外窗可开启面积不小于该房间外窗面积的30%；透明幕墙具有不小于房间透明面积10%的可开启部分。

3）运营管理

公共建筑夏季室内空调温度设置不应低于26℃，冬季室内空调温度设置不应高于20℃。

5.4.2 绿色建造技术导则有关规定

《绿色建造技术导则（试行）》（建办质〔2021〕9 号）规定：

1. 基本规定

（1）绿色建造宜采用系统化集成设计、精益化生产施工、一体化装修的方式，加强新技术推广应用，整体提升建造方式的工业化水平。

（2）绿色建造宜结合实际需求，有效采用 BIM、物联网、大数据、云计算、移动通信、区块链、人工智能、机器人等相关技术，整体提升建造手段的信息化水平。

2. 绿色策划

（1）绿色策划方案应明确绿色建造总体目标和资源节约、环境保护、减少碳排放、品质提升、职业健康安全等分项目标，应包括绿色设计策划、绿色施工策划、绿色交付策划等内容。

（2）应对生态环境保护、资源节约与循环利用、碳排放降低、人力资源节约及职业健康安全等进行总体分析，策划适宜的绿色施工技术路径与措施。

3. 绿色设计

（1）应综合考虑安全耐久、节能减排、易于建造等因素，择优选择建筑形体和结构体系。

（2）应优先采用管线分离、一体化装修技术，对建筑围护结构和内外装饰装修构造节点进行精细设计。

（3）应建立涵盖设计、生产、施工等不同阶段的协同设计机制，实现生产、施工、运营维护各方的前置参与，统筹管理项目方案设计、初步设计、施工图设计。

（4）建筑材料的选用应符合下列规定：

① 应符合国家和地方相关标准规范的环保要求；

② 宜优先选用获得绿色建材评价认证标识的建筑材料和产品；

③ 宜优先采用高强、高性能材料；

④ 宜选择地方性建筑材料和当地推广使用的建筑材料。

4. 绿色施工

（1）应根据绿色施工策划进行绿色施工组织设计、绿色施工方案编制。

（2）应积极采用工业化、智能化建造方式，实现工程建设低消耗、低排放、高质量和高效益。

（3）应编制施工现场建筑垃圾减量化专项方案，实现建筑垃圾源头减量、过程控制、循环利用。

（4）应通过信息化手段监测并分析施工现场扬尘、噪声、光、污水、有害气体、固体废弃物等各类污染物。

（5）应推广使用新型模架体系，提高施工临时设施和周转材料的工业化程度和周转次数。

（6）应采取措施减少固体废弃物产生，建筑垃圾产生量应控制在现浇钢筋混凝土结构每万平方米不大于 300t，装配式建筑每万平方米不大于 200t（不包括工程渣土、工程泥浆）。

（7）宜采用自动化施工器械、智能移动终端等相关设备，提升施工质量和效率，降低安全风险。积极推广使用建筑机器人进行材料搬运、打磨、钢筋加工、喷涂、高空焊接等工作。

5. 绿色交付

（1）应将建筑各分部分项工程的设计、施工、检测等技术资料整合和校验，并按相关标准移交建设单位和运营单位。

（2）应按照绿色交付标准及成果要求提供实体交付及数字化交付成果。数字化交付成果应保证与实体交付成果信息的一致性和准确性，建设单位可在交付前组织成果验收。

5.4.3 建筑节能工程施工质量验收有关规定

现行《建筑节能工程施工质量验收标准》GB 50411 的有关规定：

1. 基本规定

1）技术与管理

单位工程施工组织设计应包括建筑节能工程的施工内容。建筑节能工程施工前，施工单位应编制建筑节能工程专项施工方案。施工单位应对从事建筑节能工程施工作业的人员进行技术交底和必要的实际操作培训。

2）材料与设备

进入施工现场用于节能工程的材料、构件和设备均应具有出厂合格证、中文说明书及相关性能检测报告。

涉及建筑节能效果的定型产品、预制构件，以及采用成套技术现场施工安装的工程，相关单位应提供型式检验报告。当无明确规定时，型式检验报告的有效期不应超过2年。

3）施工与控制

建筑节能工程施工应按照经审查合格的设计文件和经审查批准的专项施工方案施工。建筑节能工程的施工作业环境和条件，应符合国家现行相关标准的规定和施工工艺的要求。节能保温材料不宜在雨雪天气中露天施工。

2. 墙体节能工程

1）一般规定

墙体节能工程应对下列部位或内容进行隐蔽工程验收，并应有详细的文字记录和必要的图像资料：

（1）保温层附着的基层及其表面处理；

（2）保温板粘结或固定；

（3）被封闭的保温材料厚度；

（4）锚固件及锚固节点做法；

（5）增强网铺设；

（6）抹面层厚度；

（7）墙体热桥部位处理；

（8）保温装饰板、预置保温板或预制保温墙板的位置、界面处理、板缝、构造节点及固定方式；

（9）现场喷涂或浇注有机类保温材料的界面；

（10）保温隔热砌块墙体；

（11）各种变形缝处的节能施工做法。

2）主控项目

（1）墙体节能工程使用的材料、产品进场时，应对其下列性能进行复验，复验应为见证取样检验：

① 保温隔热材料的导热系数或热阻、密度、压缩强度或抗压强度、垂直于板面方向的抗拉强度、吸水率、燃烧性能（不燃材料除外）；

② 复合保温板等墙体节能定型产品的传热系数或热阻、单位面积质量、拉伸粘结强度、燃烧性能（不燃材料除外）；

③ 保温砌块等墙体节能定型产品的传热系数或热阻、抗压强度、吸水率；

④ 反射隔热材料的太阳光反射比，半球发射率；

⑤ 粘结材料的拉伸粘结强度；

⑥ 抹面材料的拉伸粘结强度、压折比；

⑦ 增强网的力学性能、抗腐蚀性能。

（2）外墙外保温工程应采用预制构件、定型产品或成套技术，并应由同一供应商提供配套的组成材料和型式检验报告。型式检验报告中应包括耐候性和抗风压性能检验项目以及配套组成材料的名称、生产单位、规格型号及主要性能参数。

（3）墙体节能工程的施工质量，必须符合下列规定：

① 保温隔热材料的厚度不得低于设计要求。

② 保温板材与基层及各构造层之间的粘结或连接必须牢固。保温板材与基层的连接方式、拉伸粘结强度和粘结面积比应符合设计要求。保温板材与基层之间的拉伸粘结强度应进行现场拉拔试验，且不得在界面破坏。粘结面积比应进行剥离检验。

③ 当采用保温浆料做外保温时，厚度大于20mm的保温浆料应分层施工。保温浆料与基层之间及各层之间的粘结必须牢固，不应脱层、空鼓和开裂。

④ 当保温层采用锚固件固定时，锚固件数量、位置、锚固深度、胶结材料性能和锚固力应符合设计和施工方案的要求；保温装饰板的锚固件使其装饰面板可靠固定；锚固力应做现场拉拔试验。

3）一般项目

（1）当采用增强网作为防止开裂的措施时，增强网的铺贴和搭接应符合设计和专项施工方案的要求。砂浆抹压应密实，不得空鼓，增强网应铺贴平整，不得皱褶、外露。

（2）墙体上的阳角、门窗洞口及不同材料基体的交接处等部位，其保温层应采取防止开裂和破损的加强措施。

3. 幕墙节能工程

1）一般规定

（1）当幕墙节能工程采用隔热型材时，应提供隔热型材所使用的隔断热桥材料的物理力学性能检测报告。

（2）幕墙节能工程施工中应对规定的部位或项目进行隐蔽工程验收。

2）主控项目

（1）幕墙（含采光顶）节能工程使用的材料、构件进场时，应对其下列性能进行复验，复验应为见证取样检验：

① 保温隔热材料的导热系数或热阻、密度、吸水率、燃烧性能（不燃材料除外）；

② 幕墙玻璃的可见光透射比、传热系数、遮阳系数，中空玻璃的密封性能；

③ 隔热型材的抗拉强度、抗剪强度；

④ 透光、半透光遮阳材料的太阳光透射比、太阳光反射比。

（2）幕墙隔汽层应完整、严密、位置正确，穿透隔汽层处应采取密封措施。

（3）建筑幕墙与基层墙体、窗间墙、窗槛墙及裙墙之间的空间，应在每层楼板处和防火分区隔离部位采用防火封堵材料封堵。

4. 门窗节能工程

（1）门窗节能工程应优先选用具有国家建筑门窗节能性能标识的产品。当门窗采用隔热型材时，应提供隔热型材所使用的隔断热桥材料的物理力学性能检测报告。

（2）门窗节能工程验收的检验批划分，除符合标准外还应符合下列规定：

① 同一厂家的同材质、类型和型号的门窗每200樘划分为一个检验批；

② 同一厂家的同材质、类型和型号的特种门窗每50樘划分为一个检验批；

③ 异形或有特殊要求的门窗检验批的划分也可根据其特点和数量，由施工单位与监理单位协商确定。

（3）门窗（包括天窗）节能工程使用的材料、构件进场时，应按工程所处的气候区核查质量证明文件、节能性能标识证书、门窗节能性能计算书、复验报告，并应对下列性能进行复验，复验应为见证取样检验：

① 严寒、寒冷地区：门窗的传热系数、气密性能；

② 夏热冬冷地区：门窗的传热系数、气密性能，玻璃的遮阳系数、可见光透射比；

③ 夏热冬暖地区：门窗的气密性能，玻璃的遮阳系数、可见光透射比；

④ 严寒、寒冷、夏热冬冷和夏热冬暖地区：透光、部分透光遮阳材料的太阳光透射比、太阳光反射比，中空玻璃的密封性能。

（4）外门窗框或副框与洞口之间的间隙应采用弹性闭孔材料填充饱满，并进行防水密封，夏热冬暖地区、温和地区当采用防水砂浆填充间隙时，窗框与砂浆间应用密封胶密封；外门窗框与副框之间的缝隙应使用密封胶密封。

5. 屋面节能工程

（1）屋面节能工程应对下列部位进行隐蔽工程验收，并应有详细的文字记录和必要的图像资料：

① 基层及其表面处理；

② 保温材料的种类、厚度、保温层的敷设方法；板材缝隙填充质量；

③ 屋面热桥部位处理；

④ 隔汽层。

（2）屋面节能工程使用的材料进场时，应对其下列性能进行复验，复验应为见证取样检验：

① 保温隔热材料的导热系数或热阻、密度、压缩强度或抗压强度、吸水率、燃烧

性能（不燃材料除外）；

② 反射隔热材料的太阳光反射比、半球发射率。

6. 地面节能工程

（1）地面节能工程应对下列部位进行隐蔽工程验收，并应有详细的文字记录和必要的图像资料：

① 基层及其表面处理；

② 保温材料种类和厚度；

③ 保温材料粘结；

④ 地面热桥部位处理。

（2）地面节能工程使用的保温材料进场时，应对其导热系数或热阻、密度、压缩强度或抗压强度、吸水率、燃烧性能（不燃材料除外）等进行复验，复验应为见证取样检验。

（3）严寒和寒冷地区，建筑首层直接接触土壤的地面、底面直接接触室外空气的地面、毗邻不供暖空间的地面以及供暖地下室与土壤接触的外墙应按设计要求采取保温措施。

7. 围护结构现场实体检验

（1）建筑围护结构节能工程施工完成后，应对围护结构的外墙节能构造和外窗气密性能进行现场实体检验。

（2）建筑外墙节能构造的现场实体检验应包括墙体保温材料的种类、保温层厚度和保温构造做法。

（3）建筑外窗气密性能现场实体检验的方法应符合国家现行有关标准的规定，下列建筑的外窗应进行气密性能实体检验：

① 严寒、寒冷地区建筑；

② 夏热冬冷地区高度大于或等于 24m 的建筑和有集中供暖或供冷的建筑；

③ 其他地区有集中供冷或供暖的建筑。

（4）外墙节能构造钻芯检验应由监理工程师见证，可由建设单位委托有资质的检测机构实施，也可由施工单位实施。

（5）当对外墙传热系数或热阻进行检验时，应由监理工程师见证，由建设单位委托具有资质的检测机构实施；其检测方法、抽样数量、检测部位和合格判定标准等可按照相关标准确定，并在合同中约定。

（6）外窗气密性能的现场实体检验应由监理工程师见证，由建设单位委托有资质的检测机构实施。

5.4.4 民用建筑工程室内环境污染控制有关规定

现行《民用建筑工程室内环境污染控制标准》GB 50325 有关规定：

1. 分类

（1）民用建筑工程根据控制室内环境污染的不同要求，划分为以下两类：

① Ⅰ类民用建筑工程：住宅、居住功能公寓、老年人照料房屋设施、幼儿园、学校教室、学生宿舍等；

② Ⅱ类民用建筑工程：办公楼、商店、旅馆、文化娱乐场所、书店、图书馆、展览馆、体育馆、公共交通等候室、餐厅等。

（2）需要控制的室内环境污染物有氡（Rn–222）、甲醛、氨、苯、甲苯、二甲苯和总挥发性有机化合物（TVOC）。

2. 材料

1）无机非金属建筑主体材料和装修材料

（1）民用建筑工程所使用的砂、石、砖、砌块、水泥、混凝土、混凝土预制构件等无机非金属建筑主体材料，其放射性指标限量为：内照射指数 $I_{Ra} \leqslant 1.0$，外照射指数 $I_{\gamma} \leqslant 1.0$。

（2）民用建筑工程所使用的无机非金属装修材料，包括石材、建筑卫生陶瓷、石膏制品、无机粉黏结材料等，其放射性指标限量划分为A类、B类、C类三类，见表5.4–3。

表5.4–3 无机非金属装修材料放射性限量

测定项目	限量		
	A类	B类	C类
内照射指数（I_{Ra}）	≤1.0	≤1.3	—
外照射指数（I_{γ}）	≤1.3	≤1.9	≤2.8

2）人造木板及饰面人造木板

（1）民用建筑工程室内用人造木板及饰面人造木板，必须测定游离甲醛含量或游离甲醛释放量。

（2）当采用环境测试舱法测定人造木板及饰面人造木板的游离甲醛释放量时，不应大于 $0.124mg/m^3$。

（3）当采用干燥器法测定人造木板及其制品的游离甲醛释放量时，不应大于1.5mg/L。

（4）人造木板及其制品可采用环境测试舱法或干燥器法测定甲醛释放量，当发生争议时应以环境测试舱法的测定结果为准。

3）涂料

（1）民用建筑工程室内用水性涂料和水性腻子，应测定游离甲醛的含量，其限量规定：游离甲醛≤100mg/kg。

（2）民用建筑工程室内用溶剂型涂料、溶剂型木器涂料和腻子应测定VOC和苯、甲苯＋二甲苯＋乙苯含量；民用建筑工程室内用酚醛防锈涂料、防水涂料、防火涂料及其他溶剂型涂料，应按其规定的最大稀释比例混合后，测定VOC和苯、甲苯＋二甲苯＋乙苯的含量，其限量应符合表5.4–4的规定。

表5.4–4 室内用溶剂型涂料中VOC、苯、甲苯＋二甲苯＋乙苯限量

涂料类别	VOC（g/L）	苯（%）	甲苯＋二甲苯＋乙苯（%）
酚醛防锈涂料	≤270	≤0.3	—
防水涂料	≤750	≤0.2	≤40
防火涂料	≤500	≤0.1	≤10
其他溶剂型涂料	≤600	≤0.3	≤30

4）胶粘剂

（1）民用建筑工程室内用水性胶粘剂，应测定挥发性有机化合物（VOC）和游离甲醛的含量。

（2）民用建筑工程室内用溶剂型胶粘剂，应测定挥发性有机化合物（VOC）、苯、甲苯＋二甲苯的含量。

（3）聚氨酯胶粘剂应测定游离甲苯二异氰酸酯（TDI）的含量。

3. 工程设计

（1）室内不得使用国家禁止使用、限制使用的建筑材料。

（2）室内装修中所使用的木地板及其他木质材料，严禁采用沥青、煤焦油类防腐、防潮处理剂。

（3）室内装修时，不应采用聚乙烯醇水玻璃内墙涂料、聚乙烯醇缩甲醛内墙涂料和树脂以硝化纤维素为主、溶剂以二甲苯为主的水包油型（O/W）多彩内墙涂料。

（4）民用建筑工程中，不应在室内采用脲醛树脂泡沫塑料作为保温、隔热和吸声材料。

4. 工程施工

1）一般规定

（1）施工单位应按设计要求及标准规范的有关规定进行施工，不得擅自更改设计文件的要求。当需要更改时，应经原设计单位确认后按施工变更程序的有关规定进行。

（2）民用建筑工程室内装修，当多次重复使用同一设计时，宜先做样板间，并对其室内环境污染物浓度进行检测。

2）施工要求

（1）民用建筑工程室内装修时，严禁使用苯、工业苯、石油苯、重质苯及混苯作为稀释剂和溶剂，不应使用苯、甲苯、二甲苯和汽油进行除油和清除旧油漆作业。

（2）涂料、胶粘剂、水性处理剂、稀释剂和溶剂等使用后，应及时封闭存放，废料应及时清出。

（3）采暖地区的民用建筑工程，室内装修施工不宜在采暖期内进行。

5. 验收

（1）民用建筑工程及室内装修工程的室内环境质量验收，应在工程完工至少7d以后、工程交付使用前进行。

（2）民用建筑工程竣工验收时，室内环境污染物浓度符合表5.4-5的限量规定。

表5.4-5 民用建筑工程室内环境污染物浓度限量

污染物	Ⅰ类民用建筑	Ⅱ类民用建筑
氡（Bq/m^3）	≤150	≤150
甲醛（mg/m^3）	≤0.07	≤0.08
氨（mg/m^3）	≤0.15	≤0.20
苯（mg/m^3）	≤0.06	≤0.09
甲苯（mg/m^3）	≤0.15	≤0.20

续表

污染物	Ⅰ类民用建筑	Ⅱ类民用建筑
二甲苯（mg/m^3）	≤ 0.20	≤ 0.20
TVOC（mg/m^3）	≤ 0.45	≤ 0.50

（3）民用建筑工程验收时，应抽检每个建筑单体有代表性的房间室内环境污染物浓度。

① 氡、甲醛、氨、苯、甲苯、二甲苯、TVOC 的抽检量不得少于房间总数的 5%，每个建筑单体不得少于 3 间，当房间总数少于 3 间时，应全数检测。

② 幼儿园、学校教室、学生宿舍、老年人照料房屋设施室内装饰装修验收时，室内空气中氡、甲醛、氨、苯、甲苯、二甲苯、TVOC 的抽检量不得少于房间总数的 50%，且不得少于 20 间。当房间总数不大于 20 间时，应全数检测。

（4）民用建筑工程验收时，凡进行了样板间室内环境污染物浓度检测且检测结果合格的，其同一装饰装修设计样板间类型的房间抽检量可减半，并不得少于 3 间。

（5）民用建筑工程验收时，室内环境污染物浓度检测点数应按表 5.4-6 设置。

表 5.4-6　室内环境污染物浓度检测点数设置

房间使用面积（m^2）	检测点数（个）
＜ 50	1
≥ 50、＜ 100	2
≥ 100、＜ 500	不少于 3
≥ 500、＜ 1000	不少于 5
≥ 1000	≥ $1000m^2$ 的部分，每增加 $1000m^2$ 增设 1 个，增加面积不足 $1000m^2$ 时按增加 $1000m^2$ 计算

（6）当房间内有 2 个及以上检测点时，应采用对角线、斜线、梅花状均衡布点，并取各点检测结果的平均值作为该房间的检测值。

（7）民用建筑工程验收时，室内环境污染物浓度现场检测点应距房间地面高度 0.8～1.5m，距房间内墙面不应小于 0.5m。检测点应均匀分布，且应避开通风道和通风口。

第 3 篇　建筑工程项目管理实务

第 6 章　建筑工程企业资质与施工组织

6.1　建筑工程施工企业资质

第 6 章
看本章精讲课
配套章节自测

6.1.1　资质等级标准

建筑工程施工总承包资质分为特级、一级、二级、三级。

1. 特级资质标准

1）企业资信能力

（1）企业注册资本金 3 亿元以上。

（2）企业净资产 3.6 亿元以上。

2）企业主要管理人员和专业技术人员要求

（1）企业经理具有 10 年以上从事工程管理工作经历。

（2）技术负责人具有 15 年以上从事工程技术管理工作经历，且具有工程序列高级职称及一级注册建造师或注册工程师执业资格。

（3）财务负责人具有高级会计师职称及注册会计师资格。

（4）企业具有注册一级建造师（一级项目经理）50 人以上。

（5）企业具有本类别相关的行业工程设计甲级资质标准要求的专业技术人员。

2. 一级资质标准

1）企业资产

企业净资产 1 亿元以上。

2）企业主要人员

（1）建筑工程、机电工程专业一级注册建造师合计不少于 12 人，其中建筑工程专业一级注册建造师不少于 9 人。

（2）技术负责人具有 10 年以上从事工程施工技术管理工作经历，且具有结构专业高级职称；建筑工程相关专业中级以上职称人员不少于 30 人，且结构、给水排水、暖通、电气等专业齐全。

（3）持有岗位证书的施工现场管理人员不少于 50 人，且施工员、质量员、安全员、机械员、造价员、劳务员等人员齐全。

（4）经考核或培训合格的中级工以上技术工人不少于 150 人。

3. 二级资质标准

1）企业资产

企业净资产 4000 万元以上。

2）企业主要人员

（1）建筑工程、机电工程专业注册建造师合计不少于12人，其中建筑工程专业注册建造师不少于9人。

（2）技术负责人具有8年以上从事工程施工技术管理工作经历，且具有结构专业高级职称或建筑工程专业一级注册建造师执业资格；建筑工程相关专业中级以上职称人员不少于15人，且结构、给水排水、暖通、电气等专业齐全。

（3）持有岗位证书的施工现场管理人员不少于30人，且施工员、质量员、安全员、机械员、造价员、劳务员等人员齐全。

（4）经考核或培训合格的中级工以上技术工人不少于75人。

4. 三级资质标准

1）企业资产

净资产800万元以上。

2）企业主要人员

（1）建筑工程、机电工程专业注册建造师合计不少于5人，其中建筑工程专业注册建造师不少于4人。

（2）技术负责人具有5年以上从事工程施工技术管理工作经历，且具有结构专业中级以上职称或建筑工程专业注册建造师执业资格；建筑工程相关专业中级以上职称人员不少于6人，且结构、给水排水、电气等专业齐全。

（3）持有岗位证书的施工现场管理人员不少于15人，且施工员、质量员、安全员、机械员、造价员、劳务员等人员齐全。

（4）经考核或培训合格的中级工以上技术工人不少于30人。

（5）技术负责人（或注册建造师）主持完成过本类别资质二级以上标准要求的工程业绩不少于2项。

6.1.2　承包工程范围

1. 特级资质企业

（1）取得施工总承包特级资质的企业可承担建筑工程各等级工程施工总承包、设计及开展工程总承包和项目管理业务；

（2）特级资质的企业，限承担施工单项合同额3000万元以上的房屋建筑工程施工。

2. 一级资质企业

可承担单项合同额3000万元以上的下列建筑工程的施工：

（1）高度200m以下的工业、民用建筑工程；

（2）高度240m以下的构筑物工程。

3. 二级资质企业

可承担下列建筑工程的施工：

（1）高度100m以下的工业、民用建筑工程；

（2）高度120m以下的构筑物工程；

（3）建筑面积4万m^2以下的单体工业、民用建筑工程；

（4）单跨跨度39m以下的建筑工程。

4. 三级资质企业

可承担下列建筑工程的施工：

（1）高度 50m 以下的工业、民用建筑工程；

（2）高度 70m 以下的构筑物工程；

（3）建筑面积 1.2 万 m^2 以下的单体工业、民用建筑工程；

（4）单跨跨度 27m 以下的建筑工程。

6.1.3　企业资质管理

1. 资质延续与变更

（1）建筑业企业资质证书有效期届满，企业继续从事建筑施工活动的，应当于资质证书有效期届满 3 个月前，向原资质许可机关提出延续申请。

（2）企业在建筑业企业资质证书有效期内名称、地址、注册资本、法定代表人等发生变更的，应当在工商部门办理变更手续后 1 个月内办理资质证书变更手续。

（3）企业发生合并、分立、重组以及改制等事项，需承继原建筑业企业资质的，应当申请重新核定建筑业企业资质等级。

（4）企业需更换、遗失补办建筑业企业资质证书的，应当持建筑业企业资质证书更换、遗失补办申请等材料向资质许可机关申请办理。企业遗失建筑业企业资质证书的，在申请补办前应当在公众媒体上刊登遗失声明。

2. 法律责任

（1）申请企业隐瞒有关真实情况或者提供虚假材料申请建筑业企业资质的，资质许可机关不予许可，并给予警告，申请企业在 1 年内不得再次申请建筑业企业资质。

（2）企业以欺骗、贿赂等不正当手段取得建筑业企业资质的，由原资质许可机关予以撤销；由县级以上地方人民政府住房城乡建设主管部门或者其他有关部门给予警告，并处 3 万元的罚款；申请企业 3 年内不得再次申请建筑业企业资质。

（3）企业未按照本规定及时办理建筑业企业资质证书变更手续的，由县级以上地方人民政府住房城乡建设主管部门责令限期办理；逾期不办理的，可处以 1000 元以上 1 万元以下的罚款。

6.2　二级建造师执业范围

6.2.1　执业工程规模

（1）大中型工程项目负责人必须由本专业注册建造师担任；

（2）一级注册建造师可担任大中小型工程项目负责人，二级注册建造师可担任中小型工程项目负责人。

部分房屋建筑专业工程规模标准见表 6.2–1。

表 6.2-1 部分房屋建筑专业工程规模标准

序号	工程类别	项目名称	单位	规模			备注
				大型	中型	小型	
1	一般房屋建筑工程	工业、民用与公共建筑	层	≥ 25	5～25	< 5	建筑物层数
			m	≥ 100	15～100	< 15	建筑高度
			m	≥ 30	15～30	< 15	单跨跨度
			m^2	≥ 30000	3000～30000	< 3000	单体建筑面积
		住宅小区或建筑群体工程	m^2	≥ 100000	3000～100000	< 3000	建筑群建筑面积
		其他一般房屋建筑工程	万元	≥ 3000	300～3000	< 300	单项工程合同额
2	高耸构筑物工程	冷却塔及附属工程	m^2	> 3500	2000～3500	< 2000	淋水面积
		高耸构筑物工程	m	≥ 120	25～120	< 25	构筑物高度
		其他高耸构筑物工程	万元	≥ 3000	300～3000	< 300	单项工程合同额
3	地基与基础工程	房屋建筑地基与基础工程	层	≥ 25	5～25	< 5	建筑物层数
		构筑物地基与基础工程	m	≥ 100	25～100	< 25	构筑物高度
		基坑围护工程	m	≥ 8	3～8	< 3	基坑深度
		软弱地基处理工程	m	≥ 13	4～13	< 4	地基处理深度
		其他地基与基础工程	万元	≥ 1000	100～1000	< 100	单项工程合同额
4	土石方工程	挖方或填方工程	万 m^3	≥ 60	15～60	< 15	土石方量
		其他挖方或填方工程	万元	≥ 3000	300～3000	< 300	单项工程合同额
5	装饰装修专业工程	装饰装修工程	万元	≥ 1000	100～1000	< 100	单项工程合同额
		幕墙工程	m/m^2	≥60/≥6000	< 60/ < 6000	—	单体建筑幕墙高度或面积

6.2.2 执业工程范围

在《注册建造师执业工程范围》中明确规定，建筑工程专业工程范围分为房屋建筑、装饰装修、地基与基础、土石方、建筑装修装饰、建筑幕墙、预拌商品混凝土、混凝土预制构件、园林古建筑、钢结构、高耸建筑物、电梯安装、消防设施、建筑防水、防腐保温、附着升降脚手架、金属门窗、预应力、爆破与拆除、建筑智能化、特种专业。

6.3 施工项目管理机构

6.3.1 项目经理部的组建

1. 项目管理机构

（1）项目管理机构应由项目管理机构负责人领导，接受组织职能部门的指导、监督、检查、服务和考核，负责对项目资源进行合理使用和动态管理。

（2）项目管理机构应在项目启动前建立，在项目完成后或按合同约定解体。

（3）建立项目管理机构应遵循下列步骤：

① 根据项目管理规划大纲、项目管理目标责任书及合同要求明确管理任务；

② 根据管理任务分解和归类，明确组织结构；

③ 根据组织结构，确定岗位职责、权限以及人员配置；

④ 制定工作程序和管理制度；

⑤ 由组织管理层审核认定。

（4）项目管理机构的管理活动应符合下列要求：

① 应执行管理制度；

② 应履行管理程序；

③ 应实施计划管理，保证资源的合理配置和有序流动；

④ 应注重项目实施过程的指导、监督、考核和评价。

2. 项目团队建设

（1）项目团队建设应符合下列规定：

① 建立团队管理机制和工作模式；

② 各方步调一致，协同工作；

③ 制定团队成员沟通制度，建立畅通的信息沟通渠道和各方共享的信息平台。

（2）项目管理机构负责人应对项目团队建设和管理负责，组织制定明确的团队目标、合理高效的运行程序和完善的工作制度，定期评价团队运作绩效。

（3）项目管理机构负责人应统一团队思想，增强集体观念，和谐团队氛围，提高团队运行效率。

（4）项目团队建设应开展绩效管理，利用团队成员集体的协作成果。

3. 项目管理目标责任书

（1）项目管理目标责任书应在项目实施之前，由组织法定代表人或其授权人与项目管理机构负责人协商制定。

（2）项目管理目标责任书宜包括下列内容：

① 项目管理实施目标；

② 组织和项目管理机构职责、权限和利益的划分；

③ 项目现场质量、安全、环保、文明、职业健康和社会责任目标；

④ 项目设计、采购、施工、试运行管理的内容和要求；

⑤ 项目所需资源的获取和核算办法；

⑥ 法定代表人或其授权人向项目管理机构负责人委托的相关事项；

⑦ 项目管理机构负责人和项目管理机构应承担的风险；

⑧ 项目应急事项和突发事件处理的原则和方法；

⑨ 项目管理效果和目标实现的评价原则、内容和方法；

⑩ 项目实施过程中相关责任和问题的认定和处理原则；

⑪ 项目完成后对项目管理机构负责人的奖惩依据、标准和办法；

⑫ 项目管理机构负责人解职和项目管理机构解体的条件及办法；

⑬ 缺陷责任期、质量保修期及之后对项目管理机构负责人的相关要求。

（3）组织应对项目管理目标责任书的完成情况进行考核和认定，并根据考核结果和项目管理目标责任书的奖惩规定，对项目管理机构负责人和项目管理机构进行奖励或处罚。

4. 项目部主要人员执业资格

（1）项目经理应取得注册建造师职业资格证，并取得安全生产考核合格证书B证。

（2）项目安全管理部门负责人、专职安全员应取得安全生产考核合格证书C证。

（3）项目特殊工种操作人员应取得专业特殊工种操作证，如电工操作证、电（气）焊工操作证、施工机械操作证、起重机操作证、高空作业操作证等。

6.3.2 项目管理绩效评价方法与内容

1. 项目管理绩效评价内容和指标

（1）项目管理绩效评价应包括下列内容：

① 项目管理特点；

② 项目管理理念、模式；

③ 主要管理对策、调整和改进；

④ 合同履行与相关方满意度；

⑤ 项目管理过程检查、考核、评价；

⑥ 项目管理实施成果。

（2）项目管理绩效评价应具有下列指标：

① 项目质量、安全、环保、工期、成本目标完成情况；

② 供方（供应商、分包商）管理的有效程度；

③ 合同履约率、相关方满意度；

④ 风险预防和持续改进能力；

⑤ 项目综合效益。

2. 管理绩效评价方法

（1）项目管理绩效评价机构应在评价前，根据评价需求确定评价方法。

（2）项目管理绩效评价机构宜以百分制形式对项目管理绩效进行打分，在合理确定各项评价指标权重的基础上，汇总得出项目管理绩效综合评分。

（3）组织应根据项目管理绩效评价需求规定适宜的评价结论等级，以百分制形式进行项目管理绩效评价的结论，分为优秀、良好、合格、不合格四个等级。

6.4 施工组织设计

6.4.1 施工组织设计编制与管理

1. 施工组织设计的管理

施工组织设计按编制对象，可分为施工组织总设计、单位工程施工组织设计和施工方案。

1）单位工程施工组织设计的作用

单位工程施工组织设计是以单位（子单位）工程为主要对象编制的施工组织设计，对单位（子单位）工程的施工过程起指导和制约作用。

单位工程施工组织设计是一个工程的战略部署，是宏观定性的，体现指导性和原则性，是一个将建筑物的蓝图转化为实物的指导组织各种活动的总文件，是对项目施工全过程管理的综合性文件。

2）施工组织设计的编制原则

（1）符合施工合同或招标文件中有关工程进度、质量、安全、环境保护与节能、绿色施工、造价等方面的要求；

（2）积极开发、使用新技术和新工艺，推广应用新材料和新设备；

（3）坚持科学的施工程序和合理的施工顺序，采用流水施工和网络计划等方法，科学配置资源，合理布置现场，采取季节性施工措施，实现均衡施工，达到合理的经济技术指标要求；

（4）采取技术和管理措施，推广建筑节能和绿色施工；

（5）与质量、环境和职业健康安全三个管理体系有效结合。

3）单位工程施工组织设计编制依据

（1）与工程建设有关的法律、法规和文件；

（2）国家、地方现行有关标准和技术经济指标；

（3）工程所在地区行政主管部门的批准文件，建设单位对施工的要求；

（4）工程施工合同或招标投标文件；

（5）工程设计文件；

（6）工程施工范围内的现场条件，工程地质及水文地质、气象等自然条件；

（7）与工程有关的资源供应情况；

（8）施工企业的生产能力、机具设备状况、技术水平等。

4）单位工程施工组织设计的基本内容

（1）编制依据；

（2）工程概况；

（3）施工部署；

（4）施工进度计划；

（5）施工准备与资源配置计划；

（6）主要施工方法；

（7）施工现场平面布置；

（8）主要施工管理计划等。

5）单位工程施工组织设计的管理

（1）编制、审批和交底

① 单位工程施工组织设计编制与审批：单位工程施工组织设计由项目负责人主持编制，项目经理部全体管理人员参加，施工单位主管部门审核，施工单位技术负责人或其授权的技术人员审批。

② 单位工程施工组织设计经施工单位技术负责人或其授权人审批后，应在工程开工前由施工单位项目负责人组织，对项目部全体管理人员及主要分包单位逐级进行交底并做好交底记录。

（2）群体工程

群体工程应编制施工组织总设计，并根据单位工程开工情况及其特点及时编制单位工程施工组织设计。施工组织总设计应由总承包单位技术负责人审批。

（3）过程检查与验收

① 单位工程的施工组织设计在实施过程中应进行检查。过程检查可按照工程施工阶段进行。通常划分为地基基础、主体结构、装饰装修和机电设备安装三个阶段。

② 过程检查由企业技术负责人或主管部门负责人主持，企业相关部门、项目经理部相关部门参加，检查施工部署、施工方法等的落实和执行情况，如对工期、质量、效益有较大影响的应及时调整，并提出修改意见。

（4）施工组织设计的动态管理

项目施工过程中，如发生以下情况之一时，施工组织设计应及时进行修改或补充：

① 工程设计有重大修改；

② 有关法律、法规、规范和标准实施、修订和废止；

③ 主要施工方法有重大调整；

④ 主要施工资源配置有重大调整；

⑤ 施工环境有重大改变。

经修改或补充的施工组织设计应重新审批后才能实施。

2. 施工部署

1）施工部署的作用

（1）施工部署是在对拟建工程的工程情况、建设要求、施工条件等进行充分了解的基础上，对项目实施过程涉及的任务、资源、时间、空间作出的统筹规划和全面安排。

（2）施工部署是施工组织设计的纲领性内容，施工进度计划、施工准备与资源配置计划、施工方法、施工现场平面布置和主要施工管理计划等施工组织设计的组成内容都应该围绕施工部署的原则编制。

2）施工部署的内容

（1）工程目标

工程的质量、进度、成本、安全、环保及节能、绿色施工等管理目标应满足招标文件、施工合同以及本单位的相关要求。

（2）重点和难点分析

对工程施工各阶段的重点和难点应逐一分析并提出解决方案或对策，包括工程施工的组织管理和施工技术两个方面。

（3）工程管理的组织

① 包括管理的组织机构，项目经理部的工作岗位设置及其职责划分。

② 岗位设置应和项目规模相匹配，人员组成应具备相应的上岗资格。

③ 项目管理组织机构形式应根据施工项目的规模、复杂程度、专业特点、人员素质和地域范围确定。大中型项目宜设置矩阵式项目管理组织结构，小型项目宜设置线性职能式项目管理组织结构，远离企业管理层的大中型项目宜设置事业部式项目管理组织结构。

（4）进度安排和空间组织

① 工程主要施工内容及其进度安排应明确说明，施工顺序应符合工序逻辑关系；

② 施工流水段划分应根据工程特点及工程量进行分阶段合理划分，并应说明划分依据及流水方向，确保均衡流水施工；单位工程施工阶段一般包括地基基础、主体结构、装饰装修和机电设备安装三个阶段。

（5）“四新”技术

“四新”技术包括：新技术、新工艺、新材料、新设备。

根据现有的施工技术水平和管理水平，对项目施工中开发和使用的“四新”技术应作出规划并采取可行的技术、管理措施来满足工期和质量等目标要求。

（6）资源配置计划

① 根据施工进度计划各阶段的工作量来确定劳动力的配置，画出劳动力阶段需求柱状图或曲线图。

② 根据施工总体部署和施工进度计划要求，作出分包计划、劳动力使用计划、材料供应计划和机械设备供应计划。

（7）项目管理总体安排

对主要分包项目的施工单位的选择要求及管理方式应进行简要说明；对其资质和能力应提出明确要求；对特殊工种人员提出具体要求。

施工部署的各项内容，应能综合反映施工阶段的划分与衔接、施工任务的划分与协调、施工进度的安排与资源供应、组织指挥系统与调控机制。

3. 施工顺序和施工方法

（1）施工顺序的确定原则：工序合理、工艺先进、保证质量、安全施工、充分利用工作面、缩短工期。

（2）一般工程的施工顺序：“先准备、后开工”“先地下、后地上”“先主体、后围护”“先结构、后装饰”“先土建、后设备”。

（3）施工方法的确定原则：遵循先进性、可行性和经济性兼顾的原则。

（4）施工方法应结合工程的具体情况和施工工艺、工法等按照施工顺序进行描述。

（5）土石方工程

① 计算土石方工程量，确定土石方开挖或爆破方法，选择土石方施工机械。

② 确定放坡坡度或土壁支撑形式以及行车路线等。

③ 选择排除地面、地下水的方法，确定排水沟、集水井或井点布置。

④ 确定土石方平衡调配方案。

（6）基础工程

① 浅基础中有垫层、混凝土基础和钢筋混凝土基础的施工技术要求，以及地下室的施工技术要求。

② 各类型桩基础的施工方法以及施工机械选择。

（7）砌筑工程

① 砌体的组砌方法和质量要求；

② 弹线及皮数杆的控制要求；

③ 措施构造要求及节点的处理方法；

④ 确定脚手架的搭设方法及安全设施配置。

（8）钢筋混凝土工程

① 确定模板类型及模板支撑体系，对于复杂或有特殊要求的还需进行模板设计及绘制模板放样图。

② 选择钢筋的加工、绑扎、焊接和机械连接方法及质量要求。

③ 选择混凝土的搅拌、运输及浇筑顺序和方法，确定混凝土的浇筑振捣方法，选择设备的类型和规格，确定施工缝的留设位置，明确成型混凝土的质量要求。

④ 确定混凝土的试验、检验要求和养护方法。

（9）结构安装工程

① 确定结构安装方法，选择起重机械和机械位置及开行路线。

② 确定构件运输及堆放要求。

（10）屋面工程

① 明确屋面各个分项工程施工的操作要求。

② 确定屋面材料的运输方式。

（11）装饰工程

① 明确装饰各子分部工程的操作要求及方法。

② 选择材料运输方式及存储要求。

（12）专项工程

对脚手架工程、起重吊装工程、临时用水用电工程、季节性施工等专项工程所采用的施工方法应进行必要的验算和说明。有要求时应组织专家论证。

6.4.2 主要专项施工方案编制与管理

1. 危大工程管理

（1）建设单位在申请领取施工许可证或办理安全监督手续时，应当提供危险性较大的分部分项工程清单和安全管理措施。施工单位、监理单位应当建立危险性较大的分部分项工程安全管理制度。

（2）建筑工程实行施工总承包的，专项方案应当由施工总承包单位组织编制。其中，起重机械安装拆卸工程、深基坑工程、附着式升降脚手架等专业工程实行分包的，其专项方案可由专业承包单位组织编制。

2. 危大工程范围

1）基坑支护、降水工程

（1）开挖深度超过3m（含3m）的基坑（槽）的土方开挖、支护、降水工程。

（2）开挖深度虽未超过3m，但地质条件、周围环境和地下管线复杂，或影响毗邻建、构筑物安全的基坑（槽）的土方开挖、支护、降水工程。

2）模板工程及支撑体系

（1）各类工具式模板工程：包括滑模、爬模、飞模、隧道模等工程。

（2）混凝土模板支撑工程：搭设高度5m及以上；搭设跨度10m及以上；施工总荷载（荷载效应基本组合的设计值，以下简称设计值）$10kN/m^2$及以上；集中线荷载（设计值）15kN/m及以上；或高度大于支撑水平投影宽度且相对独立无联系构件的混凝土模板支撑工程。

（3）承重支撑体系：用于钢结构安装等满堂支撑体系。

3）起重吊装及起重机械安装拆卸工程

（1）采用非常规起重设备、方法，且单件起吊重量在 10kN 及以上的起重吊装工程。

（2）采用起重机械进行安装的工程。

（3）起重机械安装和拆卸工程。

4）脚手架工程

（1）搭设高度 24m 及以上的落地式钢管脚手架工程（包括采光井、电梯井脚手架）。

（2）附着式升降脚手架工程。

（3）悬挑式脚手架工程。

（4）高处作业吊篮。

（5）卸料平台、操作平台工程。

（6）异型脚手架工程。

5）其他

（1）建筑幕墙安装工程。

（2）钢结构、网架和索膜结构安装工程。

（3）人工挖扩孔桩工程。

（4）水下作业工程。

（5）装配式建筑混凝土预制构件安装工程。

（6）采用新技术、新工艺、新材料、新设备可能影响工程施工安全，尚无国家、行业及地方技术标准的分部分项工程。

3. 超过一定规模的危大工程范围

1）深基坑工程

开挖深度超过 5m（含 5m）的基坑（槽）的土方开挖、支护、降水工程。

2）模板工程及支撑体系

（1）各类工具式模板工程：包括滑模、爬模、飞模、隧道模等工程。

（2）混凝土模板支撑工程：搭设高度 8m 及以上；搭设跨度 18m 及以上；施工总荷载（设计值）15kN/m^2 及以上；或集中线荷载（设计值）20kN/m 及以上。

（3）承重支撑体系：用于钢结构安装等满堂支撑体系，承受单点集中荷载 7kN 及以上。

3）起重吊装及起重机械安装拆卸工程

（1）采用非常规起重设备、方法，且单件起吊重量在 100kN 及以上的起重吊装工程。

（2）起重量 300kN 及以上，或搭设总高度 200m 及以上，或搭设基础标高在 200m 及以上的起重机械安装和拆卸工程。

4）脚手架工程

（1）搭设高度 50m 及以上的落地式钢管脚手架工程。

（2）提升高度 150m 及以上的附着式升降脚手架工程或附着式升降操作平台工程。

（3）分段架体搭设高度 20m 及以上的悬挑式脚手架工程。

5）其他

（1）施工高度 50m 及以上的建筑幕墙安装工程。

（2）跨度 36m 及以上的钢结构安装工程；或跨度 60m 及以上的网架和索膜结构安

装工程。

（3）开挖深度16m及以上的人工挖孔桩工程。

（4）水下作业工程。

（5）重量1000kN及以上的大型结构整体顶升、平移、转体等施工工艺。

（6）采用新技术、新工艺、新材料、新设备可能影响工程施工安全，尚无国家、行业及地方技术标准的分部分项工程。

4. 危大工程专项施工方案

1）主要内容

（1）工程概况：危大工程概况和特点、施工平面布置、施工要求和技术保证条件。

（2）编制依据：相关法律、法规、规范性文件、标准、规范及施工图设计文件、施工组织设计等。

（3）施工计划：包括施工进度计划、材料与设备计划。

（4）施工工艺技术：技术参数、工艺流程、施工方法、操作要求、检查要求等。

（5）施工安全保证措施：组织保障措施、技术措施、监测监控措施等。

（6）施工管理及作业人员配备和分工：施工管理人员、专职安全生产管理人员、特种作业人员、其他作业人员等。

（7）验收要求：验收标准、验收程序、验收内容、验收人员等。

（8）应急处置措施。

（9）计算书及相关施工图纸。

2）审批流程

（1）专项施工方案应当由施工单位技术负责人审核签字、加盖单位公章，并由总监理工程师审查签字、加盖执业印章后方可实施。

（2）危大工程实行分包并由分包单位编制专项施工方案的，专项施工方案应当由总承包单位技术负责人及分包单位技术负责人共同审核签字并加盖单位公章。

3）专家论证

（1）对于超过一定规模的危大工程，施工单位应当组织召开专家论证会对专项施工方案进行论证。实行施工总承包的，由施工总承包单位组织召开专家论证会。专家论证前专项施工方案应当通过施工单位审核和总监理工程师审查。

（2）论证专家不得少于5名。与本工程有利害关系的人员不得以专家身份参加专家论证会。

（3）专家论证会的参会人员：专家组成员，建设单位项目负责人，监理单位项目总监理工程师及专业监理工程师，总承包单位和分包单位技术负责人或授权委派的专业技术人员、项目负责人、项目技术负责人、专项施工方案编制人员、项目专职安全生产管理人员及相关人员，勘察、设计单位项目技术负责人及相关人员。

（4）专家论证的主要内容：① 专项施工方案内容是否完整、可行；② 专项施工方案计算书和验算依据、施工图是否符合有关标准规范；③ 专项施工方案是否满足现场实际情况，并能够确保施工安全。

（5）专家论证会后，应当形成论证报告，对专项施工方案提出通过、修改后通过或者不通过的一致意见。专家对论证报告负责并签字确认。

4）危大工程验收人员

（1）总承包单位和分包单位技术负责人或授权委派的专业技术人员、项目负责人、项目技术负责人、专项施工方案编制人员、项目专职安全生产管理人员及相关人员；

（2）监理单位项目总监理工程师及专业监理工程师；

（3）有关勘察、设计和监测单位项目技术负责人。

5. 危大工程现场安全管理

《危险性较大的分部分项工程安全管理规定》（住房和城乡建设部令第 37 号）相关规定：

（1）施工单位应当在施工现场显著位置公告危大工程名称、施工时间和具体责任人员，并在危险区域设置安全警示标志。

（2）专项施工方案实施前，编制人员或者项目技术负责人应当向施工现场管理人员进行方案交底。施工现场管理人员应当向作业人员进行安全技术交底，并由双方和项目专职安全生产管理人员共同签字确认。

（3）施工单位应当严格按照专项施工方案组织施工，不得擅自修改专项施工方案。因规划调整、设计变更等原因确需调整的，修改后的专项施工方案应当按照本规定重新审核和论证。

（4）施工单位应当对危大工程施工作业人员进行登记，项目负责人应当在施工现场履职。项目专职安全生产管理人员应当对专项施工方案实施情况进行现场监督。

（5）施工单位应当按照规定对危大工程进行施工监测和安全巡视，发现危及人身安全的紧急情况时，应当立即组织作业人员撤离危险区域。

（6）对于按照规定需要进行第三方监测的危大工程，建设单位应当委托具有相应勘察资质的单位进行监测。

（7）对于按照规定需要验收的危大工程，施工单位、监理单位应当组织相关人员进行验收。验收合格的，经施工单位项目技术负责人及总监理工程师签字确认后，方可进入下一道工序。危大工程验收合格后，施工单位应当在施工现场明显位置设置验收标识牌，公示验收时间及责任人员。

（8）施工、监理单位应当建立危大工程安全管理档案。

（9）施工单位应当将专项施工方案及审核、专家论证、交底、现场检查、验收及整改等相关资料纳入档案管理。

6.5 施工平面布置管理

6.5.1 施工平面布置图设计

施工总平面布置图应按不同的施工阶段分别绘制。通常有基础工程施工总平面，主体结构工程施工总平面，装饰、安装工程施工总平面等。

1. 施工总平面布置图内容

（1）项目施工用地范围内的地形状况；

（2）全部拟建的建（构）筑物和其他基础设施的位置；

（3）项目施工用地范围内的加工、运输、存储、供电、供水、供热、排水、排污设施以及临时施工道路和办公、生活用房等；

（4）施工现场必备的安全、消防、保卫和环保等设施；

（5）相邻的地上、地下既有建（构）筑物及相关环境。

2. 施工总平面图设计要点

（1）设置大门，引入场外道路

施工现场宜考虑设置两个以上大门。大门位置应考虑周边路网情况、转弯半径和坡度限制，大门的高度和宽度应满足车辆运输需要。

（2）布置大型机械设备

布置塔式起重机时，应考虑其基础设置、周边环境、覆盖范围、可吊构件的重量以及构件的运输和堆放；同时还应考虑塔式起重机的附墙杆件位置、距离及使用后的拆除和运输。布置混凝土泵的位置时，应考虑泵管的输送距离、混凝土罐车行走停靠方便，一般情况下立管位置应相对固定且固定牢固，泵车可以现场流动使用。布置施工升降机时，应考虑地基承载力、地基平整度、周边排水、导轨架的附墙位置和距离、楼层平台通道、出入口防护门以及升降机周边的防护围栏等。

（3）布置仓库、堆场

一般应接近使用地点，其纵向宜与现场临时道路平行，尽可能利用现场设施装卸货；货物装卸需要时间长的仓库应远离道路边。存放危险品的仓库应远离现场单独设置，离在建工程距离不小于15m。

（4）布置加工厂

总的指导思想是：应使材料和构件的运输量最小，垂直运输设备发挥较大的作用；工作有关联的加工厂适当集中。

（5）布置场内临时运输道路

施工现场的主要道路应进行硬化处理，主干道两侧应有排水措施。临时道路应把仓库、加工厂、堆场和施工点贯穿起来，按货运量大小和现场实际情况设计双行干道或单行循环道满足运输和消防要求。主干道宽度：单行道不小于4m，双行道不小于6m。木材场两侧应有6m宽通道，端头处应有12m×12m回车场，消防车道宽度不小于4m，载重车转弯半径不宜小于15m。现场条件不满足时根据实际情况处理并满足消防要求。

（6）布置临时房屋

① 尽可能利用已建的永久性房屋，如不足再修建临时房屋。临时房屋应尽量利用可装拆的活动房屋。生活区、办公区和施工区应相对独立。宿舍内应保证有必要的生活空间，床铺不得超过2层，室内净高不得小于2.5m，通道宽度不得小于0.9m，每间宿舍人均面积不应小于2.5m^2，且不得超过16人。同时应满足消防和卫生防疫要求。

② 办公用房宜设在工地入口处。

③ 作业人员宿舍一般宜设在现场附近，方便工人上下班；有条件时也可设在场区内。作业人员用的生活福利设施宜设在人员相对较集中的地方，或设在出入必经之处。

④ 食堂宜布置在生活区，也可视条件设在施工区与生活区之间。如果现场条件不允许，也可采用送餐制。

（7）布置临时水、电管网和其他动力设施

① 临时总变电站应设在高压线进入工地最近处，尽量避免高压线穿过工地。

② 从市政供水接驳点将水引入施工现场。管网一般沿道路布置，供电线路应避免与其他管道设在同一侧，同时支线应引到所有用电设备使用地点。

（8）施工总平面图应按绘图规则、比例、规定代号和规定线条绘制，把设计的各类内容分类标绘在图上，标明图名、图例、比例尺、方向标记、必要的文字说明等。

6.5.2 施工平面管理

施工总平面图应随施工组织设计内容一起报批，过程修改应及时并履行相关手续。施工平面图现场管理要点有：

1. 目的与要求

目的：使场容美观、整洁，道路畅通，材料放置有序，施工有条不紊，安全文明，相关方都满意，管理方便、有序。

总体要求：满足施工需求，现场文明、安全有序、整洁卫生，不扰民、不损害公众利益，绿色环保。

2. 施工现场围挡

施工现场应实行封闭管理，并应采用硬质围挡。市区主要路段的施工现场围挡高度不应低于 2.5m，一般路段围挡高度不应低于 1.8m。围挡应牢固、稳定、整洁、美观。距离交通路口 20m 范围内占据道路施工设置的围挡，其 0.8m 以上部分应采用通透性围挡，并应采取交通疏导和警示措施。

3. 出入口管理

现场出入口应设大门和保安值班室，在施工现场出入口还应标有企业名称或企业标识。主要出入口明显处应设置“五牌一图”：工程概况牌，安全生产牌、文明施工牌、消防保卫牌、管理人员名单及监督电话牌，施工现场总平面图。车辆出入口处还应设置车辆冲洗设施和实名制管理设施。

4. 场容管理要求

（1）施工平面图设计应科学、合理，临时建筑、物料堆放与机械设备定位应准确，施工现场场容绿色环保。

（2）在施工现场周边按相关规范要求设置临时围护设施。

（3）现场内沿临时道路设置畅通的排水系统。

（4）施工现场的主要道路及材料加工地面应进行硬化处理，如采取铺设混凝土、钢板、碎石等方法。裸露的场地和堆放的土方应采取覆盖、固化或绿化等措施。

（5）施工现场作业应有防止扬尘措施，主要道路视气候条件洒水并定期清扫。

（6）建筑垃圾应设定固定区域封闭管理并及时清运。

5. 安全警示牌布置

1）施工现场安全警示牌的类型

安全标志分为禁止标志、警告标志、指令标志和提示标志四大类型。

2）安全警示牌的基本形式和设置原则

（1）禁止标志基本形式是红色带斜杠的圆边框，图形是黑色，背景为白色。

（2）警告标志基本形式是黑色正三角形边框，图形是黑色，背景为黄色。

（3）指令标志基本形式是黑色圆形边框，图形是白色，背景为蓝色。

（4）提示标志基本形式是矩形边框，图形文字是白色，背景是所提供的标志，为绿色；消防设施提示标志用红色。

（5）施工现场安全警示牌的设置应遵循“标准、安全、醒目、便利、协调、合理”的原则。

3）施工现场使用安全警示牌的基本要求

（1）现场出入口、施工起重机械、临时用电设施、脚手架、通道口、楼梯口、电梯井口、孔洞、基坑边沿、爆炸物及有毒有害物质存放处等存在安全风险的重要部位，应当设置明显的安全警示标牌。

（2）安全警示牌应设置在所涉及的相应危险地点或设备附近最容易被观察到的地方。

（3）安全警示牌应设置在明亮的、光线充分的环境中，否则应考虑增加辅助光源。

（4）安全警示牌应牢固地固定在依托物上，不能产生倾斜、卷翘、摆动等现象，高度应尽量与人眼的视线高度相一致。

（5）安全警示牌不得设置在门、窗、架体等可移动的物体上，警示牌的正面或其邻近不得有妨碍人们视读的固定障碍物，并尽量避免经常被其他临时性物体所遮挡。

（6）多个安全警示牌在一起布置时，应按警告、禁止、指令、提示类型的顺序，先左后右、先上后下进行排列。各标志牌之间的距离至少应为标志牌尺寸的0.2倍。

（7）有触电危险的场所，应选用由绝缘材料制成的安全警示牌。

（8）室外露天场所设置的消防安全标志宜选用由反光材料或自发光材料制成的警示牌。

（9）对有防火要求的场所，应选用由不燃材料制成的安全警示牌。

6. 施工现场综合考评分析

1）施工现场综合考评的内容

建设工程施工现场综合考评的内容，分为建筑业企业的施工组织管理、工程质量管理、施工安全管理、文明施工管理和建设、监理单位的现场管理五个方面。

（1）施工组织管理

施工组织管理考评的主要内容是企业及项目经理资质情况、合同签订及履约管理、总分包管理、关键岗位培训及持证上岗、施工组织设计及实施情况等。

（2）工程质量管理

工程质量管理考评的主要内容是质量管理与质量保证体系、工程实体质量、工程质量保证资料等情况。工程质量检查按照现行国家标准、行业标准、地方标准和有关规定执行。

（3）施工安全管理

施工安全管理考评的主要内容是安全生产保证体系和施工安全技术、规范、标准的实施情况等。施工安全管理检查按照国家现行有关法规、标准、规范和有关规定执行。

（4）文明施工管理

文明施工管理考评的主要内容是场容场貌、料具管理、环境保护、社会治安情况等。

（5）建设单位、监理单位的现场管理

建设单位、监理单位现场管理考评的主要内容是有无专人或委托监理单位对现场实施管理、有无隐蔽验收签认、有无现场检查认可记录及执行合同情况等。

2）施工现场综合考评办法及奖罚

（1）对于施工现场综合考评发现的问题，由主管考评工作的建设行政主管部门根据责任情况，向建筑业企业、建设单位或监理单位提出警告。

（2）对于一个年度内，同一个施工现场被两次警告的，根据责任情况，给予建筑业企业、建设单位或监理单位通报批评的处罚；给予项目经理或监理工程师通报批评的处罚。

（3）对于一个年度内，同一个施工现场被三次警告的，根据责任情况，给予建筑业企业或监理单位降低资质一级的处罚；给予项目经理、监理工程师取消资格的处罚；责令该施工现场停工整顿。

6.5.3 施工用电用水管理

1. 施工现场临时用电管理

（1）现场临时用电的范围包括临时动力用电和临时照明用电。

（2）现场临时用电必须按照现行行业标准《施工现场临时用电安全技术规范》JGJ 46 及其他相关规范、标准的要求，根据现场实际情况，编制临时用电施工组织设计或方案，建立相关的管理文件和档案资料。

（3）施工现场临时用电设备在 5 台及以上或设备总容量在 50kW 及以上者，应编制用电组织设计；否则应制订安全用电和电气防火措施。临时用电组织设计应由电气工程技术人员组织编制，经相关部门审核及具有法人资格企业的技术负责人批准后实施。使用前必须经编制、审核、批准部门和使用单位共同验收，合格后方可投入使用。

（4）工程总包单位与分包单位应签订临时用电管理协议，明确各方管理及使用责任。总包单位应按照协议约定对分包单位的用电设施和日常用电管理进行监督、检查和指导。

（5）电工作业应持有效证件，电工等级应与工程的难易程度和技术复杂性相适应。电工作业由二人以上配合进行，并按规定穿绝缘鞋、戴绝缘手套、使用绝缘工具；严禁带电作业和带负荷插拔插头等。

（6）项目部应按规定对临时用电工程进行定期检查，并应按分部、分项工程进行管理；对安全隐患必须及时处理，并应履行复查验收手续。

（7）隧道、人防工程、高温、有导电灰尘、比较潮湿或灯具离地面高度低于 2.5m 等场所的照明，电源电压不应大于 36V；潮湿和易触及带电体场所的照明，电源电压不得大于 24V；特别潮湿场所、导电良好的地面、锅炉或金属容器内的照明，电源电压不得大于 12V。

（8）项目部应建立临时用电安全技术档案。临时用电安全技术档案内容应包括：

① 用电组织设计的全部资料；

② 修改用电组织设计的资料；

③ 用电技术交底资料；

④ 用电工程检查验收表；

⑤ 电气设备的试、检验凭单和调试记录；

⑥ 接地电阻、绝缘电阻和漏电保护器漏电动作参数测定记录表；

⑦ 定期检（复）查表；

⑧ 电工安装、巡检、维修、拆除工作记录。

2. 施工现场临时用水管理

1）施工临时用水计算

（1）总用水量（Q）计算

① 当（$q_1+q_2+q_3+q_4$）$\leqslant q_5$ 时，则 $Q=q_5+(q_1+q_2+q_3+q_4)/2$。

② 当（$q_1+q_2+q_3+q_4$）$>q_5$ 时，则 $Q=q_1+q_2+q_3+q_4$。

③ 当工地面积小于 5hm^2，而且（$q_1+q_2+q_3+q_4$）$<q_5$ 时，则 $Q=q_5$。

④ q_1 为现场施工用水量（L/s）；

q_2 为施工机械用水量（L/s）；

q_3 为施工现场生活用水量（L/s）；

q_4 为生活区生活用水量（L/s）；

q_5 为消防用水量（L/s）：根据临时用房建筑面积之和，或在建单体工程体积的不同，消防栓用水量分为10L/s、15L/s、20L/s，根据工程实际选用，并满足《建设工程施工现场消防安全技术规范》GB 50720—2011 的要求。

⑤ 计算出的总用水量，还应增加10%的漏水损失。

（2）临时用水管径计算

供水管径在计算确定总用水量，按规定设定水流速度后，按式（6.5-1）计算出供水管径。

$$d=\sqrt{\frac{4Q}{\pi\cdot v\cdot 1000}} \tag{6.5-1}$$

式中 d——配水管直径（m）；

Q——总用水量（L/s）；

v——管网中水流速度（1.5～2m/s）。

2）临时用水管理要求

（1）现场临时用水包括生产用水、机械用水、生活用水和消防用水。

（2）现场临时用水必须根据现场工况编制临时用水方案，建立相关的管理文件和档案资料。

（3）消防用水一般利用城市或建设单位的永久消防设施。如自行设计，临时室外消防给水干管的直径不应小于 $DN100$，消火栓间距不应大于120m；距拟建房屋不应小于5m且不宜大于25m，距路边不宜大于2m。

（4）高度超过24m的建筑工程，应安装临时消防竖管，管径不得小于75mm，严禁消防竖管作为施工用水管线。

（5）消防供水要保证足够的水源和水压。消防泵应使用专用配电线路，不间断供电，保证消防供水。

第 7 章　施工招标投标与合同管理

7.1　施工招标投标

第 7 章
看本章精讲课
配套章节自测

7.1.1　施工招投标方式与程序

1. 招标方式与程序

1）招标方式

（1）招标分为公开招标和邀请招标。

（2）公开招标，是指招标人以招标公告的方式邀请不特定的法人或者其他组织投标。

（3）邀请招标，是指招标人以投标邀请书的方式邀请特定的法人或者其他组织投标。

（4）国有资金占控股或者主导地位的依法必须进行招标的项目，应当公开招标；但有下列情形之一的，可以邀请招标：

① 技术复杂、有特殊要求或者受自然环境限制，只有少量潜在投标人可供选择；

② 采用公开招标方式的费用占项目合同金额的比例过大。

2）招标条件

依法必须招标的工程建设项目，应当具备下列条件才能进行施工招标：

（1）招标人已经依法成立；

（2）初步设计及概算应当履行审批手续的，已经批准；

（3）招标范围、招标方式和招标组织形式等应当履行核准手续的，已经核准；

（4）有相应资金或资金来源已经落实；

（5）有招标所需的设计图纸及技术资料。

3）招标程序

工程项目招标条件具备以后，通常按照以下程序进行招标：

（1）招标准备

① 建设工程项目报建。

② 组织招标工作机构。

③ 招标申请。

④ 资格预审文件、招标文件的编制与送审。

⑤ 工程标的价格的编制。

⑥ 刊登资格预审通告、招标通告。

⑦ 资格预审。

（2）招标实施

① 发售招标文件以及对招标文件的答疑；

② 勘察现场；

③ 投标预备会；

④ 接受投标单位的投标文件；

⑤ 建立评标组织。

（3）开标定标

① 召开开标会议，审查投标文件；

② 评标，决定中标单位；

③ 发出中标通知书；

④ 与中标单位签订合同。

2. 投标方式与程序

投标人应当具备相应的施工企业资质，并在工程业绩、技术能力、项目经理资格条件、财务状况等方面满足招标文件提出的要求。

1）投标人应具备的条件

（1）投标人应当具备承担招标项目的能力。

① 投标人应当具备与投标项目相适应的技术力量、机械设备、人员、资金等方面的能力。

② 参加投标项目是投标人的营业执照中的经营范围所允许的，并且投标人要具备相应的资质等级。

（2）投标人应当符合招标文件规定的资格条件。参加建设项目设计、建筑安装以及主要设备、材料供应等投标的单位，必须具备下列条件：

① 具有招标条件要求的资质证书、营业执照、组织机构代码证、税务登记证、安全施工许可证，并为独立的法人实体；

② 承担过类似建设项目的相关工作，并有良好的工作业绩和履约记录；

③ 财产状况良好，没有处于财产被接管、破产或其他关、停、并、转状态；

④ 在最近3年没有骗取合同以及其他经济方面的严重违法行为；

⑤ 近几年有较好的安全记录，投标当年内没有发生重大质量和特大安全事故；

⑥ 企业荣誉符合招标要求。

2）共同投标的联合体的基本条件

两个以上法人或者其他组织可以组成一个联合体，以一个投标人的身份共同投标。

（1）联合体各方均应当具备承担招标项目的相应能力。

（2）国家有关规定或者招标文件对投标人资格条件有规定的，联合体各方均应当具备规定的相应资格条件。

（3）由同一专业的单位组成的联合体，按照资质等级较低的单位确定资质等级。

（4）联合体各方应当签订共同投标协议，明确约定各方拟承担的工作和责任，并将共同投标协议连同投标文件一并提交招标人。

（5）联合体中标的，联合体各方应当共同与招标人签订合同，就中标项目向招标人承担连带责任。

3）投标主要程序

（1）研究并决策是否参加工程项目投标；

（2）报名参加投标；

（3）按照要求填报资格预审书；

（4）领取招标文件；

（5）研究招标文件；

（6）调查投标环境；

（7）按照招标文件要求编制投标文件；

（8）投送招标文件；

（9）参加开标会议；

（10）订立施工合同。

4）投标的主要管理要求

（1）与招标人存在利害关系可能影响招标公正性的法人、其他组织或者个人，不得参加投标。

（2）单位负责人为同一人或者存在控股、管理关系的不同单位，不得参加同一标段投标或者未划分标段的同一招标项目投标。

（3）投标人应当在招标文件要求提交投标文件的截止时间前，将投标文件送达投标地点。

（4）投标人在招标文件要求提交投标文件的截止时间前，可以补充、修改或者撤回已提交的投标文件，并书面通知招标人。补充、修改的内容为投标文件的组成部分。

（5）投标人撤回已提交的投标文件，应当在投标截止时间前书面通知招标人。招标人已收取投标保证金的，应当自收到投标人书面撤回通知之日起5d内退还。投标截止后投标人撤销投标文件的，招标人可以不退还投标保证金。

（6）禁止投标人相互串通投标。有下列情形之一的，属于投标人相互串通投标：

① 投标人之间协商投标报价等投标文件的实质性内容；

② 投标人之间约定中标人；

③ 投标人之间约定部分投标人放弃投标或者中标；

④ 属于同一集团、协会、商会等组织成员的投标人按照该组织要求协同投标；

⑤ 投标人之间为谋取中标或者排斥特定投标人而采取的其他联合行动。

（7）有下列情形之一的，视为投标人相互串通投标：

① 不同投标人的投标文件由同一单位或者个人编制；

② 不同投标人委托同一单位或者个人办理投标事宜；

③ 不同投标人的投标文件载明的项目管理成员为同一人；

④ 不同投标人的投标文件异常一致或者投标报价呈规律性差异；

⑤ 不同投标人的投标文件相互混装；

⑥ 不同投标人的投标保证金从同一单位或者个人的账户转出。

（8）禁止招标人与投标人串通投标。有下列情形之一的，属于招标人与投标人串通投标：

① 招标人在开标前开启投标文件并将有关信息泄露给其他投标人；

② 招标人直接或者间接向投标人泄露标底、评标委员会成员等信息；

③ 招标人明示或者暗示投标人压低或者抬高投标报价；

④ 招标人授意投标人撤换、修改投标文件；

⑤ 招标人明示或者暗示投标人为特定投标人中标提供方便；

⑥ 招标人与投标人为谋求特定投标人中标而采取的其他串通行为。

3.《招标投标领域公平竞争审查规则》规定，政策制定机关不得制定的政策措施

（1）为招标人指定投标资格、技术、商务条件；

（2）要求招标人依照本地区创新产品名单、优先采购产品名单等地方性扶持政策开展招标投标活动；

（3）要求经营主体在本地区设立分支机构、缴纳税收社保或者与本地区经营主体组成联合体；

（4）根据经营主体取得业绩的区域、所有制形式或投标产品的产地设置差异性得分；

（5）规定直接以抽签、摇号、抓阄等方式确定合格投标人、中标候选人或者中标人；

（6）在获取招标文件、开标环节违法要求投标人的法定代表人、技术负责人、项目负责人或者其他特定人员到场；

（7）要求经营主体缴纳除投标保证金、履约保证金、工程质量保证金、农民工工资保证金以外的其他保证金；

（8）限定经营主体缴纳保证金的形式。

7.1.2 合同计价方式

1. 工程造价特点与分类

（1）建筑工程造价的特点是：大额性、个别性、差异性、动态性、层次性。

（2）根据工程项目不同的建设阶段，建筑工程造价可以分为如下6类：① 投资估算；② 概算造价；③ 预算造价；④ 合同价；⑤ 结算价；⑥ 决算价。

（3）工程造价计价方式分为定额计价、工程量清单计价等两种。工程量清单计价是普遍使用的计价方式。

2. 工程定额计价

定额计价方式就是按照预算定额的分部分项子目，逐一计算工程量，套用对应的预算定额单价（或单位估价表）确定人工费、材料费、施工机具使用费（三者之和构成直接工程费）、措施费（四者之和构成直接费），以此为计算基数，按照相关规定计取企业管理费、利润、风险费用、规费和税金，汇总计算后形成工程项目的造价。

工程定额的编制方法有经验估价法、统计分析法、比较类推法、技术测定法。

1）工程定额分类

根据工程定额的性质、内容、用途、适用范围的不同，可作如下分类：

（1）按照生产要素分类：可分为劳动消耗定额、材料消耗定额、机械消耗定额。

（2）按定额编制程序和用途分类：施工定额、预算定额、概算定额、概算指标、投资估算指标。

（3）按专业性质划分：全国通用定额、行业通用定额、专业专用定额。

（4）按主编单位和管理权限划分：全国统一定额、行业统一定额、地区统一定额、企业定额和补充定额。

（5）按照费用性质分类：建筑安装工程定额、设备和工器具购置费以及工程建设其他费用定额。

（6）按适用专业分类：按照工程专业制定的定额，有土建工程定额，安装工程定额，装饰、修缮、市政、公路、铁路、井巷、仿古建筑及园林定额等。

2）工程造价的费用项目组成

建筑安装工程费用项目按照费用构成要素分为人工费、材料费、施工机具使用费、企业管理费、利润、规费和税金。

（1）人工费：内容包括计时工资或计件工资、奖金、津贴补贴、加班加点工资、特殊情况下支付的工资。

人工费＝∑（工日消耗量 × 日工资单价）

人工工日消耗量＝工程量 × 完成每单位工作量所需的人工工日消耗量

（2）材料费：是指施工过程中耗费的原材料、辅助材料、构配件、零件、半成品或成品、工程设备的费用。内容包括：材料原价、运杂费、运输损耗费、采购及保管费。

材料原价是指材料、工程设备的出厂价或商家供应价，采购及保管费是指组织采购、供应、保管材料或工程设备所需的各项费用，包括采购保管费、仓储费、工地保管费、仓储损耗。

材料单价＝（供应价＋运杂费）×（1＋运输损耗率）×（1＋采购保管费率）

材料费＝∑（材料消耗量 × 材料单价）

（3）施工机具使用费：是指施工作业所发生的施工机具、仪器仪表使用费或其租赁费。机具台班单价组成包括固定费用（包括折旧费、大修理费、经常修理费、安拆费及场外运费）和可变费用（包括人工费、燃料动力费、养路费及车船使用费）。

施工机具使用费＝∑（施工机具台班消耗量 × 机具台班单价）

机具台班单价＝台班折旧费＋台班大修费＋台班经常修理费＋台班安拆费及场外运费＋台班人工费＋台班燃料动力费＋台班车船税费

工程设备费＝∑（工程设备量 × 工程设备单价）

工程设备单价＝（设备原价＋运杂费）×［1＋采购保管费率（%）］

机具台班消耗总量＝工程量 × 机具台班定额消耗量

施工企业可以参考工程造价管理机构发布的台班单价，自主确定施工机具使用费的报价，如租赁施工机具。

施工机具使用费＝∑（施工机具台班消耗量 × 机具台班租赁单价），或

施工机具使用费＝机具台班消耗总量 × 机具台班单价

（4）企业管理费：内容包括管理人员工资、办公费、差旅交通费、固定资产使用费、工具用具使用费、劳动保险和职工福利费、劳动保护费、检验试验费、工会经费、职工教育经费、财产保险费、财务费、税金等。

（5）利润：是指施工企业完成所承包工程获得的盈利。取费基数有三种：一是以人工费为取费基数，二是以人工费和机械费之和为取费基数，三是以人工、材料、机械、管理费之和为取费基数。

（6）规费：内容包括社会保险费（含养老保险费、失业保险费、医疗保险费、生

育保险费、工伤保险费）、住房公积金、工程排污费。其他应列而未列入的规费，按实际发生计取。

（7）税金：是指国家税法规定的应计入建筑安装工程造价内的增值税。增值税附加费列入管理费中。

3. 工程量清单计价

1）工程量清单计价特点

（1）强制性：对工程量清单的使用范围、计价方式、竞争费用、风险处理、工程量清单编制方法、工程量计算规则均作出了强制性规定，不得违反。

（2）统一性：采用综合单价形式，综合单价中包括了工程直接费、间接费、管理费、风险费、利润、国家规定的各种规费等。

（3）完整性：包括了工程项目招标、投标、过程计价以及结算的全过程管理。

（4）规范性：对计价方式、计价风险、分部分项工程量清单编制、招标控制价的编制与复核、投标价的编制与复核、合同价款调整、工程计价表格式均作出了统一规定。

（5）竞争性：要求投标单位根据市场行情和自身市场综合能力进行报价，体现竞争实力。

（6）法定性：本质上是单价合同的计价模式，中标后的单价一经合同确认，在竣工结算时是不能调整的，即量变价不变，新增项目、合同另有约定除外。

2）工程量清单计价适用范围

（1）适用于中华人民共和国境内的所有建筑工程施工承发包计价活动。全部使用国有资金投资或国有资金投资为主（二者以下简称国有资金投资）的建设工程施工发承包，必须采用工程量清单计价。非国有资金投资的建设工程，宜采用工程量清单计价。不采用工程量清单计价的建设工程，应执行清单计价规范除工程量清单等专门性规定外的其他规定。

（2）工程量清单计价工作，贯穿于一项工程如何编制工程量清单和招标控制价、投标报价、合同价款约定以及工程计量与价款支付、工程价款调整、索赔、竣工结算、工程计价争议处理的各个过程。

3）工程量清单构成与编制要求

（1）工程量清单与计价宜采用统一格式。例如分部分项工程量清单应按照规定完成项目编码、项目名称、项目特征、计量单位和工程计算规则编制，这五个要件在分部分项工程量清单的组成中缺一不可。

（2）工程量清单计价方式（按造价形成划分）的工程造价：由分部分项工程费、措施项目费、其他项目费、规费、税金组成，分部分项工程费、措施项目费、其他项目费包含人工费、材料费、施工机具使用费、企业管理费和利润。计价程序见表7.1–1。

表7.1–1　工程量清单计价程序

序号	费用项目	计算方法	备注
1	分部分项工程费	Σ（分部分项工程量 × 综合单价）	单价中均不包括进项税
2	措施项目费	Σ（措施项目工程量 × 综合单价）	或按取费系数计算

续表

序号	费用项目	计算方法	备注
3	其他项目费	按双方约定	
4	规费	（1＋2＋3）× 相应的规费费率	
5	增值税	（1＋2＋3＋4）× 相应的税费费率	

（3）分部分项工程费和措施项目费是指完成一个规定计量单位的分部分项工程量清单项目或措施清单项目所需的人工费、材料费、施工机械使用费和企业管理费与利润，以及一定范围内的风险费用。与国际上通用的综合单价不同，后者包括了规费及税金，是全费用综合单价。

（4）措施项目费是指为完成工程项目施工，发生于该工程施工准备和施工过程中的技术、生活、安全、环境保护等方面的非工程实体项目。一般措施项目可按表7.1–2选择列项，专业工程的措施项目可按规范中规定的项目选择列项。

表7.1–2 一般措施项目一览表

序号	措施项目名称
1	安全文明施工（含环境保护、文明施工、安全施工、临时设施）
2	夜间施工
3	非夜间施工照明
4	二次搬运
5	冬雨期施工
6	大型机械设备进出场及安拆
7	施工排水
8	施工降水
9	地上、地下设施、建筑物的临时保护设施
10	已完工程及设备保护

（5）除上述一般措施项目外，还有脚手架工程费、混凝土模板及支架（撑）费、垂直运输费、超高施工增加费、其他。措施项目费的计算有两种：一是可以准确计量工程量部分，乘以综合单价记取措施项目费，例如模板、脚手架；二是不宜计量工程量部分，需要按照相关的取费系数获得措施项目费，例如夜间施工增加费。

（6）其他项目清单宜按照下列内容列项：暂列金额、暂估价、计日工、总承包服务费。其中：

① 暂列金额是指招标人在工程量清单中暂定并包括在合同价款中，并不直接属于承包人所有，而是由发包人暂定并掌握使用的一笔款项，用于施工合同签订时尚未确定或者不可预见的所需材料、设备、服务的采购，施工中可能发生的工程变更、合同约定调整因素出现时的工程价款调整以及发生的索赔、现场签证确认等的费用。暂列金额的费率通常为分部分项工程费的10%～15%。

暂列金额=分部分项工程费 × 相应费率(%)

② 暂估价则是指招标人在工程量清单中提供的用于支付必然发生但暂时不能确定的材料的单价以及专业工程的金额。

③ 计日工是指在施工过程中，施工企业完成建设单位提出的施工图纸以外的零星项目或工作所需的费用。

④ 总承包服务费(又称总包管理费)是指总承包人为配合协调建设单位进行的专业工程发包，对建设单位自行采购的材料、工程设备等进行保管以及施工现场管理、竣工资料汇总整理等服务所增加的管理人员工资、管理费等，通常按专业工程造价(不含设备款)的1%~3%计取，由建设单位支付。如有超出合同规定范围的配合及服务，例如专业分包使用总包单位的施工塔式起重机、电梯、脚手架、门窗洞口封堵以及协助工程抢工等，则由专业单位另行按实支付。

(7)规费项目清单应按照下列内容列项：工程排污费、工程定额测定费、社会保障费、住房公积金、危险作业意外伤害保险。

(8)税金是指国家税法规定的应计入建筑安装工程造价内的增值税及附加。

4. 合同价款确定与调整

1)合同价款的确定

在确定中标单位后，建设单位与中标单位签订施工承包合同，约定合同价款。招标工程的合同价格，双方根据中标价格在协议书内约定；非招标工程的合同价格，双方根据工程预算书在协议书内约定。目前常用的合同价款约定方式有以下3种：

(1)单价合同，是指承建双方在合同约定时，首先约定完成工程量清单工作内容的固定单价，其次是双方暂定或者核定工程量，然后核算出合同总价。工程项目竣工后根据实际工程量进行结算。固定单价不调整的合同称为固定单价合同，一般适用于技术难度小、图纸完备的工程项目。固定单价可以调整的合同称为可调单价合同，一般适用于施工图不完整、施工过程中可能发生各种不可预见因素较多、需要根据现场实际情况重新组价议价的工程项目。

(2)总价合同，是指承建双方在合同约定时，将工程项目的总造价进行约定的合同。总价合同又分为固定总价合同和可调总价合同。固定总价合同适用于规模小、技术难度小、工期短(一般在一年之内)的工程项目；可调总价合同是指在固定总价合同的基础上，对在合同履行过程中因为法律、政策、市场等因素影响，对合同价款进行调整的合同，适用于工程规模大、技术难度大、图纸设计不完整、设计变更多、工期较长(一般在一年之上)的工程项目。

(3)成本加酬金合同。合同价款包括成本和酬金两部分，双方在专用条款内约定成本构成和酬金的计算方法。适用于灾后重建、紧急抢修、新型项目或对施工内容、经济指标不确定的工程项目。

2)合同价款管理

影响工程合同价款的因素是多种多样的，例如法律法规变化、工程设计变更、项目特征描述不符、不可抗力等。具体因素和程序参考《建设工程工程量清单计价规范》GB 50500—2013 执行。

工程价款管理是指对工程预付款、工程进度款、签证款、工程结算款、保修金的管理工作，建设单位和施工单位在遵守国家现有法律法规的基础上，按照合同专用条款的约定开展相关工作。

3）合同价款调整

（1）在施工过程中，因为人工、材料、机械价格波动，可以按照合同约定调整。调整方式可采用调值公式法或合同约定的其他方式。

（2）调值公式法按式（7.1–1）计算：

$$P = P_0(a_0 + a_1A/A_0 + a_2B/B_0 + a_3C/C_0 + a_4D/D_0) \tag{7.1–1}$$

式中　P——工程实际结算价款；

P_0——调值前工程进度款；

a_0——不调值部分比重；

a_1、a_2、a_3、a_4——调值因素比重；

A、B、C、D——现行价格指数或价格；

A_0、B_0、C_0、D_0——基期价格指数或价格。

（3）应用调值公式时注意四点：

① 计算物价指数的品种只选择对总造价影响较大的少数几种。

② 在签订合同时要明确调价品种和波动到何种程度可调整（一般为 10%）。

③ 考核地点一般在工程所在地或指定某地的市场。

④ 确定基期的时点价格或指数，计算期的价格或指数，计算时点是特定付款凭证涉及的期间最后一天的 49d 前的一天。

5. 工程预付款和进度款的计算

1）工程预付款的计算

（1）工程预付款又称材料备料款或材料预付款，为该承包工程开工准备和准备主要材料、结构件所需的流动资金，不得挪作他用。

（2）计算工程预付款时，不得包含不属于承包商使用的费用，例如暂列金额等。

（3）预付款的预付时间应不迟于约定的开工日期前 7d。发包人没有按时支付预付款的，承包人可催告发包人支付。

（4）发包人在付款期满后的 7d 内仍未支付的，承包人可在付款期满后的第 8 天起暂停施工。发包人应承担由此增加的费用和（或）延误的工期，并向承包人支付合理利润。

（5）预付款额度的确定方法

① 百分比法：百分比法是按中标的合同造价（减去不属于承包商的费用，以下同）的一定比例确定预付备料款额度的一种方法，也有以年度完成工作量为基数确定预付款的，前者较为常用。

工程预付款＝中标合同造价 × 预付款比例

② 数学计算法：数学计算法是根据主要材料（含结构件等）占年度承包工程总价的比重、材料储备天数和年度施工天数等因素，通过数学公式计算预付备料款额度的一种方法。其计算见式 7.1–2。

$$工程备料款数额=\frac{年度工作量（或合同造价）\times 材料比重}{年度施工天数}\times 材料储备天数 \tag{7.1–2}$$

公式中：年度施工天数按365天日历天计算；材料储备天数由当地材料供应的在途天数、加工天数、整理天数、供应间隔天数、保险天数等因素决定。

（6）预付备料款的回扣

预付备料款的回扣方法可由发包人和承包人通过洽商用合同的形式予以确定，也可针对工程实际情况具体处理。

起扣点＝合同造价－（预付备料款／主要材料所占比重）

【案例 7.1-1】

背景：

已知某工程承包合同价款总额为6000万元，其主材及构件所占比重为60%，预付款总额为工程价款总额的20%。

问题：

预付款起扣点是多少万元？

分析与答案：

预付款起扣点 $T=P$（合同价款）－［M（预付款数额）/N（材料、构件所占比重）］

＝6000－（6000×20%）/60%＝4000.00万元。

2）工程进度款的计算

（1）工程进度款的支付方式有多种，需要根据合同约定进行支付。常见工程进度款的支付方式为月度支付、分段支付。

（2）月度支付。即按工程师确认的当月完成的有效工程量进行核算，在当月末或次月初按照合同约定的支付比例进行支付，并相应扣除合同约定的应扣保修金、应扣预付款及处罚金等。

工程月度进度款＝当月有效工作量×支付比例－相应的保修金－应扣预付款－罚款

（3）分段支付。即按照合同约定的工程形象进度，划分为不同阶段进行工程款的支付。对一般工民建项目可以分为基础、结构（又可以划分不同层数）、装饰、设备安装等几个阶段，按照每个阶段完工后的有效工作量以及合同约定的支付比例进行支付。

工程分段进度款＝阶段有效工作量×支付比例－相应的保修金－应扣预付款－罚款

（4）竣工后一次支付。建设项目规模小、工期较短（如在12个月以内）的工程，可以实行在施工过程中分几次预支，竣工后一次结算的方法。

（5）双方约定的其他支付方式。例如合同约定："……完成至正负零时，支付至合同额的15%；完成至结构封顶时，支付到合同额的50%……"。

【案例 7.1-2】

背景：

某工程合同约定：按照每月完成产值的85%支付工程款；3%的保修金当月扣除；对人工费、材料费价格变化可以根据政府公布的价格指数进行调整；实行月度结算。9月完成施工产值为3540万元，基准期9月份价格指数见表7.1-3。

表 7.1–3　基准期 9 月份价格指数

可调整因素	人工	材料 1	材料 2	材料 3	材料 4
费用比重（%）	20	12	8	21	14
基期价格指数	100	120	115	108	115
9 月份价格指数	105	127	105	120	129

问题：

列式计算 9 月份的结算额、保修金以及收取的工程款分别是多少万元？（保留小数点后 3 位）

分析与答案：

（1）$a_0 = 1-(20\% + 12\% + 8\% + 21\% + 14\%) = 0.25$；

（2）将相关数据代入调值公式，则 9 月份完成产值为：

$P = 3540\times(0.25+0.2\times105/100+0.12\times127/120+0.08\times105/115+0.21\times120/108+0.14\times129/115)$

$=3718.488$ 万元；

（3）保修金 $= 3718.488\times3\% = 111.555$ 万元；

（4）9 月份工程款 $= 3718.488\times85\% - 111.555 = 3049.160$ 万元。

7.1.3　基于工程量清单的投标报价

1. 招标工程量清单

（1）招标工程量清单应由具有编制能力的招标人或受其委托，具有相应资质的工程造价咨询人或招标代理人编制。

（2）招标工程量清单必须作为招标文件的组成部分，其准确性和完整性由招标人负责。招标工程量清单是工程量清单计价的基础，应作为编制招标控制价、投标报价、计算工程量、工程索赔、工程结（决）算的依据之一。

（3）招标人应编制招标控制价以及组成招标控制价的各组成部分的详细内容，招标价不得上浮或者下浮，并在招标文件中予以公布。招标控制价超过批准的概算时，招标人应将其报原概算审批部门审核。招标控制价应在招标时公布，不应上调或下浮，招标人应将招标控制价及有关资料报送工程所在地工程造价管理机构备查。

（4）采用工程量清单计价的工程，应在招标文件或合同中明确计价中的风险内容及其范围（幅度），不得采用无限风险、所有风险或类似语句规定计价中的风险内容及其范围（幅度）。该计价风险不包括：国家法律、法规、规章和政策变化；省级或行业建设主管部门发布的人工费调整；合同中已经约定的市场物价波动范围；不可抗力；双方约定可调整事项。

（5）招标控制价应根据下列依据进行编制：

① 本规范和相关工程的国家计量规范；

② 国家或省级、行业建设主管部门颁发的计价依据和办法；

③ 建设工程设计文件；

④ 与建设工程有关的标准、规范、技术资料；

⑤ 拟定的招标文件；

⑥ 施工现场情况、工程特点及常规施工方案；

⑦ 其他相关资料。

2. 投标工程量清单

（1）投标人应按招标人提供的工程量清单填报价格。填写的项目编码、项目名称、项目特征、计量单位、工程量必须与招标人提供的一致。

（2）投标价由投标人依据国家或省级、行业建设主管部门颁发的计价规定，使用国家或省级、行业主管部门颁发的计价定额，也可以是企业定额，采用市场价格或当地工程造价机构发布的工程造价信息，自主确定投标价，但不得低于成本。投标总价应当与分部分项工程费、措施项目费、其他项目费和规费、税金的合计金额一致。

（3）在施工过程中如果出现施工图纸或设计变更与工程量清单项目特征描述不一致时，发、承包双方应按实际施工的项目特征，依据合同约定重新确定综合单价。

（4）措施项目费应根据招标文件中的措施项目费清单及投标时拟定的施工组织设计或施工方案自主确定，但是措施项目费清单中的安全文明施工费应按照不低于国家或省级、行业建设主管部门规定标准的90%计价，不得作为竞争性费用。

（5）规费和税金应按国家或省级、行业建设主管部门的规定计算，不得作为竞争性费用。

（6）暂列金额应按招标人在其他项目清单中列出的金额填写；材料暂估价应按招标人在其他项目清单中列出的单价计入综合单价；专业工程暂估价应按招标人在其他项目清单中列出的金额填写。

（7）投标人的优惠必须体现在清单的综合单价或相关的费用中，不得以总价下浮方式进行报价，否则以废标处理。

（8）投标报价应根据下列依据编制和复核：

① 工程量清单计价规范；

② 国家或省级、行业建设主管部门颁发的计价办法；

③ 企业定额，国家或省级、行业建设主管部门颁发的计价定额；

④ 招标文件、工程量清单及其补充通知、答疑纪要；

⑤ 建设工程设计文件及相关资料；

⑥ 施工现场情况、工程特点及拟定的施工组织设计或施工方案；

⑦ 与建设项目相关的标准、规范等技术资料；

⑧ 市场价格信息或工程造价管理机构发布的工程造价信息；

⑨ 其他的相关资料。

7.1.4　施工投标报价策略

投标人应根据招标工程情况和企业自身实力，组织有关投标人员进行投标策略分析，包括企业目前经营现状和自身实力分析、对手分析和机会利益等。通常投标策略如下：

1. 高盈利策略

通常适用于以下工程：

（1）施工条件差的项目；

（2）专业要求高的技术密集型工程，且企业在业界有专长，声望较高；

（3）总价低的小工程，以及自己不愿做、又不方便的工程；

（4）特殊工程，例如地下开挖工程等；

（5）工期要求紧的工程；

（6）竞争对手少的工程；

（7）支付条件不理想的工程。

2. 低报价策略

通常适用于以下工程：

（1）施工条件好的工程，工作简单、工作量大而且一般公司都可以做的工程。

（2）企业急于打入某一市场、某一地区，或在该地区面临工程结束，施工机械设备等无工地转移时。

（3）招标项目在企业附近，而招标项目又可以利用该工程的设备、劳务、周转材料，或有条件短期内突击完成的项目。

（4）投标对手多，竞争激烈的项目。

（5）非急需工程。

（6）支付条件好的工程。

3. 无利润投标策略

缺乏竞争力企业通常在以下情况下，采取不考虑利润的投标策略：

（1）可能在中标后，能够将大部分工程成本进行转移。

（2）对于分期建设的项目，先以低价获得首期工程，而后获得业主认可赢得机会，取得后期竞争优势，并在以后的工程项目中赚得利润。

（3）在长时期内，企业没有在建项目，难以运转。虽无利可图，但是可以获得一定的管理费用，暂时渡过难关。

4. 不平衡报价法

在总体报价基本确定不变的前提下，调整内部各个子项的报价，以期既不影响总体报价，又在中标后解决资金周转的问题，使工程变更不受损失或者能够获得比较理想的经济效益。通常做法：

（1）对早日能够回收工程的前期分部分项工程（例如土方、基础），适当提高投标报价；对后期施工的分部分项工程（例如装饰、室外管网等），适当降低报价。

（2）预计工程量可能变更增加的项目，适当提高投标报价；而对预计工程量减少的项目，适当降低报价。

（3）设计图纸内容不明确或者有错误，估计修改后工程量需要增加的项目，适当提高报价；对内容没有明确的项目，适当降低报价。

（4）对没有确定工程量，只要求填报投标单价的项目，或招标人要求采用包干单价的项目，适当提高报价。

（5）在暂定项目中，对实施可能性大的项目，适当提高投标报价，预计不一定实施的项目，适当降低投标单价。

5. 多方案报价

首先是招标文件允许多方案报价，其次是招标文件中的工程范围很不具体、明确，或条款内容很不清楚、很不公平，或者对技术规范的要求过于苛刻；或设计图纸中存在某些不合理但可以改进的地方，或利用新技术、新工艺、新材料可以替代的地方。

6. 联合体法

两家及以上企业，其主营业务类似或相近，如单独投标会出现经验、业绩不足或工作负荷过大而造成高报价，失去竞争优势，则可以组成联合体投标，做到优势互补、规避劣势、风险共担，相对提高了中标概率。

7. 突然降价法

在投标报价过程中预先考虑好降价的幅度，然后有意散布一些假情报，迷惑对手。等临近投标截止日前，突然前往投标，并降低报价，以期战胜竞争对手。

8. 先亏后盈法

在实际工作中，有的企业为了打入某一领域或地区，不惜代价只求中标的低价投标方法。一旦中标并在这个领域或地区取得话语权，今后可以取得更多的工程任务，从而达到企业总体盈利的目的。

9. 计日工单价的报价

如果是单纯的报计日工单价，而且不计入总报价中，可以适当报高些，以便增加今后发生合同外的费用支付。如果计日工单价要计入总报价时，则需要分析具体情况确定报价。

7.1.5　施工投标文件

1. 投标文件主要内容

施工投标文件应包括下列主要内容：

（1）投标函及投标函附录；

（2）法定代表人身份证明或附有法定代表人身份证明的授权委托书；

（3）联合体协议书；

（4）投标保证金；

（5）已标价工程量清单；

（6）施工组织设计；

（7）项目管理机构；

（8）拟分包项目情况表；

（9）资格审查资料；

（10）规定的其他材料。

2. 编制投标文件要求

（1）必须使用《招标文件》提供的表格格式。凡是要求填写的空格都必须填报，否则视为放弃该项要求。重要的项目或数字（例如招标范围、工期、质量、价格等）未填写的，将被视为无效或作废的投标文件处理。

（2）对《招标文件》有疑问或在现场勘查时发现问题的，应在招标文件规定的时间内以书面形式要求招标人进行澄清，注意查收招标人是否有修改招标文件的通知或招标答疑。

（3）投标询价的内容要真实可靠，并附相应证明材料的复印件。

（4）投标人在投标截止时间前修改投标函中的投标总报价时，应注意同时修改《工程量清单》中的相应单价。如果总金额与依据单价计算出的结果不一致，以单价金额修正总报价。

（5）注意投标文件的大小写金额的一致性，不一致时以大写金额为准。

（6）投标文件由法定代表人或其委托代理人签字并盖公章。

（7）投标文件中的任何改动之处，应加盖单位公章，法定代表人或其委托代理人签字确认。

（8）投标文件正本一份，副本若干，正本、副本分开装订、分开包装，封面标记"正本""副本"字样，加贴封条，并在封条的封口处加盖投标人单位的公章。当正本与副本不一致时，以正本为准。

（9）注意查实投标截止的时间及投标文件的地点，逾期送达或送错地点，招标人不予受理。

（10）其他要符合相关法律法规要求。

7.2　施工合同管理

建设施工合同管理是贯穿于合同订立、履行、变更、违约索赔、争议处理、终止或结束的全部活动的管理。合同管理工作包括合同订立、合同备案、合同交底、合同履行、合同变更、争议与诉讼、合同分析与总结。建设工程施工合同管理的原则是：

依法履约原则：合同的签订及履行应当遵守法律法规。

诚实信用原则：当事人在履行合同义务时，应诚实、守信、善意、不滥用权利、不规避义务。

全面履行原则：包括实际履行和适当履行。

协调合作原则：要求当事人本着团结协作和互相帮助的精神去完成合同任务，履行各自应尽的责任和义务。

维护权益原则：合同当事人有权依法维护合同约定的自身所有的权利或风险利益。同时还应注意维护对方的合法权益不受侵害。

动态管理原则：在合同履行过程中，进行实时监控和跟踪管理。

合同归口管理原则：法人单位负责合同签约和履约监管等全部管理工作。

全过程合同风险管理原则：按合同生命周期进行全面、持续、动态的风险管理。

统一标准化原则：构建企业统一的合同管理业务标准体系。

7.2.1　施工承包合同管理

1. 施工合同文件与解释顺序

（1）《建设工程施工合同（示范文本）》GF—2017—0201 由"协议书""通用条款""专用条款"三部分组成。施工合同文件的组成及解释顺序：

① 合同协议书；

② 中标通知书；

③ 投标函及其附录；

④ 专用合同条款及其附件；

⑤ 通用合同条款；

⑥ 技术标准和要求；

⑦ 图纸；

⑧ 已标价工程量清单或预算书；

⑨ 其他合同文件。

（2）在合同订立及履行过程中形成的与合同有关的文件均构成合同文件组成部分。上述各项合同文件包括合同当事人就该项合同文件所作出的补充和修改，属于同一类内容的文件，应以最新签署的为准。专用合同条款及其附件须经合同当事人签字或盖章。

（3）施工总承包范围一般包括土建、装饰装修、机电、通风空调、电梯安装、园林、绿化、市政等工程，原则上工程施工部分只有一个总承包单位，装饰、安装等专业部分可以在法律条件允许下分包给专业施工单位。

（4）建筑工程总承包单位可以将承包工程中的部分工程发包给具有相应资质条件的分包单位；但是，除总承包合同中约定的分包外，必须经建设单位认可。建设单位在法律允许条件下进行的专业分包（需要在招标文件中明示，否则无效），总承包单位需要对专业分包单位的资质、施工能力等提出书面意见进行确认，对不能承担专业分包工程者使用否决权。

（5）总承包合同一经签订，总承包单位需要对建设单位承担整个工程项目的质量、安全、进度、文明施工、成本、保修等全部责任，即便总承包单位没有向专业分包单位收取管理费，并不影响总承包单位的承担义务。

2. 施工承包合同签约

承包方在合同签订阶段，通常由合约管理部门负责协调企业的工程、技术、质量、资金、财务、劳务、物资、法律等部门对合同文本进行评审。合同评审的主要事项：

（1）保证待签合同文本与招标文件、投标文件的一致性。一致性要求包括合同内容、承包范围、工期、造价、计价方式、质量要求等实质性内容。

（2）合同文本宜采用行政部门制定的通用合同示范文本，完整填写合同内容。通用合同示范文本具有规范性、程序性、系统性、实用性、平等性、合法性，内容详尽、条理清晰、责权明晰。并原文使用，不得修改通用条款。需要对通用条款进行修订时，在专用条款中载明相关内容。

（3）审核合同签约主体：

① 发包方的主体资格和履约能力。发包方分支机构（项目部、未领取营业执照的分公司）不具有签约资格。前期与分支机构接洽的合同文件，在签订正式合同时要求法人单位盖章确认。

② 承包方的签约主体应满足承担合约工程的施工资质要求，并具有工程施工需要的项目管理团队。

（4）不得签订“黑白合同”。法律法规规定：“当事人就同一建设工程另行订立的建设工程施工合同与经过备案的中标合同实质性内容不一致的，应当以备案的中标合同作为结算工程价款的依据”。所备案的合同内容也必须与招标文件保持一致。

（5）审查合同重要条款。主要包括：双方现场管理代表的责权，合同签约价，风险约定，工期，质量安全标准，工程款支付，签证索赔，价格调整，竣工结算方式和时间的约定，违约责任等。

3. 施工承包合同的履行

承包人项目部在合同管理中严格执行承包人对项目部的授权。项目部合同管理人员全过程跟踪合同执行情况，收集整理合同信息和管理绩效，并及时报告项目经理。

（1）项目部应建立合同变更管理程序，合同变更按下列程序进行：

① 提出合同变更申请。

② 报项目经理审查、批准。必要时，经企业合同管理部门负责人签认，重大的合同变更须报企业负责人签认。

③ 经业主签认，形成书面文件。

④ 组织实施。

（2）项目部应按以下程序进行合同争议处理：

① 准备并提供合同争议事件的证据和详细报告。

② 通过“和解”或“调解”达成协议，解决争端。

③ 当“和解”或“调解”无效时，报请企业负责人同意后，按合同约定提交仲裁或诉讼处理。

④ 当事人应接受并执行最终裁定或判决的结果。

（3）项目部应按下列规定对合同的违约责任进行处理：

① 当事人应承担合同约定的责任和义务，并对合同执行效果承担应负的责任。

② 当发包人或第三方违约并造成当事人损失时，合同管理人员应按规定追究违约方的责任，并获得损失的补偿。

③ 项目部应加强对连带责任引起的风险预测和控制。

（4）项目部应按下列规定进行索赔处理：

① 应执行合同约定的索赔程序和规定。

② 在规定时限内向对方发出索赔通知，并提出书面索赔报告和索赔证据。

③ 对索赔费用和时间的真实性、合理性及正确性进行核定。

④ 按最终商定或裁定的索赔结果进行处理。

（5）项目部合同文件管理应符合下列要求：

① 明确合同管理人员在合同文件管理中的职责，并按合同约定的程序和规定进行合同文件管理。

② 合同管理人员应对合同文件定义范围内的信息、记录、函件、证据、报告、图纸资料、标准规范及相关法规等及时进行收集、整理和归档。

③ 制定并执行合同文件的管理规定，保证合同文件不丢失、不损坏、不失密，并方便使用。

④ 合同管理人员应做好合同文件的整理、分类、收尾、保管或移交工作。

4. 合同内容缺失的处理

发包方、承包方由于多种原因，致使建筑工程施工合同内容存在部分内容没有约定，造成合同内容缺失，给合同履行带来困难。对于没有进行约定或约定不明确的合同缺失内容，应按以下办法进行处理：

1）协议补充

发包方和承包方通过协商达成一致意见，通过补充协议对原来施工合同中没有约定或者约定不明确的内容予以补充或者明确。补充协议成为建筑工程施工合同的组成部分。

2）按照合同有关条款或者交易习惯确定

当发包方与承包方的协商未能对没有约定或约定不明确的内容达成补充协议的，可以结合合同其他方面的内容（其他条款）加以确定。也可按照在同样交易中通常或者习惯采用的交易习惯进行合同履行。例如对于价款或者报酬约定不明确的，应按订立施工合同时履行地的市场价格履行，依法应当执行政府定价或者政府指导价格的，按照规定履行。在执行政府定价或政府指导价的情况下，在履行合同过程中，当价格发生变化时：

（1）执行政府定价或者政府指导价格的，在合同约定的交付期限内政府价格调整时，按照交付的价格计价。

（2）逾期交付标的物的，遇到价格上涨时，按照原价履行；价格下降时，按照新价格履行。

（3）逾期提取标的物或者逾期付款的，遇到价格上涨时，按照新价格履行；价格下降时，按照原价格履行。

5. 施工承包合同变更

建设工程受地形、地质、水文、气象、政治、市场、人和施工条件等因素的影响，造成设计考虑不周或与实际情况不符，导致设计变更、工程签证和索赔事件的发生。

（1）除施工合同的专用合同条款另有约定外，合同履行过程中发生以下情形的，应按照本条约定进行变更：

① 增加或减少合同中任何工作，或追加额外的工作；

② 取消合同中任何工作，但转由他人实施的工作除外；

③ 改变合同中任何工作的质量标准或其他特性；

④ 改变工程的基线、标高、位置和尺寸；

⑤ 改变工程的时间安排或实施顺序。

（2）变更权

① 发包人和监理人均可以提出变更。变更指示均通过监理人发出，监理人发出变更指示前应征得发包人同意。承包人收到经发包人签认的变更指示后，方可实施变更。未经许可，承包人不得擅自对工程的任何部分进行变更。

② 涉及设计变更的，应由设计人提供变更后的图纸和说明。如变更超过原设计标准或批准的建设规模时，发包人应及时办理规划、设计变更等审批手续。

（3）变更程序

① 发包人提出变更

发包人提出变更的，应通过监理人向承包人发出变更指示，变更指示应说明计划变更的工程范围和变更的内容。

② 监理人提出变更建议

监理人提出变更建议的，需要向发包人以书面形式提出变更计划，说明计划变更工程范围和变更的内容、理由，以及实施该变更对合同价格和工期的影响。发包人同意变更的，由监理人向承包人发出变更指示。发包人不同意变更的，监理人无权擅自发出变更指示。

③ 变更执行

承包人收到监理人下达的变更指示后，认为不能执行的，应立即提出不能执行该变更指示的理由。承包人认为可以执行变更的，应当书面说明实施该变更指示对合同价格和工期的影响，且合同当事人应当按照变更估价的约定确定变更估价。

（4）变更估价

① 变更估价原则

除专用合同条款另有约定外，变更估价按照本款约定处理：

a. 已标价工程量清单或预算书有相同项目的，按照相同项目单价认定；

b. 已标价工程量清单或预算书中无相同项目，但有类似项目的，参照类似项目的单价认定；

c. 变更导致实际完成的变更工程量与已标价工程量清单或预算书中列明的该项目工程量的变化幅度超过 15% 的，或已标价工程量清单或预算书中无相同项目及类似项目单价的，按照合理的成本与利润构成的原则，由合同当事人按照约定原则确定变更工作的单价。

② 变更估价程序

a. 承包人应在收到变更指示后 14d 内，向监理人提交变更估价申请。

b. 监理人应在收到承包人提交的变更估价申请后 7d 内审查完毕并报送发包人，监理人对变更估价申请有异议的，通知承包人修改后重新提交。

c. 发包人应在承包人提交变更估价申请后 14d 内审批完毕。

d. 发包人逾期未完成审批或未提出异议的，视为认可承包人提交的变更估价申请。

e. 因变更引起的价格调整应计入最近一期的进度款中支付。

（5）承包人的合理化建议

① 承包人提出合理化建议的，应向监理人提交合理化建议说明，说明建议的内容和理由，以及实施该建议对合同价格和工期的影响。

② 除专用合同条款另有约定外，监理人应在收到承包人提交的合理化建议后 7d 内审查完毕并报送发包人，发现其中存在技术上的缺陷时，应通知承包人修改。发包人应在收到监理人报送的合理化建议后 7d 内审批完毕。合理化建议经发包人批准的，监理人应及时发出变更指示，由此引起的合同价格调整按照变更估价的约定执行。发包人不同意变更的，监理人应书面通知承包人。

③ 合理化建议降低了合同价格或者提高了工程经济效益的，发包人可对承包人给予奖励，奖励的方法和金额在专用合同条款中约定。

（6）变更引起的工期调整

因变更引起工期变化的，合同当事人均可要求调整合同工期，由合同当事人按照双方约定原则并参考工程所在地的工期定额标准确定增减工期天数。

6. 工程签证

（1）工程签证，一般指在施工合同履行过程中，承发包双方根据原合同约定原则或行业惯例，双方代表就施工过程中涉及合同价款之外的责任事件所作的签认证明（业界一般以技术核定单和业务联系单的形式体现）。相当于就合同价款之外的费用补偿、工期顺延以及因各种原因造成的损失赔偿达成的补充协议。

（2）工程签证通常由双方根据实际处理的情况及发生的费用进行办理，例如：

① 如基础施工时地下意外出现的流砂、墓穴、工事等地下障碍物，必须进行处理，若进行处理就必然发生费用。

② 由于建设单位原因，未按合同规定的时间和要求提供材料、场地、设备资料等造成施工企业的停工、窝工损失。

③ 由于建设单位原因决定工程中途停建、缓建或由于设计变更以及设计错误等造成施工企业的停工、窝工、返工而发生的倒运、人员和机具的调迁等损失。

④ 在施工过程中发生的由建设单位造成的停水停电，造成工程不能顺利进行，且时间较长，施工企业又无法安排停工而造成的经济损失。

⑤ 由于业主或非施工单位的原因造成的停工、窝工，业主只负责按停窝工人工费补偿而不是按当地造价部门颁布的工资标准补偿，只负责租赁费或摊销费而不是机械台班费。

7. 合同索赔管理

索赔通常分为费用索赔和工期索赔两种。由于工程范围的变更、文件的缺陷或技术错误、业主未能提供现场所引起的索赔，承包人可以索赔利润。

1）索赔必须符合的基本条件

（1）客观性

有确凿的证据证明确实存在不符合合同或违反合同的干扰事件，它对承包商的工期和成本造成影响，产生了损失的事实存在。

（2）合法性

干扰事件非承包商自身责任引起，按照合同条款对方应给予补（赔）偿。索赔要求必须符合本工程承包合同的规定。合同作为工程中的最高法律，由它判定干扰事件的责任由谁承担，承担什么样的责任，应赔偿多少等。所以，不同的合同条件，索赔要求有不同的合法性，则有不同的解决结果。

（3）合理性

索赔要求合情合理，符合实际情况，真实反映由于干扰事件引起的实际损失，采用合理的计算方法和计算基础。

2）索赔步骤

索赔事件发生后，通常按照以下步骤进行：

（1）索赔意向通知。在干扰事件发生后，承包商必须按照合同约定迅速作出反应，在一定时间内（合同示范文本为28天），向工程师和业主递交索赔意向通知。

（2）索赔的内部处理。干扰事件一经发生，承包商就应进行索赔处理工作，直到正式向工程师和业主提交索赔报告。这一阶段包括许多具体的、复杂的分析工作。

① 事态调查，即寻找索赔机会。通过对合同实施的跟踪、分析、诊断，发现了索赔机会，则应对它进行详细的调查和跟踪，以了解事件经过、前因后果，掌握事件详细情况。

② 干扰事件原因分析，即分析这些干扰事件是由谁引起的，它的责任该由谁来

负担。如果干扰事件责任是多方面的，则必须划分各人的责任范围，按责任大小分担损失。

③ 索赔根据，即索赔理由，主要是指合同条文，必须按合同判明干扰事件是否违约，是否在合同规定的赔（补）偿范围之内。只有符合合同规定的索赔要求才有合法性，才能成立。

④ 损失调查，即为干扰事件的影响分析。它主要表现为工期的延长和费用的增加。如果干扰事件不造成损失，则无索赔可言。损失调查的重点是收集、分析、对比实际和计划的施工进度，工程成本和费用方面的资料，在此基础上计算索赔值。

⑤ 收集证据。干扰事件一经发生，承包商应按工程师的要求做好记录并在干扰事件持续期间内保持完整，接受工程师的审查。证据是索赔有效的前提条件。

⑥ 起草索赔报告。索赔报告是上述各项工作的结果和总括。它是由合同管理人员在其他项目管理职能人员的配合和协助下起草的。它表达了承包商的索赔要求和支持这个要求的详细依据。

（3）提交索赔报告。承包商必须在合同规定的时间内向工程师和业主提交索赔报告。

（4）解决索赔。从递交索赔报告到最终获得赔偿的支付是索赔的解决过程。这个阶段工作的重点是通过谈判，或调解，或仲裁，使索赔得到合理的解决。

3）索赔证据

索赔证据在合同签订和合同实施过程中产生，主要为合同资料、日常的工程资料和合同双方的信息沟通资料等。

（1）索赔证据的基本要求

① 真实性。索赔证据必须是在实际工程过程中产生，完全反映实际情况，能经得住对方的推敲。由于在工程过程中合同双方都在进行合同管理，收集工程资料，所以双方应有相同的证据。

② 全面性。所提供的证据应能说明事件的全过程。索赔报告中所涉及的干扰事件、索赔理由、影响、索赔值等都应有相应的证据。

③ 法律证明效力。索赔证据必须有法律证明效力。

a. 证据必须是书面文件。

b. 合同变更协议必须由双方签署，或以会谈纪要的形式确定，且为决定性决议。

c. 程序符合要求。工程中的重大事件、特殊情况的记录应由工程师签署认可。

④ 及时性。证据获得与提交的时效性应符合合同与相关规定的要求。

（2）证据的种类

在工程过程中常见的索赔证据有：

① 招标文件、合同文本及附件，其他的各种签约（备忘录、修正案等），业主认可的工程实施计划，各种工程图纸（包括图纸修改指令），技术规范等。承包商的报价文件及报价资料。

② 来往信件，如业主的变更指令，各种认可信、通知、对承包商问题的答复信等。

③ 各种会谈纪要。但会谈纪要须经各方签署才有法律效力。

④ 施工进度计划和实际施工进度记录，包括总进度计划，开工后业主的工程师批准的详细的进度计划，每月进度修改计划，实际施工进度记录，月进度报表等。

⑤ 施工现场的工程文件，如施工记录、施工备忘录、施工日报、工长或检查员的工作日记、监理工程师填写的施工记录和各种签证等。

⑥ 工程照片。照片作为证据最清楚和直观。照片上应注明日期。索赔中常用的有：表示工程进度的照片、隐蔽工程覆盖前的照片、业主责任造成返工和工程损坏的照片等。

⑦ 气候报告。如果遇到恶劣的天气，应作记录，并请工程师签证。

⑧ 工程中的各种检查验收报告和各种技术鉴定报告。如工程水文地质勘探报告、土质分析报告、文物和化石的发现记录、地基承载力试验报告、隐蔽工程验收报告、材料试验报告、材料设备开箱验收报告、工程验收报告等。

⑨ 工地的交接记录，图纸和各种资料的交接记录。工程中送停电，送停水，道路开通和封闭的记录和证明。它们应由工程师签证。

⑩ 建筑材料和设备的采购、订货、运输、进场、使用方面的记录、凭证和报表等。

⑪ 市场行情资料，包括市场价格、官方的物价指数、工资指数、中央银行的外汇比率等公布资料。

⑫ 各种会计核算资料，包括工资单、工资报表、工程款账单，各种收付款原始凭证，总分类账、管理费用报表，工程成本报表等。

⑬ 国家法律、法令、政策文件。

4）施工索赔的计算方法

（1）工期索赔的计算方法

① 网络分析法：网络分析法通过分析延误前后的施工网络计划，比较两种工期计算结果，计算出工程应顺延的工期。

② 比例分析法：在实际工程中，干扰事件常常仅影响某些单项工程、单位工程或分部分项工程的工期，分析它们对总工期的影响。

总工期索赔＝附加工程或新增工程量价格 × 原合同总工期 / 原合同总价

③ 其他方法：工程现场施工中，可以按照索赔事件实际增加的天数确定索赔的工期；通过发包方与承包方协议确定索赔的工期。

【案例 7.2-1】

背景：

某工程合同总价3800万元，总工期15个月。现业主指令增加附加工程的价格为760万元。

问题：

计算承包商索赔工期为多少天？

分析与答案：

索赔总工期＝新增工程量价格 × 原合同总工期 / 原合同总价

＝ 760×15/3800 ＝ 3 个月。

（2）费用索赔的计算方法

① 总费用法：又称为总成本法，通过计算出某单项工程的总费用，减去单项工程的合同费用，剩余费用为索赔的费用。

② 分项法：按照工程造价的确定方法，逐项进行工程费用的索赔。可以分为人工费、材料费、机械费、管理费、利润等分别计算索赔费用。

【案例 7.2-2】

背景：

某建筑公司（乙方）于某年4月20日与某厂（甲方）签订了修建建筑面积为3000m^2工业厂房（带地下室）的施工合同，乙方编制的施工方案和进度计划已获监理工程师批准。该工程的基坑开挖土方量为4500m^3，假设直接费单价为4.2元/m^3，综合费率为直接费的20%。该工程的基坑施工方案规定：土方工程采用租赁一台斗容量为1m^3的反铲挖土机施工（租赁费450元/台班）。甲、乙双方合同约定5月11日开工，5月20日完工。在实际施工中发生如下几项事件：

（1）因租赁的挖土机大修，晚开工2天，造成人员窝工10个工日；

（2）基坑开挖后，因遇软土层，接到监理工程师5月15日停工的指令，进行地质复查，配合用工15个工日；

（3）5月19日接到监理工程师于5月20日复工的指令，同时提出基坑开挖深度加深2m的设计变更通知单，由此增加土方开挖量900m^3。

问题：

（1）建筑公司对上述哪些事件可以向厂方要求索赔，哪些事件不可以要求索赔，并说明原因。

（2）每项事件工期索赔各是多少天？总计工期索赔是多少天？

（3）假设人工费单价为23元/工日，因增加用工所需的管理费为增加人工费的30%，则合理的费用索赔总额是多少？

分析与答案：

（1）事件1：索赔不成立。因为租赁的挖土机大修延迟开工属于承包商的自身责任。

事件2：索赔成立。因为施工地质条件变化是一个有经验的承包商所无法合理预见的。

事件3：索赔成立。因为这是由设计变更引起的，应由业主承担责任。

（2）事件2，可索赔工期5天（15～19日）；

事件3，可索赔工期：900/（4500/10）＝2天。

共索赔工期5＋2＝7天。

（3）事件2，人工费：15工日×23元/工日×（1＋30%）＝448.5元；

机械费：450元/台班×5天＝2250元。

事件3，（900m^3×4.2元/m^3）×（1＋20%）＝4536元。

索赔费用总额为：448.5＋2250＋4536＝7234.5元。

7.2.2 专业分包合同管理

专业承包工程有：地基与基础、起重设备安装、预拌混凝土、电子与智能化、消防设施、防水防腐保温、钢结构、模板脚手架、建筑装饰装修、建筑机电安装、建筑幕墙、古建筑、环保工程、特种工程等。专业分包合同宜采用《建设工程施工专业分包合同（示范文本）》GF—2003—0213。

1. 工程承包人的工作

（1）向分包人提供根据总包合同由发包人办理的与分包工程相关的各种证件、批件、相关资料，向分包人提供具备施工条件的施工场地。

（2）组织分包人参加发包人组织的图纸会审，向分包人进行设计图纸交底。

（3）提供本合同专用条款中约定的设备和设施，并承担因此发生的费用。

（4）随时为分包人提供确保分包工程的施工所要求的施工场地和通道等，满足施工运输的需要。

（5）负责整个施工场地的管理工作，协调分包人与同一施工场地的其他分包人之间的交叉配合。

（6）合同约定的其他工作。

2. 专业分包人的工作

（1）分包人应按照分包合同的约定，对分包工程进行设计（分包合同有约定时）、施工、竣工和保修。

（2）按照合同专用条款约定的时间，完成规定的设计内容，报承包人确认后在分包工程中使用。承包人承担由此发生的费用。

（3）向承包人提供年、季、月度工程进度计划及相应进度统计报表。分包人不能按承包人批准的进度计划施工时，应根据承包人的要求提交一份修订的进度计划，以保证分包工程如期竣工。

（4）提交分包工程施工组织方案，报承包人批准后认真执行。

（5）及时办理施工场地交通、施工噪声以及环境保护和安全文明生产等管理手续，并报承包人。承包人按规定承担相关费用，但因分包人责任造成的罚款除外。

（6）允许承包人、发包人、工程师及其授权人员在工作时间内进入分包工程施工场地或材料存放处，以及施工场地外与分包合同有关的分包人工作地点，并提供工作方便。

（7）分包工程交付前，分包人负责分包工程成品保护工作，发生损坏时自费修复。承包人要求采取特殊保护措施的，双方在合同中约定。

（8）合同约定的其他工作。

3. 分包工程工期与安全文明施工

（1）分包人按照合同约定的开工日期开工。不能按时开工时，应得到承包人同意，工期相应顺延。否则，工期不予顺延。

（2）因承包人原因不能按照本合同协议书约定的开工日期开工时，项目经理应以书面形式通知分包人，推迟开工日期。承包人赔偿分包人因延期开工造成的损失，并相应顺延工期。

（3）因下列原因造成分包工程工期延误的，经总包项目部确认，工期相应顺延：

① 承包人根据工程师指令，要求分包工程竣工时间延长；

② 承包人未按合同约定提供图纸、开工条件、设备设施、施工场地；

③ 承包人未按约定支付工程预付款、进度款，致使分包工程施工不能正常进行；

④ 承包人未按合同约定提供所需的指令、批准或所发出的指令错误，致使分包工

程施工不能正常进行；

⑤ 非分包人原因的分包工程范围内的工程变更及工程量增加；

⑥ 不可抗力的原因；

⑦ 合同约定或承包人同意工期顺延的其他情况。

（4）承包人与分包人应在分包合同中明确安全防护、文明施工费用由总包单位统一管理。安全防护、文明施工措施由分包人实施的，由分包人提出专项安全防护措施及施工方案，经承包人批准后及时支付所需费用。

7.2.3　劳务分包合同管理

劳务分包包括木工作业、砌筑作业、抹灰作业、油漆作业、钢筋作业、混凝土作业、脚手架作业、模板作业等。劳务分包合同宜采用《建设工程施工劳务分包合同（示范文本）》GF—2003—0214。

1. 工程承包人义务

（1）组织工程施工管理工作，对工程工期和质量向发包人负责。

（2）除非合同另有约定，工程承包人应完成劳务工程的施工准备工作，并承担费用：

① 向劳务分包人交付具备劳务作业开工条件的施工场地。

② 完成满足劳务作业的水、电、热、电信等施工管线和施工道路。

③ 向劳务分包人提供相应的工程地质和地下管网线路资料。

④ 办理与劳务工作相关的各种证件、批件、规费，涉及劳务分包人自身的手续除外。

⑤ 向劳务分包人提供相应的水准点与坐标控制点。

⑥ 向劳务分包人提供约定的生产、生活临时设施。

（3）负责编制施工方案。编制年、季、月施工计划，物资需用量计划表。实施对工程质量、工期、安全生产、文明施工、计量检测、试验、化验的控制、监督、检查和验收。

（4）负责工程测量定位、沉降观测、技术交底，组织图纸会审，统一安排技术档案资料的收集整理及交工验收。

（5）协调解决非劳务分包人独立使用的生产、生活临时设施，工作用水、用电及施工场地。

（6）提供设计图纸，交付工程材料、设备，保证工程施工需要。

（7）向劳务分包人支付劳动报酬。

（8）协调劳务分包人与发包人、监理、设计等有关部门工作关系。

2. 劳务分包人义务

（1）组织满足工程施工要求的劳务工人进行施工工作，对劳务分包工程的施工质量负责。未经工程承包人允许，不与发包人及有关部门进行工作联系。

（2）按照约定提交月度施工进度计划和劳动力安排计划，经工程承包人批准后实施。

（3）按照设计、规范、技术要求组织施工，保证工程质量；执行工作计划，满足人力、物力投入，保证施工工期；执行安全规范和操作规程，落实安全措施，保证施工安全；加强现场管理，执行环保、消防和文明施工等要求，做到文明施工。

（4）接受工程承包人及有关部门的管理、监督和检查。做好与其他单位的协调配合工作。

（5）按工程承包人要求，做好材料堆放、机具操作等施工平面管理工作，和生活区管理、保卫工作。

（6）按时提交报表、技术经济资料，配合工程承包人进行交工验收。

（7）做好施工场地周围建筑物、构筑物、地下管线和已完工程部分的成品保护工作。

（8）妥善保管、合理使用工程承包人提供或租赁给劳务分包人使用的机具、周转材料及其他设施。

（9）服从工程承包人转发发包人及工程师的指令。

（10）合同约定的其他工作。

7.2.4 材料设备采购合同管理

1. 物资采购合同

物资采购合同主要条款：

（1）标的。标的是供应合同的主要条款。主要包括：物资名称（牌号、商标）、品种、型号、规格、等级、花色、技术标准或质量要求等。

（2）数量。供应合同标的数量的计量方法要执行法律法规规定，或供需双方商定方法，计量单位明确。

（3）运输方式。运输方式可分为铁路、公路、水路、航空、管道运输及海上运输等。

（4）价格。需定价的材料，按国家定价执行；应由国家定价但尚无定价的，其价格应报请物价主管部门批准；不属于定价的产品，价格由供需双方协定。

（5）结算。供需双方对产品货款、实际支付的运杂费和其他费用进行货币清算。结算方式分为现金结算和转账结算。

2. 设备供应合同

设备供应合同条款主要包括：设备的名称、品种、型号、规格、等级、技术标准或技术性能指标；数量和计量单位；包装标准及包装物的供应与回收；交货单位、交货方式、运输方式、到货地点、接货单位、交货期限；验收方法；产品价格，结算方式；违约责任等。并关注以下条款：

（1）设备价格。设备合同价格应根据承包方式确定。按设备费包干方式及招标方式确定合同价格较为简捷，按委托承包方式确定合同价格较为复杂。在签订合同时，难以确定价格的产品可协商暂定价格。

（2）设备数量。除列明设备名称、数量外，还应明确规定随主机的辅机、附件、易损耗备用品、配件和安装修理工具等。

（3）技术标准。除应注明设备系统的主要技术性能外，还应在合同后附各部分设备的主要技术标准和技术性能的文件。

（4）现场服务。供方应派技术人员现场服务，并对现场服务的内容作出明确规定，对供方技术人员在现场服务期间的工作条件、生活待遇及费用出处作出规定。

（5）验收和保修。成套设备的安装是一项复杂的系统工程。安装成功后，试车是关键。因此，合同中应详细注明成套设备验收办法，明确规定保修期限、费用等。

3. 采购的“四比一算”和5R原则

（1）采购的“四比一算”：比质量、比价格、比运距、比服务、算成本。

（2）采购 5R 原则：适时——正确的时间，适地——正确的地点，适价——正确的价格，适质——正确的质量，适量——正确的数量。

第8章 施工进度管理

8.1 施工进度计划方法应用

8.1.1 流水施工在进度计划中的应用

第8章
看本章精讲课
配套章节自测

1. 流水施工的特点

流水施工是将拟建工程划分为若干施工段，并将施工对象分解为若干个施工过程，按施工过程成立相应工作队，各工作队按施工过程顺序依次完成施工段内的施工工作，依次从一个施工段转到下一个施工段，施工在各施工段、施工过程上连续、均衡地进行，使相应专业队间实现最大限度的搭接施工。

特点：

（1）科学利用工作面，争取时间，合理压缩工期；

（2）工作队实现专业化施工，有利于工作质量和效率的提升；

（3）工作队及其工人、机械设备连续作业，同时使相邻专业队的开工时间能够最大限度地搭接，减少窝工和其他支出，降低建造成本；

（4）单位时间内资源投入量较均衡，有利于资源组织与供给。

2. 流水施工参数

（1）工艺参数，指组织流水施工时，用以表达流水施工在施工工艺方面进展状态的参数，通常包括施工过程和流水强度两个参数。

（2）空间参数，指组织流水施工时，用以表达流水施工在空间布置上划分的个数，可以是施工区（段），也可以是多层的施工层数，数目一般用 M 表示。

（3）时间参数，指在组织流水施工时，用以表达流水施工在时间安排上所处状态的参数，主要包括流水节拍、流水步距和流水施工工期三个方面。

3. 流水施工的组织形式

流水施工根据流水节拍特征，分为无节奏流水施工、等节奏流水施工和异节奏流水施工。

1）无节奏流水施工

全部或部分施工过程在各个施工段上流水节拍不相等的流水施工。这种施工是流水施工中最常见的一种。

2）等节奏流水施工

各施工过程的流水节拍都相等的流水施工，也称为固定节拍流水施工或全等节拍流水施工。

3）异节奏流水施工

各施工过程的流水节拍各自相等而不同施工过程之间的流水节拍不尽相等的流水施工。在组织异节奏流水施工时，又可以采用等步距和异步距两种方式。

4. 流水施工的表达方式

流水施工主要以横道图方式表示：横坐标表示流水施工的持续时间；纵坐标表示施工过程的名称或编号。n 条带有编号的水平线段表示 n 个施工过程或专业工作队的施工进度安排，其编号①、②……表示不同的施工段。横道图表示法的优点是：绘图简单，施工过程及其先后顺序表达清楚，时间和空间状况形象直观，使用方便，因而被广泛用来表达施工进度计划。

5. 流水施工方法的应用

【案例 8.1-1】

背景：

某工程由三个结构形式与建造规模完全一样的单体建筑组成，各单体建筑施工共由五个施工过程组成，分别为：土方开挖、基础施工、地上结构、砌筑工程、装饰装修及设备安装。根据施工工艺要求，地上结构施工完毕后，需等待2周后才能进行砌筑工程。

该工程采用五个专业工作队组织施工，各施工过程的流水节拍见表 8.1-1。

表 8.1–1　流水节拍

施工过程编号	施工过程	流水节拍（周）
Ⅰ	土方开挖	2
Ⅱ	基础施工	2
Ⅲ	地上结构	6
Ⅳ	砌筑工程	4
Ⅴ	装饰装修及设备安装	4

问题：

（1）根据流水节拍表，属于何种形式的流水施工，流水施工的组织形式还有哪些？

（2）绘制其流水施工进度计划横道图并计算总工期。

分析与答案：

（1）属于异节奏流水施工。流水施工的组织形式还有：等节奏流水施工、无节奏流水施工。

（2）根据表 8.1-1 中数据，采用"累加数列错位相减取大差法（简称'大差法'）"计算流水步距：

① 各施工过程流水节拍的累加数列（从第一个施工段开始累加至最后一个施工段）：

施工过程Ⅰ：2　4　6

施工过程Ⅱ：2　4　6

施工过程Ⅲ：6　12　18

施工过程Ⅳ：4　8　12

施工过程Ⅴ：4　8　12

② 错位相减，取最大值得流水步距：

$$\begin{array}{lrrrr} K_{\text{Ⅰ},\text{Ⅱ}} & 2 & 4 & 6 & \\ - & & 2 & 4 & 6 \\ \hline & 2 & 2 & 2 & -6 \end{array}$$

所以：$K_{\text{Ⅰ},\text{Ⅱ}}=2$；

$$
\begin{array}{lrrrr}
K_{Ⅱ,Ⅲ} & 2 & 4 & 6 & \\
- & & 6 & 12 & 18 \\
\hline
 & 2 & -2 & -6 & -18
\end{array}
$$

所以：$K_{Ⅱ,Ⅲ}=2$；

$$
\begin{array}{lrrrr}
K_{Ⅲ,Ⅳ} & 6 & 12 & 18 & \\
- & & 4 & 8 & 12 \\
\hline
 & 6 & 8 & 10 & -12
\end{array}
$$

所以：$K_{Ⅲ,Ⅳ}=10$；

$$
\begin{array}{lrrrr}
K_{Ⅳ,Ⅴ} & 4 & 8 & 12 & \\
- & & 4 & 8 & 12 \\
\hline
 & 4 & 4 & 4 & -12
\end{array}
$$

所以：$K_{Ⅳ,Ⅴ}=4$。

③ 总工期 T＝流水步距之和＋最后一道工序流水节拍之和＋技术间歇之和：

$T=\sum K_{i,\ i+1}+\sum t_n+\sum G=(2+2+10+4)+(4+4+4)+2=32$ 周。

④ 五个工作队完成施工的流水施工进度计划如图 8.1-1 所示。

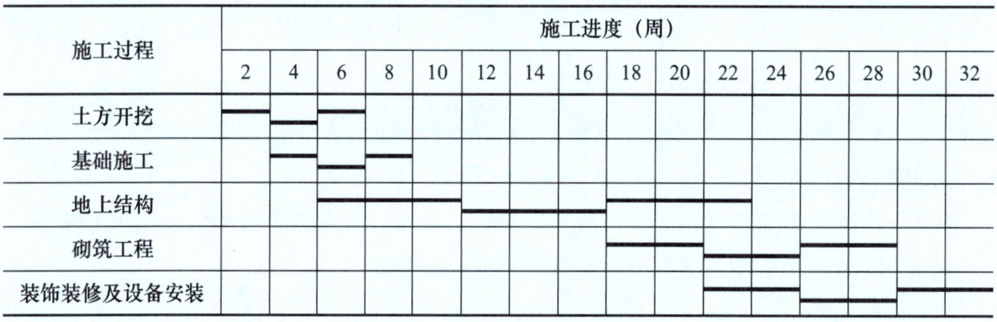

施工过程	施工进度（周）															
	2	4	6	8	10	12	14	16	18	20	22	24	26	28	30	32
土方开挖																
基础施工																
地上结构																
砌筑工程																
装饰装修及设备安装																

图 8.1-1　流水施工进度计划

8.1.2　网络计划在进度计划中的应用

按照《工程网络计划技术规程》JGJ/T 121—2015，我国常用的工程网络计划类型包括：双代号网络计划、双代号时标网络计划、单代号网络计划、单代号搭接网络计划。

双代号时标网络计划兼有网络计划与横道计划的优点，它能够清楚地将网络计划的时间参数直观地表达出来，随着计算机应用技术的发展成熟，目前已成为应用最为广泛的一种网络计划。

1. 网络计划时差、关键工作与关键线路

时差可分为总时差和自由时差两种。工作总时差，是指在不影响总工期的前提下，本工作可以利用的机动时间；工作自由时差，是指在不影响其所有紧后工作最早开始的前提下，本工作可以利用的机动时间。

关键工作：是网络计划中总时差最小的工作，在双代号时标网络图上，没有波形线的工作即为关键工作。

关键线路：由关键工作所组成的线路就是关键线路。关键线路的工期即为网络计

划的计算工期。

2. 网络计划方法的应用

【案例 8.1-2】

背景：

某工程项目总承包单位上报了施工进度计划网络图（图 8.1-2），经总监理工程师批准执行。

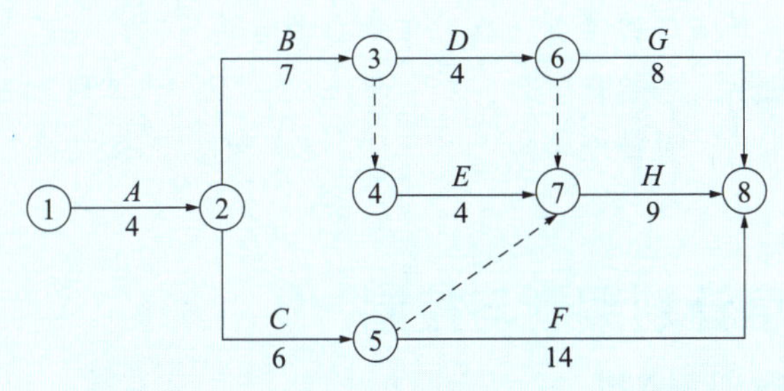

图 8.1-2　某工程施工进度计划网络图（月）

施工中先后发生了事件 1 和事件 2：

事件 1：因为施工图纸滞后原因将 D 工作施工时间延长了 2 个月。

事件 2：应建设单位要求施工单位采取了有效措施将 H 工作施工时间缩减至 7 个月。

问题：

（1）针对图 8.1-2 施工进度计划网络图，写出关键线路（以工作表示）并计算其总工期；列式计算原施工进度计划中工作 G 的总时差和自由时差。

（2）写出事件 1 发生后的关键线路，并计算调整后总工期。

（3）写出事件 2 发生后的关键线路，并计算调整后总工期。

分析与答案：

（1）其关键线路共有 3 条，分别为：$A \rightarrow B \rightarrow D \rightarrow H$；$A \rightarrow B \rightarrow E \rightarrow H$；$A \rightarrow C \rightarrow F$。总工期：$T = 24$ 个月。

计算各工作的 ES、EF：

$ES_A = 0$，$EF_A = 4$；

$ES_B = 4$，$EF_B = 11$；

$ES_C = 4$，$EF_C = 10$；

$ES_D = 11$，$EF_D = 15$；

$ES_E = 11$，$EF_E = 15$；

$ES_F = 10$，$EF_F = 24$；

$ES_G = 15$，$EF_G = 23$；

$ES_H = 15$，$EF_H = 24$。

计算各工作的 LS、LF：

$LF_H = 24$，$LS_H = 15$；

$LF_G = 24$，$LS_G = 16$；

$LF_F = 24$，$LS_F = 10$；

$LF_E = 15$，$LS_E = 11$；

$LF_D = 15$，$LS_D = 11$；

$LF_C = 10$，$LS_C = 4$；

$LF_B = 11$，$LS_B = 4$；

$LF_A = 4$，$LS_A = 0$。

G工作总时差为：$LS_G - ES_G = 16 - 15 = 1$个月。

由于G工作的尾节点是终节点，故G工作自由时差为：$T - EF_G = 24 - 23 = 1$个月。

（2）事件1发生后，关键线路为：$A \rightarrow B \rightarrow D \rightarrow H$；总工期为26个月。

（3）事件2发生后，关键线路为：$A \rightarrow B \rightarrow D \rightarrow G$；总工期为25个月。

8.2 施工进度计划编制与控制

8.2.1 施工进度计划编制

1. 施工进度计划的分类

施工进度计划按编制对象的不同可分为：施工总进度计划、单位工程进度计划、分阶段（或专项工程）工程进度计划、分部分项工程进度计划等。

2. 施工程序和顺序安排的原则

施工程序和施工顺序随着施工规模、性质、设计要求、施工条件和使用功能的不同而变化，但仍有可供遵循的共同规律，在施工进度计划编制过程中，需注意如下基本原则：

（1）安排施工程序的同时，首先安排其相应的准备工作；

（2）首先进行全场性工程的施工，其次按照工程排队的顺序，逐个进行单位工程的施工；

（3）“三通”工程应先场外后场内，由远而近，先主干后分支，排水工程要先下游后上游；

（4）先地下后地上和先深后浅的原则；

（5）主体结构施工在前，装饰工程施工在后，随着建筑产品生产工厂化程度的提高，它们之间的先后时间间隔的长短也将发生变化；

（6）既要考虑施工组织要求的空间顺序，又要考虑施工工艺要求的工种顺序；必须在满足施工工艺要求的条件下，尽可能地利用工作面，使相邻两个工种在时间上合理且最大限度地搭接起来。

3. 施工进度计划的表达方式

（1）施工总进度计划可采用网络图或横道图表示，并附必要说明，宜优先采用网络计划。

（2）单位工程施工进度计划一般工程用横道图表示即可，对于工程规模较大、工序比较复杂的工程宜采用网络图表示，通过对各类参数的计算，找出关键线路，选择最优方案。

4. 单位工程进度计划的编制依据

（1）主管部门的批示文件及建设单位的要求；

（2）施工图纸及设计单位对施工的要求；

（3）施工企业年度计划对该工程的安排和规定的有关指标；

（4）施工组织总设计或大纲对该工程的有关规定和安排；

（5）资源配备情况，如：施工中需要的劳动力、施工机具和设备、材料、预制构件和加工品的供应能力及来源情况；

（6）建设单位可能提供的条件和水电供应情况；

（7）施工现场条件和勘察资料；

（8）预算文件和国家及地方规范等资料。

5. 单位工程进度计划的内容

单位工程进度计划的内容一般应包括：

（1）工程建设概况：拟建工程的建设单位，工程名称、性质、用途、投资额，开竣工日期，施工合同要求，主管部门的有关文件和要求，以及组织施工的指导思想等。

（2）工程施工情况：拟建工程的建筑面积、层数、层高、总高、总宽、总长、平面形状和平面组合情况，基础、结构类型，室内外装修情况等。

（3）单位工程进度计划，分阶段进度计划，单位工程准备工作计划，劳动力需用量计划，主要材料、设备及加工计划，主要施工机械和机具需要量计划，主要施工方案及流水段划分，各项经济技术指标要求等。

8.2.2　施工进度计划检查与调整

在项目实施过程中，必须对施工进度计划的进展过程实施动态监测与检查，随时监控项目的进展情况，收集实际进度数据，并与进度计划进行对比分析，若出现偏差，找出原因及对工期的影响程度，并相应采取有效的措施做必要调整，使项目按预定的进度目标进行，这一不断循环的过程称之为进度控制。

1. 施工进度计划监测与检查的内容

（1）随着项目的进展，不断观测每一项工作的实际开始时间、实际完成时间、实际持续时间、目前现状等内容，并加以记录。

（2）定期观测关键工作的进度和关键线路的变化情况，并采取相应措施进行调整。

（3）观测检查非关键工作的进度，以便更好地发掘潜力，调整或优化资源，以保证关键工作按计划实施。

（4）定期检查工作之间的逻辑关系变化情况，以便适时进行资源调整。

（5）有关项目范围、进度目标、保障措施变更的信息等，应及时记录。

项目进度计划监测后，应形成书面进度监测报告。项目进度监测报告的内容主要包括：进度执行情况的综合描述，实际施工进度，资源供应进度，工程变更、价格调整、索赔及工程款收支情况，进度偏差状况及导致偏差的原因分析，解决问题的措施，计划调整意见。

2. 施工进度计划的调整

1）调整的内容

调整的内容：工程量、起止时间、持续时间、工作关系、资源供应等。调整施工进度计划采用的原理、方法与施工进度计划的优化相同。

2）调整的步骤

分析进度计划检查结果，分析进度偏差的影响并确定调整的对象和目标，选择适当的调整方法，编制调整方案，对调整方案进行评价和决策、调整，确定调整后付诸实施的新施工进度计划。

3）进度计划的调整

（1）关键工作的调整。本方法是进度计划调整的重点，也是最常用的方法之一。

（2）改变某些工作间的逻辑关系。此种方法效果明显，但需要在允许改变工作关系的前提下才能进行。

（3）剩余工作重新编制进度计划。当采用其他方法不能解决时，应根据工期要求，将剩余工作重新编制进度计划。

（4）非关键工作调整。为了更充分地利用资源、降低成本，必要时可对非关键工作的时差做适当调整。

（5）资源调整。若资源供应发生异常，或某些工作只能由其特殊资源来完成时，应进行资源调整，在条件允许的前提下将优势资源用于关键工作的实施，资源调整的方法实际上也就是进行资源优化。

4）工期的调整优化

工期优化也称时间优化，其方法是当网络计划计算工期不能满足要求工期时，通过不断压缩关键线路上的关键工作的持续时间等措施，达到缩短工期、满足工期要求的目的。选择优化对象应考虑下列因素：

（1）缩短持续时间对质量和安全影响不大的工作；

（2）有备用或替代资源的工作；

（3）缩短持续时间所需增加的资源、费用最少的工作。

5）资源的调整优化

资源优化是指通过改变工作的开始时间和完成时间，使资源按照时间的分布符合优化目标。通常分两种模式："资源有限、工期最短"的优化，"工期固定、资源均衡"的优化。

资源优化的前提条件是：

（1）优化过程中，不改变网络计划中各项工作之间的逻辑关系；

（2）优化过程中，不改变网络计划中各项工作的持续时间；

（3）网络计划中各工作单位时间所需资源数量为合理常量；

（4）除明确可中断的工作外，优化过程中一般不允许中断工作，应保持其连续性。

6）费用优化

费用优化也称成本优化，其目的是在一定的限定条件下，寻求工程总成本最低时的工期安排，或满足工期要求前提下寻求最低成本的施工组织过程。

费用优化的目的就是使项目的总费用最低，优化应从以下几个方面进行考虑：

（1）在既定工期的前提下，确定项目的最低费用；

（2）在既定的最低费用限额下完成项目计划，确定最佳工期；

（3）若需要缩短工期，则要考虑如何使增加的费用最小；

（4）若新增一定数量的费用，则可计算工期缩短到多少。

3. 施工进度计划调整应用

【案例 8.2-1】

背景：

某单项工程，按图 8.2-1 所示进度计划网络图组织施工。

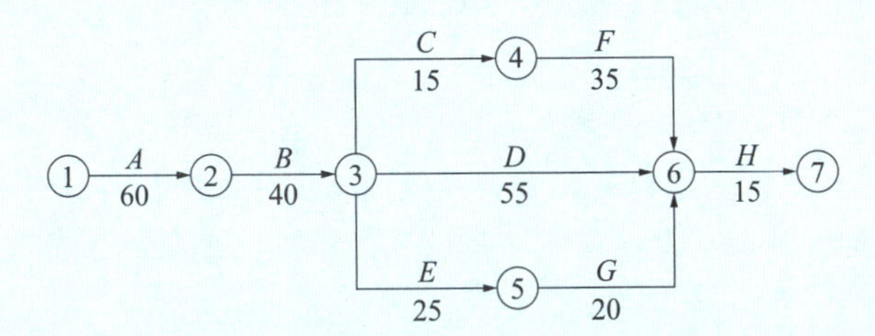

图 8.2-1　进度计划网络图（d）

在第 75 天进行的进度检查时发现：工作 *A* 已全部完成，工作 *B* 刚刚开工。建设单位要求施工单位必须采取赶工措施，保证总工期。项目部向建设单位上报了进度计划调整方案，其中调整步骤是分析进度计划检查结果，分析进度偏差的影响并确定调整的对象和目标，选择适当的调整方法，编制调整方案。建设单位认为内容不全，要求认真分析补充内容后再上报。

本工程原计划各工作相关参数见表 8.2-1。

表 8.2-1　相关参数表

序号	工作	最大可压缩时间（d）	赶工费用（元 /d）
1	*A*	10	200
2	*B*	5	200
3	*C*	3	100
4	*D*	10	300
5	*E*	5	200
6	*F*	10	150
7	*G*	10	120
8	*H*	5	420

项目部向施工企业主管部门上报了项目阶段进度报告，其内容主要包括：进度执行情况的综合描述，实际施工进度，资源供应进度。遭到施工企业主管部门的批评，认为内容不完整，要求补充后上报。

问题：

（1）针对进度检查发现的问题，应如何调整原计划，并列出详细调整过程；试计算经调整后，所需投入的赶工费用。

（2）重新绘制调整后的进度计划网络图，并列出关键线路（以工作表示）。

（3）还应补充调整施工进度计划步骤的哪些内容？

（4）项目进度报告还应补充哪些内容？

分析与答案：

（1）解答如下：

① A 拖后 15d，此时的关键线路：$B \to D \to H$：

a. 其中工作 B 赶工费率最低，故先对工作 B 持续时间进行压缩。

工作 B 压缩 5d，因此增加费用为：5×200 = 1000 元；

总工期为：185－5 = 180d；

关键线路：$B \to D \to H$。

b. 剩余关键工作中，工作 D 赶工费率最低，故应对工作 D 持续时间进行压缩。

工作 D 压缩的同时，应考虑与之平等的各线路，以各线路工作正常进展均不影响总工期为限。

故工作 D 只能压缩 5d，因此增加费用为：5×300 = 1500 元；

总工期为：180－5 = 175d；

关键线路：$B \to D \to H$ 和 $B \to C \to F \to H$ 两条。

c. 剩余关键工作中，存在三种压缩方式：同时压缩工作 C、工作 D；同时压缩工作 F、工作 D；压缩工作 H。

同时压缩工作 C 和工作 D 的赶工费率最低，故应对工作 C 和工作 D 同时进行压缩。

工作 C 最大可压缩天数为 3d，故本次调整只能压缩 3d，因此增加费用为：3×100 + 3×300 = 1200 元；

总工期为：175－3 = 172d；

关键线路：$B \to D \to H$ 和 $B \to C \to F \to H$ 两条。

d. 剩下压缩方式中，压缩工作 H 赶工费率最低，故应对工作 H 进行压缩。

工作 H 压缩 2d，因此增加费用为：2×420 = 840 元；

总工期为：172－2 = 170d。

e. 通过以上工期调整，工作仍能按原计划的 170d 完成。

② 所需投入的赶工费为：1000 + 1500 + 1200 + 840 = 4540 元。

（2）调整后的进度计划网络图如图 8.2-2 所示。

其关键线路为：$A \to B \to D \to H$ 和 $A \to B \to C \to F \to H$。

（3）还应补充：

对调整方案进行评价和决策、调整；确定调整后付诸实施的新施工进度计划。

（4）还应补充：

工程变更、价格调整、索赔及工程款收支情况；进度偏差状况及导致偏差的原因分析；解决问题的措施；计划调整意见。

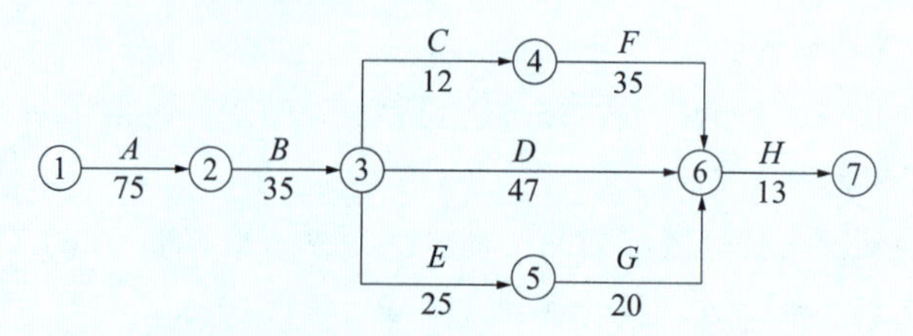

图 8.2-2　调整后的进度计划网络图

第 9 章　施工质量管理

9.1　结构工程施工

9.1.1　地基基础工程施工质量管理

第 9 章
看本章精讲课
配套章节自测

1. 一般规定

（1）施工单位必须具备相应的专业资质，并应建立完善的质量管理体系和质量检验制度。

（2）施工过程中应采取减少基底土扰动的保护措施，机械挖土时，基底以上 200～300mm 厚土层应采用人工配合挖除。

（3）地基施工结束，宜在一个间歇期后，进行质量验收，间歇期由设计确定。

（4）采用换填垫层法加固地基时，垫层的施工方法、分层铺填厚度、每层压实遍数等宜通过试验确定。换填垫层的施工质量检验必须分层进行，应在每层压实系数符合设计要求后铺填上土层。

（5）灌注桩成孔的控制深度应符合下列要求：

① 摩擦型桩：摩擦桩应以设计桩长控制成孔深度；端承摩擦桩必须保证设计桩长及桩端进入持力层深度。当采用锤击沉管法成孔时，桩管入土深度控制应以高程为主，以贯入度控制为辅。

② 端承型桩：当采用钻（冲）、人工挖掘成孔时，必须保证桩端进入持力层的设计深度；当采用锤击沉管法成孔时，桩管入土深度控制应以贯入度为主，以高程控制为辅。

2. 地基工程

1）灰土地基施工质量要点

（1）土料应采用就地挖出的黏性土及塑性指数大于 4 的粉质黏土，有机质含量不应大于 5%；土料应过筛，最大粒径不应大于 15mm。

（2）石灰：宜采用新鲜的消石灰，粒径不得大于 5mm，且不能夹有未熟化的生石灰块粒和其他杂质。

（3）铺设灰土前，必须验槽合格，基槽内不得有积水。

（4）灰土的配比符合设计要求。

（5）灰土施工时，灰土应拌合均匀，施工含水量宜控制在最优含水量 ±2% 的范围内。

（6）灰土应分层夯实，分层铺填厚度、每层压实遍数等宜通过试验确定。灰土地基的施工应每层进行压实系数检验，可采用环刀法、贯入仪、静力触探、轻型动力触探或标准贯入试验等方法，其检测标准应符合设计要求。

（7）分段施工时，不得在墙角、柱墩及承重窗间墙下接缝。上下两层的搭接长度不得小于 50cm。

2）砂和砂石地基施工质量要点

（1）砂宜选用颗粒级配良好、质地坚硬的中砂或粗砂，当选用细砂或粉砂时应掺加粒径25～35mm的碎石，分布要均匀。

（2）铺筑前，先验槽并清除浮土及杂物，地基孔洞、沟、井等已填实，基槽内无积水。

（3）人工制作的砂石地基填料应拌合均匀，分段施工时，接头处应做成斜坡，每层错开0.5～1m。在铺筑时，如地基底面深度不同，应预先挖成阶梯形式或斜坡形式，以先深后浅的顺序进行施工。

（4）施工中应检查分层厚度、分段施工时搭接部分的压实情况、加水量、压实遍数、压实系数。

3）强夯地基和重锤夯实地基施工质量要点

（1）施工前应进行试夯，选定夯锤重量、底面直径和落距，以便确定最后下沉量及相应的最少夯实遍数和总下沉量等施工参数。试夯的密实度和夯实深度必须达到设计要求。

（2）基坑（槽）的夯实范围应大于基础底面。夯实完毕，将坑（槽）表面拍实至设计高程。

（3）施工中应检查夯锤落距、夯点位置、夯击范围、夯击击数、夯击遍数、每击夯沉量、最后两击的平均夯沉量、总夯沉量和夯点施工起止时间等。

（4）强夯施工结束后质量检测的间隔时间：砂土地基不宜少于7d，粉性土地基不宜少于14d，黏性土地基不宜少于28d，强夯置换和降水联合低能级强夯地基质量检测的间隔时间不宜少于28d。

3. 桩基工程

1）钢筋笼制作与安装质量控制

（1）钢筋笼宜分段制作，分段长度视成笼的整体刚度、材料长度、起重设备的有效高度等因素综合考虑。

（2）加劲箍宜设在主筋外侧，主筋一般不设弯钩。为避免弯钩妨碍导管工作，根据施工工艺要求，所设弯钩不得向内圆伸露。

（3）钢筋笼的内径应比导管接头处外径大100mm以上。

（4）钢筋笼主筋混凝土保护层允许偏差为±20mm，保护层垫块设置数量每节钢筋笼不应小于2组，每组块数不得小于3块，且均匀分布在同一截面的主筋上。

（5）钢筋接头宜采用焊接或机械式接头，接头应相互错开。

（6）加劲箍与主筋的连接应采用点焊连接，螺旋箍筋与主筋的连接可采用绑扎或直接点焊。

（7）钢筋笼起吊吊点宜设在加强箍筋部位，运输、安装时采取措施防止变形。

2）泥浆护壁钻孔灌注桩施工过程质量控制

（1）成孔

机具就位平整、垂直，护筒埋设牢固、垂直，保证桩孔成孔的垂直。施工时应维持钻孔内泥浆液面高于地下水位0.5m。

（2）护筒埋设

护筒内径要求：回转钻宜大于100mm；冲击钻宜大于200mm。

（3）护壁泥浆和清孔

用泥浆循环清孔时，清孔后的泥浆相对密度控制在 1.15～1.25。第一次清孔在提钻前，第二次清孔在沉放钢筋笼、下导管后。

（4）水下混凝土浇筑

水下浇筑混凝土坍落度宜为 180～220mm，混凝土初灌量应满足导管埋入混凝土深度不小于 0.8m 的要求，以后的浇筑中导管埋深宜为 2～6m。混凝土超灌高度应高于设计桩顶标高 1.0m 以上，充盈系数不应小于 1.0。

4. 基坑工程

（1）当基坑开挖面上方的锚杆、土钉、支撑未达到设计要求时，严禁向下超挖土方。

（2）采用锚杆或支撑的支护结构，在未达到设计规定的拆除条件时，严禁拆除锚杆或支撑。

（3）基坑周边施工材料、设施或车辆荷载严禁超过设计要求的地面荷载限值。

5. 土方工程

1）土方开挖

（1）土方工程施工前应考虑土方量、土方运距、土方施工顺序、地质条件等因素，进行土方平衡和合理调配，确定土方机械的作业线路、运输车辆的行走路线、弃土地点。

（2）在挖方前，做好地面排水和降低地下水位工作。挖土期间必须做好地表和坑内排水、地面截水和地下降水，地下水位应保持低于开挖面 500mm 以下。

（3）挖土前，应预先设置轴线控制桩及水准点桩。施工中应检查平面位置、水平标高、边坡坡率、压实度、排水系统、地下水控制系统、预留土墩、分层开挖厚度、支护结构的变形，并随时观测周围环境变化。

（4）平整场地的表面坡度应符合设计要求，设计无要求时，应向排水沟方向做不小于 2‰ 的坡度。平整后的场地表面应逐点检查，检查点的间距不宜大于 20m。

（5）土方工程施工，应经常测量和校核其平面位置、水平标高和边坡坡度。平面控制桩和水准控制点采取可靠的保护措施，定期复测和检查。土方不应堆在基坑坡口处。

（6）基坑开挖完毕，应由总监理工程师或建设单位组织施工单位、设计单位、勘察单位等有关人员共同到现场进行检查、验槽。

2）土方回填

（1）回填材料的粒径、含水率等应符合设计要求和规范规定。

（2）土方回填前应清除基底的垃圾、树根等杂物，抽除积水，挖出淤泥，验收基底高程。

（3）填筑厚度及压实遍数应根据土质、压实系数及所用机具经试验确定。填方应按设计要求预留沉降量，一般不超过填方高度的 3%。冬期填方每层铺土厚度应比常温施工时减少 20%～25%，预留沉降量比常温时适当增加。

9.1.2　混凝土结构工程施工质量管理

1. 模板工程施工质量控制

（1）模板及支架应根据安装、使用和拆除工况进行设计，并应满足承载力、刚度和整体稳固性要求；其安装的标高、尺寸、位置正确。

（2）控制模板起拱高度，消除在施工中因结构自重、施工荷载作用引起的挠度。对不小于4m的现浇钢筋混凝土梁、板，其模板应按设计要求起拱。

（3）后浇带的模板及支架应独立设置。

（4）采用扣件式钢管作高大模板支架的立杆时，支架搭设应完整，并应符合下列规定：

① 钢管规格、间距和扣件应符合设计要求。

② 立杆上应每步设置双向水平杆，水平杆应与立杆扣接。

③ 立柱接长严禁搭接，必须采用对接扣件连接，相邻两立柱的对接接头不得在同步内，且对接接头沿竖向错开的距离不宜小于500mm。严禁将上段的钢管立柱与下段的钢管立柱错开固定在水平拉杆上。

④ 立杆底部应设置垫板，立杆纵向和横向宜设置扫地杆，纵向扫地杆距立杆底部不宜大于200mm，横向扫地杆宜设置在纵向扫地杆的下方。

⑤ 满堂支撑架的可调底座、可调托撑螺杆伸出长度不宜超过300mm，插入立杆内的长度不得小于150mm。

⑥ 立杆的纵、横向间距应满足设计要求，立杆的步距不应大于1.8m；顶层立杆步距应适当减小，且不应大于1.5m；支架立杆的搭设垂直偏差不宜大于5/1000，且不应大于100mm。上下楼层模板支架的竖杆宜对准。

⑦ 承受模板荷载的水平杆与支架立杆连接的扣件，其拧紧力矩不应小于40N·m，且不应大于65N·m。

（5）底模及其支架拆除时，同条件养护试块的抗压强度应符合设计要求；设计无要求时，应符合规范要求。

（6）模板及其支架的拆除必须按施工技术方案确定的顺序进行，一般是后支的先拆，先支的后拆；先拆非承重部分，后拆承重部分。

（7）对于后张预应力混凝土结构构件，侧模宜在预应力张拉前拆除；底模支架不应在结构构件建立预应力前拆除。

（8）大体积混凝土的拆模时间除应满足混凝土强度要求外，拆除模板及保温覆盖时混凝土浇筑体表面与大气温差不应大于20℃。

（9）对碗扣式、门式、插接式和盘销式钢管支架，应对下列安装偏差进行全数检查：

① 插入立杆顶端可调托撑伸出顶层水平杆的悬臂长度；

② 水平杆杆端与立杆连接的碗扣、插接和盘销的连接状况，不应松脱；

③ 按规定设置的垂直和水平斜撑。

2. 钢筋工程施工质量控制

（1）钢筋进场时，应按下列规定检查钢筋性能及重量：

① 检查生产企业的生产许可证及钢筋的质量证明文件。

② 按国家现行有关标准抽样检验屈服强度、抗拉强度、伸长率及单位长度重量偏差。

③ 经产品认证符合要求的钢筋，其检验批量可扩大一倍。在同一工程项目中，同

一厂家、同一牌号、同一规格的钢筋（同一钢筋来源的成型钢筋）连续三批进场检验均一次检验合格时，其后的检验批量可扩大一倍。

④ 钢筋的外观质量应符合国家现行有关标准的规定。

⑤ 当无法准确判断钢筋品种、牌号时，应增加化学成分、晶粒度等检验项目。

（2）钢筋的表面应清洁、无损伤，油渍、漆污和铁锈应在加工前清除干净。带有颗粒状或片状老锈的钢筋不得使用。

（3）成型钢筋进场时，应检查成型钢筋的质量证明文件、成型钢筋所用材料质量证明文件及检验报告，并应抽样检验成型钢筋的屈服强度、抗拉强度、伸长率和重量偏差。检验批量可由合同约定，同一工程、同一原材料来源、同一组生产设备生产的成型钢筋，检验批量不宜大于 30t。

（4）钢筋调直后，应检查力学性能和单位长度重量偏差。但采用无延伸功能的机械设备调直的钢筋，可不进行此项检查。

（5）当发现钢筋脆断、焊接性能不良或力学性能显著不正常等现象时，应停止使用该批钢筋，并对该批钢筋进行化学成分检验或其他专项检验。

（6）受力钢筋的弯折应符合下列规定：

① 光圆钢筋末端应做 180° 弯钩，弯钩的弯后平直部分长度不应小于钢筋直径的 3 倍。

② 光圆钢筋的弯弧内直径不应小于钢筋直径的 2.5 倍。

③ 400MPa 级带肋钢筋的弯弧内直径不应小于钢筋直径的 4 倍。

④ 直径为 28mm 以下的 500MPa 级带肋钢筋的弯弧内直径不应小于钢筋直径的 6 倍，直径为 28mm 及以上的 500MPa 级带肋钢筋的弯弧内直径不应小于钢筋直径的 7 倍。

⑤ 框架结构的顶层端节点，对梁上部纵向钢筋、柱外侧纵向钢筋在节点角部弯折处；当钢筋直径为 28mm 以下时，弯弧内直径不宜小于钢筋直径的 12 倍；钢筋直径为 28mm 及以上时，弯弧内直径不宜小于钢筋直径的 16 倍。

⑥ 箍筋弯折处的弯弧内直径尚不应小于纵向受力钢筋直径。

（7）在工程开工、正式焊接之前，参与该项施焊的焊工应进行现场条件下的焊接工艺试验，并经试验合格后，方可正式焊接。试验结果应符合质量检验与验收时的要求。

（8）直径 12mm 钢筋电渣压力焊时，应采用小型焊接夹具，上下两钢筋对正，不偏歪，确保焊接质量。

（9）钢筋的混凝土保护层厚度应符合设计要求；当设计无要求时，不应小于受力钢筋直径。

（10）钢筋的接头宜设置在受力较小处。同一纵向受力钢筋不宜设置两个或两个以上的接头。接头末端至钢筋弯起点的距离不应小于钢筋公称直径的 10 倍。

（11）当纵向受力钢筋采用机械连接接头或焊接接头时，设置在同一构件内的接头宜相互错开。每层柱第一个钢筋接头位置距楼地面高度不宜小于 500mm、柱净高的 1/6 及柱截面长边（或直径）的较大值；框架梁的上部钢筋接头位置宜设置在跨中 1/3 跨度范围内，下部钢筋接头位置宜设置在梁端 1/3 跨度范围内。

（12）纵向受力钢筋机械连接接头及焊接接头连接区段的长度应为 35d（d 为纵向受力钢筋的较小直径）且不应小于 500mm，凡接头中点位于该连接区段长度内的接头均应属于同一连接区段。同一连接区段内，纵向受力钢筋接头面积百分率为该区段内有接头的纵向受力钢筋截面面积与全部纵向受力钢筋截面面积的比值。

3. 混凝土工程施工质量控制

（1）混凝土结构施工宜采用预拌混凝土。混凝土宜采用搅拌运输车运输，运输过程中应保证混凝土拌合物的均匀性和工作性，应采取保证连续供应的措施，并应满足现场施工的需要。

（2）混凝土所用原材料进场复验应符合下列规定：

① 对水泥的强度、安定性、凝结时间及其他必要指标进行检验。同一生产厂家、同一品种、同一等级且连续进场的水泥袋装不超过 200t 为一检验批，散装不超过 500t 为一检验批。当在使用中对水泥质量有怀疑或水泥出厂超过三个月（快硬硅酸盐水泥超过一个月）时，应进行复验，并应按复验结果使用。

② 对粗骨料的颗粒级配、含泥量、泥块含量、针片状含量指标进行检验，压碎指标可根据工程需要进行检验。应对细骨料的颗粒级配、含泥量、泥块含量指标进行检验。

③ 应对矿物掺合料细度（比表面积）、需水量比（流动度比）、活性指数（抗压强度比）、烧失量指标进行检验。粉煤灰、矿渣粉、沸石粉不超过 200t 为一检验批，硅灰不超过 30t 为一检验批。

④ 应按外加剂产品标准规定对其主要匀质性指标和掺外加剂混凝土性能指标进行检验，同一品种外加剂不超过 50t 为一检验批。

⑤ 当采用饮用水作为混凝土用水时，可不检验。当采用中水、搅拌站清洗水或施工现场循环水等其他来源水时，应对其成分进行检验。未经处理的海水严禁用于钢筋混凝土和预应力混凝土的拌制和养护。

（3）采用预拌混凝土时，供方应提供混凝土配合比通知单、混凝土抗压强度报告、混凝土质量合格证和混凝土运输单。

（4）预应力混凝土结构、钢筋混凝土结构中，严禁使用含氯化物的水泥。预应力混凝土结构中严禁使用含氯化物的外加剂；钢筋混凝土结构中，当使用含有氯化物的外加剂时，混凝土中氯化物的总含量必须符合现行国家标准的规定。

（5）混凝土浇筑前现场应先检查验收下列工作：

① 隐蔽工程验收和技术复核；

② 对操作人员进行技术交底；

③ 根据施工方案中的技术要求，检查并确认施工现场具备实施条件；

④ 应填报浇筑申请单，并经监理工程师签认。

（6）对首次使用的配合比应进行开盘鉴定，开盘鉴定的内容应包括：

① 混凝土的原材料与配合比设计所采用原材料的一致性；

② 出机混凝土工作性与配合比设计要求的一致性；

③ 混凝土强度；

④ 混凝土凝结时间；

⑤ 工程有要求时，尚应包括混凝土耐久性能等。

（7）浇筑前应检查混凝土运输单，核对混凝土配合比，确认混凝土强度等级，检查混凝土运输时间，测定混凝土坍落度，必要时还应测定混凝土扩展度，在确认无误后再进行混凝土浇筑。

（8）混凝土拌合物入模温度不应低于 5℃，且不应高于 35℃。

（9）混凝土运输、输送、浇筑过程中严禁加水；混凝土运输、输送、浇筑过程中散落的混凝土严禁用于结构浇筑。

（10）柱、墙混凝土设计强度等级高于梁、板混凝土设计强度等级时，混凝土浇筑应符合下列规定：

① 柱、墙混凝土设计强度比梁、板混凝土设计强度高一个等级时，柱、墙位置梁、板高度范围内的混凝土经设计单位同意，可采用与梁、板混凝土设计强度等级相同的混凝土进行浇筑。

② 柱、墙混凝土设计强度比梁、板混凝土设计强度高两个等级及以上时，应在交界区域采取分隔措施。分隔位置应在低强度等级的构件中，且距高强度等级构件边缘不应小于 500mm。

③ 宜先浇筑高强度等级混凝土，后浇筑低强度等级混凝土。

（11）混凝土振捣应能使模板内各个部位混凝土密实、均匀，不应漏振、欠振、过振。为保证特殊部位的混凝土成型质量，还应采取下列加强振捣措施：

① 宽度大于 0.3m 的预留洞底部区域应在洞口两侧进行振捣，并应适当延长振捣时间；宽度大于 0.8m 的洞口底部，应采取特殊的技术措施。

② 后浇带及施工缝边角处应加密振捣点，并应适当延长振捣时间。

③ 钢筋密集区域或型钢与钢筋结合区域应选择小型振动棒辅助振捣、加密振捣点，并应适当延长振捣时间。

④ 基础大体积混凝土浇筑流淌形成的坡顶和坡脚应适时振捣，不得漏振。

（12）在已浇筑的混凝土强度未达到 1.2N/mm^2 以前，不得在其上踩踏、堆放荷载或安装模板及支架。

（13）施工现场应具备混凝土标准试件制作条件，并应设置标准试件养护室或养护箱。同条件养护试件的养护条件应与实体结构部位养护条件相同，并应采取措施妥善保管。

9.1.3　砌体结构工程施工质量管理

1. 材料要求

（1）砌体结构工程所用的材料应有产品合格证书、产品性能型式检验报告，质量应符合国家现行有关标准的要求。块体、水泥、钢筋、外加剂尚应有材料主要性能的进场复验报告，并应符合设计要求。严禁使用国家明令淘汰的材料。

（2）当在使用中对水泥质量有怀疑或水泥出厂超过三个月（快硬硅酸盐水泥超过一个月）时，应复查试验，并按复验结果使用。不同品种的水泥，不得混合使用。

（3）应检查砂中的含泥量、泥块含量、石粉含量、云母、轻物质、有机物、硫化物、硫酸盐及氯盐含量（配筋砌体砌筑用砂）等指标，应符合有关规定。

（4）砌筑砂浆应在砌筑前按设计要求申请配合比，施工中要严格按砂浆配合比通知单对材料进行计量，并充分搅拌。

（5）施工现场砌块应按品种、规格堆放整齐，堆置高度不宜超过2m。有防雨要求的（如蒸压加气混凝土砌块）要防止雨淋，并做好排水，砌块保持干净。

2. 施工过程质量控制

（1）砌筑砂浆搅拌后的稠度以30～90mm为宜，砌筑砂浆的稠度可根据块体吸水特性及气候条件确定。

（2）砌体结构工程使用的湿拌砂浆，除直接使用外必须储存在不吸水的专用容器内，并根据气候条件采取遮阳、保温、防雨雪等措施，砂浆在储存过程中严禁随意加水。

（3）现场拌制的砂浆应随拌随用，拌制的砂浆应在3h内使用完毕；当施工期间最高气温超过30℃时，应在2h内使用完毕。预拌砂浆及蒸压加气混凝土砌块专用砂浆的使用时间应按照厂家提供的说明书确定。

（4）砌筑砂浆应按要求随机取样，留置试块送试验室做抗压强度试验。每一检验批且不超过250m^3砌体的各类、各强度等级的普通砌筑砂浆，每台搅拌机应至少抽检一次。砂浆强度由边长为7.07cm的正方体试件，经过28d标准养护，测得的抗压强度值来评定。预拌砂浆中的湿拌砂浆稠度应在进场时取样检验。

（5）砌筑砖砌体时，砖应提前1～2d浇水湿润，混凝土多孔砖及混凝土实心砖不需浇水湿润。施工现场抽查砖含水率的简化方法可采用现场断砖，砖截面四周融水深度为15～20mm视为符合要求。

（6）施工采用的小砌块产品龄期不应小于28d。砌筑小砌块时，应清除表面污物，剔除外观质量不合格的小砌块。承重墙体使用的小砌块应完整、无破损、无裂缝。

（7）墙体砌筑前应先在现场进行试排块，排块的原则是上下错缝，砌块搭接长度不宜小于砌块长度的1/3。若砌块长度小于等于300mm，其搭接长度不小于块长的1/2。搭接长度不足时，应在灰缝中放置拉结钢筋。

（8）砌块排列应尽可能采用主规格，除必要部位外，尽量少镶嵌实心砖砌体，局部需要镶砖时其位置应分散且对称，以使砌体受力均匀。砌筑外墙时，不得留脚手眼，可采用里脚手或双排外脚手架。设计规定的洞口、沟槽、管道和预埋件应随砌随留和预埋，不得后凿。

（9）砌筑前设立皮数杆，皮数杆应立于房屋四角及内外墙交接处，间距以10～15m为宜，砌块应按皮数杆拉线砌筑。

（10）砖砌体组砌方法应正确，内外搭砌，上、下错缝。清水墙、窗间墙无通缝；混水墙中不得有长度大于300mm的通缝，长度200～300mm的通缝每间不超过3处，且不得位于同一面墙体上。砖柱不得采用包心砌法。

（11）砖砌体的灰缝应横平竖直，厚薄均匀。水平灰缝厚度和竖向灰缝宽度宜为10mm，但不应小于8mm，也不应大于12mm。砌筑方法宜采用“三一”砌砖法，即“一铲灰、一块砖、一揉挤”的操作方法。竖向灰缝宜采用挤浆法或加浆法，使其砂浆饱满，严禁用水冲浆灌缝。如采用铺浆法砌筑，铺浆长度不得超过750mm。施工气温超过30℃时，铺浆长度不得超过500mm。

（12）填充墙砌体砌筑，应待承重主体结构检验批验收合格后进行。填充墙与承重主体结构间的空（缝）隙部位施工，应在填充墙砌筑14d后进行。

（13）混凝土小型空心砌块墙体转角处和纵横交接处应同时砌筑。临时间断处应砌成斜槎，斜槎水平投影长度不应小于斜槎高度。施工洞口可预留直槎，但在洞口砌筑和补砌时，应在直槎上下搭砌的小砌块孔洞内用强度等级不低于 C20（或 Cb20）的混凝土灌实。

（14）窗台处和因安装门窗需要，在门窗洞口处两侧填充墙上、中、下部可采用其他块体局部嵌砌。对与框架柱、梁不脱开的填充墙，填塞填充墙顶部与梁之间缝隙可采用其他块体。

（15）在厨房、卫生间、浴室等处，当采用轻骨料混凝土小型空心砌块或蒸压加气混凝土砌块砌筑填充墙时，墙底部宜现浇混凝土坎台，其高度宜为 150mm。

（16）在散热器、厨房和卫生间等设置的卡具安装处砌筑的小砌块，宜在施工前用强度等级不低于 C20（或 Cb20）的混凝土将其孔洞灌实。

（17）芯柱混凝土宜选用专用小砌块灌孔混凝土。浇筑芯柱混凝土应符合下列规定：

① 每次浇筑的高度宜为半个楼层，但不应大于 1.8m；

② 浇筑芯柱混凝土时，砌筑砂浆的强度应大于 1MPa；

③ 清除孔内掉落的砂浆及杂物，并用水冲淋孔壁；

④ 浇筑芯柱混凝土前，应先注入适量与芯柱混凝土成分相同的去石子砂浆；

⑤ 每浇筑 400～500mm 高度捣实一次，或边浇筑边振捣。

9.1.4 钢结构工程施工质量管理

1. 原材料及成品进场

（1）钢材的进场验收，应符合有关规范标准规定。对属于下列情况之一的钢材，应进行抽样复验。钢材复验内容应包括力学性能试验和化学成分分析，其取样、制样及试验方法可按相关试验标准或其他现行标准执行。

① 国外进口钢材；

② 钢材混批；

③ 板厚等于或大于 40mm，且设计有 *Z* 向性能要求的厚板；

④ 建筑结构安全等级为一级，大跨度钢结构中主要受力构件所采用的钢材；

⑤ 设计有复验要求的钢材；

⑥ 对质量有疑义的钢材。

（2）有厚度方向要求的钢板，宜附加逐张超声波无损探伤复验结果。

（3）用于重要焊缝的焊接材料，或对质量合格证明文件有疑义的焊接材料，应进行抽样复验，复验时焊丝宜按五个批（相当炉批）取一组试验，焊条宜按三个批（相当炉批）取一组试验。

（4）高强度大六角螺栓连接副和扭剪型高强度螺栓连接副应分别进行扭矩系数和紧固轴力（预拉力）复验，试验螺栓应从施工现场待安装的螺栓批中随机抽取，每批抽取 8 套连接副进行复验。

2. 钢结构焊接工程

1）材料质量要求

（1）钢结构焊接工程中，一般采用焊缝金属与母材等强度的原则选用焊条、焊丝、焊剂等焊接材料。

（2）焊条、焊剂、药芯焊丝、电渣焊熔嘴和焊钉用的瓷环等在使用前，必须按照产品说明书及有关焊接工艺的规定进行烘焙。

2）施工过程质量控制

（1）当焊接作业环境温度低于0℃但不低于−10℃时，应将焊接接头和焊接表面各方向大于或等于2倍钢板厚度且不小于100mm范围内的母材加热到不低于20℃以上和规定的最低预热温度后方可施焊，且在焊接过程中均不应低于此温度。

（2）预热和道间温度控制宜采用电加热、火焰加热和红外线加热等加热方法，并采用专用的测温仪器测量。

（3）严禁在焊缝区以外的母材上打火引弧。

（4）如设计文件或合同文件对焊后消除应力有要求时，对结构疲劳验算中承受拉应力的对接接头或焊缝密集的节点、构件，宜采用电加热器局部退火和加热炉整体退火等方法进行应力消除处理；若仅为稳定结构尺寸，可采用振动法消除应力。

（5）碳素结构钢应在焊缝冷却到环境温度后，低合金钢应在完成焊接24h后进行焊缝无损检测检验。

（6）栓钉焊后应进行弯曲试验抽查，栓钉弯曲30°后焊缝和热影响区不得有肉眼可见裂纹。

（7）焊缝返修部位应连续焊成，若中断焊接时应采取后热、保温措施，防止产生裂纹；焊缝同一部位的缺陷返修次数不宜超过两次，返修后的焊接接头区域应增加磁粉或着色检查。

3. 钢结构紧固件连接工程

（1）高强度螺栓连接构件摩擦面加工处理方法有喷砂、喷（抛）丸、酸洗、砂轮打磨。经处理后的摩擦面应采取保护措施，不得在摩擦面上作标记。

（2）普通螺栓连接紧固要求：

① 普通螺栓紧固应从中间开始，对称向两边进行，大型接头宜采用复拧。

② 普通螺栓作为永久性连接螺栓时，紧固时螺栓头和螺母侧应分别放置平垫圈，螺栓头侧放置的垫圈不应多于2个，螺母侧放置的垫圈不应多于1个。

③ 永久性普通螺栓紧固应牢固、可靠，外露丝扣不应少于2扣。

（3）高强度螺栓应自由穿入螺栓孔，不能穿过时，可用铰刀或锉刀修孔，不应气割扩孔；扩孔数量应征得设计单位同意，扩孔后的孔径不应超过1.2d（d为螺栓直径）。

（4）高强度螺栓安装时应先使用安装螺栓和冲钉，不得用高强度螺栓兼作安装螺栓。

（5）高强度螺栓紧固要求：

① 高强度螺栓连接副初拧、复拧和终拧原则上应从接头刚度较大的部位向约束较小的方向、螺栓群中央向四周的顺序进行。当天安装的螺栓应在当天终拧完毕，外露丝扣应为2～3扣。

② 扭剪型高强度螺栓，以拧掉尾部梅花卡头为终拧结束。初拧或复拧后应对螺母涂画颜色标记。

③ 高强度大六角头螺栓连接副的初拧、复拧、终拧宜在 24h 内完成。扭矩检查或转角检查均宜在螺栓终拧 1h 以后、24h 之前完成。

4. 钢结构安装工程

（1）多层或高层框架构件的安装，在每一层吊装完成后，应根据中间验收记录、测量资料进行校正，必要时通知制造厂调整构件长度。吊车梁和轨道的调整应在主要构件固定后进行。

（2）钢结构安装校正时应考虑温度、日照和焊接变形等因素对结构变形的影响。施工单位和监理单位宜在相同的天气条件和时间段进行测量验收。

（3）钢结构安装应根据结构特点按照合理顺序进行，并应形成稳固的空间刚度单元，必要时应增加临时支承结构或临时措施。

（4）钢柱脚采用钢垫板作支承时，垫板应设置在靠近地脚螺栓（锚栓）的柱脚底板加劲板或柱肢下，垫板与基础面和柱底面的接触应平整、紧密。柱底二次浇灌混凝土前垫板间应焊接固定。

（5）柱脚安装时，锚栓宜使用导入器或护套。首节钢柱安装后应及时进行垂直度、标高和轴线位置校正，钢柱的垂直度可采用经纬仪或线锤测量。校正合格后钢柱须可靠固定并进行柱底二次灌浆，灌浆前应清除柱底板与基础面之间的杂物。首节以上的钢柱定位轴线应从地面控制轴线直接引上，不得从下层柱的轴线引上；钢柱校正垂直度时，应考虑钢梁接头焊接的收缩量，预留焊缝收缩变形值。

（6）钢梁可采用一机一吊或一机串吊的方式吊装，就位后应立即临时固定连接；由多个构件在地面组拼的重型组合构件吊装，吊点位置和数量应经计算确定。

（7）单层钢结构在安装过程中，应及时安装临时柱间支撑或稳定缆绳，应在形成空间结构稳定体系后再扩展安装。多跨结构，宜先吊主跨、后吊副跨。

5. 钢结构涂装工程

1）油漆防腐涂料施工过程质量控制

（1）在表面达到清洁程度后，油漆防腐涂装与表面除锈之间的间隔时间一般宜在 4h 之内，在车间内作业或温度较低的晴天不应超过 12h。

（2）钢结构表面处理与热喷涂施工的间隔时间，晴天或湿度不大的气候条件下应在 12h 以内，雨天、潮湿、有盐雾的气候条件下不超过 2h。当大气温度低于 5℃或钢结构表面温度低于露点 3℃时，应停止热喷涂操作。

（3）金属热喷涂层的封闭剂或首道封闭油漆宜采用涂刷方式施工，喷涂时喷枪与表面宜成直角，喷枪的移动速度应均匀，各喷涂层之间的喷枪方向应相互垂直，交叉覆盖。

（4）摩擦型高强度螺栓连接节点接触面，施工图中注明的不涂层部位，均不得涂刷。安装焊缝处应留出 30～50mm 宽的范围暂时不涂。

2）防火涂料施工过程质量控制

（1）防火涂装基层表面应无油污、灰尘和泥砂等污垢，且防锈层完整、底漆无漏刷。钢构件连接处的缝隙应采用防火涂料或其他防火材料填平。

（2）防火涂料涂装施工应分层进行，上层涂层干燥或固化后，方可进行下道涂层施工。

（3）薄型防火涂料面层应在底层涂装基本干燥后开始涂装。

（4）膨胀型防火涂料的涂层厚度应符合耐火极限的设计要求。非膨胀型防火涂料的涂层厚度，80% 及以上面积应符合耐火极限的设计要求，且最薄处厚度不应低于设计要求的 85%。

9.1.5 装配式混凝土结构施工质量管理

1. 预制构件进场与吊运

（1）预制构件的吊运应符合下列规定：

① 应根据预制构件形状、尺寸、重量和作业半径等要求选择吊具和起重设备，所采用的吊具和起重设备及施工操作应符合国家现行有关标准及产品应用技术手册的有关规定。

② 应采取措施保证起重设备的主钩位置、吊具及构件重心在竖直方向上重合；吊索与构件水平夹角不宜小于 60°，尤其不应小于 45°；吊运过程应平稳，不应有偏斜和大幅度摆动，且不应长时间悬停。

③ 吊运过程中，应设专人指挥，操作人员应位于安全可靠位置。

（2）预制构件交付的产品质量证明文件应包括以下内容：

① 出厂合格证；

② 混凝土强度检验报告；

③ 钢筋套筒等其他构件钢筋连接类型的工艺检验报告；

④ 合同要求的其他质量证明文件。

2. 预制构件钢筋连接

采用钢筋套筒灌浆连接的预制构件施工，应符合《钢筋套筒灌浆连接应用技术规程（2023 年版）》JGJ 355—2015 的有关规定：

（1）预制构件生产前、现场灌浆施工前、工程验收时，应检查接头工艺检验报告。

（2）灌浆套筒进厂（场）时，应抽取灌浆套筒检验外观质量、标识和尺寸偏差。

（3）常温型灌浆料进场时，应对常温型灌浆料拌合物 30min 流动度、泌水率及 3d 抗压强度、28d 抗压强度、3h 竖向膨胀率、24h 与 3h 竖向膨胀率差值进行检验。

（4）常温型封浆料进场时，应对常温型封浆料的 3d 抗压强度、28d 抗压强度进行检验。

（5）采用低温型灌浆料时，接头提供单位应为灌浆套筒、灌浆料生产单位。接头提供单位应同时提供常温型灌浆料、低温型灌浆料，并按技术规程的有关规定提供常温型灌浆料、低温型灌浆料接头型式检验报告。

（6）低温型灌浆料进场时，应对低温型灌浆料拌合物 −5℃和 8℃的 30min 流动度、泌水率及 −1d 抗压强度、−3d 抗压强度、−7d + 21d 抗压强度、3h 竖向膨胀率、24h 与 3h 竖向膨胀率差值进行检验。

（7）低温型封浆料进场时，应对低温型封浆料的 −1d 抗压强度、−3d 抗压强度、−3d + 25d 抗压强度进行检验。

（8）对埋入灌浆套筒的预制构件进行以下检验：

① 灌浆套筒的位置及外露钢筋位置、长度允许偏差应符合技术规程规定；

② 灌浆套筒内腔内不应有水泥浆或其他异物，外露连接钢筋表面不应粘连混凝土、砂浆；

③ 构件表面灌浆孔、出浆孔、排气孔的数量、孔径尺寸应符合设计要求；

④ 与灌浆套筒连接的灌浆管、出浆管及排气管应全长范围通畅，最狭窄处尺寸不应小于 9mm。

3. 后浇混凝土

（1）装配式混凝土结构后浇混凝土部分的模板与支架应符合下列规定：

① 装配式混凝土结构宜采用工具式支架和定型模板；

② 模板应保证后浇混凝土部分形状、尺寸和位置准确；

③ 模板与预制构件接缝处应采取防止漏浆的措施，可粘贴密封条。

（2）后浇混凝土的施工应符合下列规定：

① 预制构件结合面疏松部分的混凝土应剔除并清理干净；

② 混凝土分层浇筑高度应符合国家现行有关标准的规定，应在底层混凝土初凝前将上一层混凝土浇筑完毕；

③ 浇筑时应采取保证混凝土或砂浆浇筑密实的措施；

④ 预制梁、柱混凝土强度等级不同时，预制梁柱节点区混凝土强度等级应符合设计要求；

⑤ 混凝土浇筑应布料均衡，浇筑和振捣时，应对模板及支架进行观察和维护，发生异常情况应及时处理；构件接缝混凝土浇筑和振捣应采取措施防止模板、相连接构件、钢筋、预埋件及其定位件移位。

4. 外墙防水

外墙板接缝防水施工应符合下列规定：

（1）防水施工前，应将板缝空腔清理干净；

（2）应按设计要求填塞背衬材料；

（3）密封材料嵌填应饱满、密实、均匀、顺直、表面平滑，其厚度应满足设计要求。

5. 成品保护

（1）交叉作业时，应做好工序交接，不得对已完成工序的成品、半成品造成破坏。

（2）在装配式混凝土建筑施工全过程中，应采取防止预制构件、部品及预制构件上的建筑附件、预埋件、预埋吊件等损伤或污染的保护措施。

（3）连接止水条、高低口、墙体转角等薄弱部位，应采用定型保护垫块或专用式套件作加强保护。

（4）预制楼梯饰面应采用铺设木板或其他覆盖形式的成品保护措施。楼梯安装后，踏步口宜铺设木条或其他覆盖形式保护。

（5）遇有大风、大雨、大雪等恶劣天气时，应采取有效措施对存放预制构件成品进行保护。

（6）施工梯架、工程用的物料等不得支撑、顶压或斜靠在部品上。

9.2 装饰装修工程施工

9.2.1 墙面工程施工质量管理

1. 轻质隔墙工程

1）一般规定

（1）同一品种的轻质隔墙工程每50间（大面积房间和走廊按轻质隔墙的墙面30m^{2}为一间）划分为一个检验批，不足50间也应划分为一个检验批。

（2）板材隔墙与骨架隔墙每个检验批应至少抽查10%，并不得少于3间；不足3间时应全数检查。

（3）活动隔墙与玻璃隔墙每批应至少抽查20%，并不得少于6间；不足6间时应全数检查。

2）隔墙施工

（1）隔墙板材的品种、规格、性能、外观应符合设计要求。有隔声、保温、防水、防潮等特殊要求的工程，板材应满足相应性能等级。

（2）隔墙板材安装应牢固。现制钢丝网水泥隔墙与周边墙体的连接方法应符合设计要求，并应连接牢固。

（3）隔墙板材所用接缝材料的品种及接缝方法应符合设计要求。

（4）隔墙上的孔洞、槽、盒应位置正确、套割方正、边缘整齐。

3）骨架隔墙施工

（1）骨架隔墙所用龙骨、配件、墙面板、填充材料及嵌缝材料的品种、规格、性能和木材的含水率应符合设计要求。有隔声、隔热、阻燃、防潮等特殊要求的工程，材料应有相应性能等级的检测报告。

（2）骨架隔墙中龙骨间距和构造连接方法应符合设计要求。骨架内设备管线的安装、门窗洞口等部位加强龙骨的安装应牢固、位置正确，填充材料的设置应符合设计要求。

（3）骨架隔墙的墙面板应安装牢固，无脱层、翘曲、折裂及缺损。

（4）骨架隔墙表面应平整光滑、色泽一致、洁净、无裂缝，接缝应均匀、顺直。

（5）骨架隔墙内的填充材料应干燥，填充应密实、均匀、无下坠。

4）活动隔墙施工

（1）活动隔墙所用墙板、轨道配件等材料的品种、规格、性能和人造木板甲醛释放量、燃烧性能应符合设计要求。

（2）活动隔墙用于组装、推拉和制动的构配件必须安装牢固、位置正确，推拉必须安全、平稳、灵活。

（3）活动隔墙上的孔洞、槽、盒应位置正确、套割吻合、边缘整齐。活动隔墙推拉应无噪声。

5）玻璃隔墙施工

（1）玻璃隔墙工程所用材料的品种、规格、性能、图案和颜色应符合设计要求。玻璃板隔墙应使用安全玻璃。

（2）有框玻璃板隔墙的受力杆件应与基体结构连接牢固，玻璃板安装橡胶垫位置应正确。玻璃板安装应牢固，受力应均匀。无框玻璃板隔墙的受力爪件应与基体结构连接牢固，爪件的数量、位置应正确，爪件与玻璃板的连接应牢固。

（3）玻璃隔墙接缝应横平竖直，玻璃应无裂痕、缺损和划痕。

（4）玻璃板隔墙嵌缝及玻璃砖隔墙勾缝应密实平整、均匀顺直、深浅一致。

2. 饰面板、砖工程

（1）饰面板工程应对下列隐蔽工程项目进行验收：

① 预埋件（或后置埋件）；

② 龙骨安装；

③ 连接节点；

④ 防水、保温、防火节点；

⑤ 外墙金属板防雷连接节点。

（2）陶瓷板安装工程

① 陶瓷板的品种、规格、颜色和性能应符合设计要求及国家现行标准的有关规定。

② 陶瓷板安装工程的预埋件（或后置埋件）、连接件的材质、数量、规格、位置、连接方法和防腐处理应符合设计要求。后置埋件的现场拉拔力应符合设计要求。陶瓷板安装应牢固。

③ 采用满粘法施工的陶瓷板工程，陶瓷板与基层之间的粘结料应饱满、无空鼓。陶瓷板粘结应牢固。

（3）饰面砖工程

① 饰面砖工程应对下列隐蔽工程项目进行验收：

a. 基层和基体；

b. 防水层。

② 内墙饰面砖粘贴工程

a. 内墙饰面砖的品种、规格、图案、颜色和性能应符合设计要求及标准的有关规定。

b. 内墙饰面砖粘贴工程的找平、防水、粘结和填缝材料及施工方法应符合设计要求及标准的有关规定。

c. 内墙饰面砖粘贴应牢固。

d. 满粘法施工的内墙饰面砖应无裂缝，大面和阳角应无空鼓。

③ 外墙饰面砖粘贴工程

外墙饰面砖的粘贴施工尚应具备下列条件：

a. 基体应按设计要求处理完毕。

b. 日最低气温应在5℃以上，当低于5℃时，必须有可靠的防冻措施；当气温高于35℃时，应有遮阳设施。

c. 施工现场所需的水、电、机具和安全设施应齐备。

d. 门窗洞、脚手眼、阳台和落水管预埋件等应处理完毕。

应合理安排整个工程施工程序，避免后续工程对饰面造成损坏或污染。

粘贴饰面砖应符合下列规定：

a. 在粘贴前应对饰面砖进行挑选；

b. 饰面砖宜自上而下粘贴，宜用齿形抹刀在找平基层上刮粘结材料并在饰面砖背面满刮粘结材料，粘结层总厚度宜为3～8mm；

c. 在粘结层允许调整时间内，可调整饰面砖的位置和接缝宽度并敲实；在超过允许调整时间后，严禁振动或移动饰面砖。

填缝应符合下列规定：

a. 填缝材料和接缝深度应符合设计要求，填缝应连续、平直、光滑、无裂纹、无空鼓；

b. 填缝宜按先水平后垂直的顺序进行。

3. 涂料涂饰工程

（1）涂料涂饰工程所用涂料的品种、型号和性能应符合设计要求及标准规定。

（2）水性涂料涂饰工程的颜色、光泽、图案应符合设计要求。

（3）水性涂料涂饰工程应涂饰均匀、粘结牢固，不得漏涂、透底、开裂、起皮和掉粉。

（4）水性涂料涂饰工程的基层处理应符合标准规定。

9.2.2 吊顶工程施工质量管理

1. 一般规定

（1）同一品种的吊顶工程同楼层每50间（大面积房间和走廊按吊顶面积$30m^2$为一间）应划分一个检验批，不足50间也应划分一个检验批。

（2）每检验批应以各子分部工程的基层（各构造层）和各类面层所划分的分项工程按自然间（或标准间）检验，随机检验抽查数量不应少于3间；不足3间的应全数检查。

（3）吊顶标高、尺寸、起拱和造型应符合设计要求。

（4）吊顶饰面材料的材质、品种、规格、图案和颜色应符合设计要求。

2. 龙骨安装

（1）吊顶工程的吊杆、龙骨和饰面材料的安装必须牢固。

（2）吊杆、龙骨的材质、规格、安装间距及连接方式应符合设计要求。金属吊杆、龙骨应经过表面防腐处理。

（3）吊顶工程的吊杆和龙骨安装必须牢固。重型灯具、电扇及其他重型设备严禁安装在吊顶工程的龙骨上。

（4）板块面层吊顶金属龙骨的接缝应平整、吻合、颜色一致，不得有划伤、擦伤等表面缺陷。木质龙骨应平整、顺直，应无劈裂。

3. 吊顶面板安装

（1）石膏板、硅酸钙板、水泥纤维板的接缝应按其施工工艺标准进行板缝防裂处理。安装双层石膏板时，面层板与基层板的接缝应错开，并不得在同一根龙骨上接缝。

（2）面层材料表面应洁净、色泽一致，不得有翘曲、裂缝及缺损。压条应平直、宽窄一致。

（3）饰面板上的灯具、烟感器、喷淋头、风口箅子、检修口等设备设施的位置应合理，与饰面板的交接应吻合、严密。面板与龙骨的搭接应平整、吻合，压条应平直、宽窄一致。

（4）吊顶内填充吸声材料的品种和铺设厚度应符合设计要求，并应有防散落措施。

（5）当吊顶饰面材料为玻璃板时，应使用安全玻璃或采取可靠的安全措施。

（6）面板与龙骨的搭接宽度应大于龙骨受力面宽度的 2/3。

9.2.3　地面工程施工质量管理

1. 地面检验方法

检验方法应符合下列规定：

（1）检查允许偏差应采用钢尺、1m 直尺、2m 直尺、3m 直尺、2m 靠尺、楔形塞尺、坡度尺、游标卡尺和水准仪。

（2）检查空鼓应采用敲击的方法。

（3）检查防水隔离层应采用蓄水方法，蓄水深度最浅处不得小于 10mm，蓄水时间不得少于 24h；检查有防水要求的建筑地面的面层应采用泼水方法。

（4）检查各类面层（含不需铺设部分或局部面层）表面的裂纹、脱皮、麻面和起砂等缺陷，应采用观感的方法。

2. 找平层

（1）找平层宜采用水泥砂浆或水泥混凝土铺设。当找平层厚度小于 30mm 时，宜用水泥砂浆做找平层；当找平层厚度不小于 30mm 时，宜用细石混凝土做找平层。

（2）在预制钢筋混凝土板上铺设找平层时，其板端应按设计要求做防裂的构造措施。

3. 隔离层

（1）在水泥类找平层上铺设卷材类、涂料类防水、防油渗隔离层时，其表面应坚固、洁净、干燥。铺设前，应涂刷基层处理剂。基层处理剂应采用与卷材性能相容的配套材料或采用与涂料性能相容的同类涂料的底子油。

（2）铺设隔离层时，在管道穿过楼板面的四周，防水、防油渗材料应向上铺涂，并超过套管的上口；在靠近柱、墙处，应高出面层 200～300mm 或按设计要求的高度铺涂。阴阳角和管道穿过楼板面的根部应增加铺涂附加防水、防油渗隔离层。

4. 隔热层

（1）有防水、防潮要求的地面，宜在防水、防潮隔离层施工完毕并验收合格后再铺设隔热层。

（2）穿越地面进入非采暖保温区域的金属管道应采取隔断热桥的措施。

（3）隔热层与地面面层之间应设有水泥混凝土结合层，构造做法及强度等级应符合设计要求。设计无要求时，水泥混凝土结合层的厚度不应小于 30mm，层内应设置间距不大于 200mm×200mm 的 $\phi6$ 钢筋网片。

（4）有地下室的建筑，地上、地下交界部位楼板的隔热层应采用外保温做法，隔热层表面应设有外保护层。外保护层应安全、耐候，表面应平整、无裂纹。

5. 整体面层铺设

（1）铺设整体面层时，其水泥类基层的抗压强度不得小于 1.2MPa；表面应粗糙、洁净、湿润并不得有积水。铺设前宜凿毛或涂刷界面剂。硬化耐磨面层、自流平面层的基层处理应符合设计及产品的要求。

（2）铺设整体面层时，地面变形缝的位置应符合规定；大面积水泥类面层应设置分格缝。

（3）整体面层施工后，养护时间不应少于7d；抗压强度应达到5MPa后，方准上人行走；抗压强度应达到设计要求后，方可正常使用。

（4）当采用掺有水泥的拌合料做踢脚线时，不得用石灰混合砂浆打底。

（5）水泥类整体面层的抹平工作应在水泥初凝前完成，压光工作应在水泥终凝前完成。

6. 板块面层铺设

（1）铺设板块面层时，其水泥类基层的抗压强度不得小于1.2MPa。

铺设板块面层的结合层和板块间的填缝采用水泥砂浆时，配制水泥砂浆应采用硅酸盐水泥、普通硅酸盐水泥或矿渣硅酸盐水泥。

（2）铺设水泥混凝土板块、水磨石板块、人造石板块、陶瓷锦砖、陶瓷地砖、缸砖、水泥花砖、料石、大理石、花岗石等面层的结合层和填缝材料采用水泥砂浆时，在面层铺设后，表面应覆盖、湿润，养护不少于7d。当板块面层的水泥砂浆结合层的抗压强度达到设计要求后，方可正常使用。

（3）大面积板块面层的伸缩缝及分格缝应符合设计要求。

（4）板块类踢脚线施工时，不得采用混合砂浆打底。

（5）砖面层铺设

① 在水泥砂浆结合层上铺贴缸砖、陶瓷地砖和水泥花砖面层时，应符合下列规定：

a. 在铺贴前，应对砖的规格尺寸、外观质量、色泽等进行预选；需要时，浸水湿润，晾干待用。

b. 勾缝和压缝应采用同品种、同强度等级、同颜色的水泥，并做养护和保护。

② 在水泥砂浆结合层上铺贴陶瓷锦砖面层时，砖底面应洁净，每联陶瓷锦砖之间、与结合层之间以及在墙角、镶边和靠柱、墙处应紧密贴合。在靠柱、墙处不得采用砂浆填补。

③ 在胶结料结合层上铺贴缸砖面层时，缸砖应干净，铺贴应在胶结料凝结前完成。

（6）大理石面层和花岗石面层

① 大理石、花岗石面层采用天然大理石、花岗石（或碎拼大理石、碎拼花岗石）板材，应在结合层上铺设。

② 板材有裂缝、掉角、翘曲和表面有缺陷时应剔除，品种不同的板材不得混杂使用；在铺设前，应根据石材的颜色、花纹、图案、纹理等按设计要求，试拼编号。

③ 铺设大理石、花岗石面层前，板材应浸湿、晾干；结合层与板材应分段同时铺设。

7. 木、竹面层铺设

（1）用于固定和加固用的金属零部件应采用不锈蚀或经过防锈处理的金属件。

（2）与厕浴间、厨房等潮湿场所相邻的木、竹面层的连接处应做防水（防潮）处理。

（3）木、竹面层铺设在水泥类基层上时，其基层表面应坚硬、平整、洁净、不起砂，表面含水率不应大于8%。

（4）木、竹面层的通风构造层包括室内通风沟、地面通风孔、室外通风窗等，均应符合设计要求。

9.2.4 门窗与细部工程施工质量管理

1. 一般规定

（1）同一品种、类型和规格的木门窗、金属门窗、塑料门窗及门窗玻璃每 100 樘应划分为一个检验批，不足 100 樘也应划分为一个检验批。

（2）同一品种、类型和规格的特种门每 50 樘应划分为一个检验批，不足 50 樘也应划分为一个检验批。

（3）木门窗、金属门窗、塑料门窗及门窗玻璃，每个检验批应至少抽查 5%，并不得少于 3 樘，不足 3 樘时应全数检查；高层建筑的外窗，每个检验批应至少抽查 10%，并不得少于 6 樘，不足 6 樘时应全数检查。

（4）特种门每个检验批应至少抽查 50%，并不得少于 10 樘，不足 10 樘时应全数检查。

2. 门窗与细部施工

（1）门窗工程应对下列材料及其性能指标进行复验：

① 人造木板的甲醛含量；

② 建筑外窗的气密性能、水密性能和抗风压性能。

（2）门窗工程应对下列隐蔽工程项目进行验收：

① 预埋件和锚固件；

② 隐蔽部位的防腐、填嵌处理；

③ 高层金属窗防雷连接节点。

（3）木门窗扇必须安装牢固，并应开关灵活，关闭严密，无倒翘。

（4）木门窗配件的型号、规格、数量应符合设计要求，安装应牢固，位置应正确，功能应满足使用要求。

（5）木门窗表面应洁净，不得有刨痕、锤印。

（6）木门窗的割角、拼缝应严密平整。门窗框、扇裁口应顺直，刨面应平整。

（7）木门窗上的槽、孔应边缘整齐，无毛刺。

（8）木门窗与墙体间缝隙的填嵌材料应符合设计要求，填嵌应饱满。寒冷地区外门窗（或门窗框）与砌体间的空隙应填充保温材料。

（9）木门窗批水、盖口条、压缝条、密封条的安装应顺直，与门窗结合应牢固、严密。

（10）细部工程应对下列部位进行隐蔽工程验收：

① 预埋件（或后置埋件）；

② 护栏与预埋件的连接节点。

9.3 屋面与防水工程施工

9.3.1 屋面工程施工质量管理

1. 基本规定

（1）施工单位应取得建筑防水和保温工程相应等级的资质证书，作业人员应持证上岗。施工单位应编制屋面工程专项施工方案，并应经监理单位或建设单位审查确认后执行。

（2）防水、保温材料进场验收应符合下列规定：

① 根据设计要求对材料的质量证明文件进行检查；

② 对材料的品种、规格、包装、外观和尺寸等进行检查验收，形成相应验收记录；

③ 防水、保温材料进场检验执行见证取样送检制度，并提出进场检验报告。

（3）屋面工程施工时，建立各道工序的自检、交接检和专职人员检查的“三检”制度。每道工序施工完成后，经监理单位或建设单位检查验收合格后再进行下道工序的施工。

（4）当进行下道工序或相邻工程施工时，对屋面已完成的部分采取保护措施。伸出屋面的管道、设备或预埋件等，在保温层和防水层施工前安设完毕。屋面保温层和防水层完工后，不得进行凿孔、打洞或重物冲击等有损屋面的作业。

2. 基层与保护工程

1）基层

（1）基层表面应平整、牢固，有足够的强度、刚度，表层坡度准确，无起砂、起皮、空鼓等缺陷。

（2）基层表面应清洁，干燥程度应根据所选防水卷材的特性确定。阴阳角处应做成圆弧形。

（3）基层阴阳角圆弧处、穿墙管、预埋件、变形缝、施工缝、后浇带等部位，应用密封材料及胎体增强材料进行密封和加强，然后再大面积施工。

2）找平层

（1）找坡层宜采用轻骨料混凝土；找坡材料应分层铺设和适当压实，表面应平整。

（2）找平层宜采用水泥砂浆或细石混凝土；找平层的抹平工序应在初凝前完成，压光工序应在终凝前完成，终凝后应进行养护。

（3）找平层分格缝纵横间距不宜大于6m，分格缝的宽度宜为5～20mm。

3）隔汽层

（1）隔汽层应设置在结构层与保温层之间；隔汽层应选用气密性、水密性好的材料。

（2）在屋面与墙的连接处，隔汽层应沿墙面向上连续铺设，高出保温层上表面不得小于150mm。

（3）隔汽层采用卷材时宜空铺，卷材搭接缝应满粘，其搭接宽度不应小于80mm；隔汽层采用涂料时，应涂刷均匀。

（4）穿过隔汽层的管线周围应封严，转角处应无折损；隔汽层凡有缺陷或破损的部位，均应进行返修。

4）隔离层

（1）块体材料、水泥砂浆或细石混凝土保护层与卷材、涂膜防水层之间，应设置隔离层。

（2）隔离层可采用干铺塑料膜、土工布、卷材或铺抹低强度等级砂浆。

5）保护层

（1）用块体材料做保护层时，宜设置分格缝，分格缝纵横间距不应大于10m，分格缝宽度宜为20mm。

（2）用水泥砂浆做保护层时，表面应抹平压光，并应设表面分格缝，分格面积宜为$1m^2$。

（3）用细石混凝土做保护层时，混凝土应振捣密实，表面应抹平压光，分格缝纵横间距不应大于6m。分格缝的宽度宜为10～20mm。

3. 防水与密封工程

1）卷材防水层

（1）进场的防水卷材应检验下列项目：

① 高聚物改性沥青防水卷材的可溶物含量、拉力、最大拉力时延伸率、耐热度、低温柔性、不透水性；

② 合成高分子防水卷材的断裂拉伸强度、扯断伸长率、低温弯折性、不透水性。

（2）防水卷材按不同品种、规格分别堆放，应贮存在阴凉通风处，应避免雨淋、日晒和受潮，严禁接近火源；并应避免与化学介质及有机溶剂等有害物质接触。

（3）卷材防水层的施工环境温度应符合下列规定：

① 热熔法和焊接法不宜低于－10℃；

② 冷粘法和热粘法不宜低于5℃；

③ 自粘法不宜低于10℃。

（4）卷材防水施工质量控制要点：

① 卷材防水施工要严格按照施工工艺标准等规范要求和施工方案进行。铺贴方向、顺序和层数，搭接位置、方向和长度等应符合设计和规范要求。

② 卷材冷粘施工时，胶结材料要根据卷材性能配套选用胶粘剂，卷材防水层应满足接缝剥离强度和搭接缝不透水性要求。

③ 卷材防水层完成并经验收合格后应及时做保护层。

2）涂膜防水层

（1）进场的防水涂料和胎体增强材料应检验下列项目：

① 高聚物改性沥青防水涂料的固体含量、干燥时间、低温柔性、不透水性、断裂伸长率、拉伸强度；

② 合成高分子防水涂料和聚合物水泥防水涂料的固体含量、低温柔性、不透水性、拉伸强度、断裂伸长率；

③ 胎体增强材料的拉力、延伸率。

（2）防水涂料包装容器应密封，并应分类存放。反应型和水乳型涂料贮运和保管环境温度不宜低于5℃，溶剂型涂料贮运和保管环境温度不宜低于0℃，并不得日晒、碰撞和渗漏。

（3）涂膜防水层的施工环境温度应符合下列规定：

① 水乳型及反应型涂料宜为5～35℃；

② 溶剂型涂料宜为－5～35℃；

③ 热熔型涂料不宜低于－10℃；

④ 聚合物水泥涂料宜为5～35℃。

（4）涂膜防水层施工质量控制要点：

① 涂料防水层分为有机防水涂料和无机防水涂料。有机防水涂料宜用于结构主体的迎水面，无机防水涂料宜用于结构主体的背水面。施工前应对节点部位进行密封或增强处理。

② 涂料防水层不宜留设施工缝，如面积较大须留设施工缝时，接涂部位搭接应大于100mm，且对接涂部位应处理干净。

③ 胎体增强材料涂膜，胎体增强材料长边搭接宽度不应小于50mm，短边搭接宽度不应小于70mm，上下层接缝应错开1/3幅宽。

④ 涂料的配料温度、配料用量和顺序、搅拌时间和强度、施工环境温度、涂膜遍数和厚度应符合设计及规范要求。

⑤ 涂料防水层完成并经验收合格后应及时做保护层，以防涂膜损坏。

3）接缝密封防水

（1）进场的密封材料应检验下列项目：

① 改性石油沥青密封材料的耐热性、低温柔性、拉伸粘结性、施工度；

② 合成高分子密封材料的拉伸模量、拉伸粘结性、流动性、表干时间。

（2）密封材料应防止日晒、雨淋、撞击、挤压，保管环境应通风、干燥，防止日光直接照射，并应远离火源、热源；乳胶型密封材料在冬期时应采取防冻措施；密封材料应按类别、规格分别存放。

（3）接缝密封防水的施工环境温度应符合下列规定：

① 改性沥青密封材料和溶剂型合成高分子密封材料宜为0～35℃；

② 乳胶型及反应型合成高分子密封材料宜为5～35℃。

4. 细部构造工程

（1）屋面的檐口、檐沟和天沟、女儿墙和山墙、水落口、变形缝、伸出屋面管道、屋面出入口、反梁过水孔、设施基座、屋脊、屋顶窗等部位均进行防水增强处理，并作重点质量检查验收。

（2）细部构造所使用卷材、涂料和密封材料的质量应符合设计要求，两种材料之间应具有相容性。

（3）细部构造工程各分项工程每个检验批应全数进行检验。

（4）屋面细部构造热桥部位的保温处理，应符合设计要求。

9.3.2　防水工程施工质量管理

1. 室内防水施工质量控制

（1）建筑室内防水工程的施工，应建立各道工序的自检、交接检和专职人员检查制度，并有完整的检查记录。对上道工序未经检查确认，不得进行下道工序的施工。防水层完成后，应在进行下一道工序前采取保护措施。

（2）室内需进行防水设防的区域不应跨越变形缝等可能出现较大变形的部位。

（3）厕浴间、厨房等室内小区域复杂部位楼地面防水，宜选用防水涂料或刚性防水材料做迎水面防水，也可选用柔性较好且易于与基层粘贴牢固的防水卷材。墙面防水层宜选用刚性防水材料或经表面处理后与粉刷层有较好结合性的其他防水材料。顶面防水层应选用刚性防水材料做防水层。室内防水工程不得使用溶剂型防水涂料。

（4）穿楼板管道应设置止水套管或其他止水措施，套管直径应比管道大 1～2 级。套管高度应高出装饰地面不小于 20mm，套管与管道间用阻燃密封材料填实。

（5）用水空间与非用水空间楼地面交接处应有防止水流入非用水空间的措施。淋浴区墙面防水层翻起高度不应小于 2000mm，且不低于淋浴喷淋口高度。盥洗池盆等用水处墙面防水层翻起高度不应小于 1200mm。墙面其他部位泛水翻起高度不应小于 250mm。

（6）防水砂浆施工前，设备预埋件和管线应安装固定完毕。基层表面应平整、坚实、清洁，并应充分湿润，无积水。砂浆防水层平均厚度不应小于设计厚度，最薄处不应小于设计厚度的 80%。

（7）用水空间铺贴墙（地）砖宜用专用粘贴材料或符合粘贴性能要求的防水砂浆。

（8）地漏与地面混凝土间应留置凹槽，用合成高分子密封胶进行密封防水处理。地漏四周应设置加强防水层，加强层宽度不应小于 150mm。防水层在地漏收头处，应用合成高分子密封胶进行密封防水处理。

（9）墙面与楼地面交接部位、穿楼板（墙）的套管宜用防水涂料、密封材料或易粘贴的卷材进行加强防水处理。墙面与楼地面交接处、平面交接处、平面宽度与立面高度均不应小于 100mm。

（10）防水施工完毕后的楼地面向地漏处的排水坡度不宜小于 1%，地面不得有积水现象。

（11）防水层施工完后，应进行蓄水、淋水试验，观察无渗漏现象后交于下道工序。设备与饰面层施工完毕后还应进行第二次蓄水试验，达到最终无渗漏和排水畅通为合格，方可进行正式验收。

（12）楼地面防水层蓄水高度最浅处蓄水深度不应小于 25mm，且不应大于立管套管和防水层收头的高度。独立水容器应满池蓄水，地面和水池的蓄水试验时间均不应小于 24h；墙面间歇淋水试验应达到 30min 以上进行检验不渗漏。

2. 地下防水施工质量控制

1）防水方案

（1）地下工程防水方案应根据工程规划、结构设计、材料选择、结构耐久性和施工工艺等因素确定。地下工程迎水面主体结构应采用防水混凝土，并应根据防水等级的要求采取其他防水措施。

（2）地下工程的变形缝（诱导缝）、施工缝、后浇带、穿墙管（盒）、预埋件、预留通道接头、桩头等细部构造，应加强防水措施。

2）防水混凝土质量控制要点

（1）宜采用硅酸盐水泥、普通硅酸盐水泥，采用其他品种水泥时应经试验确定。

（2）防水混凝土施工前应做好降排水工作，不得在有积水的环境中浇筑混凝土。

（3）防水混凝土拌合物在运输后如出现离析，必须进行二次搅拌。当坍落度损失后不能满足施工要求时，应加入原水胶比的水泥浆或掺加同品种的减水剂进行搅拌，严禁直接加水。

（4）防水混凝土结构内部设置的各种钢筋或绑扎铁丝，不得接触模板。用于固定模板的螺栓必须穿过混凝土结构时，可采用工具式螺栓或螺栓加堵头，螺栓上应加焊方形止水环、焊缝连续、不得漏焊。拆模后应将留下的凹槽用密封材料封堵密实，并应用聚合物水泥砂浆抹平。

（5）在终凝后应立即进行养护，养护时间不得少于14d。

（6）防水混凝土冬期施工时，混凝土入模温度不应低于5℃，应采取保温保湿养护措施。混凝土养护应采用综合蓄热法、蓄热法、暖棚法、掺化学外加剂等方法，但不得采用电热法或蒸汽直接加热法。

3）水泥砂浆防水层质量控制要点

（1）水泥砂浆防水层应在基础垫层、初期支护、围护结构及内衬结构验收合格后施工。施工前应将预埋件、穿墙管预留凹槽内嵌填密封材料后，再施工水泥砂浆防水层。

（2）防水砂浆宜采用多层抹压法施工。应分层铺抹或喷射，铺抹时应压实、抹平，最后一层表面应提浆压光。

（3）水泥砂浆防水层不得在雨天、五级及以上大风中施工。冬期施工时，气温不应低于5℃。夏季不宜在30℃以上或烈日照射下施工。

（4）水泥砂浆防水层终凝后，应及时进行养护，养护温度不宜低于5℃，并应保持砂浆表面湿润，养护时间不得少于14d。

（5）聚合物水泥防水砂浆拌合后应在规定时间内用完，施工中不得任意加水。聚合物水泥防水砂浆未达到硬化状态时，不得浇水养护或直接受雨水冲刷，硬化后应采用干湿交替的养护方法。潮湿环境中，可在自然条件下养护。

4）卷材防水层质量控制要点

（1）卷材外观质量、品种、规格应符合国家现行标准的规定，卷材及其胶粘剂应具有良好的耐水性、耐久性、耐刺穿性、耐腐蚀性和耐菌性。

（2）防水卷材施工前，基面应干净、干燥，并应涂刷基层处理剂。当基面潮湿时，应涂刷固化型胶粘剂或潮湿界面隔离剂。基层处理剂应与卷材及其粘结材料的材性相容，基层处理剂喷涂或刷涂应均匀一致，不露底，表面干燥后方可铺贴卷材。

（3）卷材防水层基面阴阳角处应做成圆弧或倒角，其尺寸应根据卷材品种确定，并应符合所用卷材的施工要求。

（4）不同品种防水卷材的搭接宽度，应符合表9.3-1的要求。

表9.3-1　防水卷材的搭接宽度

防水卷材类型	搭接方式	搭接宽度（mm）
聚合物改性沥青类防水卷材	热熔法、热沥青	≥100
	自粘搭接（含湿铺）	≥80
合成高分子类防水卷材	胶粘剂、粘结料	≥100
	胶粘带、自粘胶	≥80
	单缝焊	≥60，有效焊接宽度不应小于25
	双缝焊	≥80，有效焊接宽度10×2＋空腔宽
	塑料防水板双缝焊	≥100，有效焊接宽度10×2＋空腔宽

（5）铺贴自粘聚合物改性沥青防水材料，应排除卷材下面的空气，应粘贴牢固，卷材表面不得有扭曲、皱折和起泡现象。低温施工时，宜对卷材和基面适当加热，然后铺

贴卷材。

（6）铺贴三元乙丙橡胶防水卷材应采用冷粘法施工，胶粘剂涂刷与卷材铺贴的间隔时间应根据胶粘剂的性能控制。

（7）铺贴聚氯乙烯防水卷材，接缝采用焊接法施工时，应先焊长边搭接缝，后焊短边搭接缝。

（8）铺贴聚乙烯丙纶复合防水卷材时，应采用配套的聚合物水泥防水粘结材料。固化后的粘结料厚度不应小于1.3mm，施工完的防水层应及时做保护层。

（9）高分子自粘胶膜防水卷材宜采用预铺反粘法施工，卷材宜单层铺设。在潮湿基面铺设时，基面应平整坚固、无明显积水。卷材长边应采用自粘边搭接，短边应采用胶粘带搭接，卷材端部搭接区应相互错开。

5）涂料防水层质量控制要点

（1）无机防水涂料可选用掺外加剂、掺合料的水泥基防水涂料、水泥基渗透结晶型防水涂料，有机防水涂料可选用反应型、水乳型、聚合物水泥等涂料。

（2）有机防水涂料基面应干燥。当基面较潮湿时，应涂刷潮湿固化型胶粘剂或潮湿界面隔离剂；无机防水涂料施工前，基面应充分润湿，但不得有明水。潮湿基层宜选用与潮湿基面粘结力大的无机防水涂料，也可采用先涂无机防水涂料而后再涂有机防水涂料构成复合防水涂层。冬期施工宜选用反应型涂料。

（3）铺贴胎体增强材料时，应使胎体层充分浸透防水涂料，不得漏涂、褶皱。

9.3.3 保温隔热工程施工质量管理

1. 屋面保温与隔热工程

1）保温与隔热层施工规定

（1）铺设保温层的基层应平整、干燥和干净。

（2）保温材料在施工过程中应采取防潮、防水和防火等措施。

（3）保温与隔热工程的构造及选用材料应符合设计要求。

（4）保温材料使用时的含水率，应相当于该材料在当地自然风干状态下的平衡含水率。

（5）保温材料的导热系数、表观密度或干密度、抗压强度或压缩强度、燃烧性能，必须符合设计要求。

（6）种植、架空、蓄水隔热层施工前，防水层均应验收合格。

2）板状材料保温层

（1）板状保温材料铺设应紧贴基层，应铺平垫稳，拼缝应严密，粘贴应牢固。

（2）固定件的规格、数量和位置均应符合设计要求；垫片应与保温层表面齐平。

（3）板状材料保温层厚度允许负偏差应为5%，且不得大于4mm。

（4）板状材料保温层表面平整度的允许偏差为5mm，接缝高低差的允许偏差为2mm。

3）纤维材料保温层

（1）纤维保温材料铺设应紧贴基层，拼缝应严密，表面应平整。

（2）固定件的规格、数量和位置应符合设计要求；垫片应与保温层表面齐平。

（3）装配式骨架和水泥纤维板应铺钉牢固，表面应平整；龙骨间距和板材厚度应符合设计要求。

（4）具有抗水蒸气渗透外覆面的玻璃棉制品，其外覆面应朝向室内，拼缝应用防水密封胶带封严。

4）喷涂硬泡聚氨酯保温层

（1）喷涂硬泡聚氨酯应分遍喷涂，每遍厚度不宜大于15mm；当日的作业面应当日连续地喷涂施工完毕。

（2）喷涂硬泡聚氨酯保温层表面平整度的允许偏差为5mm。

5）现浇泡沫混凝土保温层

（1）现浇泡沫混凝土应分层施工，粘结应牢固，表面应平整，找坡应正确。

（2）现浇泡沫混凝土不得有贯通性裂缝，以及疏松、起砂、起皮现象。

（3）现浇泡沫混凝土保温层厚度允许正负偏差应为5%，且不得大于5mm。

6）种植隔热层

（1）种植隔热层与防水层之间宜设细石混凝土保护层。

（2）种植隔热层的屋面坡度大于20%时，其排水层、种植土层应采取防滑措施。

（3）排水层施工应符合下列要求：

① 陶粒的粒径不应小于25mm，大粒径应在下，小粒径应在上。

② 凹凸形排水板宜采用搭接法施工，网状交织排水板宜采用对接法施工。

③ 排水层上应铺设过滤层土工布。

④ 挡墙或挡板的下部应设泄水孔，孔周围应放置疏水粗细骨料。

7）架空隔热层

（1）架空隔热层的高度应按屋面宽度或坡度大小确定。设计无要求时，架空隔热层的高度宜为180～300mm。

（2）当屋面宽度大于10m时，应在屋面中部设置通风屋脊，通风口处应设置通风箅子。

（3）架空隔热制品支座底面的卷材、涂膜防水层，应采取加强措施。

8）蓄水隔热层

（1）蓄水隔热层与屋面防水层之间应设隔离层。

（2）蓄水池的所有孔洞应预留，不得后凿；所设置的给水管、排水管和溢水管等，均应在蓄水池混凝土施工前安装完毕。

（3）每个蓄水区的防水混凝土应一次浇筑完毕，不得留施工缝。

（4）防水混凝土应用机械振捣密实，表面应抹平和压光，初凝后应覆盖养护，终凝后浇水养护不得少于14d；蓄水后不得断水。

2. 外墙外保温施工质量控制

（1）外墙外保温系统经耐候性试验后，不得出现饰面层起泡或剥落、保护层空鼓或脱落等破坏，不得产生渗水裂缝。

（2）外保温工程施工期间以及完工后24h内，基层及环境空气温度不应低于5℃。夏季应避免阳光暴晒。在5级以上大风天气和雨天不得施工。

（3）基层表面应清洁，无油污、隔离剂等妨碍粘结的附着物。凸起、空鼓、疏松的部位应剔除并找平。

（4）聚苯板应按顺砌方式粘贴，竖缝应逐行错缝。聚苯板应粘贴牢固，不得有空鼓和松动，涂胶粘剂面积不得小于聚苯板面积的 40%。

（5）墙角处聚苯板应交错互锁。门窗洞口四角处聚苯板应采用整板切割成型，不得拼接，接缝应离开角部至少 200mm。

（6）聚苯板粘结牢固后，按要求安装锚固件，锚固深度不小于 25mm。特殊情况下应对锚固件适当加长处理。

（7）底层距室外地面 2m 高的范围及装饰缝、门窗四角、阴阳角等可能遭受冲击力部位须铺设加强网。变形缝处应做好防水和保温构造处理。

9.4　工程质量验收管理

建筑工程施工质量应按下列要求进行验收：

（1）工程质量验收均应在施工单位自检合格的基础上进行；

（2）参加工程施工质量验收的各方人员应具备相应的资格；

（3）检验批的质量应按主控项目和一般项目验收；

（4）对涉及结构安全、节能、环境保护和主要使用功能的试块、试件及材料，应在进场时或施工中按规定进行见证检验；

（5）隐蔽工程在隐蔽前应由施工单位通知监理单位进行验收，并应形成验收文件，验收合格后方可继续施工；

（6）对涉及结构安全、节能、环境保护和使用功能的重要分部工程，应在验收前按规定进行抽样检验；

（7）工程的观感质量应由验收人员现场检查，并应共同确认。

9.4.1　检验批及分项工程的质量验收

1. 检验批的质量验收

（1）检验批可根据施工、质量控制和专业验收的需要，按工程量、楼层、施工段、变形缝进行划分。

（2）施工前，应由施工单位制订分项工程和检验批的划分方案，并由监理单位审核。对于相关验收规范未涵盖的分项工程和检验批，可由建设单位组织监理、施工等单位协商确定。

（3）检验批的划分

① 多层及高层建筑的分项工程可按楼层或施工段来划分检验批，单层建筑的分项工程可按变形缝等划分检验批；

② 地基基础的分项工程一般划分为一个检验批，有地下层的基础工程可按不同地下层划分检验批；

③ 屋面工程的分项工程可按不同楼层屋面划分为不同的检验批；

④ 其他分部工程中的分项工程，一般按楼层划分检验批；

⑤ 对于工程量较少的分项工程可划为一个检验批；

⑥ 安装工程一般按一个设计系统或设备组别划分为一个检验批；

⑦ 室外工程一般划分为一个检验批；

⑧ 散水、台阶、明沟等含在地面检验批中。

（4）检验批应由专业监理工程师组织施工单位项目专业质量检查员、专业工长等进行验收。

（5）检验批质量验收合格应符合下列规定：

① 主控项目的质量经抽样检验均应合格；

② 一般项目的质量经抽样检验合格；

③ 具有完整的施工操作依据、质量验收记录；

④ 检验批质量验收记录填写时应具有现场验收检查原始记录。

2. 分项工程的质量验收

（1）分项工程可按主要工种、材料、施工工艺、设备类别进行划分。

（2）分项工程应由专业监理工程师（建设单位项目专业技术负责人）组织施工单位项目专业技术负责人等进行验收。

（3）分项工程质量验收合格应符合下列规定：

① 所含检验批的质量均应验收合格；

② 所含检验批的质量验收记录应完整。

9.4.2　分部工程的质量验收

1. 分部工程的划分应按下列原则确定

（1）可按专业性质、工程部位确定；

（2）当分部工程较大或较复杂时，可按材料种类、施工特点、施工程序、专业系统及类别将分部工程划分为若干子分部工程。

2. 分部工程质量验收程序和组织

（1）分部工程应由总监理工程师（建设单位项目负责人）组织施工单位项目负责人和项目技术负责人等进行验收；勘察、设计单位项目负责人和施工单位技术、质量部门负责人应参加地基与基础分部工程的验收；设计单位项目负责人和施工单位技术、质量部门负责人应参加主体结构、节能分部工程的验收。

（2）由于地基与基础分部勘察单位项目负责人已验收，故主体结构分部工程验收时不要求勘察单位项目负责人必须参加。

3. 分部工程质量验收合格规定

（1）所含分项工程的质量均应验收合格；

（2）质量控制资料应完整；

（3）有关安全、节能、环境保护和主要使用功能的抽样检验结果应符合相应规定；

（4）观感质量应符合要求。

9.4.3　室内环境质量验收

民用建筑工程及室内装饰装修工程的室内环境质量验收，应在工程完工不少于 7d 后、工程交付使用前进行。

1. 验收检查资料

民用建筑工程及其室内装修工程验收时，应检查下列资料：

（1）工程地质勘察报告、工程地点土壤中氡浓度或氡析出率检测报告、工程地点土壤天然放射性核素镭 -226、钍 -232、钾 -40 含量检测报告；

（2）涉及室内新风量的设计、施工文件，以及新风量的检测报告；

（3）涉及室内环境污染控制的施工图设计文件及工程设计变更文件；

（4）建筑材料和装修材料的污染物含量检测报告，材料进场检验记录，复验报告；

（5）与室内环境污染控制有关的隐蔽工程验收记录、施工记录；

（6）样板间室内环境污染物浓度检测报告（不做样板间的除外）；

（7）室内空气中污染物浓度检测报告。

2. 室内环境检测要求

（1）当对民用建筑室内环境中的甲醛、氨、苯、甲苯、二甲苯、TVOC 浓度进行检测时，装饰装修工程中完成的固定式家具应保持正常使用状态；采用集中通风的民用建筑工程，应在通风系统正常运行的条件下进行；采用自然通风的民用建筑工程，检测应在对外门窗关闭 1h 后进行。

（2）民用建筑室内环境中氡浓度检测时，对采用集中通风的民用建筑工程，应在通风系统正常运行的条件下进行；采用自然通风的民用建筑工程，应在房间的对外门窗关闭 24h 以后进行。Ⅰ类建筑无架空层或地下车库结构时，一、二层房间抽检比例不宜低于总抽检房间数的 40%。

（3）当室内环境污染物浓度检测结果不符合规范规定时，应对不符合项目再次加倍抽样检测，并应包括原不合格的同类型房间及原不合格房间；当再次检测的结果符合规范规定时，应判定该工程室内环境质量合格。再次加倍抽样检测的结果不符合规范规定时，应查找原因并采取措施进行处理，直至检测合格。

（4）室内环境质量验收不合格的民用建筑工程，严禁投入使用。

9.4.4　节能工程质量验收

1. 节能分部工程质量验收的划分

建筑节能工程为单位建筑工程中的一个分部工程，其子分部工程、分项工程、检验批的划分，应符合下列规定：

（1）建筑节能子分部工程和分项工程划分见表 9.4–1。

表 9.4–1　建筑节能子分部工程和分项工程划分

分部工程	子分部工程	分项工程
建筑节能	围护结构节能工程	墙体节能工程，幕墙节能工程，门窗节能工程，屋面节能工程，地面节能工程
	供暖空调节能工程	供暖节能工程，通风与空调节能工程，冷热源及管网节能工程
	配电照明节能工程	配电与照明节能工程
	监测控制节能工程	监测与控制节能工程
	可再生能源节能工程	地源热泵换热系统节能工程，太阳能光热系统节能工程，太阳能光伏节能工程

（2）建筑节能工程应按照分项工程为单位进行验收。当建筑节能某分项工程的工程量较大时，可以将分项工程划分为若干个检验批进行验收。

（3）当建筑节能工程验收无法按照上述要求划分分项工程或检验批时，可由建设、监理、施工等各方协商进行划分，但验收项目、验收内容、验收标准和验收记录均应遵守规范的规定。

（4）建筑节能分项工程和检验批的验收应单独填写验收记录，节能工程验收资料应单独组卷。

2. 节能分部工程质量验收的要求

建筑节能分部工程的质量验收，应在施工单位自检合格，且检验批、分项工程全部验收合格的基础上，进行外墙节能构造、外窗气密性能现场实体检验和设备系统节能性能检测。外窗气密性现场检测，以及系统节能性能检测和系统联合试运转与调试，应在确认建筑节能工程质量达到验收条件后方可进行。

3. 节能工程检验批、分项及分部工程的质量验收程序与组织

（1）节能工程的检验批验收和隐蔽工程验收应由专业监理工程师组织并主持，施工单位相关专业的质量检查员与施工员参加验收。

（2）节能分项工程验收应由专业监理工程师组织并主持，施工单位项目技术负责人和相关专业的质量检查员、施工员参加验收；必要时可邀请主要设备、材料供应商及分包单位、设计单位相关专业的人员参加验收。

（3）节能分部工程验收应由总监理工程师（建设单位项目负责人）组织并主持，施工单位项目负责人、项目技术负责人和相关专业的负责人、质量检查员、施工员参加验收；施工单位的质量或技术负责人应参加验收；设计单位项目负责人及相关专业负责人应参加验收；主要设备、材料供应商及分包单位负责人应参加验收。

4. 建筑节能分部工程质量验收合格规定

（1）分项工程应全部合格；

（2）质量控制资料应完整；

（3）外墙节能构造现场实体检验结果应符合设计要求；

（4）建筑外窗气密性能现场实体检测结果应符合设计要求；

（5）建筑设备工程系统节能性能检测结果应合格。

9.4.5 工程施工资料管理

1. 基本规定

（1）每项建设工程应编制一套电子档案，随纸质档案一并移交城建档案管理机构。

（2）勘察、设计、施工、监理等单位应将本单位形成的工程文件立卷后向建设单位移交。

（3）建设工程项目实行总承包管理的，总包单位应负责收集、汇总各分包单位形成的工程档案，并应及时向建设单位移交；各分包单位应将本单位形成的工程文件整理、立卷后及时移交总承包单位。建设工程项目由几个单位承包的，各承包单位负责收集、整理立卷其承包项目的工程文件，并应及时向建设单位移交。

（4）建设工程档案的验收应纳入建设工程竣工联合验收环节。

2. 工程资料分类

（1）根据《建筑工程资料管理规程》JGJ/T 185—2009 的规定，建筑工程资料可分为：工程准备阶段文件、监理资料、施工资料、竣工图和工程竣工文件 5 类；

（2）工程准备阶段文件可分为决策立项文件、建设用地文件、勘察设计文件、招标投标及合同文件、开工文件、商务文件 6 类；

（3）施工资料可分为施工管理资料、施工技术资料、施工进度及造价资料、施工物资资料、施工记录、施工试验记录及检测报告、施工质量验收记录、竣工验收资料 8 类；

（4）工程竣工文件可分为竣工验收文件、竣工决算文件、竣工交档文件、竣工总结文件 4 类。

3. 归档文件的质量要求

（1）归档的工程文件应为原件，内容必须真实、准确，与工程实际相符合。

（2）计算机输出文字、图件以及手工书写材料，其字迹的耐久性和耐用性应符合现行国家标准的规定。

（3）归档的建设工程电子文件的内容必须与其纸质档案一致，且应采用通用格式进行存储，并采用电子签名等手段。

（4）工程文件中文字材料幅面尺寸规格宜为 A4 幅面。图纸宜采用国家标准图幅。不同幅面的工程图纸应统一折叠成 A4 幅面，图纸标题栏露在外面。

（5）所有竣工图均应加盖竣工图章，竣工图章的基本内容应包括："竣工图"字样、施工单位、编制人、审核人、技术负责人、编制日期、监理单位、现场监理、总监理工程师。

4. 工程文件的归档、验收与移交

（1）根据建设程序和工程特点，归档可以分阶段分期进行，也可以在单位或分部工程通过竣工验收后进行。

（2）勘察、设计单位应当在任务完成时，施工、监理单位应当在工程竣工验收前，将各自形成的有关工程档案向建设单位归档。移交程序是：

① 施工单位应向建设单位移交施工资料；

② 实行施工总承包的，各专业承包单位应向施工总承包单位移交施工资料；

③ 监理单位应向建设单位移交监理资料；

④ 工程资料移交时应及时办理相关移交手续，填写工程资料移交书、移交目录；

⑤ 建设单位应按国家有关法规和标准的规定向城建档案管理部门移交工程档案，并办理相关手续。

（3）工程档案的编制不得少于两套，一套应由建设单位保管，一套（原件）应移交当地城建档案管理机构保存。

（4）列入城建档案管理机构接收范围的工程，建设单位在工程竣工验收备案前，必须向城建档案管理机构移交一套符合规定的工程档案。

（5）停建、缓建建设工程的档案，可暂由建设单位保管。

9.4.6　单位工程竣工验收

1. 单位工程质量验收程序和组织

（1）单位工程完工后，施工单位应组织有关人员进行自检；

（2）总监理工程师应组织各专业监理工程师对工程质量进行竣工预验收；

（3）存在施工质量问题时，应由施工单位整改；

（4）预验收通过后，由施工单位向建设单位提交工程竣工报告，申请工程竣工验收；

（5）建设单位收到工程竣工报告后，应由建设单位项目负责人组织监理、施工、设计、勘察等单位项目负责人进行单位工程验收。

2. 分包工程验收

（1）单位工程中的分包工程完工后，分包单位应对所承包的工程项目进行自检，并按规定程序进行验收。验收时，总包单位应派人参加。

（2）分包单位应将所分包工程的质量控制资料整理完整，并移交给总包单位。

（3）建设单位组织单位工程质量验收时，分包单位负责人应参加验收。

3. 单位工程质量验收合格的规定

（1）所含分部工程的质量均应验收合格；

（2）质量控制资料应完整；

（3）所含分部工程中有关安全、节能、环境保护和主要使用功能的检验资料应完整；

（4）主要使用功能的抽查结果应符合相关专业验收规范的规定；

（5）观感质量应符合要求。

4. 当建筑工程施工质量不符合要求时的处理规定

（1）经返工或返修的检验批，应重新进行验收；

（2）经有资质的检测机构检测鉴定能够达到设计要求的检验批，应予以验收；

（3）经有资质的检测机构检测鉴定达不到设计要求，但经原设计单位核算认可能够满足安全和使用功能的检验批，可予以验收；

（4）经返修或加固处理的分项、分部工程，满足安全及使用功能要求时，可按技术处理方案和协商文件的要求予以验收。

5. 其他规定

（1）当工程质量控制资料部分缺失时，应委托有资质的检测机构按有关标准进行相应的实体检验或抽样试验。

（2）经返修或加固处理仍不能满足安全或重要使用要求的分部工程及单位工程，严禁验收。

第 10 章　施工成本管理

项目成本管理分为公司管理、项目部管理及岗位管理三个层次，岗位管理是基础，项目部管理是主体，公司管理是目标。项目成本管理包括项目成本的预测、计划、控制、核算、分析、考核、资料和报告等内容。

第 10 章
看本章精讲课
配套章节自测

10.1　施工成本影响因素及管理流程

10.1.1　施工成本构成及影响因素

1. 施工成本构成

工程施工成本分为直接成本和间接成本，两者构成工程的完全成本。

（1）直接成本，又称直接费，由人工费、材料费、机械费、措施费构成。

（2）间接成本，又称间接费，由企业管理费和规费组成，是指施工企业、项目部为组织和管理工程施工生产发生的各项管理相关费用。

2. 施工成本影响因素

施工成本的影响因素包括人工、材料、机械、施工措施（例如质量、进度、安全措施等）、政策影响、地质条件影响、环境影响、项目管理水平等。

10.1.2　施工成本全要素管理

施工成本全要素管理从以下方面进行：

一是完善管理制度。制定成本管理办法，统一管理标准。

二是规范管理程序。建立由总会计师或总经济师为首，生产、技术、预算、材料、劳资、财务等相关部门参加的成本管理领导小组，对工程项目进行自上而下、自下而上的双向管理。

三是落实管理办法。采取分月度、季度、分工程部位的考核办法，与事前预测、事中控制结合起来进行考核。建立考核档案，完善企业的激励机制。

10.1.3　施工成本管理流程

建筑工程施工成本管理遵循以下程序：

1. 成本预测

根据成本信息和施工项目的具体情况，在施工前对成本进行估算，确定目标成本。

工程目标成本＝工程中标价（也叫预算收入，扣除不属于施工单位的费用，例如暂列金额）－工程目标利润（计划利润加预计成本降低额）－税金

工程成本降低率＝（工程预算成本－工程目标成本）÷ 工程预算成本。

2. 成本计划

编制施工项目在计划期内的生产费用、成本水平、成本降低率以及为降低成本所采取的主要措施方案。成本计划应附文字说明，主要内容包括对预计完成情况的分析，保证完成计划的主要措施，计划中存在的问题和解决问题的意见。

3. 成本控制

施工中，对影响施工项目成本的各种因素，采取有效措施，将实际发生的各种消耗和支出严格控制在成本计划内。材料成本在工程项目成本中约占60%，对工程项目成本控制有着重要作用。材料成本的控制环节主要包括订货、采购、运输、入库、保管、加工、利用、回收和维护等。

4. 成本核算

对施工中所发生的各种费用进行归集，计算出施工费用的实际发生额，核算施工项目的总成本和单位成本。

5. 成本分析

根据施工项目成本核算资料，按照月度和季度对施工项目成本进行的对比评价和总结工作，内容包括计划、实际差异和差异原因分析以及详细说明，制订改进管理措施。

按照项目进展成本分析可分为：分部分项工程项目成本分析、月度成本分析、季度成本分析、年度成本分析、竣工成本分析。

按照成本构成成本分析可分为：人工费分析、材料费分析、机械使用费分析、其他直接费分析、间接费分析。

按照专项成本事项进行成本分析可分为：成本盈亏异常分析、工期成本分析、质量成本分析、安全成本分析、资金成本分析、技术措施节约效果分析、其他有利因素和不利因素对成本影响分析。

6. 成本考核

将项目成本的实际指标与计划、定额、预算进行对比和考核，评定施工项目成本计划的完成情况和责任者奖励与处罚。

10.2　施工成本计划及分解

10.2.1　施工成本计划编制

1. 施工成本计划

施工成本计划是工程开工前，在多种成本预测的基础上，经过分析、比较、论证以后，以货币形式预先规定计划期内项目施工的耗费和成本所要达到的水平，并且确定各个成本要素比预计要达到的降低额和降低率，提出保证施工成本计划实施所需要的主要措施。

2. 直接工程费成本计划表

直接工程费成本计划见表10.2–1。

表10.2–1　直接工程费成本计划表

项目	预算成本	计划成本	计划成本降低额	计划成本降低率
直接工程费				
人工费				
材料费				
机械费				

10.2.2　施工成本分解

1. 项目目标成本分解方法

（1）施工项目目标成本根据工程性质、类别或特点，可选择以下方法进行分解：

① 根据总工期生产进度网络节点计划分解；

② 按月形象进度计划分解；

③ 按施工项目直接成本和间接成本分解；

④ 按成本编制的工、料、机费用分解。

（2）目标成本可以按照成本内容进行分解：按照工程的人工、机械、材料及其他直接费（例如二次搬运费、场地清理费等）核算直接费用；按照项目的管理费等（例如临时设施摊销费、管理薪酬、劳动保护费、工程保修费、办公费、差旅费等）核算项目间接费。

2. 项目目标成本责任

（1）按照目标成本计划，项目部的所有成员和部门明确自己的成本责任，对构成施工项目成本的人工费、材料费、机械费等，按照各自业务工作内容进行成本分解，各负其责。

（2）按照施工项目成本费用目标划分为：生产成本、质量成本、工期成本、不可预见成本（例如罚款等）。

（3）项目部各职能部门认真审阅图纸，进行设计优化；商务部门加强合同管理，增创工程收入；技术部门制订先进、经济合理的施工方案；工程部门落实技术组织措施，均衡施工，保证施工进度；物资部门加强采购管理，降低材料成本；提高机械的利用率；质量部门保证工程质量；安全部门预防安全事故发生；建立激励机制，调动全员增产节约积极性。

10.3　施工成本分析与控制

10.3.1　施工成本分析

1. 施工成本要求

（1）建筑工程成本分析是对成本控制的过程和结果进行分析，即对成本升降的因素进行分析，为加强成本控制创造有利条件。

（2）施工成本分析贯穿于施工成本管理的全过程，成本分析的依据是统计核算、会计核算和业务核算的资料。

2. 建筑工程成本分析方法

（1）第一类是基本分析方法，有比较法、因素分析法、差额分析法和比率法。

（2）第二类是综合分析方法，包括分部分项成本分析、月（季）度成本分析、年度成本分析、竣工成本分析。

（3）因素分析法最为常用。这种方法的本质是分析各种因素对成本差异的影响，采用连环替代法。该方法首先要排序。排序的原则是：先工程量，后价值量；先绝对数，后相对数。然后逐个用实际数替代目标数，相乘后，用所得结果减替代前的结果，差数就是该替代因素对成本差异的影响。

【案例 10.3-1】

背景：

某内外墙及框架间墙采用 GZL 保温砌块砌筑。目标成本为 305210.50 元，实际成本为 333560.40 元，比目标成本超支了 28349.90 元，有关对比数据见表 10.3-1。

表 10.3-1　砌筑工程目标成本与实际成本对比表

项目	单位	目标	实际	差额
砌筑量	千块	970	985	＋15
单价	元 / 千块	310	332	＋22
损耗率	%	1.5	2	＋0.5
成本	元	305210.50	333560.40	28349.90

问题：

用因素分析法分析砌筑量、单价、损耗率等因素的变动对实际成本的影响程度。

分析与答案：

（1）该指标是由砌筑量、单价、损耗率三个因素组成，其排序见表 10.3-1。

（2）以目标 305210.50 元（970×310×1.015）为分析替代的基础。

（3）第一次替代砌筑量因素：以 985 替代 970，985×310×1.015 = 309930.25 元；

第二次代换以 332 代替 310，985×332×1.015 = 331925.30 元；

第三次代换以 1.02 代替 1.015，985×332×1.02 = 333560.40 元。

（4）计算差额：

第一次替代与目标数的差额为：309930.25－305210.50 = 4719.75 元；

第二次替代与第一次替代的差额为：331925.30－309930.25 = 21995.05 元；

第三次替代与第二次替代的差额为：333560.40－331925.30 = 1635.10 元。

砌筑量增加使成本增加了 4719.75 元，单价上升使成本增加了 21995.05 元，而损耗率提高使成本增加了 1635.10 元。

（5）各因素的影响程度和为：4719.75 ＋ 21995.05 ＋ 1635.10 = 28349.90 元，与实际成本与目标成本的总差额相等。

10.3.2　施工成本控制

项目部按成本计划的要求，合理配置施工资源、控制物资和劳动消耗、挖潜提效、减少浪费、节支降本，使施工成本处于受控状态。

1. 用价值工程控制成本的原理

按价值工程的公式 $V = F/C$ 分析，提高价值的途径有 5 条：

（1）功能提高，成本不变；

（2）功能不变，成本降低；

（3）功能提高，成本降低；

（4）降低辅助功能，大幅度降低成本；

（5）成本稍有提高，大大提高功能。

其中（1）、（3）、（4）的途径是提高价值，同时也降低成本的途径。应当选择价值系数低、降低成本潜力大的工程作为价值工程的对象，寻求对成本的有效降低。

2. 价值工程的应用

（1）功能分析。建筑产品的功能一般分为社会功能、适用功能、技术功能、物理性功能、美学功能。功能分析要首先明确各类功能有哪些，哪些是主要功能，并对功能进行定义和整理，绘制功能系统图。

（2）功能评价。主要比较各项功能的重要程度，计算各项功能的评价系数。其方法主要有：0～1 评分法、0～4 评分法、环比评分法等。

（3）方案创新。根据功能分析的结果，提出各种实现功能的方案。

（4）方案评价。对创新方案满足各项功能的程度进行打分，计算各方案的功能评价得分、价值系数，以价值系数最大者为最优。

【案例 10.3-2】

背景：

某项目通过调研分析，了解到外墙的功能主要是抵抗水平力（F1）、挡风防雨（F2）、隔热防寒（F3）。现有设计方案为陶粒混凝土板，成本是 345 万元，其中抵抗水平力的功能占造价成本的 60%，挡风防雨的功能占造价成本的 16%，隔热防寒的功能占造价成本的 24%。这三项功能的重要程度比为 F1：F2：F3 = 6：1：3。

问题：

对该现有方案作出评价。如果限额设计目标成本为 320 万元，每项功能的成本改进期望值是多少？每个功能的成本控制如何进行？

分析与答案：

（1）计算功能评价系数

功能	重要度比	得分	功能评价系数
F1	F1：F2 = 6：1	6	0.6
F2	F2：F3 = 1：3	1	0.1
F3		3	0.3
合计		10	1.0

（2）计算成本系数：本题中已经给出。

（3）计算价值系数

功能	功能评价系数	成本系数	价值系数
F1	0.6	0.6	1.0
F2	0.1	0.16	0.625
F3	0.3	0.24	1.25

由上表计算结果可知，抵抗水平力功能与成本匹配较好；挡风防雨的功能不太重要，应降低成本；隔热防寒的功能比较重要，应适当增加成本。

（4）计算成本改进期望值

功能	功能评价系数 ①	成本指数 ②	目前成本 ③= 345× ②	目标成本 ④= 320× ①	成本改进期望值 ⑤=③-④
F1	0.6	0.6	207.0	192	15
F2	0.1	0.16	55.2	32	23.2
F3	0.3	0.24	82.8	96	-13.2

由上表计算结果可知，应首先降低F2的成本，其次是F1的成本，最后适当增加F3的成本。

10.4 施工成本管理绩效评价与考核

10.4.1 施工成本管理绩效评价

1. 施工成本管理绩效

施工成本管理绩效主要采用横向和纵向两个方面比较施工成本管理的成绩与效果。其中纵向指企业本身的历史经济指标，横向指同类企业、同类目标的经济数据。主要指标是项目责任成本目标完成情况，如产值利润率、劳动生产率、劳动消耗指标、材料消耗指标、机械消耗指标、降低成本额和降低成本率等指标完成情况。

2. 管理绩效评价指标

各项成本目标完成率核算如下：

劳动生产率=工程承包价格 / 工程实际耗用总工日数

单方用工=工程预计（或实际）耗用工日数 / 工程建筑面积

材料成本降低率=（承包价中的材料成本－实际材料成本）/ 承包价中的材料成本 ×100%

成本降低率=（预算或目标成本－实际成本）/ 预算或目标成本 ×100%

10.4.2 施工成本管理绩效考核

1. 项目成本考核要求

（1）根据项目成本管理制度，确定项目成本考核目的、时间、范围、对象、方式、依据、指标、组织领导、评价与奖惩原则。

（2）以项目成本降低额、项目成本降低率作为对项目管理机构成本考核的主要指标。

（3）对项目部的成本和效益进行全面评价、考核与奖惩。

（4）项目部应根据项目管理成本考核结果对相关人员进行奖惩。

2. 项目成本考核内容

企业对项目经理进行考核，项目经理对各部门及管理人员进行考核，考核内容有：

（1）项目施工目标成本和阶段性成本目标的完成情况；

（2）建立以项目经理为核心的成本责任制落实情况；

（3）成本计划的编制和落实情况；

（4）对各部门、岗位的责任成本的检查和考核情况；

（5）施工成本核算的真实性、符合性；

（6）考核兑现。

第11章 施工安全管理

11.1 施工作业安全管理

第11章
看本章精讲课
配套章节自测

11.1.1 脚手架工程安全管理

1. 扣件式作业脚手架

1）脚手架安全控制要点

（1）脚手架搭设和拆除作业前，应根据工程特点编制脚手架专项施工方案，并应经审批后实施。脚手架专项施工方案应包括下列主要内容：

① 工程概况和编制依据；

② 脚手架类型选择；

③ 所用材料、构配件类型及规格；

④ 结构与构造设计施工图；

⑤ 结构设计计算书；

⑥ 搭设、拆除施工计划；

⑦ 搭设、拆除技术要求；

⑧ 质量控制措施；

⑨ 安全控制措施；

⑩ 应急预案。

（2）施工现场应建立脚手架工程施工安全管理体系和安全检查、安全考核制度。

（3）脚手架工程应按下列规定实施安全管理：

① 搭设和拆除作业前，应审核专项施工方案；

② 应查验搭设脚手架的材料、构配件、设备检验和施工质量检查验收结果；

③ 使用过程中，应检查脚手架安全使用制度的落实情况。

（4）施工现场应建立健全脚手架工程的质量管理制度和搭设质量检查验收制度。脚手架工程应按下列规定进行质量控制：

① 对搭设脚手架的材料、构配件和设备应进行现场检验；

② 脚手架搭设过程中应分步校验，并应进行阶段施工质量检查；

③ 在脚手架搭设完工后应进行验收，并应在验收合格后方可使用。

（5）脚手架的搭设和拆除作业应由专业架子工担任，并应持证上岗。

（6）单排脚手架搭设高度不应超过24m；双排脚手架一次搭设高度不宜超过50m，高度超过50m的双排脚手架，应采用分段搭设的措施。

（7）脚手架地基基础必须满足脚手架专项施工方案要求。脚手架使用期间，严禁在脚手架立杆基础下方及附近实施挖掘作业。

（8）在主节点处固定横向水平杆、纵向水平杆、剪刀撑、横向斜撑等用的直角扣件、旋转扣件的中心点的相互距离不应大于150mm。

（9）脚手架必须设置纵、横向扫地杆。纵向扫地杆应采用直角扣件固定在距钢管底端不大于200mm处的立杆上。横向扫地杆应采用直角扣件固定在紧靠纵向扫地杆下方的立杆上。

（10）脚手架的拆除作业应符合下列规定：

① 架体拆除应按自上而下的顺序按步逐层进行，不应上下同时作业。

② 同层杆件和构配件应按先外后内的顺序拆除；剪刀撑、斜撑杆等加固杆件应在拆卸至该部位杆件时拆除。

③ 作业脚手架连墙件应随架体逐层、同步拆除，不应先将连墙件整层或数层拆除后再拆架体。

④ 作业脚手架拆除作业过程中，当架体悬臂段高度超过2步时，应加设临时拉结。

2）脚手架检查与验收

（1）脚手架的内部检查与验收应由项目经理组织，项目施工、技术、安全、作业班组负责人等有关人员参加，按照技术规范、施工方案、技术交底等有关技术文件，当脚手架分段搭设、分段使用时，应进行分段验收，在确认符合要求后，方可投入使用。

（2）脚手架搭设过程中，应在下列阶段进行检查，检查合格后方可使用；不合格应进行整改，整改合格后方可使用：

① 基础完工后及脚手架搭设前；

② 首层水平杆搭设后；

③ 作业脚手架每搭设一个楼层高度；

④ 附着式升降脚手架支座、悬挑脚手架悬挑结构搭设固定后；

⑤ 附着式升降脚手架在每次提升前、提升就位后，以及每次下降前、下降就位后；

⑥ 外挂防护架在首次安装完毕、每次提升前、提升就位后；

⑦ 搭设支撑脚手架，高度每2～4步或不大于6m。

（3）脚手架搭设达到设计高度或安装就位后，应进行验收，验收不合格的，不得使用。脚手架的验收应包括下列内容：

① 材料与构配件质量；

② 搭设场地、支承结构件的固定；

③ 架体搭设质量；

④ 专项施工方案、产品合格证、使用说明及检测报告、检查记录、测试记录等技术资料。

（4）脚手架在使用过程中，应定期进行检查，检查项目应符合下列规定：

① 主要受力杆件、剪刀撑等加固杆件、连墙件应无缺失、无松动，架体应无明显变形；

② 场地应无积水，立杆底端应无松动、无悬空；

③ 安全防护设施应齐全、有效，应无损坏、缺失；

④ 附着式升降脚手架支座应牢固，防倾、防坠装置应处于良好工作状态，架体升降应正常、平稳；

⑤ 悬挑脚手架的悬挑支承结构应固定牢固。

（5）脚手架使用过程中，当遇到下列情况之一时，应对脚手架进行检查并应形成记录，确认安全后方可继续使用：

① 承受偶然荷载后；

② 遇有 6 级及以上强风后；

③ 大雨及以上降水后；

④ 冻结的地基土解冻后；

⑤ 停用超过 1 个月；

⑥ 架体部分拆除；

⑦ 其他特殊情况。

2. 附着式升降脚手架

1）附着式升降脚手架（或爬架）安全控制要点

（1）附着式升降脚手架（整体提升脚手架或爬架）作业要针对提升工艺和施工现场作业条件编制专项施工方案，对达到超危大范围的还应组织专家论证。专项施工方案应包括设计、施工、检查、维护和管理等阶段全部内容。

（2）安装搭设必须严格按照设计要求和规定程序进行，安装后经验收并进行荷载试验，确认符合设计要求后，方可正式使用。

（3）进行提升和下降作业时，架上人员和材料的数量不得超过设计规定并尽可能减少。

（4）升降前必须仔细检查附着连接和提升设备的状态是否良好，发现异常时应及时查找原因和采取措施解决。

（5）升降作业应统一指挥、协调动作。

（6）在安装、升降、拆除作业时，应划定安全警戒范围并安排专人进行监护。

（7）附着式升降脚手架还应符合下列规定：

① 竖向主框架、水平支承桁架应采用桁架或刚架结构，杆件应采用焊接或螺栓连接。

② 应设有防倾、防坠、停层、荷载、同步升降控制装置，各类装置应灵敏可靠。

③ 在竖向主框架所覆盖的每个楼层均应设置一道附墙支座；每道附墙支座应能承担竖向主框架的全部荷载。

④ 采用电动升降设备时，电动升降设备连续升降距离应大于一个楼层高度，并应有制动和定位功能。

2）附着式升降脚手架管理

（1）施工现场使用应由总承包单位统一监督，并应符合下列规定：

① 安装、升降、使用、拆除等作业前，应向有关作业人员进行安全教育，并应监督对作业人员的安全技术交底。

② 应对专业承包人员的配备和特种作业人员的资格进行审查。

③ 安装、升降、拆卸等作业时，应派专人进行监督。

④ 应组织工具式脚手架的检查验收。

⑤ 应定期对工具式脚手架使用情况进行安全巡检。

（2）附着式升降脚手架安装前应具有下列文件：

① 相应资质证书及安全生产许可证；

② 附着式升降脚手架的鉴定或验收证书；

③ 产品进场前的自检记录；

④ 特种作业人员和管理人员岗位证书；

⑤ 各种材料、工具的质量合格证、材质单、测试报告；

⑥ 主要部件及提升机构的合格证。

（3）附着式升降脚手架应在下列阶段进行检查与验收：

① 首次安装完毕；

② 提升或下降前；

③ 提升、下降到位，投入使用前。

11.1.2　模板工程安全管理

1. 模板工程安全审查

模板工程施工前，要对模板的设计资料进行审查验证。审查验证的项目主要包括：

（1）模板结构设计计算书的荷载取值是否符合工程实际，计算方法是否正确，审核手续是否齐全。

（2）模板设计图（包括：结构构件大样及支撑体系、连接件等）设计是否安全合理，图纸是否齐全。

（3）模板设计中的各项安全措施是否齐全。

2. 模板支撑系统选材及安装要求

（1）支撑系统的选材及安装应按设计要求进行，基土上的支撑点应牢固、平整，支撑在安装过程中应考虑必要的临时固定措施，以保证稳定性。

（2）支撑系统的立柱材料可用钢管、门形架、木杆，其材质和规格应符合设计和安全要求。

（3）立柱底部支承结构必须具有支承上层荷载的能力。为合理传递荷载，立柱底部应设置木垫板，禁止使用砖及脆性材料铺垫。当支承在地基上时，应验算地基土的承载力。

（4）立柱接长严禁搭接，必须采用对接扣件连接，相邻两立柱的对接接头不得在同步内，且对接接头沿竖向错开的距离不宜小于 500mm，各接头中心距主节点不宜大于步距的 1/3。严禁将上段的钢管立柱与下段的钢管立柱错开固定在水平拉杆上。

（5）为保证立柱的整体稳定，在安装立柱的同时，应加设水平拉结和剪刀撑。

（6）立柱的间距应经计算确定，按照施工方案要求进行施工。若采用多层支模，上下层立柱要保持垂直，并应在同一垂直线上。

（7）采用扣件式钢管作高大模板支架时，插入立杆顶端可调托座伸出顶层水平杆的悬臂长度不应大于 500mm；采用碗扣式、盘扣式或盘销式钢管架作模板支架时，可调托座伸出顶层水平杆的悬臂长度不应大于 650mm。

3. 模板支架整体稳定性影响因素

影响模板支架整体稳定性主要因素：立杆间距、水平杆的步距、立杆的接长、连墙件的连接、扣件的紧固程度。

4. 模板安装施工安全基本要求

（1）模板工程作业高度在 2m 及 2m 以上时，要有安全可靠的操作架子或操作平台，并按要求进行防护。

（2）操作架子上、平台上不宜堆放模板，必须短时间堆放时，一定要码放平稳，数量必须控制在架子或平台的允许荷载范围内。

（3）冬期施工，对于操作地点和人行通道上的冰雪应事先清除。雨期施工，高耸结构的模板作业，要安装避雷装置，沿海地区要考虑抗风和加固措施。

（4）五级以上大风天气，应停止进行大块模板拼装和吊装作业。

（5）在架空输电线路下方进行模板施工，如果不能停电作业，应采取隔离防护措施。

（6）夜间施工，必须有足够的照明。

5. 模板拆除施工安全基本要求

（1）现浇混凝土结构模板及其支架拆除时的混凝土强度应符合设计要求。当设计无要求时，应符合下列规定：

① 承重模板，应在与结构同条件养护的试块强度达到规定要求时，方可拆除。

② 后张预应力混凝土结构底模必须在预应力张拉完毕后，才能进行拆除。

③ 在拆模过程中，如发现实际混凝土强度并未达到要求，有影响结构安全的质量问题时，应暂停拆模，经妥善处理实际强度达到要求后，才可继续拆除。

④ 已拆除模板及其支架的混凝土结构，应在混凝土强度达到设计的混凝土强度标准值后，才允许承受全部设计的使用荷载。

⑤ 拆除芯模或预留孔的内模时，应在混凝土强度能保证不发生塌陷和裂缝时，方可拆除。

（2）拆模之前必须办理拆模申请手续，在同条件养护试块强度记录达到规定要求时，技术负责人方可批准拆模。

（3）各类模板拆除的顺序和方法，应根据模板设计的要求进行。如果模板设计无具体要求时，可按先支的后拆，后支的先拆，先拆非承重的模板，后拆承重的模板及支架进行。

（4）模板拆除应分段进行，严禁成片撬落或成片拉拆。

（5）拆模作业区应设安全警戒线，以防有人误入。拆除的模板必须随时清理。

（6）用起重机吊运拆除模板时，模板应堆码整齐并捆牢后才可吊运。吊运大块或整体模板时，竖向吊运不应少于两个吊点，水平吊运不应少于四个吊点。吊运必须使用卡环连接，并应稳起稳落，待模板就位连接牢固后，方可摘除卡环。

（7）后浇带附近的水平模板及支撑严禁随其他模板一起拆除，待后浇带浇筑并达到拆模要求后方可拆除。

11.1.3 吊装工程安全管理

1. 吊装作业人员及场地要求

（1）特种作业人员必须经过专门的安全培训，经考核合格，持特种作业操作资格证书上岗。特种作业人员应按规定进行体检和复审。

（2）起重吊装作业前，应根据施工组织设计要求划定危险作业区域，设置醒目的警示标志，防止无关人员进入。还应视现场作业环境专门设置监护人员。

（3）起重机要做到“十不吊”：

① 超载或被吊物质量不清不吊；

② 指挥信号不明确不吊；

③ 捆绑、吊挂不牢或不平衡，可能引起滑动时不吊；

④ 被吊物上有人或浮置物时不吊；

⑤ 结构或零部件有影响安全工作的缺陷或损伤时不吊；

⑥ 遇有拉力不清的埋置物件时不吊；

⑦ 工作场地昏暗，无法看清场地、被吊物和指挥信号时不吊；

⑧ 被吊物棱角处与捆绑钢绳间未加衬垫时不吊；

⑨ 歪拉斜吊重物时不吊；

⑩ 容器内装的物品过满时不吊。

2. 钢丝绳与地锚

（1）钢丝绳断丝数在一个节距中超过 10%、钢丝绳锈蚀或表面磨损达 40% 以及有死弯、结构变形、绳芯挤出等情况时，应报废停止使用。

（2）地锚的埋设做法应经计算确定，地锚的位置及埋设应符合施工方案要求和扒杆作业时的实际角度。钢丝绳的方向应与地锚受力方向一致。地锚使用前应进行试拉，合格后方可使用。埋设不明的地锚未经试拉不得使用。

3. 吊点

（1）根据重物的外形、重心及工艺要求选择吊点。吊点选择应与重物的重心在同一垂直线上，且吊点应在重心之上。使重物垂直起吊，严禁斜吊。

（2）当采用几个吊点起吊时，应使各吊点的合力在重物重心位置之上。必须正确计算每根吊索长度，使重物在吊装过程中始终保持稳定位置。当构件无吊鼻需用钢丝绳绑扎时，必须对棱角处采取保护措施，其安全系数为 $K=6\sim8$；当起吊重、大或精密的重物时，除应采取妥善保护措施外，吊索的安全系数应取 10。

4. 吊装作业安全控制要点

（1）起重吊装于高处作业时，应按规定设置安全措施防止高处坠落。包括各洞口盖严盖牢，临边作业应搭设防护栏杆、封挂密目网等。

（2）吊装作业人员必须佩戴安全帽，在高空作业和移动时，必须系牢安全带。

（3）作业人员上下应有专用的爬梯或斜道，不允许攀爬脚手架或建筑物上下。

（4）大雨、雾、大雪、6 级以上大风等恶劣天气应停止吊装作业。

（5）吊装作业防止触电事故要点：

① 吊装作业起重机的任何部位与架空输电线路边线之间的距离要符合规定。

② 吊装作业使用的电源线必须架高，手把线绝缘要良好。在雨天或潮湿地点作业的人员，应戴绝缘手套，穿绝缘鞋。

③ 吊装作业使用行灯照明时，电压不得超过 36V。

（6）构件吊装和管道吊装注意事项：

① 钢结构的吊装，构件应尽可能在地面组装，并应搭设临时固定、电焊、高强度螺栓连接等工序施工时的高空安全设施，且随构件同时吊装就位。

② 高空吊装预应力混凝土屋架、桁架等大型构件前，也应搭设悬空作业中所需的安全设施。

③ 悬空安装大模板、吊装第一块预制构件、吊装单独的大中型预制构件时，必须站在操作平台上操作。吊装中的大模板和预制构件以及石棉水泥板等屋面板上，严禁站人和行走。

④ 安装管道时必须有已完结构或操作平台为立足点，严禁在安装中的管道上站立和行走。

11.1.4　高处作业安全管理

1. 高处作业分级

高处作业是指凡在坠落高度基准面2m以上（含2m）有可能坠落的高处进行的作业。分为四个等级：

（1）高处作业高度在2～5m时，划定为一级高处作业，其坠落半径为2m。

（2）高处作业高度在5～15m时，划定为二级高处作业，其坠落半径为3m。

（3）高处作业高度在15～30m时，划定为三级高处作业，其坠落半径为4m。

（4）高处作业高度大于30m时，划定为四级高处作业，其坠落半径为5m。

2. 高处作业的基本安全要求

（1）施工单位应为从事高处作业的人员提供合格的安全帽、安全带、防滑鞋等必备的个人安全防护用具、用品。从事高处作业的人员应按规定正确佩戴和使用。

（2）在进行高处作业前，应认真检查所使用的安全设施是否安全可靠，脚手架、平台、梯子、防护栏杆、挡脚板、安全网等设置应符合安全技术标准要求。

（3）高处作业危险部位应悬挂安全警示标牌。夜间施工时，应保证足够的照明并在危险部位设红灯示警。

（4）从事高处作业的人员不得攀爬脚手架或栏杆上下，所使用的工具、材料等严禁投掷。

（5）因作业需要，临时拆除或变动安全防护设施时，必须经施工负责人同意，并采取相应的可靠措施；作业后应立即恢复。

（6）高处作业，上下应设联系信号或通信装置，并指定专人负责联络。

（7）在雨雪天从事高处作业，应采取防滑措施。在六级及六级以上强风和雷电、暴雨、大雾等恶劣气候条件下，不得进行露天高处作业。

3. 攀登与悬空作业安全控制要点

（1）攀登作业使用的梯子、高凳、脚手架和结构上的登高梯道等工具和设施，在使用前应进行全面的检查，符合安全要求的方可使用。

（2）现场作业人员应在规定的通道内行走，不允许在非正规通道处进行登高、跨越。使用固定式直梯攀登作业时，当攀登高度超过3m时，宜加设护笼；当攀登高度超过8m时，应设置梯间平台。

（3）对在高空需要固定、连接、施焊的工作，应预先搭设操作架或操作平台，作业时采取必要的安全防护措施。

（4）严禁在未固定、无防护设施的构件及管道上进行作业或通行。

（5）在绑扎钢筋及钢筋骨架安装作业时，施工人员不允许站在钢筋骨架上作业和沿骨架攀登上下。

（6）悬空作业的立足处的设置应牢固，并应配置登高和防坠落装置和设施。

4. 操作平台作业安全控制要点

（1）移动式操作平台台面不得超过10m²，高度不得超过5m，高宽比不应大于2：1。台面脚手板要铺满钉牢，台面四周设置防护栏杆。平台移动时，作业人员必须下到地面，不允许带人移动平台。

（2）悬挑式操作平台的悬挑长度不宜大于5m，设计应符合相应的结构设计规范要求，周围安装防护栏杆。悬挑式操作平台安装时不能与外围护脚手架进行拉结，应与建筑结构进行拉结。

（3）操作平台上要严格控制荷载，应在平台上标明允许负载值的限载牌及限定允许的作业人数，使用过程中不允许超过设计的容许荷载。

（4）落地式操作平台高度不应大于15m，高宽比不应大于3：1，与建筑物应进行刚性连接或加设防倾措施，不得与脚手架连接。

5. 交叉作业安全控制要点

（1）交叉作业时，坠落半径内应设置安全防护棚或安全防护网等安全隔离措施。

（2）交叉作业人员不允许在同一垂直方向上操作，要做到上部与下部作业人员的位置错开，使下部作业人员的位置处在上部落物的可能坠落半径范围以外，当不能满足要求时，应设置安全隔离层进行防护。

（3）在拆除模板、脚手架等作业时，作业点下方不得有其他作业人员。

（4）结构施工自二层起，凡人员进出的通道口都应搭设符合规范要求的防护棚，高度超过24m的交叉作业，通道口应设双层防护棚进行防护。

（5）处于起重机臂架回转范围内的通道，应搭设安全防护棚。

6. 高处作业安全防护设施验收的主要项目

（1）所有临边、洞口等各类安全防护措施的设置情况。

（2）安全防护措施所用的配件、材料和工具的规格和材质。

（3）安全防护措施的节点构造及其与建筑物的固定情况。

（4）扣件和连接件的紧固程度。

（5）安全防护设施用品及设备的性能与质量是否合格的验证。

11.1.5　施工用电安全管理

1. 用电人员及管理要求

（1）施工现场临时用电设备和线路的安装、巡检、维修或拆除，应由建筑电工完成。电工应经考核合格后，持证上岗工作；其他用电人员应通过安全教育培训和技术交底，经考核合格后方可上岗工作。

（2）安全技术档案应由主管该现场的电气技术人员负责建立与管理。其中“电工安装、巡检、维修、拆除工作记录”可指定电工代管，每周由项目经理审核认可，并应在临时用电工程拆除后统一归档。

（3）临时用电工程应定期检查。定期检查时，应复查接地电阻值和绝缘电阻值。

（4）临时用电工程定期检查应按分部、分项工程进行，对安全隐患必须及时处理，并应履行复查验收手续。

2. 配电线路

1）架空线路

（1）架空线必须采用绝缘导线。

（2）架空线必须架设在专用电杆上，严禁架设在树木、脚手架及其他设施上。

（3）架空线路宜采用钢筋混凝土杆或木杆。钢筋混凝土杆不得有露筋、宽度大于0.4mm的裂纹和扭曲；木杆不得腐朽，其梢径不应小于140mm。

2）电缆线路

（1）电缆中必须包含全部工作芯线和用作保护零线或保护线的芯线。需要三相四线制配电的电缆线路必须采用五芯电缆。五芯电缆必须包含淡蓝、绿/黄两种颜色的绝缘芯线。淡蓝色芯线必须用作N线；绿/黄双色芯线必须用作PE线，严禁混用。

（2）埋地电缆在穿越建筑物、构筑物、道路、易受机械损伤、介质腐蚀场所及引出地面从2.0m高到地下0.2m处，必须加设防护套管，防护套管内径不应小于电缆外径的1.5倍。

（3）当施工现场与外电线路共用同一供电系统时，电气设备的接地、接零保护应与原系统保持一致，不得一部分设备做保护接零，另一部分设备做保护接地。

3）室内配线

（1）室内配线必须采用绝缘导线或电缆。

（2）室内非埋地明敷主干线距地面高度不得小于2.5m。

4）线路保护

架空线路、电缆线路、室内配线必须有短路保护和过载保护，保护可采用熔断器或断路器。

3. 机械设备用电

（1）塔式起重机、外用电梯、滑升模板的金属操作平台及需要设置避雷装置的物料提升机，除应连接PE线外，还应做重复接地。设备的金属结构构件之间应保证电气连接。

（2）手持式电动工具中的塑料外壳Ⅱ类工具和一般场所手持式电动工具中的Ⅲ类工具可不连接PE线。

（3）轨道式塔式起重机的电缆不得拖地行走。

（4）需要夜间工作的塔式起重机，应设置正对工作面的投光灯。

（5）塔身高于30m的塔式起重机，应在塔顶和臂架端部设红色信号灯。

（6）外用电梯梯笼内、外均应安装紧急停止开关。

（7）外用电梯和物料提升机的上、下极限位置应设置限位开关。

（8）外用电梯和物料提升机在每日工作前必须对行程开关、限位开关、紧急停止开关、驱动机构和制动器等进行空载检查，正常后方可使用。检查时必须有防坠落措施。

（9）电焊机械应放置在防雨、干燥和通风良好的地方。焊接现场不得有易燃、易爆物品。

（10）使用电焊机械焊接时必须穿戴防护用品。严禁露天冒雨从事电焊作业。

4. 配电箱的设置

（1）施工用电配电系统应设置总配电箱（配电柜）、分配电箱、开关箱，并按照

“总—分—开”顺序作分级设置，形成“三级配电”模式。

（2）施工用电配电系统各配电箱、开关箱的安装位置要合理。总配电箱（配电柜）要尽量靠近变压器或外电电源处，以便于电源的引入。分配电箱应尽量安装在用电设备或负荷相对集中区域的中心地带，确保三相负荷保持平衡。开关箱安装的位置应视现场情况和工况尽量靠近其控制的用电设备。

（3）动力配电箱与照明配电箱宜分别设置。当合并设置为同一配电箱时，动力和照明应分路配电；动力开关箱与照明开关箱必须分设。

（4）施工现场所有用电设备必须有各自专用的开关箱。

（5）各级配电箱的箱体和内部设置必须符合安全规定，开关电器应标明用途，箱体应统一编号。停止使用的配电箱应切断电源，箱门上锁。固定式配电箱应设围栏，并有防雨防砸措施。

5. 电器装置的选择与装配

（1）施工用电回路和设备必须加装两级漏电保护器，总配电箱（配电柜）中应加装总漏电保护器，作为初级漏电保护，末级漏电保护器必须装配在开关箱内。

（2）施工用电配电系统各配电箱、开关箱中应装配隔离开关、熔断器或断路器。隔离开关、熔断器或断路器应依次设置于电源的进线端。

（3）开关箱中装配的隔离开关只可用于直接控制现场照明电路和容量不大于 3.0kW 的动力电路。容量大于 3.0kW 动力电路的开关箱中应采用断路器控制，用于频繁送、断电操作的开关箱中应附设接触器或其他类型的启动控制装置，用于启动电气设备的操作。

（4）施工用电配电系统各配电箱、开关箱中的电器装置其额定值和动作整定值要做到相互匹配，确保能够实现分级分段动作。

（5）在开关箱中作为末级保护的漏电保护器，其额定漏电动作电流不应大于 30mA，额定漏电动作时间不应大于 0.1s。在潮湿、有腐蚀性介质的场所中，漏电保护器要选用防溅型的产品，其额定漏电动作电流不应大于 15mA，额定漏电动作时间不应大于 0.1s。

（6）PE 线上严禁装设开关或熔断器，严禁通过工作电流，且严禁断线。

6. 施工现场照明用电

（1）需要夜间施工、无自然采光或自然采光差的场所，办公、生活、生产辅助设施，道路等应设置一般照明；同一工作场所内的不同区域有不同照度要求时，应分区采用一般照明或混合照明，不应只采用局部照明。一般场所宜选用额定电压为 220V 的照明器。

（2）隧道、人防工程、高温、有导电灰尘、比较潮湿或灯具离地面高度低于 2.5m 等场所的照明，电源电压不应大于 36V。

（3）潮湿和易触及带电体场所的照明，电源电压不得大于 24V。

（4）特别潮湿场所、导电良好的地面、锅炉或金属容器内的照明，电源电压不得大于 12V。

（5）照明变压器必须使用双绕组型安全隔离变压器，严禁使用自耦变压器。

（6）室外 220V 灯具距地面不得低于 3m，室内 220V 灯具距地面不得低于 2.5m。

（7）碘钨灯及钠、铊、铟等金属卤化物灯具的安装高度宜在 3m 以上，灯线应固定在接线柱上，不得靠近灯具表面。

（8）对夜间影响飞机或车辆通行的在建工程及机械设备，必须设置醒目的红色信号灯，其电源应设在施工现场总电源开关的前侧，并应设置外电线路停止供电时的应急自备电源。

（9）灯具的相线必须经开关控制，不得将相线直接引入灯具。

11.1.6　施工机具安全管理

1. 木工机具安全控制要点

（1）木工机具安装完毕，经验收合格后方可投入使用。

（2）不得使用同台电机驱动多种刃具、钻具的多功能木工机具。

（3）平刨的护手装置、传动防护罩、接零保护、漏电保护装置必须齐全有效，严禁拆除安全护手装置进行刨削，严禁戴手套进行操作。

（4）圆盘锯的锯片防护罩、传动防护罩、挡网或棘爪、分料器、接零保护、漏电保护装置必须齐全有效。

（5）机具应使用单向开关，不得使用倒顺双向开关。

2. 钢筋加工机械安全控制要点

（1）钢筋加工机械安装完毕，经验收合格后方可投入使用。

（2）钢筋加工机械明露的机械传动部位应有防护罩，机械的接零保护、漏电保护装置必须齐全有效。

（3）钢筋冷拉场地应设置警戒区，设置防护栏杆和安全警示标志。

（4）钢筋加工机械传动系统运转应平稳，不应有异常冲击、振动、爬行、窜动、噪声、超温、超压现象。

3. 手持电动工具的安全控制要点

（1）在一般作业场所应使用Ⅰ类手持电动工具，外壳应做接零保护，并加装防溅型漏电保护装置。潮湿场所或在金属构架等导电性良好的作业场所应使用Ⅱ类手持电动工具。在狭窄场所（锅炉、金属容器、地沟、管道内等）宜采用Ⅲ类工具。

（2）手持电动工具自带的软电缆不允许任意拆除或接长，插头不得任意拆除更换。

（3）工具中运动的危险部件，必须按有关规定装设防护罩。

4. 电焊机安全控制要点

（1）电焊机安装完毕，经验收合格后方可投入使用。

（2）现场使用的电焊机，应设有防雨、防潮、防晒、防砸的机棚，并应装设相应的消防器材。

（3）电焊机的接零保护、漏电保护和二次侧空载降压保护装置必须齐全有效。

（4）电焊机一次侧电源线应穿管保护，长度一般不超过5m，焊把线长度一般不应超过30m，并不应有接头，一、二次侧接线端柱外应有防护罩。

（5）电焊机焊接区域及焊渣飞溅范围内不得堆放易燃、易爆物品。

5. 搅拌机安全控制要点

（1）作业场地应有良好的排水条件，固定式搅拌机应有可靠的基础，移动式搅拌机应在平坦坚硬的地坪上用方木或撑架架牢，并保持水平。

（2）露天使用的搅拌机应搭设防雨棚。

（3）搅拌机传动部位的防护罩、料斗的保险挂钩、操作手柄保险装置及接零保护、漏电保护装置必须齐全有效。

（4）料斗升起时，严禁在其正下方工作或穿行；当需在料斗下方进行清理和检修时，应将料斗提升至上止点，且必须用保险销锁牢或用保险链挂牢。

6. 潜水泵安全控制要点

（1）潜水泵接零保护、漏电保护装置应齐全有效。

（2）潜水泵的电源线应采用防水型橡胶电缆，并不得有接头。

（3）潜水泵在水中应直立放置，水深不得小于 0.5m，泵体不得陷入污泥或露出水面。放入水中或提出水面时应提拉系绳，禁止拉拽电缆或出水管，并应切断电源。

7. 打桩机械安全控制要点

（1）施工前应针对作业条件和桩机类型编写专项施工方案。

（2）打桩机作业时应与基坑、基槽保持安全距离。

（3）桩机周围应有明显的安全警示标牌或围栏。

（4）高压线下两侧 10m 以内不得安装打桩机。

（5）雷电天气无避雷装置的桩机应停止作业，遇有大雨、雪、雾和六级及六级以上强风等恶劣气候，应停止作业，并应将桩机顺风向停置，并增加缆风绳。

11.2　安全防护与管理

11.2.1　“三宝”“四口”“五临边”安全防护

1. 工程施工安全防护“三宝”

工程施工安全防护“三宝”：安全帽、安全带、安全网。

1）安全帽

（1）佩戴安全帽要求

① 使用安全帽时，需要将帽后调整带按自身头型调整到适合的位置，然后将帽内弹性带系牢。

② 佩戴安全帽时，不可戴歪，不可将帽檐戴在脑后方。

③ 所有进入施工现场的人必须佩戴安全帽（办公区、生活区等室内除外）。

（2）安全帽的管理

① 严禁随意改变安全帽的任何结构。

② 严禁用安全帽充当坐垫、器皿使用。

③ 不得在安全帽上乱涂、乱画或粘贴图文。

④ 施工现场使用有合格标志的安全帽。安全帽使用年限不得超过 2 年。

2）安全带

（1）安全带的使用要求

① 凡在没有脚手架或者没有栏杆的脚手架上的高处作业，必须使用安全带或采取其他可靠的安全措施。

② 安全带不得用于吊送工具材料或其他工作用具。

③ 安全带应高挂低用，注意防止摆动碰撞。

④ 使用中的安全带的双钩都应挂在结实牢固的构件上并要检查是否扣好，禁止挂在移动及带尖锐角、不牢固的构件上。

⑤ 使用中的安全带及后备绳的挂钩锁扣必须在锁好位置。

⑥ 由于作业的需要，安全带超过 3m 应加装缓冲器。

⑦ 不准将带打结使用。

（2）安全带管理

① 安全带在每次使用前都应进行外观检查。

② 安全带每年要进行一次全面的检查，形成检查记录。

③ 安全带上的各种部件不得任意拆掉，不得擅自更改安全带结构。

④ 安全带每次受力后，必须做详细的外观检查和静负荷重试验，不合格的不得继续使用。

⑤ 施工现场使用有合格证明的安全带。安全带使用年限不得超过 3 年。

3）安全网

安全网可分为平网和立网。

（1）平网

① 平网主要用于洞口和作业层的防护。平网的宽度不小于 3m，网目的边长不大于 10cm。

② 冲击试验。采用长 100cm、底面积 2800cm^2、重 100kg 的人形砂包 1 个。将网架设在开口为 3m×6m 的钢架上，砂包距网中心上方垂直距离 10m，自由落下，除筋绳外，网绳、边绳、系绳都不断裂为合格。

③ 平网安装要求：

a. 平网主要用于洞口和脚手板作业层的防护。平网安装时系结点沿网边均匀分布，间距不大于 75cm，每个系结点使用 1 根独立的系绳。

b. 支撑物（架）必须有足够的强度、刚度。网格下部距其他物体不小于 3m。严禁用立网代替平网。

c. 每隔 3 个月进行试验绳强力试验并填写试验记录。

（2）立网

① 立网主要采用密目网式安全网。密目网由网体、开眼扣环、边绳和附加系绳组成。

② 立网安装要求：

a. 密目网应垂直于水平面安装，密目网边缘与作业工作面紧密连接。

b. 密目网宜封挂在脚手架管里侧，每个环扣都必须穿入符合规定的系绳，立网的底部必须加设纵向水平杆，便于系绳与密目网的连接。

c. 为防止落人与落物，平网与密目网可以双层联合应用。严禁密目网作为安全平网使用。

d. 安全网再次使用必须经耐冲击和耐贯穿试验验证。

2. 工程施工安全防护“四口”

工程施工安全防护“四口”：预留洞口、电梯井口、通道口、楼梯口的防护。

1）预留洞口的防护要求

（1）预留洞口作业时，应采取防坠落措施，并应符合下列规定：

① 当竖向洞口短边边长小于 500mm 时，应采取封堵措施；当竖向洞口短边边长大于或等于 500mm 时，应在临空一侧设置高度不小于 1.2m 的防护栏杆，并应采用密目式安全立网或工具式栏板封闭，设置挡脚板。

② 当非竖向洞口短边边长为 25～500mm 时，应采用承载力满足使用要求的盖板覆盖，盖板四周搁置应均衡，且应防止盖板移位。

③ 当非竖向洞口短边边长为 500～1500mm 时，应采用盖板覆盖或防护栏杆等措施，并应固定牢固。

④ 当非竖向洞口短边边长大于或等于 1500mm 时，应在洞口作业侧设置高度不小于 1.2m 的防护栏杆，洞口应采用安全平网封闭。

（2）洞口盖板应能承受不小于 1kN 的集中荷载和不小于 $2kN/m^2$ 的均布荷载，有特殊要求的盖板应另行设计。

（3）墙面等处落地的竖向洞口、窗台高度低于 800mm 的竖向洞口及框架结构在浇筑完混凝土未砌筑墙体时的洞口，应按临边防护要求设置防护栏杆，如侧边落差大于 2m 时，应加设 1.2m 高的临时护栏。

（4）坑槽、桩孔的上口，柱形、条形等基础的上口以及天窗等处，按洞口防护要求采取防护措施。

（5）位于车辆行驶通道旁的洞口、深沟与管道坑、槽，所加盖板应能承受不小于当地额定卡车后轮有效承载力 2 倍的荷载。

（6）对邻近的人与物有坠落危险的其他横、竖向的孔、洞口，均应予以加盖或加以防护，并固定牢靠，防止挪动移位。

2）电梯井口防护要求

电梯井口应设置防护门，其高度不应小于 1.5m，防护门底端距地面高度不应大于 50mm，并应设置挡脚板。在电梯施工前，电梯井道内应每隔 2 层且不大于 10m 加设一道安全平网。电梯井内的施工层上部，应设置隔离防护设施。

3）通道口防护要求

在建工程的地面入口处和施工现场人员流动密集的通道上方，应设置防护棚，防止因落物产生物体打击事故。

4）楼梯口防护要求

楼梯口、楼梯边应设置防护栏杆，或者用正式工程的楼梯扶手代替临时防护栏杆。

3. 工程施工“五临边”防护

工程施工“五临边”防护：在建工程的楼面临边、屋面临边、平台或阳台临边、升降口临边、基坑临边。

1）临边作业安全防护规定

（1）在进行临边作业时，必须设置安全警示标牌。

（2）基坑周边、阳台周边、楼面与屋面周边、分层施工的楼梯与楼梯段边、龙门架、井架、施工电梯或外脚手架等通向建筑物的通道的两侧边、框架结构建筑的楼层周边、斜道两侧边、料台与挑平台周边、雨篷与挑檐边、水箱与水塔周边等处必须设置防护栏杆、挡脚板，并封挂安全立网进行封闭。

（3）临边外侧靠近街道时，除设防护栏杆、挡脚板、封挂立网外，立面还应采取可靠的封闭措施。

2）防护栏杆的设置要求

（1）防护栏杆应由上、下2道横杆及栏杆柱组成，上杆离地高度为1.0～1.2m，下杆离地高度为0.5～0.6m。除经设计计算外，横杆长度大于2m时，必须加设栏杆柱。

（2）当栏杆在基坑四周固定时，可采用钢管打入地面50～70cm深，钢管离边口的距离不应小于50cm。当基坑周边采用板桩时，钢管可打在板桩外侧。

（3）防护栏杆必须自上而下用安全立网封闭，或在栏杆下边设置高度不低于18cm的挡脚板或40cm的挡脚笆，板与笆下边距离底面的空隙不应大于10mm。

11.2.2 基坑工程安全管理

1. 应采取支护措施的基坑（槽）

（1）基坑（槽）深度较大，且不具备自然放坡施工条件。

（2）地基土质松软，并有地下水或丰富的上层滞水。

（3）基坑（槽）开挖会危及邻近建（构）筑物、道路及地下管线的安全与使用。

2. 基坑工程监测

下列基坑应实施基坑工程监测：

（1）基坑设计安全等级为一、二级的基坑。

（2）开挖深度大于或等于5m的下列基坑：

① 土质基坑；

② 极软岩基坑、破碎的软岩基坑、极破碎的岩体基坑；

③ 上部为土体，下部为极软岩、破碎的软岩、极破碎的岩体构成的土岩组合基坑。

（3）开挖深度小于5m但现场地质情况和周围环境较复杂的基坑。

3. 基坑发生坍塌前的主要迹象

（1）周围地面出现裂缝，并不断扩展。

（2）支撑系统发出挤压等异常响声。

（3）环梁或排桩、挡墙的水平位移较大，并持续发展。

（4）支护系统出现局部失稳。

（5）大量水土不断涌入基坑。

（6）相当数量的锚杆螺母松动，甚至有的槽钢（围檩）松脱等。

4. 基坑支护破坏的主要形式

（1）由支护的强度、刚度和稳定性不足引起的破坏。

（2）由支护埋置深度不足，导致基坑隆起引起的破坏。

（3）由止水帷幕处理不好，导致管涌、流砂等引起的破坏。

（4）由人工降水处理不好引起的破坏。

5. 基坑支护安全控制要点

（1）基坑支护与降水、土方开挖必须编制专项施工方案，并出具安全验算结果，经施工单位技术负责人、监理单位总监理工程师签字后实施。满足论证要求的应组织专家进行方案论证。

（2）基坑支护结构必须具有足够的强度、刚度和稳定性。

（3）基坑支护结构（包括支撑等）的实际水平位移和竖向位移，必须控制在设计允许范围内。

（4）控制好基坑支护与降水、止水帷幕等施工质量，并确保位置正确和实施效果。

（5）控制好基坑支护（含锚杆施工）、降水与开挖的顺序和时间间隙。

（6）控制好管涌、流砂、坑底隆起、坑外地下水位变化和地表的沉陷等。

（7）控制好坑外建筑物、道路和管线等的沉降、位移。

6. 基坑施工应急处理措施

基坑工程施工前，应对施工过程中可能出现的支护变形、漏水等影响基坑安全的不利因素制订应急预案。

（1）在基坑开挖过程中，一旦出现渗水或漏水，应根据水量大小，采用坑底设沟排水、引流修补、密实混凝土封堵、压密注浆、高压喷射注浆等方法及时处理。

（2）悬臂式支护结构发生位移时，应采取加设支撑或锚杆、支护墙背卸土等方法及时处理。悬臂式支护结构发生深层滑动时，应及时浇筑垫层，必要时也可加厚垫层，以形成下部水平支撑。

（3）支撑式支护结构如发生墙背土体沉陷，应采取增设坑内降水设备降低地下水、进行坑底加固、垫层随挖随浇、加厚垫层或采用配筋垫层、设置坑底支撑等方法及时处理。

（4）对轻微的流砂现象，在基坑开挖后可采用加快垫层浇筑或加厚垫层的方法“压住”流砂。对较严重的流砂，应增加坑内降水措施。

（5）如发生管涌，可在支护墙前再打设一排钢板桩，在钢板桩与支护墙间进行注浆。

（6）对邻近建筑物沉降的控制一般可采用跟踪注浆的方法。

（7）对基坑周围管线保护的应急措施一般包括打设封闭桩或开挖隔离沟、管线架空两种方法。

11.2.3　垂直运输机械安全管理

1. 物料提升机安全控制要点

（1）龙门架、井架物料提升机不得用于 25m 及以上的建筑工程施工。

（2）物料提升机的基础应按图纸要求施工。高架提升机的基础应进行设计计算，低架提升机在无设计要求时，可按素土夯实后，浇筑 300mm（C20 混凝土）厚条形基础。

（3）物料提升机的吊篮安全停靠装置、钢丝绳断绳保护装置、超高限位装置、钢丝绳过路保护装置、钢丝绳拖地保护装置、信号联络装置、警报装置、进料门及高架提升机的超载限制器、下极限限位器、缓冲器等安全装置必须齐全、灵敏、可靠。

（4）为保证物料提升机整体稳定采用缆风绳时，高度在 20m 以下可设 1 组（不少于 4 根），高度在 30m 以下不少于 2 组，超过 30m 时不应采用缆风绳锚固方法，应采用连墙杆等刚性措施。

（5）物料提升机架体外侧应沿全高用立网进行防护。在建工程各层与提升机连接处应搭设卸料通道，通道两侧应按临边防护规定设置防护栏杆及挡脚板，并用立网封闭。

（6）各层通道口处都应设置常闭型的防护门。地面进料口处应搭设防护棚，防护棚的尺寸应视架体的宽度和高度而定，防护棚两侧应封挂安全立网。

（7）物料提升机组装后应按规定进行验收，合格后方可投入使用。

2. 外用电梯安全控制要点

（1）外用电梯在安装和拆卸之前必须针对其类型特点、说明书的技术要求，结合施工现场的实际情况制订详细的施工方案。

（2）外用电梯的安装和拆卸作业必须由取得相应资质的专业队伍进行，安装完毕经验收合格之日起30日内，由使用单位向工程所在地县级以上地方人民政府建设主管部门办理建筑起重机械使用登记。

（3）外用电梯的制动器，限速器，门联锁装置，上、下限位装置，断绳保护装置，缓冲装置等安全装置必须齐全、灵敏、可靠。

（4）外用电梯底笼周围2.5m范围内必须设置牢固的防护栏杆，进出口处的上部应根据电梯高度搭设足够尺寸和强度的防护棚。

（5）外用电梯与各层站过桥和运输通道，除应在两侧设置安全防护栏杆、挡脚板并用安全立网封闭外，进出口处尚应设置常闭型的防护门。

（6）多层施工交叉作业同时使用外用电梯时，要明确联络信号。

（7）外用电梯梯笼乘人、载物时，应使载荷均匀分布，防止偏重，严禁超载使用。

（8）外用电梯在大雨、大雾和六级及六级以上大风天气时，应停止使用。暴风雨过后，应组织对电梯各有关安全装置进行一次全面检查。

3. 塔式起重机安全控制要点

（1）塔式起重机在安装和拆卸之前必须针对其类型特点、说明书的技术要求，结合作业条件制订详细的施工方案。

（2）塔式起重机的安装和拆卸作业必须由取得相应资质的专业队伍进行，安装完毕经验收合格之日起30日内，由使用单位向工程所在地县级以上地方人民政府建设主管部门办理建筑起重机械使用登记。

（3）行走式塔式起重机的路基和轨道的铺设，必须严格按照其说明书的规定进行；固定式塔式起重机的基础施工应按设计图纸进行，其设计计算和施工详图应作为塔式起重机专项施工方案内容之一。

（4）塔式起重机的力矩限制器，超高、变幅、行走限位器，吊钩保险，卷筒保险，爬梯护圈等安全装置必须齐全、灵敏、可靠。

（5）施工现场多塔作业时，塔式起重机间应保持安全距离，以免作业过程中发生碰撞。

（6）遇有风速在12m/s（或六级）及以上大风、大雨、大雪、大雾等恶劣天气，应停止作业，将吊钩升起。行走式塔式起重机要夹好轨钳。雨雪过后，应先经过试吊，确认制动器灵敏可靠后方可进行作业。

（7）在吊物载荷达到额定载荷的90%时，应先将吊物吊离地面200～500mm后，检查机械状况、制动性能、物件绑扎情况等，确认无误后方可起吊。对有晃动的物件，必须拴拉溜绳使之稳固。

11.2.4 施工安全检查与评定

1. 施工安全检查评定项目

1）安全管理

（1）安全管理检查评定内容

保证项目应包括：安全生产责任制、施工组织设计及专项施工方案、安全技术交底、安全检查、安全教育、应急救援。一般项目应包括：分包单位安全管理、持证上岗、生产安全事故处理、安全标志。

（2）安全技术交底检查评定内容

① 施工负责人在分派生产任务时，应对相关管理人员、施工作业人员进行书面安全技术交底；

② 安全技术交底应按施工工序、施工部位、施工栋号分部分项进行；

③ 安全技术交底应结合施工作业场所状况、特点、工序，对危险因素、施工方案、规范标准、操作规程和应急措施进行交底；

④ 安全技术交底应由交底人、被交底人、专职安全员进行签字确认。

（3）安全检查评定内容

① 工程项目部应建立安全检查制度；

② 安全检查应由项目负责人组织，专职安全员及相关专业人员参加，定期进行并填写检查记录；

③ 对检查中发现的事故隐患应下达隐患整改通知单，定人、定时间、定措施进行整改。重大事故隐患整改后，应由相关部门组织复查。

（4）应急救援

① 工程项目部应针对工程特点，进行重大危险源的辨识。应制订防触电、防坍塌、防高处坠落、防起重及机械伤害、防火灾、防物体打击等主要内容的专项应急救援预案，并对施工现场易发生重大安全事故的部位、环节进行监控。

② 施工现场应建立应急救援组织，培训、配备应急救援人员，定期组织员工进行应急救援演练。

③ 按应急救援预案要求，应配备相应的应急救援器材和设备。

（5）分包单位安全管理

① 总包单位应对承揽分包工程的分包单位进行资质、安全生产许可证和相关人员安全生产资格的审查；

② 总包单位与分包单位签订分包合同时，应签订安全生产协议书，明确双方的安全责任；

③ 分包单位应按规定建立安全机构，配备专职安全员。

2）文明施工

文明施工检查评定保证项目应包括：现场围挡、封闭管理、施工场地、材料管理、现场办公与住宿、现场防火。一般项目应包括：综合治理、公示标牌、生活设施、社区服务。

3）扣件式钢管脚手架

（1）检查评定

保证项目包括：施工方案、立杆基础、架体与建筑结构拉结、杆件间距与剪刀撑、脚手板与防护栏杆、交底与验收。一般项目包括：横向水平杆设置、杆件连接、层间防护、构配件材质、通道。

（2）施工方案

① 架体搭设应有施工方案，搭设高度超过24m的架体应单独编制安全专项方案，结构设计应进行设计计算，并按规定进行审核、审批；

② 搭设高度超过50m的架体，应组织专家对专项方案进行论证，并按专家论证意见修改方案后组织实施；

③ 施工方案应完整，能正确指导施工作业。

（3）架体与建筑结构拉结

① 架体与建筑物拉结应符合规范要求；

② 连墙件应靠近主节点设置，偏离主节点的距离不应大于300mm；

③ 连墙件应从架体底层第一步纵向水平杆开始设置，并应牢固可靠；

④ 搭设高度超过24m的双排脚手架应采用刚性连墙件与建筑物可靠连接。

（4）脚手板与防护栏杆

① 脚手板材质、规格应符合规范要求，铺板应严密、牢靠；

② 架体外侧应封闭密目式安全网，网间应严密；

③ 作业层应在1.2m和0.6m处设置上、中两道防护栏杆；

④ 作业层外侧应设置高度不小于180mm的挡脚板。

4）悬挑式脚手架

（1）检查评定

保证项目包括：施工方案、悬挑钢梁、架体稳定、脚手板、荷载、交底与验收。一般项目包括：杆件间距、架体防护、层间防护、构配件材质。

（2）施工方案

① 架体搭设、拆除作业应编制专项施工方案，结构设计应进行设计计算；

② 专项施工方案应按规定进行审批，架体搭设高度超过20m的专项施工方案应经专家论证。

（3）悬挑钢梁

① 钢梁截面尺寸应经设计计算确定，且截面高度不应小于160mm；

② 钢梁锚固端长度不应小于悬挑长度的1.25倍；

③ 钢梁锚固处结构强度、锚固措施应符合规范要求；

④ 钢梁外端应设置钢丝绳或钢拉杆并与上层建筑结构拉结；

⑤ 钢梁间距应按悬挑架体立杆纵距相匹配设置。

5）门式钢管脚手架

（1）检查评定

保证项目包括：施工方案、架体基础、架体稳定、杆件锁臂、脚手板、交底与验收。一般项目包括：架体防护、构配件材质、荷载、通道。

（2）施工方案

① 架体搭设应编制专项施工方案，结构设计应进行设计计算，并按规定进行审批；

② 搭设高度超过50m的脚手架，应组织专家对方案进行论证，并按专家论证意见修改方案后组织实施；

③ 专项施工方案应完整，能正确指导施工作业。

6）碗扣式钢管脚手架

检查评定保证项目包括：施工方案、架体基础、架体稳定、杆件锁件、脚手板、交底与验收。一般项目包括：架体防护、构配件材质、荷载、通道。

（1）施工方案

① 架体搭设应有施工方案，结构设计应进行设计计算，并按规定进行审批；

② 搭设高度超过50m的脚手架，应组织专家对安全专项方案进行论证，并按专家论证意见修改方案后组织实施。

（2）架体基础

① 立杆基础应按方案要求平整、夯实，并设排水设施，基础垫板、立杆底座应符合规范要求；

② 架体纵横向扫地杆距地高度应小于350mm。

7）附着式升降脚手架

（1）检查评定

保证项目包括：施工方案、安全装置、架体构造、附着支座、架体安装、架体升降。一般项目包括：检查验收、脚手板、防护、操作。

（2）架体升降

① 两跨以上架体同时升降应采用电动或液压动力装置，不得采用手动装置；

② 升降工况附着支座处建筑结构混凝土强度应符合设计和规范要求；

③ 升降工况架体上不得有施工荷载，严禁人员在架体上停留。

8）承插型盘扣式钢管支架

（1）检查评定

保证项目包括：施工方案、架体基础、架体稳定、杆件设置、脚手板、交底与验收。一般项目包括：架体防护、杆件连接、构配件材质、通道。

（2）杆件设置

① 架体立杆间距、水平杆步距应符合设计和规范要求；

② 应按专项施工方案设计的步距在立杆连接插盘处设置纵、横向水平杆；

③ 当双排脚手架的水平杆层未设挂扣式钢脚手板时，应按规范要求设置水平斜杆。

9）高处作业吊篮

（1）检查评定

保证项目包括：施工方案、安全装置、悬挂机构、钢丝绳、安装作业、升降作业。一般项目包括：交底与验收、安全防护、吊篮稳定、荷载。

（2）安全装置

① 吊篮应安装防坠安全锁，并应灵敏有效；

② 防坠安全锁不应超过标定期限；

③ 吊篮应设置作业人员专用的挂设安全带的安全绳或安全锁扣，安全绳应固定在建筑物可靠位置上，不得与吊篮上的任何部位有连接；

④ 吊篮应安装上限位装置，并应保证限位装置灵敏可靠。

（3）升降作业

① 必须由经过培训并合格的人员操作吊篮升降；

② 吊篮内的作业人员不应超过2人；

③ 吊篮内作业人员应将安全带用安全锁扣正确挂置在独立设置的专用安全绳上；

④ 作业人员应从地面进出吊篮。

10）满堂脚手架

（1）检查评定

保证项目包括：施工方案、架体基础、架体稳定、杆件锁件、脚手板、交底与验收。一般项目包括：架体防护、构配件材质、荷载、通道。

（2）架体稳定

① 架体周圈与中部应按规范要求设置竖向剪刀撑及专用斜杆；

② 架体应按规范要求设置水平剪刀撑或水平斜杆；

③ 当架体高宽比大于规范规定时应按规范要求与建筑结构拉结或采取增加架体宽度、设置钢丝绳张拉固定等稳定措施。

11）基坑工程

（1）检查评定

保证项目包括：施工方案、基坑支护、降排水、基坑开挖、坑边荷载、安全防护。一般项目包括：基坑监测、支撑拆除、作业环境、应急预案。

（2）施工方案

① 基坑工程施工应编制专项施工方案，开挖深度超过3m（含3m）或虽未超过3m但地质条件和周边环境复杂的基坑土方开挖、支护、降水工程，应单独编制专项施工方案；

② 专项施工方案应按规定进行审核、审批；

③ 开挖深度超过5m（含5m）的基坑土方开挖、支护、降水工程，应组织专家进行论证；

④ 当基坑周边环境或施工条件发生变化时，专项施工方案应重新进行审核、审批。

（3）安全防护

① 开挖深度超过2m及以上的基坑周边必须安装防护栏杆，防护栏杆的安装应符合规范要求。

② 基坑内应设置供施工人员上下的专用梯道。梯道应设置扶手栏杆，梯道的宽度不应小于1m，梯道搭设应符合规范要求。

③ 降水井口应设置防护盖板或围栏，并应设置明显的警示标志。

12）模板支架

（1）检查评定

保证项目包括：施工方案、支架基础、支架构造、支架稳定、施工荷载、交底与验收。一般项目包括：杆件连接、底座与托撑、构配件材质、支架拆除。

（2）施工方案

① 模板支架搭设应编制专项施工方案，结构设计应进行计算，并应按规定进行审核、审批；

② 模板支架搭设高度 8m 及以上，跨度 18m 及以上，施工总荷载 15kN/m^2 及以上，集中线荷载 20kN/m 及以上的专项施工方案应按规定组织专家论证。

13）高处作业

（1）检查评定项目

安全帽、安全网、安全带、临边防护、洞口防护、通道口防护、攀登作业、悬空作业、移动式操作平台、悬挑式物料钢平台。

（2）临边防护

① 作业面边沿应设置连续的临边防护设施；

② 临边防护设施的构造、强度应符合规范要求；

③ 防护设施宜定型化、工具化。

（3）洞口防护

① 在建工程的预留洞口、楼梯口、电梯井口应采取防护措施；

② 防护措施、设施应符合规范要求；

③ 防护设施宜定型化、工具化；

④ 电梯井内应每隔两层且不大于 10m 设置水平安全网。

（4）通道口防护

① 通道口防护应严密、牢固；

② 防护棚两侧应采取封闭措施；

③ 防护棚宽度应大于通道口宽度，长度应符合规范要求；

④ 建筑物高度超过 24m 时，通道口防护顶棚应采用双层防护；

⑤ 防护棚的材质应符合规范要求。

14）施工用电

（1）检查评定

保证项目包括：外电防护、接地与接零保护系统、配电线路、配电箱与开关箱。一般项目包括：配电室与配电装置、现场照明、用电档案。

（2）配电箱与开关箱

① 施工现场配电系统应采用三级配电、二级漏电保护系统，用电设备必须有各自专用的开关箱；

② 箱体结构、箱内电器设置及使用应符合规范要求；

③ 配电箱必须分设工作零线端子板和保护零线端子板，保护零线、工作零线必须通过各自的端子板连接；

④ 总配电箱与开关箱应安装漏电保护器，漏电保护器参数应匹配并灵敏可靠；

⑤ 箱体应设置系统接线图和分路标记，并应有门、锁及防雨措施；

⑥ 箱体安装位置、高度及周边通道应符合规范要求；

⑦ 分配电箱与开关箱间的距离不应超过 30m，开关箱与用电设备间的距离不应超过 3m。

15）物料提升机

（1）检查评定

保证项目包括：安全装置、防护设施、附墙架与缆风绳、钢丝绳、安拆、验收与使用。一般项目包括：基础与导轨架、动力与传动、通信装置、卷扬机操作棚、避雷装置。

（2）安全装置

① 应安装起重量限制器、防坠安全器，并应灵敏可靠；

② 安全停层装置应符合规范要求，并应定型化；

③ 应安装上行程限位并灵敏可靠，安全越程不应小于3m；

④ 安装高度超过30m的物料提升机应安装渐进式防坠安全器及自动停层、语音影像信号监控装置，与建筑结构刚性连接。

16）施工升降机

（1）检查评定

保证项目包括：安全装置、限位装置、防护设施、附墙架、钢丝绳、滑轮与对重、安拆、验收与使用。一般项目包括：导轨架、基础、电气安全、通信装置。

（2）安全装置

① 应安装起重量限制器，并应灵敏可靠；

② 应安装渐进式防坠安全器并应灵敏可靠，应在有效的标定期内使用；

③ 对重钢丝绳应安装防松绳装置，并应灵敏可靠；

④ 吊笼的控制装置应安装非自动复位型的急停开关，任何时候均可切断控制电路停止吊笼运行；

⑤ 底架应安装吊笼和对重缓冲器，缓冲器应符合规范要求；

⑥ SC型施工升降机应安装一对以上安全钩。

17）塔式起重机

（1）塔式起重机检查评定保证项目包括：载荷限制装置、行程限位装置、保护装置、吊钩、滑轮、卷筒与钢丝绳、多塔作业、安拆、验收与使用。一般项目包括：附着、基础与轨道、结构设施、电气安全。

（2）载荷限制装置

① 应安装起重量限制器并应灵敏可靠。当起重量大于相应挡位的额定值并小于该额定值的110%时，应切断上升方向上的电源，但机构可作下降方向的运动。

② 应安装起重力矩限制器且设备应灵敏可靠。当起重力矩大于相应工况下的额定值并小于该额定值的110%时，应切断上升和幅度增大方向的电源，但机构可作下降和减小幅度方向的运动。

18）起重吊装

（1）检查评定

保证项目包括：施工方案、起重机械、钢丝绳与地锚、索具、作业环境、作业人员。一般项目包括：起重吊装、高处作业、构件码放、警戒监护。

（2）施工方案

① 起重吊装作业应编制专项施工方案，并按规定进行审核、审批；

② 超规模的起重吊装作业，应组织专家对专项施工方案进行论证。

19）施工机具

施工机具检查评定项目包括：平刨、圆盘锯、手持电动工具、钢筋机械、电焊机、搅拌机、气瓶、翻斗车、潜水泵、振动器、桩工机械。

2. 施工安全检查评分方法

施工企业安全检查应配备必要的检查、测试器具，对存在的问题和隐患，应定人、定时间、定措施组织整改，并应跟踪复查直至整改完毕。

（1）建筑施工安全检查评定中，保证项目应全数检查；

（2）建筑施工安全检查评定应符合各检查评定项目的有关规定，并应按《建筑施工安全检查标准》JGJ 59—2011 的评分表进行评分。

3. 施工安全检查评定等级

（1）建筑施工安全检查评定的等级划分应符合下列规定：

① 优良

分项检查评分表无零分，汇总表得分值应在 80 分及以上。

② 合格

分项检查评分表无零分，汇总表得分值应在 80 分以下，70 分及以上。

③ 不合格

a. 当汇总表得分值不足 70 分时；

b. 当有一分项检查评分表为零分时。

（2）当建筑施工安全检查评定的等级为不合格时，必须限期整改达到合格。

第 12 章　绿色施工及现场环境管理

12.1　绿色施工及环境保护

第 12 章
看本章精讲课
配套章节自测

12.1.1　绿色施工及环境保护要求

1. 绿色施工

绿色施工应遵循“四节一环保”理念，即节能、节地、节水、节材和环境保护。建造节约资源、保护环境，与自然和谐共生的建筑。

（1）项目绿色施工规定

① 建立绿色施工管理体系和管理制度，实施目标管理。

② 根据绿色施工要求进行图纸会审和深化设计。

③ 施工组织设计及施工方案应有专门的绿色施工章节，绿色施工目标明确，内容应涵盖“四节一环保”要求。

④ 工程技术交底应包含绿色施工内容。

⑤ 采用符合绿色施工要求的新材料、新技术、新工艺、新设备进行施工。

⑥ 建立绿色施工培训制度，并有实施记录。

⑦ 根据检查情况，制订持续改进措施。

⑧ 采集和保存过程管理资料、见证资料和自检评价记录等绿色施工资料。

（2）绿色施工管理量化指标见表 12.1–1。

表 12.1–1　绿色施工管理量化指标

序号	类别	项目	目标控制点	一般项目控制指标
1	环境保护	场界空气质量指数	PM10	不超过当地气象部门公布数据值
		噪声控制	昼间噪声	昼间监测≤ 70dB
			夜间噪声	夜间监测≤ 55dB
		建筑垃圾控制	固体废弃物排放量	现浇混凝土结构现场不大于 300t/ 万 m^2，装配式混凝土结构现场不大于 200t/ 万 m^2
2	节材	节材控制	建筑实体材料损耗率	主要建筑材料损耗率不超过额定损耗率，并宜比定额损耗率低 50% 以上
		材料资源利用	建筑垃圾回收利用率	建筑垃圾回收利用率达到 30%，建筑材料包装物回收利用率达到 100%
3	节能	节能控制	能源消耗	能源消耗比定额用量节省不低于 10%
			材料运输	500km 以内生产的建筑材料及设备重量占比大于 70%
4	节水	节水控制	施工用水	用水量节省不低于定额用水量的 10%
		水资源利用	非传统水源利用	非传统水源回收再利用率占总用水量不低于 30%（半湿润区 20%）
5	节地	节地控制	施工用地	临建设施占地面积有效利用率大于 90%

续表

序号	类别	项目	目标控制点	一般项目控制指标
6	人力资源	职业健康安全	个人防护器具配备	危险作业环境个人防护器具配备率 100%
		人力资源节约	总用工量节约率	不低于定额用工量的 3%

（3）节能

施工现场节能管理主要体现在：临时用电设施，机械设备，临时设施，材料运输与施工等方面。施工能源包括电、油、气等。

临时用电设施应符合下列规定：

① 应采用节能型设施。

② 临时用电应设置合理，管理制度应齐全并应落实到位。

③ 现场照明设计应符合国家现行标准《施工现场临时用电安全技术规范》JGJ 46 的规定。

机械设备应符合下列规定：

① 应采用能源利用效率高的施工机械设备。

② 施工机具资源应共享。

③ 应定期监控重点耗能设备的能源利用情况，并有记录。

④ 应建立设备技术档案，并应定期进行设备维护、保养。

临时设施应符合下列规定：

① 施工临时设施应结合日照和风向等自然条件，合理采用自然采光、通风和外窗遮阳设施。

② 临时施工用房应使用热工性能达标的复合墙体和屋面板，顶棚宜采用吊顶。

材料运输与施工应符合下列规定：

① 建筑材料的选用应缩短运输距离，减少能源消耗。

② 应采用能耗少的施工工艺。

③ 应合理安排施工工序和施工进度。

④ 应尽量减少夜间作业和冬期施工的时间。

（4）节材

施工现场节材管理主要体现在：材料选择、材料节约、资源再生利用等方面。

材料的选择应符合下列规定：

① 施工应选用绿色、环保材料。

② 临建设施应采用可拆迁、可回收材料，或使用整体式可周转设施。

③ 应利用粉煤灰、矿渣、外加剂等新材料降低混凝土和砂浆中的水泥用量。

材料节约应符合下列规定：

① 应采用管件合一的脚手架和支撑体系。

② 应采用工具式模板和新型模板材料，如铝合金、塑料、玻璃钢和其他可再生材质的大模板和钢框镶边模板。

③ 材料运输方法应科学，应降低运输损耗率。

④ 应优化线材下料方案。

⑤ 面材、块材镶贴，应做到预先总体排板。

⑥ 应因地制宜，采用新技术、新工艺、新设备、新材料。

⑦ 应提高模板、脚手架体系的周转率。

资源再生利用应符合下列规定：

① 建筑余料应合理使用。

② 板材、块材等下脚料和散落混凝土及砂浆应科学利用。

③ 临建设施应充分利用既有建筑物、市政设施和周边道路。

④ 现场办公用纸应分类摆放，纸张应两面使用，废纸应回收。

（5）节水

施工现场节水管理主要体现在：节约用水、水资源利用等方面。

① 节约用水应符合下列规定：

a. 应根据工程特点，制订用水计划。

b. 施工现场供、排水系统应合理适用。

c. 施工现场办公区、生活区的生活用水应采用节水器具。

d. 施工现场的生活用水与工程用水应分别计量。

e. 施工中应采用先进的节水施工工艺。

f. 混凝土养护和砂浆搅拌用水应合理，应有节水措施。

g. 管网和用水器具不应有渗漏。

② 水资源的利用应符合下列规定：

a. 基坑降水应储存使用。

b. 冲洗现场机具、设备、车辆用水，应设立循环用水装置。

（6）节地

施工现场节地管理主要体现在：节约用地、保护用地等方面。

节约用地应符合下列规定：

① 施工总平面布置应紧凑，并应尽量减少占地。

② 应在经批准的临时用地范围内组织施工。

③ 应根据现场条件，合理设计场内交通道路。

④ 施工现场临时道路布置应与原有及永久道路兼顾考虑，并应充分利用拟建道路为施工服务。

⑤ 应采用预拌混凝土。

保护用地应符合下列规定：

① 应采取防止水土流失的措施。

② 应充分利用山地、荒地作为取、弃土场的用地。

③ 施工后应恢复植被。

④ 应对深基坑施工方案进行优化，并应减少土方开挖和回填量，保护用地。

⑤ 在生态脆弱的地区施工完成后，应进行地貌复原。

（7）环境保护

施工现场环境保护主要体现在：资源保护、人员健康、扬尘控制、废气排放控制、建筑垃圾处置、污水排放控制、光污染控制、噪声控制等方面。

资源保护应符合下列规定：

① 应保护场地四周原有地下水形态，减少抽取地下水。

② 危险品、化学品存放处及污物排放应采取隔离措施。

人员健康应符合下列规定：

① 施工作业区和生活办公区应分开布置，生活设施应远离有毒有害物质。

② 生活区应有专人负责管理，应有消暑或保暖措施。

③ 现场工人劳动强度和工作时间应符合现行国家标准的有关规定。

④ 从事有毒、有害、有刺激性气味和强光、强噪声施工的人员应佩戴与其相应的防护器具。

⑤ 深井、密闭环境、防水和室内装修施工应有自然通风或临时通风设施。

⑥ 现场危险设备、地段、有毒物品存放地应配置醒目安全标志，施工应采取有效防毒、防污、防尘、防潮、通风等措施，应加强人员健康管理。

⑦ 厕所、卫生设施、排水沟及阴暗潮湿地带应定期消毒。

⑧ 食堂各类器具应清洁，个人卫生、操作行为应规范。

扬尘控制应符合下列规定：

① 现场应建立洒水清扫制度，配备洒水设备，并应有专人负责。

② 对裸露地面、集中堆放的土方应采取抑尘措施。

③ 运送土方、渣土等易产生扬尘的车辆应采取封闭或遮盖措施。

④ 现场进出口应设冲洗池和吸湿垫，应保持进出现场车辆清洁。

⑤ 易飞扬和细颗粒建筑材料应封闭存放，余料应及时回收。

⑥ 易产生扬尘的施工作业应采取遮挡、抑尘等措施。

⑦ 拆除爆破作业应有降尘措施。

⑧ 高空垃圾清运应采用封闭式管道或垂直运输机械完成。

⑨ 现场使用散装水泥、预拌砂浆应有密闭防尘措施。

废气排放控制应符合下列规定：

① 进出场车辆及机械设备废气排放应符合国家年检要求。

② 不应使用煤作为现场生活的燃料。

③ 电焊烟气的排放应符合现行国家标准的规定。

④ 不应在现场燃烧废弃物。

建筑垃圾处置应符合下列规定：

① 建筑垃圾应分类收集、集中堆放。

② 废电池、废墨盒等有毒有害的废弃物应封闭回收，不应混放。

③ 有毒有害废物分类率应达到 100%。

④ 垃圾桶应分为可回收利用与不可回收利用两类，应定期清运。

⑤ 建筑垃圾回收利用率应达到 30%。

⑥ 碎石和土石方类等应用作地基和路基回填材料。

污水排放控制应符合下列规定：

① 现场道路和材料堆放场地周边应设排水沟。

② 工程污水和试验室养护用水应经处理达标后排入市政污水管道。

③ 现场厕所应设置化粪池，化粪池应定期清理。

④ 工地厨房应设隔油池，应定期清理。

⑤ 雨水、污水应分流排放。

光污染控制应符合下列规定：

① 夜间焊接作业时，应采取挡光措施。

② 工地设置大型照明灯具时，应有防止强光线外泄的措施。

噪声控制应符合下列规定：

① 应采用先进机械、低噪声设备进行施工，机械、设备应定期保养维护。

② 产生噪声较大的机械设备，应尽量远离施工现场办公区、生活区和周边住宅区。

③ 混凝土输送泵、电锯房等应设有吸声降噪屏或其他降噪措施。

④ 夜间施工噪声声强值应符合国家有关规定。

⑤ 吊装作业指挥应使用对讲机传达指令。

（8）绿色施工评价

① 绿色施工评价框架体系由基本规定评价、指标评价、要素评价、批次评价、阶段评价、单位工程评价及评价等级划分等构成，绿色施工评价依此顺序进行。

② 基本规定评价应对绿色施工策划、管理要求的条款进行评价。

③ 指标评价应对控制项、一般项和优选项的条款进行评价。

④ 要素评价应在指标评价的基础上，对环境保护、资源节约、人力资源节约和保护三个要素分别进行评价。

⑤ 批次评价应在要素评价的基础上随工程进度分批进行评价。

⑥ 阶段评价应在批次评价的基础上进行。建筑工程阶段划分为：地基与基础工程，主体结构工程，装饰装修与机电安装工程。

⑦ 单位工程评价应在阶段评价的基础上进行，评价等级划分为：不合格、合格和优良三个等级。

⑧ 单位工程绿色施工评价由建设单位组织，施工单位和监理单位参加；阶段评价由建设单位或监理单位组织，建设单位、监理单位和施工单位参加；批次评价由施工单位组织，建设单位和监理单位参加。

⑨ 评价结果应由建设、监理和施工单位三方签认。

⑩ 单位工程绿色施工评价应由施工单位书面申请，在工程竣工前进行评价。

2. 现场环境保护管理

1）施工现场常见的重要环境影响因素

（1）施工机械作业、模板支拆、清理与修复作业、脚手架安装与拆除作业、混凝土浇筑作业等产生的噪声排放。

（2）施工场地平整作业，土、灰、砂、石搬运及存放，混凝土、砂浆搅拌、楼地面清理作业等产生的粉尘排放。

（3）现场渣土、商品混凝土、生活垃圾、建筑垃圾、原材料运输等过程中产生的遗撒。

（4）现场油品、化学品库房、作业点产生的油品、化学品泄漏。

（5）现场废弃的涂料桶、油桶、油手套、机械维修保养废液、废渣等产生的有毒有害废弃物排放。

（6）城区施工现场夜间照明、电焊作业造成的光污染。

（7）现场生活区、库房、作业点等处发生的火灾、爆炸。

（8）现场食堂、厕所、搅拌站、洗车点等处产生的生活、生产污水排放。

（9）现场钢材、木材等主要建筑材料的消耗。

（10）现场用水、用电等能源的消耗。

2）施工现场环境保护实施要点

（1）施工现场必须建立环境保护、环境卫生管理和检查制度。对施工现场作业人员进行教育培训与考核。

（2）施工期间的噪声排放应当符合国家规定的建筑施工场界噪声排放标准。夜间施工的（一般指当日 22 时至次日 6 时，特殊地区可由当地政府部门另行规定），需办理夜间施工许可证明，并公告附近社区居民。

（3）施工现场污水排放申领《临时排水许可证》。雨水排入市政雨水管网，污水经沉淀处理后二次使用或排入市政污水管网。现场产生的泥浆、污水未经处理不得直接排入城市排水设施、河流、湖泊、池塘。

（4）现场产生的固体废弃物分类存放。建筑垃圾和生活垃圾应与所在地垃圾消纳中心签署环保协议，及时清运处置。有毒有害废弃物应运送到专门的有毒有害废弃物中心消纳。

（5）现场的主要道路、进出道路、材料加工区及办公生活区地面应全部进行硬化处理，土方应集中堆放。裸露的场地和集中堆放的土方应采取覆盖、固化或绿化等措施。现场土方作业应采取防止扬尘措施。

（6）拆除建筑物、构筑物时，应采用隔离、洒水等措施，并应在规定期限内将废弃物清理完毕。建筑物内施工垃圾的清运，必须采用相应的容器或管道运输，严禁凌空抛掷。

（7）现场使用的水泥和其他易飞扬的细颗粒建筑材料应密闭存放或采取覆盖等措施。混凝土、砂浆搅拌场所应采取封闭、降尘措施。

（8）施工现场内严禁焚烧各类废弃物，禁止将有毒有害废弃物用于土方回填。

（9）对于施工机械噪声与振动扰民，应有相应的降噪减振控制措施。

（10）施工时发现有文物、爆炸物、不明管线电缆等，应当停止施工，保护好现场，及时向有关部门报告，按照有关规定处理后方可继续施工。

（11）食堂应设置隔油池，并应及时清理；厕所的化粪池应做抗渗处理。

12.1.2 施工现场卫生防疫及职业健康

1. 卫生防疫

1）施工现场卫生与防疫的基本要求

（1）制订施工现场的公共卫生突发事件应急预案。

（2）施工现场应配备常用药品及绷带、止血带、颈托、担架等急救器材。

（3）施工现场应结合季节特点，做好作业人员的饮食卫生和防暑降温、防寒取暖、防煤气中毒、防疫等各项工作。

（4）施工现场应设专职或兼职保洁员，负责现场日常的卫生清扫和保洁工作。现场办公区和生活区应采取灭鼠、灭蚊、灭蝇、灭蟑螂等措施，并应定期投放和喷洒灭虫、消毒药物。

（5）施工现场办公室内布局应合理，文件资料宜归类存放，并应保持室内清洁卫生。

（6）施工现场生活区内应设置开水炉、电热水器或饮用水保温桶，施工区应配备流动保温水桶，水质应符合饮用水安全卫生要求。

2）现场食堂的管理

（1）现场食堂应设置在远离厕所、垃圾站、有毒有害场所等污染源的地方。

（2）现场食堂应设置独立的制作间、储藏间，门扇下方应设高度不低于0.2m的防鼠挡板，配备必要的排风设施和冷藏设施，燃气罐应单独设置存放间，存放间应通风良好并严禁存放其他物品。

（3）现场食堂的制作间地面应作硬化和防滑处理，炊具宜存放在封闭的橱柜内，刀、盆、案板等炊具应生熟分开，炊具、餐具和公用饮水器具必须清洗消毒。

（4）现场食堂储藏室的粮食存放台距墙和地面应大于0.2m，食品应有遮盖，遮盖物品应有正反面标识，各种调料和副食应存放在密闭器皿内，并应有标识。

（5）现场食堂外应设置密闭式泔水桶，并应及时清运。超过100人的食堂，下水沟应设过油池。

（6）现场食堂必须办理卫生许可证，炊事人员必须持身体健康证上岗，上岗应穿戴洁净的工作服、工作帽和口罩，应保持个人卫生，不得穿工作服出食堂，非炊事人员不得随意进入制作间。

3）现场厕所与淋浴间管理

（1）现场应设置水冲式或移动式厕所。

（2）现场厕所地面应硬化，门窗应齐全。

（3）现场厕所应设专人负责清扫、消毒，化粪池应及时清掏。

（4）淋浴间内应设置淋浴喷头和盥洗池，并应使用节水器具。

4）现场食品卫生与防疫

（1）施工现场应加强食品、原料的进货管理，食堂严禁购买和出售变质食品。

（2）施工作业人员如发生法定传染病、食物中毒或急性职业中毒时，必须在2h内向施工现场所在地建设行政主管部门和卫生防疫等部门进行报告，并应积极配合调查处理。

（3）施工作业人员如患有法定传染病时，应及时进行隔离，并由卫生防疫部门进行处置。

2. 职业健康管理

1）施工现场易引发的职业病类型

施工现场易引发的职业病有矽肺、水泥尘肺、电焊尘肺、锰及其化合物中毒、氮氧化物中毒、一氧化碳中毒、苯中毒、甲苯中毒、二甲苯中毒、五氯酚中毒、中暑、手臂振动病、电光性皮炎、电光性眼炎、噪声聋、白血病等。

2）职业病的防治

工作场所职业卫生防护与管理要求：

（1）危害因素的强度或者浓度应符合国家职业卫生标准。

（2）有与职业病危害防护相适应的设施。

（3）现场施工布局合理，符合有害与无害作业分开的原则。

（4）有配套的卫生保健设施。

（5）设备、工具、用具等设施符合保护劳动者生理、心理健康的要求。

（6）法律、法规和国务院卫生行政主管部门关于保护劳动者健康的其他要求。

生产过程中的职业卫生防护与管理要求：

（1）建立健全职业病防治管理制度。

（2）采取有效的职业病防护设施，为劳动者提供个人使用且符合要求的职业病防护用具、用品。

（3）应优先采用有利于防治职业病和保护劳动者健康的新技术、新工艺、新材料、新设备，不得使用国家明令禁止使用的可能产生职业病危害的设备或材料。

（4）应书面告知劳动者工作场所或工作岗位所产生或者可能产生的职业病危害因素、危害后果和应采取的职业病防护措施。

（5）应对劳动者进行上岗前的职业卫生培训和在岗期间的定期职业卫生培训。

（6）对从事接触职业病危害作业的劳动者，应当组织上岗前、在岗期间和离岗时的职业健康检查。

（7）不得安排未经上岗前职业健康检查的劳动者从事接触职业病危害的作业，不得安排有职业禁忌的劳动者从事其所禁忌的作业。

（8）不得安排未成年工从事接触职业病危害的作业，不得安排孕期、哺乳期的女职工从事对本人和胎儿、婴儿有危害的作业。

（9）用于预防和治理职业病危害、工作场所卫生检测、健康监护和职业卫生培训等的费用，应在生产成本中据实列支，专款专用，不得以补贴形式发放给个人。

12.1.3　施工现场文明施工及成品保护

1. 现场文明施工管理

1）现场文明施工主要内容

（1）规范场容、场貌，保持作业环境整洁卫生。

（2）创造文明有序和安全生产的条件和氛围。

（3）减少施工过程对居民和环境的不利影响。

（4）树立绿色施工理念，落实项目文化建设。

2）现场文明施工管理基本要求

（1）施工现场应当做到围挡、大门、标牌标准化、材料码放整齐化（按照现场平面布置图确定的位置集中、整齐码放）、安全设施规范化、生活设施整洁化、职工行为文明化、工作生活秩序化。

（2）施工现场要做到工完场清、施工不扰民、现场不扬尘、运输无遗撒、垃圾不乱弃，努力营造良好的施工作业环境。

3）现场文明施工管理要点

（1）现场必须实施封闭管理，车、人出入口分开，安排门卫人员 24h 值班，建立保安值班管理制度，严禁非施工人员随意进出。

（2）项目经理部应根据施工条件，按照施工总平面图、施工方案和施工进度计划的要求，进行所负责区域的施工平面图的规划、设计、布置、使用和管理。

（3）现场的主要机械设备、材料及半成品堆场、土方及建筑垃圾堆放区和办公、生产、生活等临时设施布置，应符合施工平面图及规定的要求。

（4）现场的临时用房应选址合理，并应符合安全、消防要求。

（5）现场的施工区域应与办公、生活区划分清晰，并应采取相应的隔离防护措施，在建工程内、库房不得兼作宿舍。宿舍必须设置可开启式外窗，床铺不得超过2层，通道宽度不得小于0.9m。宿舍室内净高不得小于2.5m，住宿人员人均面积不得小于2.5m^2，且每间宿舍居住人员不得超过16人。

（6）现场临时设施建筑材料应符合节能、环保、消防要求。

（7）现场应设置排水系统，泥浆和污水未经处理不得直接排放。施工场地应硬化处理，有条件时可对施工现场进行绿化布置。

（8）现场应建立防火制度和火灾应急响应机制，落实防火措施，配备防火器材。明火作业应严格执行动火审批手续和动火监护制度。

（9）现场应按要求设置消防通道，并保持畅通。

（10）现场应设宣传栏、报刊栏，悬挂安全标语和安全警示标志牌，加强安全文明施工宣传。

（11）施工现场应加强治安综合治理、社区服务和保健急救工作，建立和落实好现场治安保卫、施工环保、卫生防疫等制度，避免失盗、扰民和传染病等事件发生。

（12）协调社区沟通管理：夜间施工前，办理夜间施工许可证；施工现场严禁焚烧各类废弃物；施工现场应制订防粉尘、防噪声、防光污染、防扰民等措施。

2. 现场成品保护管理

1）施工现场成品保护的范围

（1）结构施工时的测量控制桩，制作和绑扎的钢筋、模板、浇筑的混凝土构件（尤其是楼梯踏步、结构墙、梁、板、柱及门窗洞口的边、角等部位）、砌体等，以及地下室、卫生间、盥洗室、厨房、屋面等部位的防水层。

（2）装饰施工时的墙面、顶棚、楼地面、地毯、石材、木作业、油漆及涂料、门窗及玻璃、幕墙、五金、楼梯饰面及扶手等工程。

2）施工现场成品保护的要点

根据产品的特点，可以分别对成品、半成品采取“护、包、盖、封”等具体保护措施：

（1）“护”就是提前防护，针对被保护对象采取相应的防护措施。例如，对楼梯踏步，可以采取固定木板进行防护；对于进出口台阶可以采取垫砖或搭设通道板的方法进行防护；对于门口、柱角等易被磕碰部位，可以固定专用防护条或包角等措施进行防护。

（2）“包”就是进行包裹，将被保护物包裹起来，以防损伤或污染。例如，对镶面大理石柱可用立板包裹捆扎保护；铝合金门窗可用塑料布包扎保护等。

（3）“盖”就是表面覆盖，用表面覆盖的办法防止堵塞或损伤。例如门厅、走道部位等大理石块材地面，可以采用软物辅以木（竹）胶合板覆盖加以保护等。

（4）“封”就是局部封闭，采取局部封闭的办法进行保护。例如，房间水泥地面或地面砖铺贴完成后，可将该房间局部封闭，以防人员进入损坏地面。

12.2 施工现场消防

12.2.1 施工现场防火要求

1. 建立防火制度

（1）施工现场要建立健全防火安全制度。

（2）建立义务消防队，人数不少于施工总人数的 10%。

（3）建立现场动用明火审批制度。

2. 施工现场动火等级的划分

（1）凡属下列情况之一的动火，均为一级动火：

① 禁火区域内。

② 油罐、油箱、油槽车和储存过可燃气体、易燃液体的容器及与其连接在一起的辅助设备。

③ 各种受压设备。

④ 危险性较大的登高焊、割作业。

⑤ 比较密封的室内、容器内、地下室等场所。

⑥ 现场堆有大量可燃和易燃物质的场所。

（2）凡属下列情况之一的动火，均为二级动火：

① 在具有一定危险因素的非禁火区域内进行临时焊、割等用火作业。

② 小型油箱等容器。

③ 登高焊、割等用火作业。

（3）在非固定的、无明显危险因素的场所进行用火作业，均属三级动火作业。

3. 施工现场动火审批程序

（1）一级动火作业由项目负责人组织编制防火安全技术方案，填写动火申请表，报企业安全管理部门审查批准后，方可动火。

（2）二级动火作业由项目责任工程师组织拟定防火安全技术措施，填写动火申请表，报项目安全管理部门和项目负责人审查批准后，方可动火。

（3）三级动火作业由所在班组填写动火申请表，经项目责任工程师和项目安全管理部门审查批准后，方可动火。

（4）动火证当日有效，如动火地点发生变化，则需重新办理动火审批手续。

4. 施工现场防火要求

（1）施工组织设计中的施工平面图、施工方案均应符合消防安全的相关规定和要求。

（2）施工现场应明确划分施工作业区、易燃可燃材料堆场、材料仓库、易燃废品集中站和生活区。

（3）建筑施工现场应根据场内可燃物数量、燃烧特性、存放方式与位置，可能的火源类型和位置，风向、水源和电源等现场情况采取防火措施。

（4）固定动火作业区应位于可燃材料存放位置及加工场所、易燃易爆危险品库房等场所的全年最小频率风向的上风侧。

（5）建筑施工现场应设置消防水源、配置灭火器材，在建高层建筑应随建设高度同步设置消防供水竖管与消防软管卷盘、室内消火栓接口。在建建筑和临时建筑均应设置疏散门、疏散楼梯等疏散设施。

（6）建筑施工现场的临时办公用房与生活用房、发电机房、变配电站、厨房操作间、锅炉房和可燃材料与易燃易爆物品库房，当围护结构、房间隔墙和吊顶采用金属夹芯板材时，芯材的燃烧性能应为A级。

（7）保障施工现场消防供水的消防水泵供电电源应能在火灾时保持不间断供电，供配电线路应为专用消防配电线路。

（8）不得在高压线下面搭设临时性建筑物或堆放可燃物品。

（9）冬期施工采用保温加热措施时，应有相应的方案并符合相关规定要求。

（10）施工现场动火作业必须执行动火审批制度。

（11）扩建、改建建筑施工时，施工区域应停止建筑正常使用。非施工区域如继续正常使用，应符合下列规定：

① 在施工区域与非施工区域之间应采取防火分隔措施；

② 外脚手架搭设不应影响安全疏散、消防车正常通行、外部消防救援；

③ 焊接、切割、烘烤或加热等动火作业前和作业后，应清理作业现场的可燃物，作业现场及其下方或附近不能移走的可燃物应采取防火措施；

④ 不应直接在裸露的可燃或易燃材料上动火作业；

⑤ 不应在具有爆炸危险性的场所使用明火、电炉，以及高温直接取暖设备。

12.2.2 施工现场消防管理

施工现场必须成立消防安全领导机构，建立健全各种消防安全职责，落实消防安全责任，包括消防安全制度、消防安全操作规程、消防应急预案及演练、消防组织机构、消防设施平面布置、组织义务消防队等。

1. 施工消防安全措施

（1）临时用电设备必须安装过载保护装置，电闸箱内不准使用易燃、可燃材料。严禁超负荷使用电气设备。施工现场存放易燃、可燃材料的库房、木材加工场所、油漆配料房及防水作业场所不得使用明露高热的强光源。

（2）电焊工、气焊工从事电、气焊切割作业时，要有操作证和动火证并配备看火人员和灭火器具，动火前，要清除周围的易燃、可燃物，必要时采取隔离等措施，作业后必须确认无火源隐患方可离去。动火证当日有效并按规定开具，动火地点变换，要重新办理动火证手续。

（3）氧气瓶、乙炔瓶工作间距不小于5m，两瓶与明火作业距离不小于10m。气瓶应储存于库房内，易燃易爆品库房内应通风良好，满足防火防爆要求。

（4）从事油漆或防火施工等危险作业时，要有具体的防火要求和措施，必要时派专人看护。

（5）不得在建设工程内设置宿舍。

（6）施工现场使用的大眼安全网、密目式安全网、密目式防尘网、保温材料，必须符合消防安全规定，不得使用易燃、可燃材料。

（7）项目部应根据工程规模、施工人数，建立相应的消防组织，配备足够的义务消防人员。

（8）施工现场动火作业必须执行动火审批制度。

2. 消防器材的配备

（1）临时搭设的建筑物区域内每 100m^2 配备 2 只 10L 灭火器。

（2）大型临时设施总面积超过 1200m^2 时，应配有专供消防用的太平桶、积水桶（池）、黄砂池，且周围不得堆放易燃物品。

（3）临时木料间、油漆间、木工机具间等，每 25m^2 配备 1 只灭火器。油库、危险品库应配备数量与种类匹配的灭火器、高压水泵。

（4）应有足够的消防水源，其进水口一般不应少于两处。

（5）室外消火栓应沿消防车道或堆料场内交通道路的边缘设置，消火栓之间的距离不应大于 120m；消防箱内消防水管长度不小于 25m。

（6）灭火器应设置在明显的位置，如房间出入口、通道、走廊、门厅及楼梯等部位。

（7）灭火器不应放置于环境温度可能超出其使用温度范围的地点。

3. 重点部位的防火要求

1）存放易燃材料仓库的防火要求

（1）易燃材料仓库应设在水源充足、消防车能驶到的地方，并应设在下风方向。

（2）易燃材料露天仓库四周内，应有宽度不小于 6m 的平坦空地作为消防通道。

（3）储量大的易燃材料仓库，应设两个以上的大门，并应将生活区、生活辅助区和堆场分开布置。

（4）有明火的生产辅助区和生活用房与易燃材料之间，至少应保持 30m 的防火间距。

（5）危险物品之间的堆放距离不得小于 10m，危险物品与易燃易爆品的堆放距离不得小于 30m。

（6）可燃材料库房单个房间的建筑面积不应超过 30m^2，易燃易爆危险品库房单个房间的建筑面积不应超过 20m^2。

（7）仓库或堆料场严禁使用碘钨灯，以防碘钨灯引起火灾。

2）电、气焊作业场所的防火要求

施工现场的焊、割作业，必须符合防火要求，严格执行“十不烧”规定：

（1）焊工必须持证上岗，无证者不准进行焊、割作业；

（2）属一、二、三级动火范围的焊、割作业，未经办理动火审批手续，不准进行焊、割作业；

（3）焊工不了解焊、割现场周围情况，不得进行焊、割作业；

（4）焊工不了解焊件内部是否有易燃、易爆物时，不得进行焊、割作业；

（5）各种装过可燃气体、易燃液体和有毒物质的容器，未经彻底清洗或未排除危险之前，不准进行焊、割作业；

（6）用可燃材料对设备做保温、冷却、隔声、隔热的，或火星能飞溅到的地方，在未采取切实可靠的安全措施之前，不准进行焊、割作业；

（7）有压力或密闭的管道、容器，不准进行焊、割作业；

（8）焊、割部位附近有易燃易爆物品，在未作清理或未采取有效的安全防护措施前，不准进行焊、割作业；

（9）附近有与明火作业相抵触的工种在作业时，不准进行焊、割作业；

（10）与外单位相连的部位，在没有弄清有无险情或明知存在危险而未采取有效的措施之前，不准进行焊、割作业。

3）油漆料库与调料间的防火要求

（1）油漆料库与调料间应分开设置，且应与散发火星的场所保持一定的防火间距。

（2）性质相抵触、灭火方法不同的品种，应分库存放。

（3）调料间应通风良好，并应采用防爆电器设备，室内禁止一切火源，调料间不能兼作更衣室和休息室。

（4）调料人员应穿不易产生静电的工作服、不带钉子的鞋。开启涂料和稀释剂包装时，应采用不易产生火花型工具。

（5）调料人员应严格遵守操作规程，调料间内不应存放超过当日调制所需的原料。

4）木工操作间的防火要求

（1）操作间的建筑应采用阻燃材料搭建。

（2）操作间应设消防水箱和消防水桶，储存消防用水。

（3）操作间冬季宜采用暖气（水暖）供暖，不应用明火取暖。

（4）抛光、电锯等部位的电器设备应采用密封式或防爆式设备。刨花、锯末较多部位的电动机，应安装防尘罩并及时清理。

（5）操作间内严禁吸烟和明火作业。

（6）操作间只能存放当班的用料，成品及半成品要及时运走。木工应做到活完场地清，刨花、锯末每班都打扫干净，倒在指定地点。

（7）配电盘、刀闸下方不能堆放成品、半成品及废料。

（8）工作完毕应拉闸断电，并经检查确无火险后方可离开。